Flash
CS5中文版标准教程

胡 崧 - **主编**
肖康亮 赵 娟 - **编著**

新编21世纪数字媒体艺术类精品规划教材

中国青年出版社
CHINA YOUTH PRESS 中青雄狮

律师声明

北京市邦信阳律师事务所谢青律师代表中国青年出版社郑重声明：本书由著作权人授权中国青年出版社独家出版发行。未经版权所有人和中国青年出版社书面许可，任何组织机构、个人不得以任何形式擅自复制、改编或传播本书全部或部分内容。凡有侵权行为，必须承担法律责任。中国青年出版社将配合版权执法机关大力打击盗印、盗版等任何形式的侵权行为。敬请广大读者协助举报，对经查实的侵权案件给予举报人重奖。

侵权举报电话：

全国"扫黄打非"工作小组办公室
010-65233456　65212870
http://www.shdf.gov.cn

中国青年出版社
010-59521255
E-mail: cyplaw@cypmedia.com　MSN: cyp_law@hotmail.com

图书在版编目（CIP）数据

Flash CS5中文版标准教程 / 胡崧主编；肖康亮，赵娟编著. —北京：中国青年出版社，2010.12
ISBN 978-7-5006-9687-2
Ⅰ. ①F… Ⅱ. ①胡… ②肖… ③赵… Ⅲ. ①动画-设计-图形软件，Flash CS5-教材　Ⅳ. ①TP391.41
中国版本图书馆CIP数据核字（2010）第231422号

Flash CS5中文版标准教程

胡崧　主编　　肖康亮　赵娟　编著

出版发行：中国青年出版社
地　　址：北京市东四十二条21号
邮政编码：100708
电　　话：(010) 59521188 / 59521189
传　　真：(010) 59521111
企　　划：中青雄狮数码传媒科技有限公司

责任编辑：肖辉　张鹏　康文艳
封面制作：邱宏

印　　刷：山东高唐印刷有限责任公司
开　　本：787×1092　1/16
印　　张：17.5
版　　次：2011年1月北京第1版
印　　次：2016年1月第4次印刷
书　　号：ISBN 978-7-5006-9687-2
定　　价：36.00元（附赠1DVD，含语音视频教学）

本书如有印装质量等问题，请与本社联系　电话：(010) 59521188 / 59521189
读者来信：reader@cypmedia.com
如有其他问题请访问我们的网站：www.21books.com

"北京北大方正电子有限公司"授权本书使用如下方正字体：
封面用字包括：方正兰亭黑系列字体

前 言

为何编写本书

如果你是一个热爱生活、追逐时尚的人,就一定不会错过网络上那千千万万或感人至深、或疯狂搞笑的 Flash 动画。随着互联网的普及和网络经济时代的到来,很多人已经不满足于在互联网上仅仅是浏览信息和制作简单的个人主页了,而是想创建一个富有创意,集互动性、趣味性与实用性于一体的优秀网站,Flash 无疑是协助大家实现这一愿望的最佳工具。本书由 Flash 动画设计一线工程师和教师精心编著,详解了 Flash 最常用的功能,可以帮助初学者更快地掌握 Flash 软件。

Flash CS5 软件简介

Flash CS5 在继承了之前版本的各种优点之外,其功能更加强大。Flash CS5 基于对象的动画新增功能不仅可以大大简化设计过程,还提供了更大程度的控制性,使用关键帧编辑器能体验对每个关键帧参数(包括旋转、大小、缩放、位置、滤镜等)的完全单独控制。另外,Flash CS5 的骨骼工具、反向运动制作及 3D 绘图功能,使软件功能有了质的飞跃,已把矢量图的精确性、灵活性与位图、声音、动画和高级交互性融合在一起,使之能够创作出极具吸引力的高效网页。用户可以通过 Flash CS5 创建同其他 Web 应用程序交互的非线性电影,亦可建立导航控制菜单、动画 Logo、MV,甚至是整个 Flash 交互网站。

本书内容特色

(1)内容专业,涉及面广

本书是介绍 Flash 的标准教程,不但详细介绍了 Flash CS5 的功能与特点,还结合实例深入讲解了软件的应用方法。全书首先讲述了 Flash CS5 的基本知识,包括基本概念、各种操作命令和工作面板;其次介绍了 Flash CS5 的使用方法,包括工具的使用、对象的编辑、图层和帧等基本操作;在此基础上又详解了声音、元件、实例和 Flash 软件中功能强大的 ActionScript 脚本语言,还讲述了如何制作简单的动画,以及动画的后期制作与发布。

(2)源自实战,实操性强

本书在为读者准备大量经典实用范例的同时,还专门提供了具有针对性的上机练习和 Adobe Flash 网页设计师(Web Designer)认证考试模拟试题,以帮助读者练习、实践和检验所学的内容,更快、更好地掌握各种动画制作技术。

(3)结构合理,学习必备

本书结构安排从易到难,并将案例融入到每个知识点中,能帮助读者在了解理论知识的同时提高动手能力。其语言通俗易懂,非常适合于初学者和 Flash 动画爱好者学习使用,亦可作为培训班的培训教材。本书不仅能帮助读者迅速掌握 Flash 软件操作技巧,还能激发读者的创意和灵感,促使读者早日成为"闪客"家族中的高手。

内容纲要

章节	内容
第1章	详解动画的定义与分类；传统动画、Flash 动画与 3D 动画的制作流程；Flash 动画的发展历程、基本特点和主要应用
第2章	详解 Flash CS5 的基本界面与相关参数设定，以及一些常用的基本概念和新特性
第3章	详解 Flash 矢量绘图工具的使用方法，包括线条工具、形状工具、自由绘制工具、颜色工具、选择工具、辅助绘图工具等
第4章	详解文本工具的使用方法及其属性设置，还介绍了特效文本的制作方法、字体映射的创建方法等内容
第5章	详解动画中大部分元素的编辑方法
第6章	详解几种常用格式文件的导入方法，以及各参数的设定情况
第7章	详解元件的类型、实例、关系，以及管理元件和实例的库面板的使用方法
第8章	详解帧和时间轴的基本操作方法
第9章	详解 Flash 中几种动画的创建方法，涵盖补间动画、传统补间、补间形状、遮罩动画、反向运动等动画效果
第10章	介绍 ActionScript 3.0 脚本编程的基础知识，以及常用的语法知识和语句
第11章	详解 ActionScript 3.0 编程，涵盖日期和时间处理、显示编程、处理几何结构、使用绘图 API 等
第12章	详解将制作完毕的 Flash 影片按照需要进行优化设置及发布的方法
第13-16章	通过 4 个实际动画制作案例，综合讲解了 Flash 软件在实际工作中的整体应用

多媒体视频教学光盘内容

(1) 含全书范例近 300 个素材文件与练习文件，使学习更容易。
(2) 含 12 大类近 20000 种动画设计素材，使动画制作更得心应手，赠 PPT 电子教案。
(3) 赠 250 分钟语音视频教学录像，像看电影一样轻松掌握动画制作技术。

适用读者群

(1) Flash 初、中级用户
(2) 行业软件培训班学员
(3) 大专院校相关专业师生
(4) 相关领域的设计制作人员
(5) 想快速掌握 Flash 软件并应用于实际动画制作的读者朋友

　　本书能在这么短的时间内得以出版，和很多人的努力是分不开的。在此，要感谢很多在写作过程中给予帮助的朋友们，他们为此书的编写、出版、发行做了大量的工作，在此向他们致以深深的谢意。由于时间仓促，疏漏之处在所难免，希望广大读者朋友给予指正。

编　者

目 录

PART1　基础知识篇

Chapter 01
Flash动画相关知识

- 1.1 动画的基本定义 ··········· 1
  - 1.1.1 动画的定义 ··········· 1
  - 1.1.2 动画的分类 ··········· 2
- 1.2 动画的制作流程 ··········· 2
  - 1.2.1 总体设计阶段 ··········· 3
  - 1.2.2 设计制作阶段 ··········· 3
  - 1.2.3 具体创作阶段 ··········· 3
  - 1.2.4 拍摄制作阶段 ··········· 4
- 1.3 Flash动画的基础知识 ··········· 4
  - 1.3.1 Flash动画的发展历程 ··········· 4
  - 1.3.2 Flash动画的基本特点 ··········· 5
  - 1.3.3 Flash动画的应用 ··········· 6
- 思考与练习 ··········· 8

Chapter 02
了解Flash CS5

- 2.1 Flash CS5的工作环境 ··········· 9
  - 2.1.1 时间轴 ··········· 10
  - 教学提示 编辑时图层间互相影响 ··········· 10
  - 2.1.2 工具箱 ··········· 10
  - 2.1.3 浮动面板 ··········· 11
  - 2.1.4 编辑区 ··········· 11
  - 教学提示 有选择地使用"轮廓"预览模式 ··········· 13
  - 2.1.5 菜单栏 ··········· 13
- 2.2 Flash CS5的新特性 ··········· 14
  - 2.2.1 新增功能 ··········· 14
  - 2.2.2 增强功能 ··········· 15
- 2.3 创建Flash动画文件 ··········· 16
  - 2.3.1 新建文件 ··········· 16
  - 2.3.2 新建模板 ··········· 17
  - 2.3.3 设置文件属性 ··········· 17
- 2.4 Flash软件基本设置 ··········· 18
  - 2.4.1 自定义快捷键 ··········· 18
  - 2.4.2 设置首选参数 ··········· 19
- 思考与练习 ··········· 20

Chapter 03
使用Flash绘制图形

- 3.1 使用绘图工具 ··········· 21
  - 3.1.1 铅笔工具和线条工具 ··········· 22
  - 3.1.2 钢笔工具组 ··········· 23
  - 3.1.3 矩形工具组 ··········· 24
  - 教学提示 使用"椭圆工具"和"矩形工具"绘制的技巧 ··········· 26
  - 3.1.4 刷子工具组 ··········· 27
  - 教学提示 可以选作喷涂刷粒子的对象 ··········· 28
  - 3.1.5 橡皮擦工具 ··········· 29
  - 3.1.6 Deco工具 ··········· 29
  - 教学提示 可以选作Deco工具图案的对象 ··········· 29
  - 上机练习 绘制"卡通少女"图形 ··········· 30
- 3.2 使用选择工具 ··········· 34
  - 3.2.1 选择工具 ··········· 34
  - 3.2.2 部分选取工具 ··········· 36
  - 3.2.3 套索工具 ··········· 37
- 3.3 使用颜色工具 ··········· 37
  - 3.3.1 设置颜色 ··········· 38
  - 教学提示 十六进制的颜色值 ··········· 38
  - 3.3.2 颜料桶工具组 ··········· 39
  - 3.3.3 滴管工具 ··········· 41
  - 上机练习 绘制"卡通吉祥物"图形 ··········· 41
- 3.4 使用查看工具 ··········· 43
  - 3.4.1 缩放工具 ··········· 43
  - 3.4.2 手形工具 ··········· 44
- 上机实践 绘制"湖光山色"背景图形 ··········· 44
- 思考与练习 ··········· 48

Chapter 04
使用文本对象

- 4.1 使用传统文本 ························· 49
  - 4.1.1 传统文本的类型 ················· 49
  - 4.1.2 输入传统文本 ··················· 50
  - 教学提示 在标签方式和文本块方式输入文本间
    互相转换 ······························· 50
  - 4.1.3 设置传统文本属性 ··············· 51
- 4.2 使用TLF文本 ························· 51
  - 4.2.1 TLF文本的类型 ··················· 51
  - 4.2.2 输入TLF文本 ··················· 52
  - 4.2.3 设置TLF文本属性 ··············· 52
  - 上机练习 使用TLF文本制作宣传文稿 ······· 55
- 4.3 分离文本 ···························· 56
  - 教学提示 可以对分离文本进行的操作 ······· 57
- 4.4 创建和使用字体元件 ·················· 57
- 4.5 为文字添加滤镜效果 ·················· 58
  - 4.5.1 投影 ··························· 58
  - 4.5.2 模糊 ··························· 59
  - 4.5.3 发光 ··························· 59
  - 4.5.4 渐变发光 ······················· 60
  - 4.5.5 斜角 ··························· 60
  - 4.5.6 渐变斜角 ······················· 61
  - 4.5.7 调整颜色 ······················· 62
- 上机实践｜"便利店Logo"创意设计 ········· 62
- 思考与练习 ···························· 64

Chapter 05
编辑对象

- 5.1 变形对象 ···························· 65
  - 5.1.1 任意变形 ······················· 65
  - 教学提示 使用"任意变形工具"扭曲对象的
    技巧 ······························· 66
  - 5.1.2 渐变变形 ······················· 67
  - 5.1.3 3D旋转和平移 ··················· 68
  - 上机练习 绘制"比萨饼" ··············· 69
- 5.2 调整对象 ···························· 71
  - 5.2.1 对齐对象 ······················· 71
  - 5.2.2 合并对象 ······················· 72
  - 5.2.3 修饰对象 ······················· 73
- 5.3 管理图层 ···························· 74
  - 5.3.1 图层编辑 ······················· 74
  - 5.3.2 设置图层状态 ··················· 75
  - 5.3.3 设置图层混合模式 ··············· 76
  - 教学提示 混合模式包含的元素 ··········· 76
- 上机实践｜绘制"网站Logo" ············· 78
  - 教学提示 经典动画离不开构思巧妙的
    技巧与方法 ····················· 79
- 思考与练习 ···························· 80

Chapter 06
导入外部素材

- 6.1 导入图片 ···························· 81
  - 6.1.1 导入位图和矢量图 ··············· 81
  - 6.1.2 位图矢量化 ····················· 84
  - 教学提示 找到位图转换矢量图的最佳平衡点 ······ 84
  - 6.1.3 设置位图属性 ··················· 85
  - 上机练习 制作"白羊"效果 ············· 85
- 6.2 导入视频 ···························· 87
- 6.3 导入声音 ···························· 88
  - 6.3.1 在Flash中使用声音 ··············· 88
  - 教学提示 库面板中声音的波形反映声音特征 ······ 89
  - 6.3.2 设置声音属性 ··················· 89
  - 6.3.3 声音的编辑 ····················· 90
- 上机实践｜为MV搭配声音 ················· 91
- 思考与练习 ···························· 92

Chapter 07
库、元件和实例

- 7.1 认识库 ······························ 93
  - 7.1.1 库面板 ························· 93
  - 7.1.2 库的种类 ······················· 94
  - 教学提示 库资源可共享使用 ··············· 94
- 7.2 制作元件 ···························· 95
  - 7.2.1 制作图形元件 ··················· 95
  - 7.2.2 制作按钮元件 ··················· 95
  - 教学提示 使用按钮的注意事项 ··········· 96
  - 7.2.3 制作影片剪辑元件 ··············· 96
  - 教学提示 库项目冲突时的处理 ··········· 97
- 7.3 使用元件制作实例 ···················· 97

7.3.1 设置实例属性··················97
7.3.2 改变实例类型··················98
7.3.3 替换实例······················98
上机实践 制作"导航菜单"动画元件······99
思考与练习····························102

Chapter 08
帧和时间轴

8.1 使用时间轴······················103
   8.1.1 使用绘图纸··················104
   教学提示 打开绘图纸外观时的操作技巧······104
   8.1.2 控制时间轴的显示············105
8.2 使用帧··························105
   8.2.1 帧频率······················106
   8.2.2 帧的基本操作················106
   8.2.3 帧标签、帧注释和帧锚记······107
   教学提示 帧标签和帧注释的区别··········108
8.3 使用逐帧动画····················108
   制作逐帧动画······················108
   上机练习 制作"人物奔跑"动画··········108
8.4 使用动画预设····················110
   关于动画预设······················110
   上机练习 制作"大话密保"动画··········111
上机实践 制作"网易真爱频道广告"动画···111
思考与练习····························114

Chapter 09
创建动画

9.1 创建基本动画····················115
   9.1.1 创建补间动画················115
   教学提示 注意分清"关键帧"和"属性关键帧"
   的区别······························116
   9.1.2 创建传统补间动画············116
   9.1.3 创建补间形状动画············117
   上机练习 制作Moto V8动画·············118
9.2 创建高级动画····················121
   9.2.1 创建引导线动画··············121
   9.2.2 创建遮罩动画················122
   9.2.3 创建反向运动动画············123
   上机练习 制作"Swatch导航"动画·········124

上机实践 制作"游戏广告"动画···········128
   教学提示 更好地制作动画的技巧··········131
思考与练习····························132

Chapter 10
ActionScript 3.0基础

10.1 了解ActionScript················133
   10.1.1 ActionScript 3.0基础········134
   10.1.2 编写ActionScript···········134
10.2 ActionScript 3.0常规语法········136
   10.2.1 基本语法··················136
   教学提示 不要在一行中放置多个语句······138
   10.2.2 变量······················139
   10.2.3 数据类型··················142
   10.2.4 运算符····················144
   10.2.5 条件语句··················145
   10.2.6 循环······················146
   10.2.7 函数······················148
   10.2.8 包和命名空间··············150
   教学提示 注意打开多个命名空间的问题····155
10.3 面向对象的编程··················157
   10.3.1 对象的属性、方法和事件·····157
   10.3.2 类························159
   10.3.3 接口······················160
   10.3.4 继承······················162
   教学提示 关于实例属性与继承············163
上机实践 制作基本交互动画··············163
思考与练习····························168

Chapter 11
ActionScript 3.0高级编程

11.1 处理日期和时间··················169
   11.1.1 使用Date对象··············169
   教学提示 Date()函数无法解析参数时的处理···170
   11.1.2 使用Timer类···············171
   上机练习 制作秒表计时动画··············172
11.2 显示编程························176
   11.2.1 核心显示类················177
   11.2.2 处理显示对象··············177
   11.2.3 控制显示对象··············180

11.2.4 动态加载显示内容·····183
　　上机练习 制作控制对象位置动画·····184
11.3 处理几何结构·····187
　11.3.1 使用Point对象·····188
　11.3.2 使用Rectangle对象·····189
　　教学提示 offset()和offsetPt()方法的区别·····190
　　教学提示 inflate()和inflatePt()方法的区别·····190
　11.3.3 使用Matrix对象·····191
　　上机练习 制作变形对象动画·····192
11.4 使用绘图API·····198
　11.4.1 绘制直线和曲线·····198
　11.4.2 绘制形状·····200
　11.4.3 创建渐变线条和填充·····200
　　上机练习 制作可控绘图板动画·····201
上机实践 制作时钟动画·····211
思考与练习·····217
知识延展 在ActionScript 3.0中使用滤镜·····218

Chapter 12
动画的发布

12.1 作品的优化与测试·····219
　12.1.1 作品的优化·····219
　12.1.2 作品的测试·····219
　　教学提示 显示测试数据及每帧大小的柱状图·····220
12.2 导出动画·····220
　12.2.1 导出SWF动画·····220
　12.2.2 EXE整合·····221
　　教学提示 整合播放器后的文件尺寸变大·····222
　12.2.3 导出GIF动画·····222
12.3 发布设置·····223
　12.3.1 发布HTML设置·····223
　12.3.2 发布GIF设置·····224
　12.3.3 发布JPG设置·····225
思考与练习·····226

PART2 综合案例篇

Chapter 13
Flash广告设计

13.1 Flash广告应用及其标准尺寸·····227
13.2 制作"MP4产品广告"动画·····228

Chapter 14
Flash网站建设

14.1 Flash网站建设相关知识·····239
　14.1.1 Flash网站和单个Flash动画的区别·····239
　14.1.2 Flash网站的技术核心·····240
14.2 制作"相册网站"动画·····240

Chapter 15
Flash MV创作

15.1 Flash MV创作的基本流程·····247
15.2 创作"简单爱MV"动画·····248
　　教学提示 Flash MV的分类·····251

Chapter 16
Flash游戏开发

16.1 Flash游戏开发的常规模式·····255
16.2 制作"射击游戏"动画·····256

APPENDIX 附录

Appendix 01 Flash培训大纲与考试大纲·····263
Appendix 02 Flash认证考试介绍·····266
Appendix 03 Flash快捷键列表·····267
Appendix 04 Flash期终考试试题及答案·····270

Chapter 1 Flash动画相关知识

课题概述 本章主要介绍了动画的定义与分类、动画的制作流程，以及 Flash 动画的发展历程、基本特点及其主要应用。

教学目标 通过学习本章内容，读者能够了解 Flash 的发展历程、动画制作的基本流程以及 Flash 动画的应用。通过对本章的学习，读者也能够大体定位自己的发展方向，比如做 Flash 的设计者或是开发者。无论定位在哪个方向，只要拥有对动画的热情，相信大家都会成为出色的动画制作者的。

★ **章节重点**

★★★☆☆ | 动画的定义
★★★★☆ | 动画制作的基本流程
★★★★☆ | Flash 动画的基本特点
★★★★★ | Flash 动画的应用

★ **光盘路径**

电子教案：PPT\FL_lesson1.ppt

1.1 动画的基本定义

动画是一个综合艺术门类，是工业社会中人类寻求精神解脱的产物，它集合绘画、漫画、电影、数字媒体、摄影、音乐、文学等众多艺术形式于一身，是一种综合的艺术表现形式。

1.1.1 动画的定义

"动画"一词在英语中可以翻译为 animation、cartoon、animated cartoon 和 cameracature。其中，比较正式的 animation 一词来源于拉丁文字根的 anima，意思为灵魂；动词 animate 是赋予生命之意，可引申为使某物活起来的意思。所以 animation 可以解释为经由创作者的安排，使原本不具生命的东西像获得生命一样自由地活动。如图 1-1 所示的这一组图片，如果把它们连续播放就会形成动画。

图 1-1 连续播放的静态图片

从广义上来说，将一些静态的图片经过影片的制作与放映，变成能够活动的影像即为动画。

从狭义上来说，通过对人或物的表情、动作、变化等分段画成许多画幅，再用摄影机连续拍摄成一系列画面，在视觉上形成连续变化的图像即为动画。它与电影、电视一样，都利用的是视觉原理。医学已证明，人类具有"视觉暂留"的特性，就是说当人的眼睛看到一幅画面，该画面在 1/24 秒内不会消失。利用这一原理，在一幅画面消失前播放下一幅画面，就会产生一种流畅的视觉变化效果。因此，电影采用了每秒 24 幅画面的速度拍摄播放，电视采用了每秒 25 幅（PAL 制，中国电视采用此制式）或每秒 30 幅（NTSC 制）画面的速度拍摄播放。如果以每秒低于 24 幅画面的速度拍摄播放，人们在观看时会感觉画面有停顿的现象。

定义动画的方法，不在于使用的材质或创作的方式，而在于作品是否符合动画的本质。时至今日，动画媒体已经包含了各种形式，但无论何种形式，它们都具有以下两个特性：其影像是以电影胶片、录像带或数字信息的方式逐格记录的；影像的"动作"是创造出来的幻觉，并不是原本就存在的。

1.1.2 动画的分类

动画从不同角度可以有不同的分类。从制作技术和手段来看，动画可分为以手工绘制为主的传统动画和以计算机软件绘制为主的电脑动画。按动作的表现形式来划分，动画大致分为接近自然动作的"完善动画"（动画电视）和采用简化、夸张的形式来表现的"局限动画"（幻灯片动画）。从空间的视觉效果上来看，又可分为如图 1-2 所示的二维动画（如《七龙珠》、《灌篮高手》等）和如图 1-3 所示的三维动画（如《最终幻想》等）。从播放效果上来看，还可以分为顺序动画（连续动作）和交互式动画（反复动作）。从每秒播放的帧数来看，还有全动画（每秒 24 帧，迪士尼动画）和半动画（每秒少于 24 帧，三流动画）之分，中国的动画公司为了节省资金通常采用半动画制作电视片。

图 1-2 二维动画　　　　　　　　　　　图 1-3 三维动画

另外，三维电脑动画在制作过程中可以将一幕情景拆分成几个部分来独立制作，然后再组合起来传送到中央电脑中读出画面。也就是说，人物的表情、肢体动作以及背景等可以分开来，由不同的人制作。目前电脑动画的制作偏向 3D 动画，主要因为这类动画在视觉效果上比较占优势，倚赖电脑的程度也比较高。但由于市场的需求，运用 3D 动画软件来制作 2D 平面感动画的也大有人在。在电脑动画的制作过程中，3D 动画会比 2D 动画更费时费工。然而，在影像的产生、动作的流畅度，以及对场景画面的调度上，3D 动画就优越了许多。由于电脑动画符合工业化所讲求的自动化生产、劳动集中、资本集中的原则，所以已经逐步形成商业化的运作模式，成为发展的主要方向。传统动画的制作需要许多画师通力合作，形成生产线，有效率且制度化地完成一幅幅连续画面，然后再一帧一帧地拍摄。电脑刚好可以胜任这种高技术性且单调的工作，所以，在动画的制作上采用电脑科技是必然的趋势。

1.2 动画的制作流程

动画制作是一个非常繁琐的工作，分工极为细致。大体上可以分为前期制作、中期制作和后期制作。前期制作又包括企划、作品设定、资金募集等；中期制作包括分镜、原画、动画、上色、背景作画、摄影、配音、录音等；后期制作包括合成、剪接、试映等。

现在的动画制作，由于电脑的加入变得简单了许多，所以越来越多的人也开始用 Flash 做一些短小的动画。对于不同的人来说，动画的创作过程和方法可能有所不同，但其基本规律是一致的。

传统动画的制作过程可以分为总体设计、设计制作、具体创作和拍摄制作四个阶段，每一阶段又有若干个步骤，下面具体进行讲解。

1.2.1 总体设计阶段

1. 剧本

任何影片创作的第一步都是写剧本，但动画片的剧本与真人表演的故事片剧本有很大不同。一般影片中的对话，对演员的表演来讲是很重要的，但在动画影片中则应尽可能避免复杂的对话。动画片中最重要的是用画面表现视觉动作，好的动画片是能通过滑稽的动作来表现剧情的，其中对话可以很少，甚至可以没有，它是通过视觉创作将人们的想象激发出来的。

2. 故事板

根据剧本，导演要绘制出类似连环画的故事草图（分镜头绘图剧本），将剧本描述的动作表现出来的就是故事板。故事板由若干片段组成，每一片段都由系列场景组成，一个场景一般被限定在某一地点的一组人物内，而场景又可以分为一系列被视为图片单位的镜头，由此构造出一部动画片的整体结构。故事板在绘制各个分镜头的同时，对内容动作、道白时间、摄影指示、画面连接等都要有相应的说明。一般一个30分钟的动画剧本，若设置400个左右的分镜头，就要绘制约800幅图画的图画剧本——故事板。

3. 摄制表

摄制表是由导演编制的整部影片制作的进度规划表，以指导动画创作集体各职能人员统一协调地工作。

1.2.2 设计制作阶段

1. 设计

设计工作是在故事板的基础上确定背景、前景及道具的形式和形状，完成场景环境和背景图的设计和制作。另外，还要对人物或其他角色进行造型设计，并绘制出每个造型的几个不同角度的标准画，以供其他动画制作人员参考。

2. 音响

因为动作需要与音乐匹配，所以音响录音要在动画制作之前进行。录音完成后，编辑人员还要把记录的声音精确地分解到每一幅画面中，即第几秒（或第几幅画面）开始说话，说话持续多久等。最后要把全部音响历程（即音轨）分解到每一幅画面位置与声音对应的条表，供动画制作人员参考。

1.2.3 具体创作阶段

1. 原画创作

原画创作是由动画设计师绘制出动画的一些关键画面。通常一个设计师只负责一个固定的人物或角色。

2. 中间插画制作

中间插画是指两个重要位置或框架图之间的图画，一般就是两张原画之间的一幅画。助理动画师制作一幅中间画，其余美术人员再内插绘制角色动作的连接画。在各原画之间追加的内插的连续动作的画要符合指定的动作时间，使之能表现得更接近自然动作。

1.2.4 拍摄制作阶段

这一阶段是动画制作的重要部分，任何表现在画面上的细节都将在这一阶段制作出来，可以说这一阶段是决定动画质量的一个关键步骤。

在实际操作中并不一定要严格按照以上列出的各个阶段的顺序实施，可根据具体需要调整顺序和配合方式，这是制作管理的问题，需要在制作前期做好计划。

1.3 Flash动画的基础知识

Flash是目前最优秀的网络动画编辑软件之一，从简单的动画效果到动态的网页设计、短篇音乐剧、广告、电子贺卡、游戏的制作，Flash的应用领域日趋广泛。毋庸置疑，它引领着整个网络动画时代。

1.3.1 Flash动画的发展历程

在Flash出现之前，基于网络的带宽不足和浏览器支持等原因，网页上所播放的动画有两种选择：一种是借助软件厂商推出的附加在浏览器上的各种插件来观看特定格式的动画，效果并不理想；另一种是观看GIF格式图像实现的动画效果，由于只有256色，加之动画效果的单调，已经不能满足网民的视觉需求，网民强烈地希望网上的内容更丰富、精彩、富有互动性。

Macromedia公司利用其在多媒体软件开发上的优势，对收至麾下的矢量动画软件Future Splash进行了改进，并赋予了它一个闪亮的名字——Flash。1998年，Macromedia公司推出了Flashr 3.0，与同时推出的Dreamweaver 2.0和Fireworks 2.0被合称为Dream Team，即"网页三剑客"。后来，Macromedia公司又陆续发布了新一代的网络多媒体动画制作软件——Flash 4.0、Flash 5.0、Flash MX、Flash MX 2004和Flash 8。这些激动人心的产品给国内网民——尤其是网页制作人员和多媒体动画创作人员——带来了极大的冲击。如图1-4所示的是含有Flash技术的Shockwave网站。

2006年，Macromedia公司被Adobe收购，由此带来了Flash的巨大变革，在4年内相继发布了Flash CS3、CS4、CS5，成为Adobe Creative Studio中的一个成员，与Adobe公司的矢量图形软件Illustrator和被称为业界标准的位图图像处理软件Photoshop完美地结合在一起。

Flash是不同于其他任何应用程序的组合式应用程序。从表面上看，它是介于面向Web的位图处理程序和矢量图绘制程序之间的简单组合体，但它的功能却比简单的组合强大得多，它是一种交互式的多媒体创作程序，同时也是现在最为成熟的动画制作程序，适用于各种各样的动画制作——从简单的网页修饰到广播品质的卡通片。如图1-5所示的是Flash CS5的启动界面。

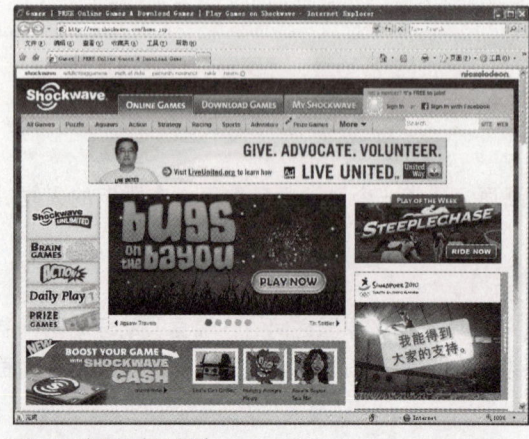

图1-4 迪士尼中国网站

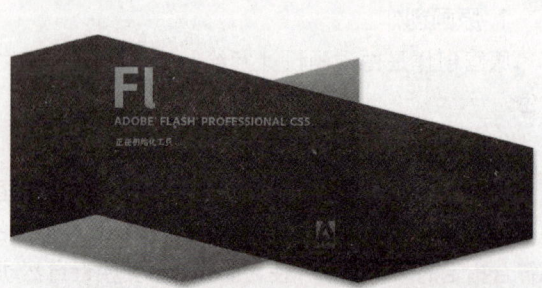

图1-5 Flash CS5 启动界面

另外，Flash CS5 支持强大、完整的 ActionScript 语言，使得 Flash 与 XML、HTML 和其他内容能够以多种方式联合使用。因此，它也是一种能够和 Web 的其他部分通信的脚本语言。Flash 也可以作为前台和图形的引擎，作为一种杰出、稳健的解决方案，从数据库和其他后台资源中获得信息，生成动态 Web 内容。

1.3.2　Flash动画的基本特点

现在，Flash 发展到了最新的 Flash CS5 版本，对于网页设计师而言，Flash CS5 是一个完美的工具，用于设计交互式媒体页面或主题相关的专业开发多媒体内容。它强调在对多种媒体的导入和控制上，针对高级的网络设计师和应用程序开发人员，与之前的版本相比，它的功能更加完善，灵活性也更强。无论是创建动画、广告、短片或是整个 Flash 站点，Flash CS5 都是最佳选择，因为它是目前最专业的网络矢量动画软件。同其他动画技术相比，Flash 技术的特点主要集中在以下几个方面。

1. 矢量动画

Flash 的图形系统是基于矢量的，制作时只需存储少量的矢量数据就可以描述一个看起来非常复杂的对象。这样，其占用的存储空间与位图相比具有更明显的优势，非常适用于低带宽的互联网。使用矢量图形的另一个好处还在于，无论将它放大多少倍，图像都不会失真，如图 1-6 所示为矢量 Flash 动画。

2. 插件方式播放

Flash 使用插件方式播放，也就是说，用户只要在浏览器端安装一次插件，以后就可以快速启动并观看动画了。同时，在 IE 和 Netscape 的后期版本中，还内置了对 Flash 流式动画的支持，这些使得用户观看 Flash 更为方便。

图 1-6　矢量 Flash 动画

3. 流媒体动画

Flash 播放器在下载 Flash 影片时采用流媒体方式，可以边下载边播放，不用等文件全部下载后再观看。Flash 播放器非常小，不仅可以在线下载，而且还能直接安装，任何浏览器都可以顺利地观看。

4. 交互功能

Flash 具有强大的交互功能，这不仅给网页设计创造了无限的创意空间，还使得使用 Flash 构建一个梦幻站点成为可能。Flash 提供了丰富的 ActionScript 指令设定环境，其中，使用的 ActionScript 具备比较完整的程序语言构架，因此 Flash 动画具备很好的交互性。当然，这也意味着学习者必须具备一定的程序编写经验，才能真正得心应手地完成开发。如图 1-7 所示的就是一个 Flash 导航交互动画。

Flash 可以与 Java 或其他程序融合在一起，并在不同的平台和浏览器中播放。它还支持表单交互，使用 Flash 制作的表单网页可以应用于流行的电子商务领域。

图 1-7　Flash 导航交互动画

1.3.3　Flash动画的应用

　　Flash 软件因其容量小、交互性强、速度快等特性在网页矢量动画设计领域内占有重要的地位。以矢量图像为基础，利用 Flash 建立互动网站，制作各种类型的影片、导航工具、多媒体网站等，同时被广泛应用于最近被称为网络艺术（Web Art）的新兴艺术环境中的多媒体制作中，它赋予网络无限的生命力。随着 Flash 版本的升级，其功能会更加强大，操作界面也会更加人性化，它会备受广大业界人士的青睐并成为网页设计师的必备工具。

　　Flash 具有跨平台的特性，所以无论用户处于何种平台，只要安装了支持的 Flash 播放器，就可以保证它们的最终显示效果一致，而不必像在以前的网页设计中那样为 IE 或 NetScape 各设计一个版本。同Java 一样，Flash 具有很强的可移植性。Flash 可以应用的领域主要有以下几个。

1. 网页动画

　　用 Flash 制作的动画文件适用于网络传输，因为 Flash 文件在线播放运用了流式技术，即文件下载到一定的进程时，Flash 文件即可开始播放，剩下的部分将在播放的同时下载。其实很难界定 Web 应用服务的范围究竟有多大，它似乎拥有无限的可能。随着网络的逐渐渗透，基于客户端—服务器的应用设计也逐渐受到广泛关注，并且一度被誉为最具前景的方式。但是，这种方式使得开发者可能要花更多的时间在服务器后台处理能力和架构上，并将它们与前台（Flash 端）保持同步。现在，在国内新浪、搜狐等大型门户网站，Flash 动画的使用已经占有一定的比率，而完全使用 Flash 开发的网站也屡见不鲜。如图1-8 所示为用 Flash 制作的网站。

2. Flash游戏

　　Flash 动画软件是目前制作网络交互动画最优秀的工具，支持动画、声音及交互功能，具有强大的多媒体编辑功能，可以制作出简单、有趣的 Flash 游戏。事实上，Flash 中的游戏开发已经进行了多年的尝试。但至今为止仍然停留在中、小型游戏的开发上。游戏开发有很大一部分都受限于它的 CPU 能力和大量代码的管理。如图 1-9 所示为用 Flash 制作的游戏。

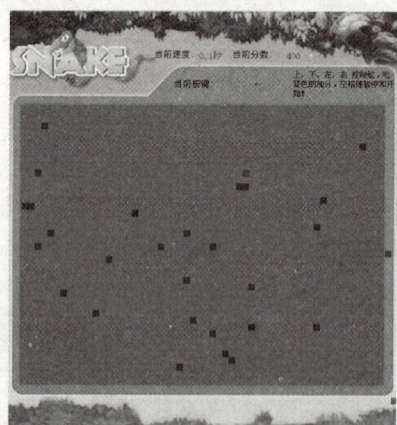

图 1-8　Flash 网站　　　　　　　　　　　　　图 1-9　Flash 游戏

3. Flash MV

　　Flash 在其他方面也有较为广泛的应用，但以娱乐目的为主，最常见的是 MV。Flash 不仅在动画方面很出色，它还可以添加音效，给人带来更多的乐趣。如图 1-10 所示为用 Flash 制作的 MV。

4. Flash教学演示课件

　　教学演示课件最能反映 Flash 内含的功能。最基础的教学演示课件是将教学内容或讲义内容播放为声音文件或图像文件。但自从 Flash 登场以后，便实现了交互式的可选性，如图 1-11 所示。要在教学演示系统应用 Flash，利用现有的技术能够极大地增强学生的主动性，提高他们积极发现的能力。在教学演示系统开发中，技术不是主导，教学演示内容才是它所真正要求的。

图 1-10 Flash MV

图 1-11 Flash 教学课件

5. Flash 电子贺卡

曾经一度广泛流行的单一文本和静态贺卡，如今已经被 Flash 电子贺卡所替代了。Flash 可以制作包括多媒体在内的交互式邮件。在一个特别的日子里为他（她）精心制作一张 Flash 电子贺卡，送出温馨的祝福。如图 1-12 所示为用 Flash 制作的电子贺卡。

6. Flash 广告

Flash 功能的日趋强大和完善，为发展高质量的网络应用提供了较好的解决方案。Flash 通过使用矢量图形和流式播放技术克服了目前网络传输速度较慢的缺点，通过 Flash 制作一款产品的宣传广告，能够达到一种特殊的宣传效果。Flash 对于界面元素的可控性和它所表达的效果无疑具有很大的诱惑力。如图 1-13 所示为用 Flash 制作的广告。

图 1-12 Flash 电子贺卡

图 1-13 Flash 广告

思考与练习

★参见光盘"思考与练习答案"文档

一、填空题

（1）动画的概念是_____。

（2）动画的制作可以分为_____、_____、_____、_____四个阶段。

（3）从制作技术和手段上划分，动画可以分为_____和_____。

二、选择题

（1）以下属于 Flash 动画基本特点的有（　　）。
　　A. 矢量动画　　　B. 流媒体动画　　　C. 插件方式播放　　D. 交互动画

（2）以下不属于动画前期制作范围的是（　　）。
　　A. 企划　　　　　B. 作品设定　　　　C. 资金募集　　　　D. 合成

（3）以下说法正确的是（　　）。
　　A. 从制作技术和手段看，动画可分为以手工绘制为主的传统动画和以计算机为主的电脑动画。
　　B. 按动作的表现形式来区分，动画大致分为接近自然动作的"完善动画"和采用简化、夸张的"局限动画"。
　　C. 从空间的视觉效果上看，可分为二维动画和三维动画。
　　D. 从播放效果上看，还可以分为顺序动画（连续动作）和交互式动画（反复动作）。

三、上机操作题

（1）请上网浏览下面介绍的网站，分析其 Flash 动画特点。

　　Groovechamber（http://www.groovechamber.com）：动画作家 Nikhil Adnani 创作的 Flash 动画作品站点，虽然应用数字化技巧创作了作品，但其风格类似漫画书籍。从该站点中大家可以看到，与创作技巧相比，创意和风格在整个作品中更加突出，如图 1-14 所示。

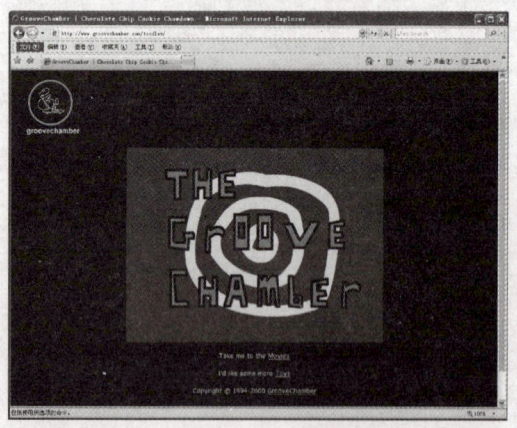 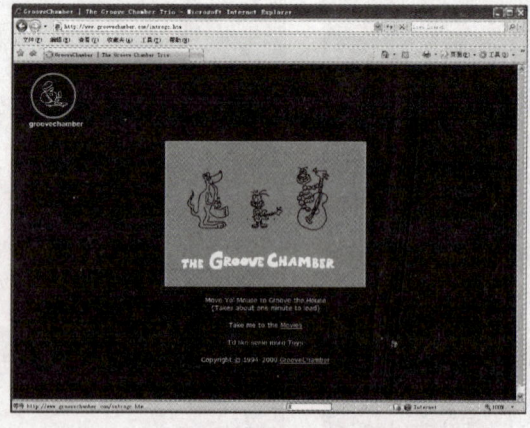

图 1-14 Groovechamber

（2）请上网浏览并分析国内 Flash 动画的主要特点。

（3）请上网浏览并分析国内 Flash 广告的主要特点。

Chapter 2 了解Flash CS5

课题概述 本章主要介绍 Flash CS5 的基本界面、Flash CS5 的一些相关参数的设定，以及一些常用的基本概念，并介绍了 Flash CS5 的新特性。

教学目标 要学习和应用 Flash CS5 软件，必须先了解相关的基本概念和基本操作方法，弄清 Flash CS5 提供的工具和所能实现的功能。

★ **章节重点**

- ★★★★☆ Flash CS5 的工作环境
- ★★★★★ Flash CS5 的新特性
- ★★★★★ 创建 Flash 动画文件
- ★★★☆☆ Flash 软件基本设置

★ **光盘路径**

电子教案：PPT\FL_lesson2.ppt

2.1 Flash CS5的工作环境

用户要熟练掌握如图 2-1 所示的 Flash CS5 操作界面中各要素的使用方法和功能，为下一步的学习奠定坚实的基础。通过学习菜单命令和工具的使用方法、各面板的应用方法来熟悉专业术语。

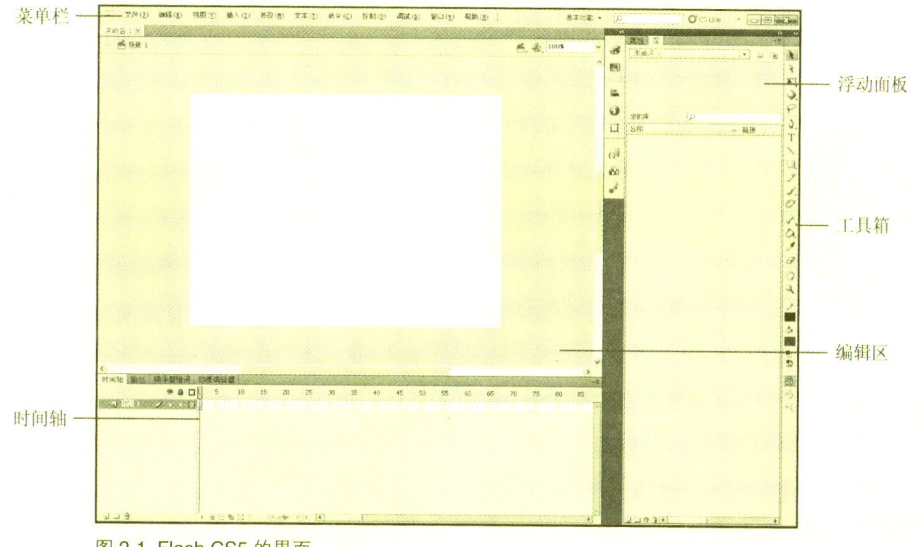

图 2-1 Flash CS5 的界面

一般情况下，使用 Flash 创建或编辑影片时，将涉及到如下几个关键的区域。

- **菜单栏**：提供相关的功能命令。
- **时间轴**：表示动画播放过程中随时间变化的序列。
- **浮动面板**：有助于查看、组织和更改文档中的元素。
- **工具箱**：内含多个绘制自由形状或准确的线条、形状和路径的工具，也可以更改舞台的视图。
- **编辑区**：编辑和播放 Flash 影片的区域。

2.1.1 时间轴

时间轴由显示影片播放状况的帧和表示阶层的图层组成，如图 2-2 所示。时间轴是 Flash 中最为重要的部分，它控制着影片的播放和停止等操作。Flash 动画的制作方法与一般的动画一样，将每一帧画面按照一定的顺序和速度播放，反映这一过程的正是时间轴。图层可以理解为将各种类型的动画以层级结构放置的空间。同时，如果要制作包括多种动作、特效、声音的影片，就要建立放置这些内容的图层。

图 2-2 时间轴

> **教学提示** 编辑时图层间互相影响
>
> 在编辑过程中各图层是可以互相影响的，所以编辑时最好将当前编辑图层外的其他图层锁定。

2.1.2 工具箱

工具箱中包括一套完整的 Flash 图形创作工具，和 Photoshop 等其他图形处理软件的绘图工具非常类似。其中放置了可供编辑图形和文本的各种工具，利用这些工具可以进行绘图、选取、喷涂、修改以及编排文字等操作，有些工具还可以改变查看工作区的方式。在选择了某一工具时，其对应的附加选项也会显示在工具箱底部，附加选项用于设置相应工具处理图形的效果。

Flash 工具箱中包括选择工具、绘制工具、修饰工具、视图调整工具、颜色修改工具和选项设置工具 6 大类别，如图 2-3 所示。各类工具的作用如下所述。

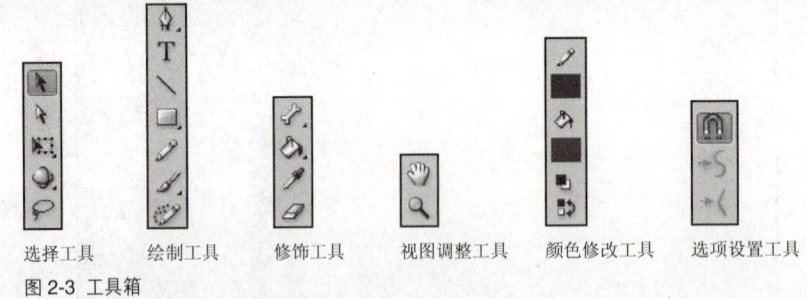

图 2-3 工具箱

- **选择工具**：可以完成对象的选择、2D 与 3D 变形等操作。
- **绘制工具**：单击某个工具时，它就被激活，此时可以在编辑区使用该工具进行绘图。
- **修饰工具**：用户可以完成对绘制对象的填色、描边、擦除等修饰操作。
- **视图调整工具**：如果用户目前要绘图的位置没有显示在编辑区中，那么可以使用视图调整工具中的"手形工具"将要绘制图形的位置显示出来。具体需要绘制某个细致部分的时候，则可以使用"缩放工具"将视图放大到合适的尺寸。
- **颜色修改工具**：当用户认为绘图工具目前的颜色不适用于当前的工作区时，则可以在颜色修改工具中选择适当的工具更改颜色。
- **选项设置工具**：当用户选择具体的某一个绘图工具后，工具箱下方即显示一组可以用来调整其设置的属性选项。例如，如果选择"橡皮擦工具"，与其相对应的属性选项就会出现在工具箱的选项设置区，这样可以很方便地进行更多设置。

2.1.3 浮动面板

Flash 提供了根据用户的要求调整操作界面的多种方法和功能，利用浮动面板可以使操作更为简便。通过调整面板的大小或显示和隐藏的方法，可以有效地分配操作空间，通过群组化常用的面板或用户自定义调配面板位置等方法可以扩大操作空间。

浮动面板可以在影片的制作过程中协助用户观察、组织和修改影片中的元素，其中的相关选项用于调整所选元素的各种属性。Flash CS5 中的浮动面板允许用户对对象、颜色、文本、元件、实例、帧、场景和整个影片进行操作。如图 2-4 所示为 Flash 的面板。

大多数的浮动面板含有附加选项的弹出式菜单，面板的右上角处若有一个黑色的下三角形，单击此下三角形可以弹出菜单，在其中可以选择相应命令。除此之外，还可以通过双击面板标题栏的方法，收回该面板的扩展部分。在收回状态下，面板缩小为一个标题栏，仅显示该面板的名称，这样可以节省空间，扩大编辑视野。当面板处于收回状态时，直接单击此面板的标题栏即可将面板展开。选择了工具箱中的某个工具后，属性面板中即会显示相应的属性。例如，如果选择"文本工具"，属性面板中会显示文本属性，用户便可以直接选择所需的文本属性。如图 2-5 所示为"文本"属性面板。

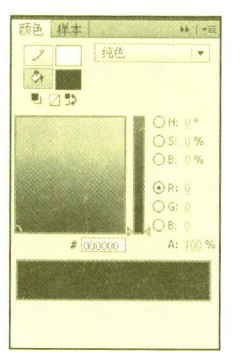
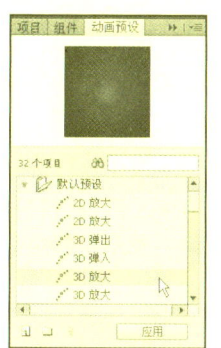
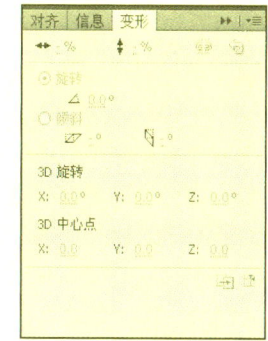
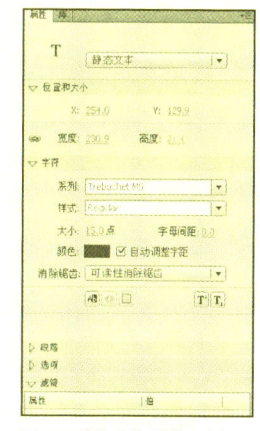

图 2-4 面板

图 2-5 "文本"属性面板

2.1.4 编辑区

编辑区是 Flash CS5 提供的编辑制作动画内容的地方，我们制作的原始 Flash 动画的内容将在这个区域中完全显示。在这里，用户可以充分发挥自己的想象力，制作和显示充满动感和生机的动画作品。编辑区根据工作情况和状态分为两个不同的部分——舞台和工作区。

舞台是用户在创作时观看自己作品的场所，也是用户对动画中的对象进行编辑、修改的场所。对于没有特殊效果的动画，在舞台上也可以直接播放，而且最后生成的 .swf 播放文件中播放的内容也只限于在舞台上出现的对象，其他区域的对象则不会在播放时出现。

工作区是舞台周围的所有灰色区域，通常用于进行动画的开始和结束点的设置，即在动画过程中，对象进入舞台和退出舞台时的位置设置。工作区中的对象除非在某时刻进入舞台，否则不会在播放的影片中看到。

1．文档窗口的控制

这里所提到的文档窗口的控制就是在用户进行工作的区域内，对已完成或未完成的某一区域或整体区域进行观察。我们可以通过改变放大程度在屏幕上观察整个工作区，或是在高倍放大的情形下仔细观

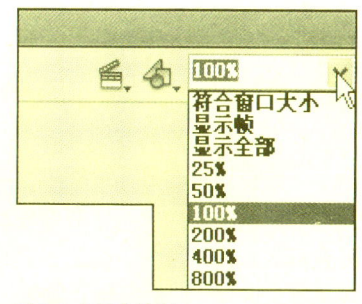

图 2-6 百分比控制

察某一特定区域。

在工作区右上角，有如图 2-6 所示的内容显示百分比设置栏，其中需要强调以下模式。

- **100% 模式**：将缩放设定为 100% 模式。此时，动画将以最接近实际尺寸的样式呈现出来。这种效果的好坏直接取决于显示器和显示卡，也就是说实际的 1 英寸不一定等于 Flash 软件中标尺上的 1 英寸。
- **"显示全部"模式**：这种模式可以播放整个显示帧的内容。如果其场景是空的，那么整个空场景也将会播放出来。
- **"显示帧"模式**：这种模式可用来演示全部场景。

2. 使用标尺、网格和辅助线

（1）标尺

用户可以将标尺放在影片画面顶部和左侧，也可以不显示标尺。显示标尺后，如果要在工作区内移动一个元素，那么元素的尺寸位置就会反映到标尺上。如图 2-7 所示的带有数字的刻度线就是动画窗口中的标尺。

显示或隐藏标尺的方法是：执行"视图 > 标尺"命令，或者按下【Ctrl+Alt+Shift+R】快捷键。

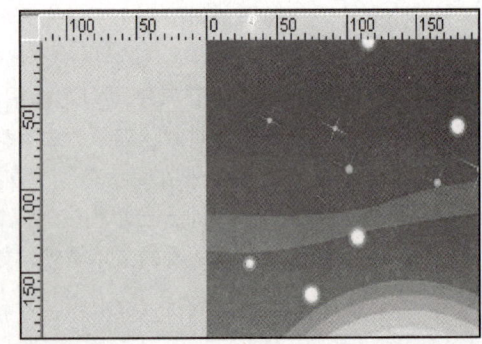

图 2-7 标尺

（2）网格

网格是显示或隐藏在所有场景中的绘图栅格。它可以理解为，在进行团体表演时人们在场地上画出的站位点，如图 2-8 所示。

控制网格的操作方法是：显示或隐藏网格可以通过执行"视图 > 网格 > 显示网格"命令，或者按下【Ctrl+'】快捷键；如果执行"视图 > 贴紧 > 贴紧至网格"命令，舞台中的实例在排版时可以吸附到网格交叉点上；如果觉得网格的排列过于稀疏或拥挤，可以执行"视图 > 网格 > 编辑网格"命令，在打开的"网格"对话框中编辑网格间的尺寸等信息，如图 2-9 所示。

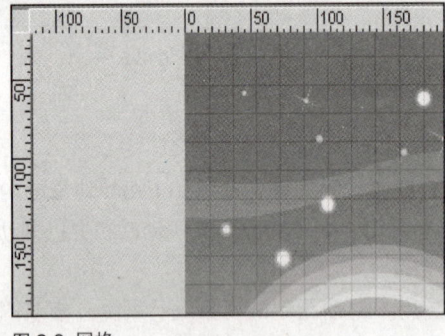

图 2-8 网格

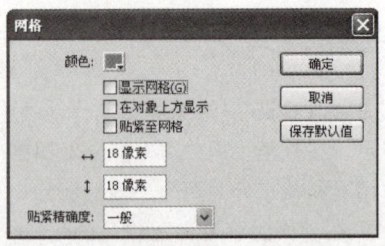

图 2-9 "网格"对话框

（3）辅助线

辅助线也可用于实例的定位。从标尺处按下鼠标左键向舞台中拖动光标，即会拖出一条绿色（默认）的直线，这条直线就是辅助线，如图 2-10 所示。不同的实例之间可以利用这条线作为对齐的标准。用户可以移动、锁定、隐藏和删除辅助线，也可以将对象与辅助线对齐，或者更改辅助线颜色和对齐容差。

控制辅助线的操作方法是：如果希望显示或隐藏辅助线，可以执行"视图 > 辅助线 > 显示辅助线"命令，或取消其选择；如果希望实例与辅助线对齐，可以执行"视图 > 贴紧 > 贴紧至辅助线"命令，否则可以取消其选择；不再需要辅助线时，可以将其删除，方法是使用"选择工具"将辅助线拖到水平或垂直标尺外部；执行"视图 > 辅助线 > 编辑辅助线"命令，在打开的"辅助线"对话框中可以进行辅助线参数的设置，如辅助线的颜色、辅助线的显示、对齐、锁定等，如图 2-11 所示。

了解Flash CS5　**Chapter 02**

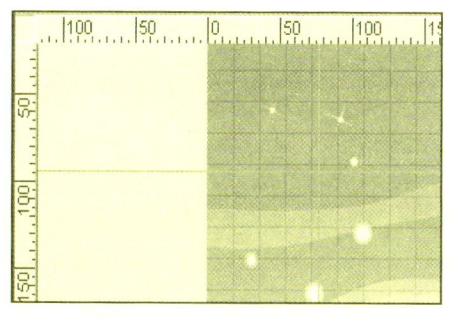

图 2-10 辅助线　　　　　　　图 2-11 "辅助线"对话框

3. 使用文档窗口选项

在文档窗口中，可以使用文档窗口选项控制文档的加速显示。设置加速显示可以通过执行"视图>预览模式"命令实现。一般情况下，显示动画需要耗费较多内存，因而在加速显示时，Flash 可以关闭描述性的实例图形，这样便可以避免因过多的计算量而造成电影播放速度的降低。

下面介绍一下"视图>预览模式"菜单中的几种加速显示方法。

- **轮廓**：场景只显示对象的外轮廓，不会显示全部细节，所有的外型线均以细实线显示。这就可以很容易地对图形元素进行重新整形，并且可以非常快速地显示出复杂的场景，如图 2-12 所示。

教学提示　有选择地使用"轮廓"预览模式

当有些图形线条较混乱时，使用该选项会使较简单的场景复杂化，制作动画时应该有选择地使用"轮廓"选项。

- **高速显示**：这种模式下，系统将关闭消除锯齿的成分，显示图形中的所有颜色和线形。这是在平时工作中使用较多的普通模式，如图 2-13 所示。

图 2-12 轮廓显示　　　　　　　图 2-13 高速显示

- **消除锯齿**：在这种模式下，对象在打开后会带有线条、阴影、元件等设置的消除锯齿成分，阴影和线条在显示上是光滑的，这种操作的速度要明显优于普通模式下的速度。建议使用消除锯齿模式的用户，采用至少具有 16 位或 24 位的显示卡。
- **消除文字锯齿**：这种模式除了可以使图形的边缘平滑之外，还可以使文字的边缘平滑。此模式处理较大的字体时效果最好，如果文本数量过多，速度则会减慢。这是最常用的工作模式。
- **整个**：将完整呈现舞台上的所有内容。此设置可能会降低显示速度。

2.1.5　菜单栏

像许多应用程序一样，Flash 的菜单集中了绝大多数通过窗口和面板可实现的功能，并且，某些功能还是只能通过菜单或相应的快捷键才可以实现。

菜单栏是 Flash CS5 界面的重要组成部分，如图 2-14 所示，菜单栏提供了几乎所有的命令，包括文件、编辑、视图、插入、修改、文本、命令、控制、调试、窗口、帮助共 11 项。

图 2-14 菜单栏

"文件"菜单主要用于一些基本的文件管理操作，如新建、保存、打印等，包含最常用和最基本的一些功能。"编辑"菜单主要用于进行一些基本的编辑操作，如复制、粘贴、选择及相关设置等，它们都是动画制作过程中非常常用的命令集。"视图"菜单主要用于屏幕显示的控制，如缩放、网格、各区域的显示与隐藏等。"插入"菜单提供的多为插入命令，例如向库中添加元件、在动画中添加场景、在场景中添加层、在层中添加帧等操作，这些都是制作动画时所需的命令组。"修改"菜单主要用于修改动画中各种对象的属性，如帧、层、场景，甚至动画本身等，这些命令都是进行动画编辑时必不可少的重要工具。"文本"菜单提供处理文本对象的命令，如字体、字号、段落等文本编辑命令。"命令"菜单提供了命令的功能集成，用户可以根据需要扩充这个菜单，以添加不同的命令。"控制"菜单相当于 Flash CS5 影片的播放控制器，通过其中的命令可以直接控制动画的播放进程和状态。"调试"菜单提供了影片脚本的调试命令，包括跳入、跳出、设置断点等。"窗口"菜单提供了 Flash CS5 所有的工具栏、编辑窗口和功能面板，是当前界面形式和状态的总控制器。"帮助"菜单包括了丰富的帮助信息和教程，是 Flash CS5 提供的帮助资源的集合。

2.2　Flash CS5的新特性

相比于 Flash 之前的版本，Flash CS5 功能更加强大。Flash CS5 已把矢量图的精确性和灵活性与位图、声音、动画和高级交互性融合在一起，能够创作出极具吸引力的高效网页。用户可以通过 Flash CS5 创建同其他 Web 应用程序交互的非线性影片，亦可以建立菜单导航控制、动画 Logo、MV，甚至是整个 Flash 交互网站。

2.2.1　新增功能

1. 文本布局框架

通过新的文本布局框架，借助印刷质量的排版全面控制文本。新的 TLF 文本引擎大大增强了对文本属性和流的控制，如图 2-15 所示。

2. "代码片断"面板

"代码片断"面板允许非程序员应用 ActionScript 3.0 代码进行常见交互，而不需要学习 ActionScript，如图 2-16 所示。

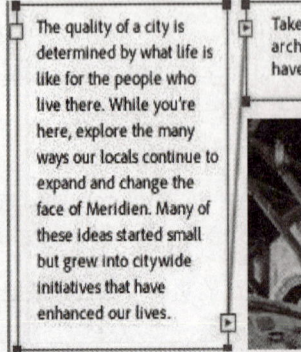

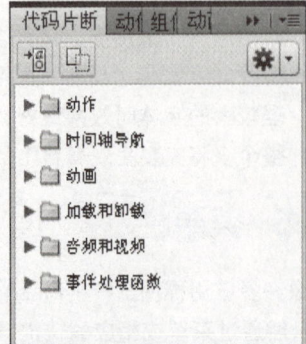

图 2-15 文本布局框架　　　　　　　　　　　图 2-16 "代码片断"面板

3. Flash Builder 集成

在 Flash CS5 和 Flash Builder 4 之间已启用新工作流程，以便这两种产品更易于结合使用。将 Flash Builder 用作 Flash Professional 项目的 ActionScript 主编辑器。

4. 基于 XML 的 FLA 源文件

Flash FLA 文件现在包含称为 XFL 的新内部格式，这种新格式基于 XML。对于大多数用户来说，这一更改是不可见的。但是，新格式支持与其他 Adobe 应用程序实现更好的数据交换，使用源控制系统管理和修改项目，能更轻松地实现文件协作。

2.2.2 增强功能

1. Creative Suite 集成

使用 Adobe Photoshop、Illustrator、InDesign 和 Flash Builder 等 Adobe Creative Suite 组件可提高工作效率。例如，现在可以在 Photoshop CS5 中执行位图图像的往返编辑。

2. 增强的 ActionScript 编辑器

借助经过改进的 ActionScript 编辑器加快开发流程，其中包括自定义类代码提示和代码完成。现在除内置类外，还对自定义 ActionScript 3.0 类启用了代码完成或代码提示，如图 2-17 所示。现在，当在"动作"面板中键入一个左括号时，Flash 将自动添加相应的右括号。

3. 视频改进

现在，可以更轻松地向 Flash 中的视频添加视频提示点。借助舞台视频和新的"提示点"属性面板，简化视频流程，如图 2-18 所示。

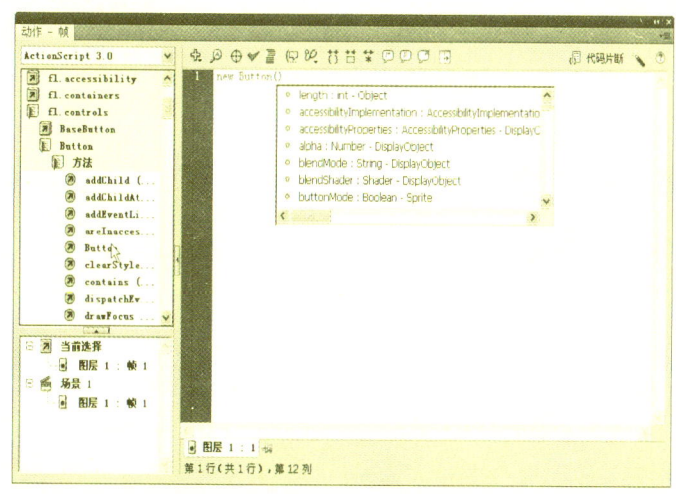
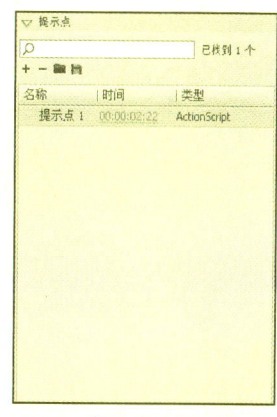

图 2-17 增强的 ActionScript 编辑器　　　　　图 2-18 "提示点"属性面板

4. 广泛的内容分发

Flash CS5 包括允许 Flash 文件作为 iPhone 应用程序部署的 Packager for iPhone。实现跨任何尺寸屏幕的一致交付（包括 iPhone），将 Adobe Device Central 用于增强测试。

5. "骨骼工具"大幅改进

借助为"骨骼工具"新增的动画属性创建出更逼真的反向运动效果，如图 2-19 所示。

6. Deco 绘制工具

借助为"Deco 工具"新增的一整套刷子添加高级动画效果，如图 2-20 所示。

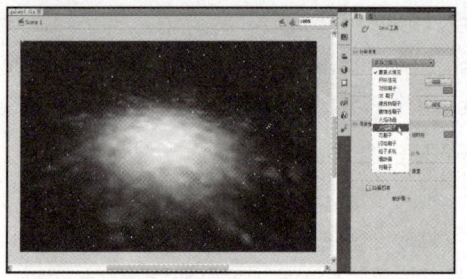

图 2-19 增强的"骨骼工具"　　　　　图 2-20 增强的"Deco 工具"

7. 新模板

Flash CS5 包含一系列新模板，使得在 Flash 中创建常见类型的项目更轻松。这些模板出现在"欢迎"屏幕和"新建文档"对话框中。

2.3 创建Flash动画文件

任何一个动画制作的第一步都是从新建文件开始的。启动 Flash CS5，按下【Ctrl+N】快捷键新建文件，或执行"文件 > 新建"命令新建文件后，Flash CS5 会弹出一个对话框让普通用户选择将要进行的项目类别。该页面中共有两个选项卡，分别为"常规"选项卡和"模板"选项卡，如图 2-21 所示。

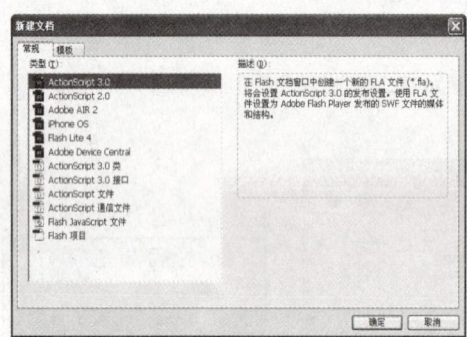
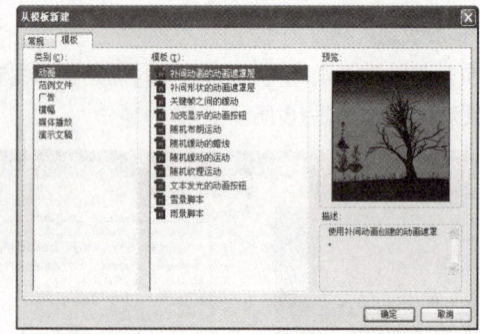

图 2-21 新建文档

2.3.1 新建文件

在菜单栏中执行"文件 > 新建"命令，或者在 Flash CS5 的初始界面上单击"新建"区域的"Flash 文件"，就可以创建新的动画文件了。执行"文件 > 新建"命令后，会打开"新建文档"对话框。

"新建文档"的"常规"选项卡下包含 ActionScript 3.0、ActionScript 2.0、Adobe AIR 2、iPhone OS、Flash Lite 4、Adobe Device Central、ActionScript 3.0 类、ActionScript 3.0 接口、ActionScript 文件、ActionScript 通信文件、Flash JavaScript 文件、Flash 项目选项。选择任一项目，均会在面板右侧的说明框中显示当前选择对象的描述。

1. Flash文档

单击 ActionScript 3.0、ActionScript 2.0、Adobe AIR 2、iPhone OS、Flash Lite 4、Adobe Device Central 中的任一选项，都将在 Flash 文档窗口中新建一个 Flash 文档，这时将进入在后面会频繁使用的动画编辑主界面，如图 2-22 所示。

2. 脚本文件

单击 ActionScript 3.0 类、ActionScript 3.0 接口、ActionScript 文件、ActionScript 通信文件、Flash

JavaScript 文件，可以创建一个外部脚本文件（.as）、外部脚本通讯文件（.asc）或外部 JavaScript 文件（.jsf），并在脚本窗口中对其进行编辑，如图 2-23 所示。

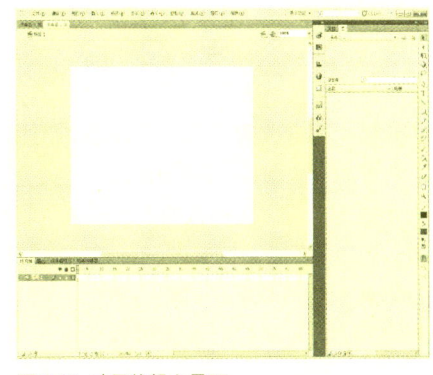 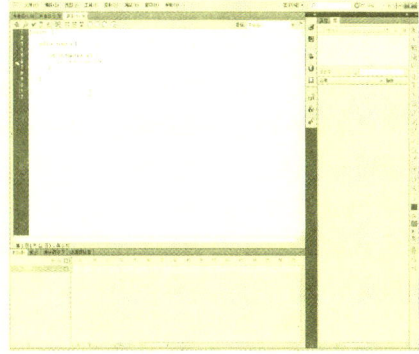

图 2-22 动画编辑主界面　　　　　　图 2-23 脚本编辑

3. Flash 项目

单击 Flash 项目，创建一个新的 Flash 项目文件（.flp）。使用 Flash 项目文件组合相关文件（.fla、.as、.jsff 及媒体文件），为这些文件建立发布设置并实施版本控制选项，如图 2-24 所示。

图 2-24 Flash 项目

2.3.2 新建模板

单击"新建文档"对话框中的"模板"标签，可发现该选项卡分为左、中、右三栏，依次为类别、模板、预览。类别下有 6 个种类，每一个种类所对应的模板和预览窗口的内容都不同。

- **动画**：其中包括许多常见类型的动画，包括动作、加亮显示、发光和缓动等。
- **范例文件**：这些文件提供了 Flash 中常用功能的示例。
- **广告**：其中包括在线广告中常用的舞台大小。
- **横幅**：包括网站界面中常用的尺寸和功能。
- **媒体播放**：包括若干个视频尺寸和高宽比的照片相册和播放。
- **演示文稿**：包括简单的和更复杂的演示文稿样式。

2.3.3 设置文件属性

新建一个 Flash 影片文件后，需要设置该影片的相关信息，如影片的尺寸、播放速率、背景色等。单击如图 2-25 所示的"文档"属性面板中"550×400 像素"后的【编辑】按钮，可以打开如图 2-26 所示的"文档设置"对话框。

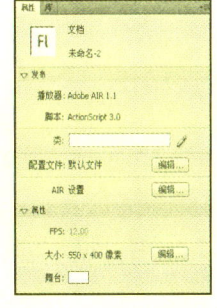 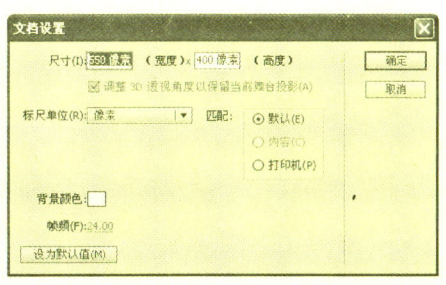

图 2-25 "文档"属性面板　　　图 2-26 "文档设置"对话框

- **尺寸**：用于设置影片的大小，由左到右依次代表影片的宽度和高度。在默认的情况下，数值为 550×400 像素，其设置范围是 1×1 像素　2880×2880 像素。
- **标尺单位**：根据需要变更标尺单位，默认情况下使用"像素"。
- **匹配**：选择"默认"选项，影片的大小恢复为默认的数值 550×400 像素。选择"内容"选项，会根据工作区的对象调整工作区的大小，可以将工作区放大或缩小到位于最右侧和最下端的对象位置。如果希望影片的大小匹配影片的内容，可以将影片内容的整体与工作区的左上角对齐，然后单击该按钮。选择"打印机"选项，会将工作区设置为最大的可用打印区域。这个区域由"页面设置"对话框（文件＞页面设置）中选定的页面大小决定，页面大小减掉页面的边距就是打印区域。
- **背景颜色**：指定影片的背景颜色。单击取色器，打开颜色面板，在其中设置影片的背景颜色即可。可以使用吸管选择颜色或者在 RGB 输入框中直接输入相应的数值。
- **帧频**：设置帧速率。默认值为 12 帧/秒，表示每秒播放 12 帧的内容，可以在输入框中直接输入数值来设定。

2.4 Flash软件基本设置

在特定的情况下，需要在进行动画编辑制作之前对一些相关的参数进行设定，从而定制 Flash CS5 的工作环境。针对每个人都有自己的工具操作习惯和喜好，Flash 中设有预置的选项，可以按照个人意愿自行设置。

2.4.1 自定义快捷键

使用快捷键可以大大提高工作效率，Flash 本身就提供了包括菜单、命令、面板等许多快捷键，用户可以在 Flash 中使用这些快捷键，也可以自己定义快捷键，使其与个人的习惯保持一致。比如，用户可以从某一个比较流行的软件程序中选择一组内置快捷键，包括 Fireworks、Illustrator 和 Photoshop 等。Flash CS5 同样提供了自定义快捷方式及热键的功能，用户可以根据自己的需要和习惯自由地设置各种操作的相应快捷方式和热键。自定义键盘快捷键的步骤如下。

Step 01 执行"编辑＞快捷键"命令，打开"快捷键"对话框，如图 2-27 所示。

在该对话框中，Flash CS5 为用户配置了 Adobe 标准、Fireworks4、Flash 5、FreeHand 10、Illustrator 10、Photoshop 6 等快捷方式，便于不同用户使用 Flash CS5。

一般来说，以上的这几种快捷方式对于一般的用户就足够了，但是如果是特殊的用户或者是普通用户在特殊情况下有更多需要时，还可以进行其他选择。Flash CS5 提供了自定义快捷方式的功能，可以方便快捷地满足用户的需要，定义出称心如意的快捷方式个性化操作方案。

Step 02 在上面已配置的快捷方式中选出与要自定义的最理想的快捷方式最接近的那种，例如选择 Flash 5 快捷方式配置方案（需要注意的是，Flash CS5 自带的内置快捷方式的标准配置——"Adobe 标准"是不能修改的），单击右侧的【直接复制设置】按钮，在弹出的对话框中为自定义的快捷方式命名，然后单击【确定】按钮。下面就可以根据自己的习惯进行相应的自定义设置了。

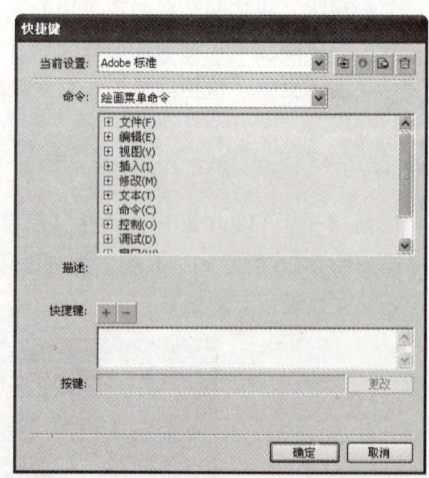

图 2-27 "快捷键"对话框

如果想给一项操作设置多个快捷方式，只需单击"快捷键"后面的【＋】按钮，然后在"按键"栏中键入另外的热键并单击【更改】按钮即可。

如果想要删除不需要的热键设置，只需选定要删除的组合键使其高亮显示，然后单击【-】按钮即可。

如果要删除不再需要的个性化快捷方式配置，则首先单击"当前设置"下拉列表右侧的【删除设置】按钮，然后在弹出的对话框中选择要删除的配置，使其高亮显示，单击【删除】按钮即可。

2.4.2 设置首选参数

执行"编辑 > 首选参数"命令，屏幕上会弹出一个"首选参数"对话框，其中有 9 个类别，用户可以在此设置相应的参数，其中最常用的是常规设置和 ActionScript 设置，如图 2-28 和图 2-29 所示。

1. 常规设置

- **启动时**：默认设置是"欢迎屏幕"，还包含"不打开任何文档"、"新建文档"和"打开上次使用的文档"。
- **撤销**：包含"文档层级撤销"和"对象层级撤销"。"层级"数设置得越高，所需的内存也越大。
- **在选项卡中打开测试影片**：选中后，即可在选项卡中打开测试影片。
- **自动折叠图标面板**：选中后，画面中的浮动面板可以自动收缩。
- **使用 Shift 键连续选择**：选中后，在按住【Shift】键的前提下才可以选择多个对象，否则选择多个对象时只能逐次单击要选的对象。
- **显示工具提示**：选中后，在光标指向工具时，工具旁边会显示工具的名称，反之亦然。
- **接触感应选择和套索工具**：选中后，使用"选择工具"和"套索工具"时反应会敏感。
- **显示 3D 影片剪辑的轴**：选中后，对于 3D 影片的剪辑元件会显示其 3D 轴。
- **基于整体范围的选择**：选中后，可以在时间轴上选择一个区域。
- **场景上的命名锚记**：选中后，可以在操作中指定一个场景。
- **加亮颜色**：设置舞台上所选对象的边框的显示颜色。
- **禁用 PostScript**：用于设置是否使用 PostScript 打印机输出文件。

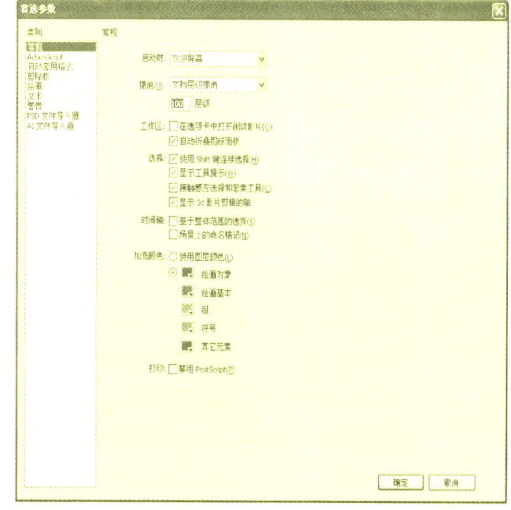

图 2-28 首选参数常规设置

2. ActionScript设置

- **编辑**：主要用于设置使用 ActionScript 时的自动缩排及代码的延迟时间。
- **字体**：设置使用 ActionScript 编写脚本时所用的字体、字号、样式等。
- **打开 / 导入、保存 / 导出**：设置文档编码。
- **重新加载修改的文件**：设置重新加载修改的文件的提示方式。
- **类编辑器**：设置 ActionScript 类的编辑器软件。

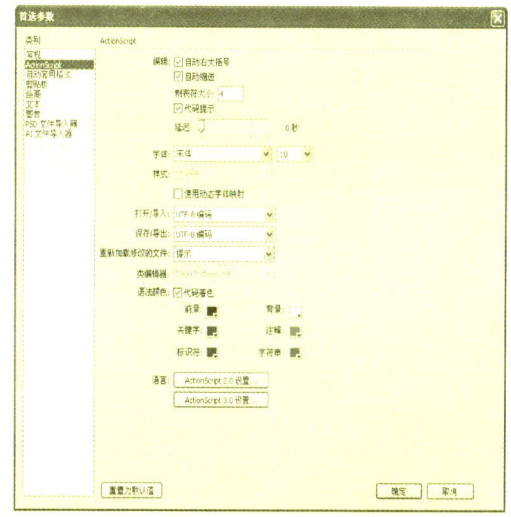

图 2-29 首选参数 ActionScript 设置

- **语法颜色**：用于设置使用 ActionScript 时各处的颜色，包括前景、背景、关键字、注释、标识符、字符串等。
- **语言**：设置 ActionScript 的语言版本。

思考与练习

★参见光盘"思考与练习答案"文档

一、填空题

（1）帧速率是指_____。
（2）Flash CS5 的新增功能主要包括_____。
（3）执行"视图 > 隐藏边缘"命令的作用是_____。

二、选择题

（1）在设置影片属性时，设置影片播放的速率为 12fps，那么在影片测试时，时间轴上显示的影片播放速度可能是（　　）。
　　A. 等于 12fps　　　B. 小于 12fps　　　C. 大于 12fps　　　D. 大于、小于 12fps 均有可能
（2）在以下哪些操作系统下可以通过浏览器播放 Flash 影片（SWF 格式的文件）？（　　）
　　A. DOS　　　　　B. Windows XP　　C. Windows 2000　D. Redhat Linux
（3）以下属于 Flash CS5 增强功能的是（　　）。
　　A. 增强的 ActionScript 编辑器　　　　B. 视频改进
　　C. "骨骼工具"大幅改进　　　　　　　D. 新模板

三、上机操作题

（1）建立新的 Flash 动画文件，设置帧频为 24fps。
（2）设置 Flash CS5 软件的首选参数，如图 2-30 所示。
（3）设置 Flash CS5 软件的快捷键，如图 2-31 所示。

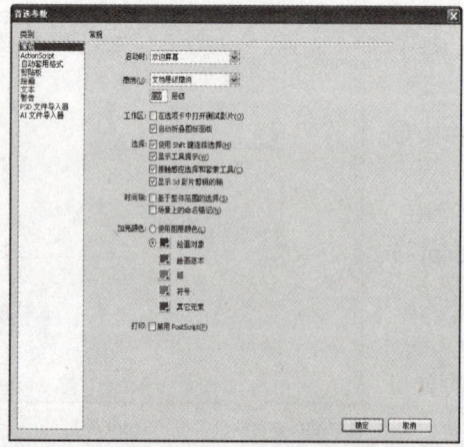
图 2-30 首选参数设置

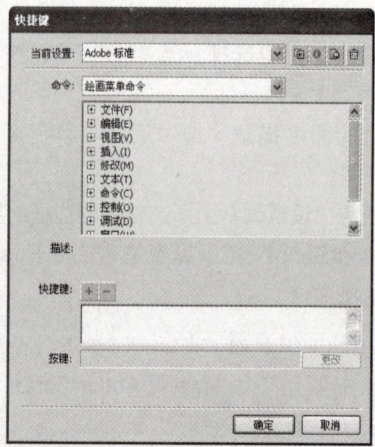
图 2-31 "快捷键"对话框

Chapter 3 使用Flash绘制图形

课题概述 利用 Flash 中的绘图工具可以为影片中的艺术作品创建和修改图形。本章主要介绍 Flash 矢量绘图工具的使用。主要包括线条工具、形状工具、自由绘制工具、颜色工具、选择工具及辅助绘图工具等。

教学目标 在进行 Flash 的绘图与着色之前，理解 Flash 绘图工具的工作方式、熟练掌握绘图工具的使用是 Flash 学习的关键。在学习和使用过程中，应清楚各工具的用途，例如绘制曲线时可以使用"椭圆工具"和"钢笔工具"。灵活运用这些工具，可以绘制出栩栩如生的矢量图，为后面的动画制作做好准备工作。

★ 章节重点
- ★★★★☆ 使用绘图工具
- ★★★★★ 使用选择工具
- ★★★★★ 使用颜色工具
- ★★★☆☆ 使用查看工具

★ 光盘路径
- 上机实践：sample\第3章\
- 课后练习：exercise\第3章\
- 电子教案：PPT\FL_lesson3.ppt

3.1 使用绘图工具

利用工具箱中的工具可以绘制、涂色、选择和修改图形，也可以更改舞台的视图。在 Flash CS5 中，创建和编辑矢量图形主要是通过工具箱中提供的绘图工具实现的，Flash CS5 一共提供了十余组二十余种绘图工具，如图 3-1 所示。这些工具按照功能可以划分为选择、绘图、修饰、视图调整、颜色等。

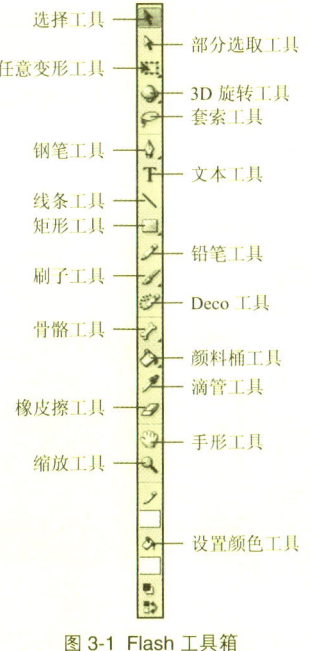

图 3-1 Flash 工具箱

3.1.1 铅笔工具和线条工具

"铅笔工具"和"线条工具"都是用来绘制直线或线条的工具,根据所选工具的不同,可以绘制出不同风格的线条。

1. 铅笔工具

使用"铅笔工具" ✎ 绘制线条几乎与使用真实的铅笔相同。另外,在绘制时,还可以选择不同的绘制模式。使用铅笔工具绘制线条的步骤如下。

课堂示范素材:sample\第3章\原始文件\3.1使用绘图工具\铅笔.fla

Step 01 选择"铅笔工具" ✎。

Step 02 在工具箱底部的选项设置区中选择绘画模式,如图3-2所示。

- **伸直**:可绘制直线,并且可以将三角形、椭圆、圆、矩形、正方形强制变为相应的常规几何形状。
- **平滑**:可绘制平滑曲线。
- **墨水**:绘制的自由形线条将基本保持原样。

Step 03 在工作区中绘制线条,如果同时按下【Shift】键,则可将线条约束在水平、垂直或45°角的方向上。

如图3-3所示就是用铅笔绘制的图形。

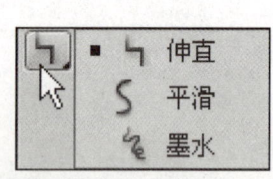

图3-2 铅笔绘画模式　　图3-3 铅笔绘制的图形

2. 线条工具

"线条工具" ╲ 也是用来绘制直线的工具,在属性面板中可以设置直线的属性,如图3-4所示。

- **笔触颜色**:用户可以在此为直线选择一种颜色,利用Flash CS5的调色板可以设定其Alpha值或设定不可填充色。
- **笔触**:可以直接输入数字,也可通过调节滑块的方式调整线条的粗细。
- **样式**:在下拉列表中可以选择不同的线条样式,如实线、点状线、斑马线等。
- **编辑笔触样式**:单击【编辑笔触样式】按钮 ✎,可以打开"笔触样式"对话框,在该对话框中可以对线的属性进行设置,如图3-5所示。

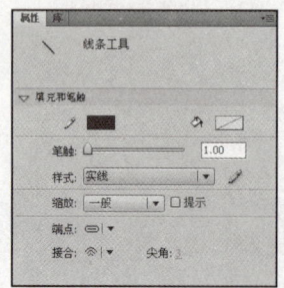
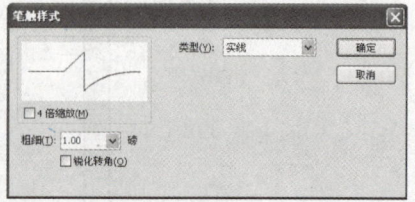

图3-4 "线条工具"属性面板　　图3-5 "笔触样式"对话框

- **缩放**:设置线条缩放的方向。
- **提示**:可在全像素下调整直线锚点和曲线锚点,防止出现模糊的垂直或水平线。

- **端点**：可在此设定直线端点的三种状态，即"无"端点、"圆角"端点、"方形"端点，如图3-6所示。

直线 - 无端点　　　　　　　直线 - 圆角端点　　　　　　　直线 - 方形端点

图3-6 直线端点的三种状态

- **接合**：定义两个路径片段的相接方式为尖角、圆角或斜角。要更改开放或闭合路径中的转角，请选择一个路径，然后选择另一个接合选项，如图3-7所示。

尖角　　　　　　　圆角　　　　　　　斜角

图3-7 接合状态

在使用"线条工具"绘制直线的过程中，按住【Shift】键可以绘制出垂直、水平或者是45°倾斜的直线。按住【Ctrl】键可以暂时切换到"选择工具"，对工作区中的对象进行选取，当释放按键后又会自动恢复到"线条工具"状态。

3.1.2 钢笔工具组

使用钢笔工具组中的工具可以绘制直线或者平滑、流畅的曲线，也可以生成直线段、曲线段，还可以调整直线段的角度和长度以及曲线段的倾斜度等。

1. 钢笔工具

使用"钢笔工具"时，如果只是单击，则会生成直线段的控制点，也称锚点。如果单击并拖曳，则会生成曲线段的控制点。调整线段上的控制点，便可以调节直线段、曲线段，还可以把曲线转变为直线，反之亦然。此外，还可以显示并调整由其他工具，如铅笔、笔刷、直线、椭圆或者矩形等工具生成的线条。

使用"钢笔工具"在舞台上单击生成锚点，继而绘制直线。线条上的锚点定义了线段的长度。使用"钢笔工具"绘制直线的步骤如下。

Step 01 选择"钢笔工具"。
Step 02 设置笔触和填充属性。
Step 03 在舞台中直线的开始点单击，定义第一个锚点。
Step 04 在线段终点处单击，完成线段的绘制。在绘制的同时，如果按住【Shift】键，则绘制出的线段与舞台的水平线可以成0°、45°或90°角，如图3-8所示。

将路径定为开放或封闭路径可以进行以下操作。

- 要完成一个开放路径，只需双击最后一个锚点，或者单击工具箱中的"钢笔工具"。还可以在远离路径的位置按住【Ctrl】键并同时单击。
- 要完成一个封闭路径，可将"钢笔工具"定位于第一个锚点处，这时，在笔尖旁会出现一个小圆环，然后单击或拖曳，即可封闭路径，如图3-9所示。

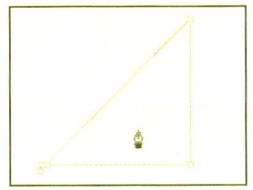　　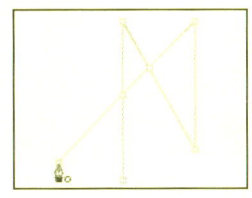

图3-8 按住【Shift】键绘制　　图3-9 绘制封闭路径
带有角度的直线

选择"钢笔工具"，在舞台上沿着曲线延伸的方向拖曳，创建曲线的第一个锚点。然后沿着相反的方向拖曳"钢笔工具"创建第二个锚点，从而绘制出曲线。当使用"钢笔工具"绘制曲线段时，线段上的锚点会显示出正切方向的调节柄，每个调节柄的斜率和长度定义了曲线的斜率、高度或者深度，移动调节柄可以改变曲线路径的形状。使用"钢笔工具"绘制曲线的步骤如下。

Step 01 选择"钢笔工具"。

Step 02 在舞台中要绘制曲线的端点处按住鼠标左键不放，绘制曲线第一个锚点，钢笔的指针变为箭头。

Step 03 沿着希望曲线延伸的方向拖曳光标。在拖曳时，将出现曲线的调节柄。如果同时按下【Shift】键，则调节柄方向变为45°的倍数角方向。

Step 04 释放鼠标左键，调节柄的斜率和长度定义了曲线段的长度，以后可以随时移动调节柄调节曲线。

Step 05 将光标定位于曲线段的结束点处，按下鼠标左键不放，沿着相反方向拖曳，完成曲线段的绘制，效果如图3-10所示。

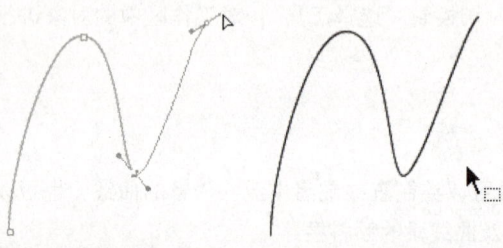

图 3-10 绘制曲线

2. 添加锚点、删除锚点、转换锚点工具

使用"钢笔工具"绘制曲线时，曲线拐弯处会生成调节点（连续曲线路径上的各个锚点）；在绘制一条直线段或者连接曲线段上的一条直线时，则会生成角点，即直线路径上的或者直线路径与曲线路径接合点处的锚点。默认状态下，被选中的曲线锚点以空心圆显示。将角点转换为曲线点（非角点的锚点），或者将曲线点转换为角点，可以将线条中的线段从直线段转换为曲线段，或者将曲线段转换为直线段。还可以移动、添加、删除路径上的锚点，使用"部分选取工具"移动锚点可以调整直线段的长度或角度。调整曲线段的斜率时，轻推被选择的锚点，即可做微量调节。删除曲线路径上不再需要的锚点，不仅可以优化该曲线，还可以缩减文件容量。

选择工具箱中的"添加锚点工具"后，在路径上单击，可以在单击处添加锚点。有时绘制的路径上锚点过多，导致调节困难，这时可以手动删除一些无用的锚点。选择工具箱中的"删除锚点工具"后，在锚点上单击，可以删除单击处的锚点。

对锚点进行编辑时，常常要将一个两侧没有方向线的锚点转换为两侧有方向线的曲线点，或将曲线点转换为角点。选择工具箱中的"转换锚点工具"后，在曲线点上单击，可以将其转换为角点；在锚点上拖动，可以拉伸出锚点的调节板。如图3-11和图3-12所示。

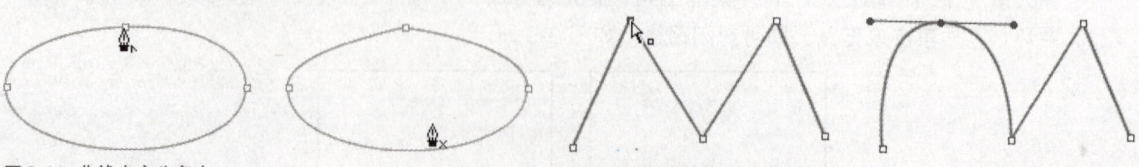

图 3-11 曲线点变为角点　　　　　　图 3-12 角点转换为曲线点

3.1.3 矩形工具组

矩形工具组中的工具主要用于绘制椭圆、圆形、矩形、正方形和多角星形等。

1. 矩形工具和基本矩形工具

"矩形工具"的用途很明显，即绘制矩形。该工具在使用时可以设置填充色。与"铅笔工具"、"钢笔工具"和"线条工具"类似的是，该工具绘制的图形轮廓分别是由4条直线段组成的。当然，"矩形工具"也有一个很明显的特点，它是从"椭圆工具"扩展出来的一种绘图工具，其用法与后面将要介绍的"椭圆工具"基本相同，利用它也可以绘制出带有一定圆角的矩形，而要使用其他工具则会非常麻烦。

使用"矩形工具"的操作步骤如下：先选择工具箱中的"矩形工具"，这时工作区中的光标将变成一个十字，这时就可以在工作区中绘制矩形了。然后需要在如图3-13所示的属性面板中设置"矩形工具"的绘制参数，包括所绘矩形的轮廓色、填充色、矩形轮廓线的粗细和矩形的轮廓类型。

除了和绘制线条时相同的属性外，利用更多的设置可以绘制出圆角矩形。

- **角度**：可以分别设置圆角矩形4条边的角度值，范围为0～999，以"磅"为单位。数字越小，绘制的矩形的4个角的圆角弧度就越小，默认值为0，即没有弧度，表示4个角为直角。
- **重置**：恢复圆角矩形角度的初始值。

设置好所绘矩形的属性后，就可以开始绘制矩形了。将光标移动到工作区中，在要绘制矩形的大概位置按下鼠标左键不放，然后沿着要绘制的矩形方向拖动光标，在适当位置释放鼠标左键。完成上述操作后，工作区中就会出现一个有填充色和轮廓的矩形。如图3-14所示为矩形和圆角矩形绘制完成后的效果。

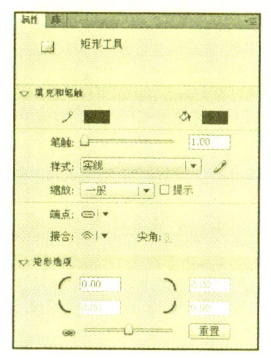
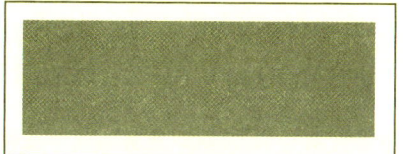

图3-13 "矩形工具"属性面板　　图3-14 绘制矩形和圆角矩形

相对于"矩形工具"来讲，"基本矩形工具"绘制的是更加易于控制的矩形对象。首先单击工具箱中的"基本矩形工具"，这时工作区中的光标将变成一个十字，这时就可以在工作区中绘制矩形了。如果不想使用默认的绘制属性进行绘制，可以在如图3-15所示的属性面板中设置。使用"选择工具"可以拖动矩形对象上的节点，轻松地将其转换为多种形状的圆角矩形，如图3-16所示。

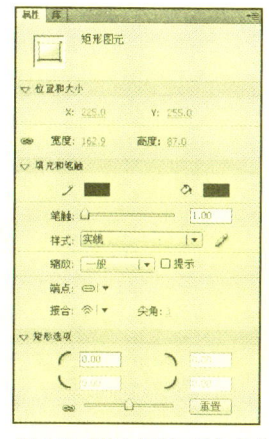

图3-15 "基本矩形工具"属性面板　　图3-16 绘制基本矩形

2. 椭圆工具和基本椭圆工具

利用"椭圆工具" ○ 可以绘制椭圆或圆形，虽然使用"钢笔工具" ♦ 和"铅笔工具" ✎ 也能绘制出椭圆，但在具体使用过程中，如要绘制椭圆，直接利用"椭圆工具" ○ 将大大提高绘图的效率。另外，使用"椭圆工具" ○ 可以直接在椭圆中设置填充色。"椭圆工具" ○ 可用来绘制椭圆和圆形，用户不仅可以任意选择轮廓线的颜色、线宽和线型，还可以任意选择轮廓线的颜色和圆的填充色。

使用"椭圆工具" ○ 操作步骤如下：首先单击工具箱中的"椭圆工具" ○ ，这时工作区中的光标将变成一个十字，这时便可以在工作区中绘制椭圆了。如果不想使用默认的绘制属性进行绘制，可以在如图 3-17 所示的属性面板中设置。

设置好所绘椭圆的属性后，就可以开始绘制椭圆了。将光标移动到工作区中，在要绘制椭圆的大概位置按下鼠标左键不放，然后沿着要绘制椭圆的方向拖动光标，在适当位置释放鼠标左键。完成上述操作后，工作区中就会出现一个有填充色和轮廓的椭圆。如图 3-18 所示为多个椭圆绘制完成后的效果。

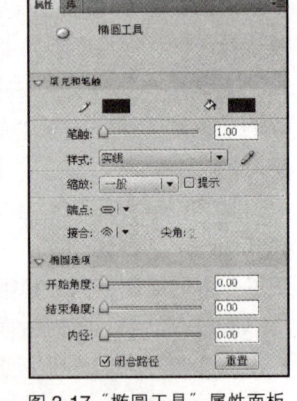

图 3-17 "椭圆工具" 属性面板

除和绘制线条时相同的属性外，利用更多的设置可以绘制出扇形图案。

- **开始角度**：设置扇形的起始角度。
- **结束角度**：设置扇形的结束角度。
- **内径**：设置扇形内角的半径。
- **闭合路径**：使绘制出的扇形为闭合扇形。
- **重置**：恢复角度、半径的初始值。

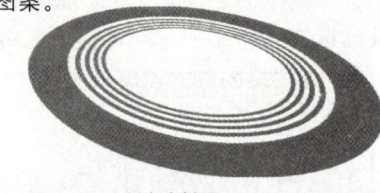

图 3-18 绘制多个椭圆

教学提示 使用"椭圆工具"和"矩形工具"绘制的技巧

按住【Shift】键时，使用"椭圆工具"可以画出圆形；使用"矩形工具"可以画出正方形。按住【Alt】键时，将以起始点为中心向四周发散的形式来绘制。也可以按住【Alt+Shift】键，这时则是以起始点为中心向四周绘制圆形或正方形。

相对于"椭圆工具" ○ 来讲，"基本椭圆工具" ○ 绘制的是更加易于控制的扇形对象。首先单击工具箱中的"基本椭圆工具" ○ ，这时工作区中的光标将变成一个十字，这时便可以在工作区中绘制扇形了。如果不想使用默认的绘制属性进行绘制，可以在如图 3-19 所示的属性面板中设置。使用"选择工具" ▸ 可以拖动扇形对象上的节点，轻松将其变形为多种形状的图形，如图 3-20 所示。

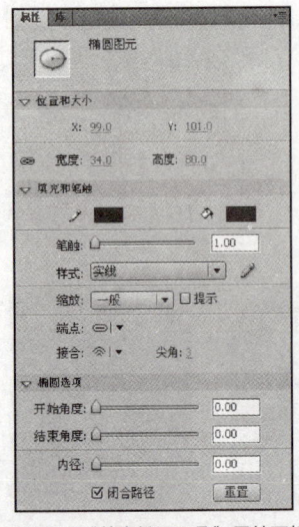

图 3-19 "基本椭圆工具" 属性面板

图 3-20 绘制扇形

3. 多角星形工具

使用"多角星形工具"　的操作步骤如下：先单击工具箱中的"多角星形工具"　，工作区中的光标将变成一个十字，这时便可以在工作区中绘制多角星形了。然后需要在如图3-21所示的属性面板中设置"多角星形工具"　的绘制参数，包括所绘出多角星形的轮廓色、填充色、多角星形轮廓线的粗细和多角星形的轮廓类型等。

除了和绘制线条时相同的属性外，利用更多的设置可以绘制出多角星形。单击属性面板中的【选项】按钮后，可以在打开的如图3-22所示的"工具设置"对话框中设置以下内容。

- 样式：有两个选项，默认的是"多边形"，用户也可选"星形"。
- 边数：设置多边形或星形的边数。
- 星形顶点大小：设置星形顶点的大小。

设置好所绘多角星形的属性后，就可以开始绘制多角星形了。将光标移动到工作区中，在要绘制多角星形的大概位置按下鼠标左键不放，然后沿着要绘制多角星形的方向拖动光标，在适当位置释放鼠标左键。完成上述操作后，工作区中就会出现一个有填充色和轮廓的多角星形。如图3-23所示为两个多角星形绘制完成后的效果。

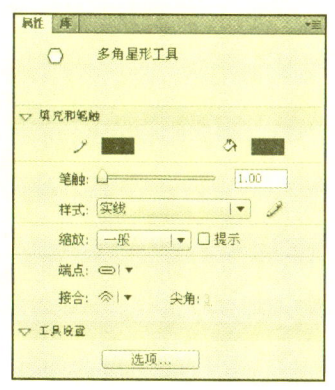
图3-21 "多角星形工具"属性面板

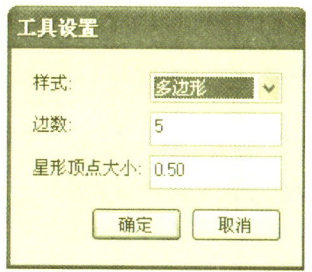
图3-22 "工具设置"对话框

图3-23 绘制多角星形

3.1.4 刷子工具组

使用刷子工具组绘画的效果与真正的画笔一样，可以方便地绘制各种类型的笔触。使用"刷子工具"　还可以生成多种特殊效果，包括类似书写的效果。在好的手写板上，甚至还可以通过调整压感笔的压力来调节笔触的宽度。

1. 刷子工具

使用"刷子工具"　绘图时，可以使用导入的位图作为填充物，具体操作步骤如下。
课堂示范素材：sample\第3章\原始文件\3.1使用绘图工具\刷子.fla

Step 01 在工具箱中选择"刷子工具"　。
Step 02 选择一种填充色。
Step 03 单击【刷子模式】按钮，在弹出的列表中选择笔刷模式，如图3-24所示。

- 标准绘画：用于同层边框及填充中的绘图。
- 颜料填充：若选择此选项，则只能对填充区和空白区进行填充，线条不受影响。
- 后面绘画：在同层中的工作区上的空白区域绘图，线条及填充区不受影响。
- 颜料选择：当在填充修正器或在填充面板中选择了填充色后，可选此选项，将新的填充色应用到选择对象上。使用该选项每次只能选择一个填充区。
- 内部绘画：若选择此选项，则在笔刷的开始位置绘图，且不会影响线条。本选项具有良好的智能着色本领，它绝不允许在线条以外绘图。如果在空白区域开始运笔，则填充色绝不会影响任何现存的已填充的区域。

Step 04 在如图3-25所示的列表中选择刷子大小和刷子形状，并从"刷子工具"属性面板中选择颜色。

Step 05 如果计算机接有手写板，则可以在压力修正器中选择不同的压感笔压力调整笔划的宽度。

Step 06 在工作区上运用刷子，如果同时按下【Shift】键，则可将刷子约束在水平或垂直的方向绘图。如图3-26所示就是用"刷子工具"绘制的图形。

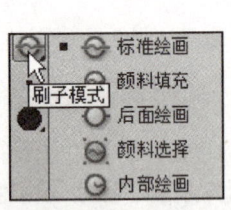 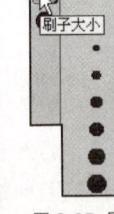 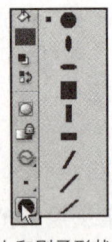 

图3-24 刷子绘画模式　　图3-25 刷子大小和刷子形状　　图3-26 利用"刷子工具"绘制的图形

2. 喷涂刷工具

"喷涂刷工具"的作用类似于粒子喷射器，使用它可以一次将形状图案"刷"到舞台上。默认情况下，"喷涂刷工具"使用当前选定的填充颜色喷射粒子点。但也可以使用"喷涂刷工具"将影片剪辑或图形元件作为图案应用，操作步骤如下：

课堂示范素材：sample\第3章\原始文件\3.1使用绘图工具\喷涂刷.fla

Step 01 选择"喷涂刷工具"。

Step 02 在如图3-27所示的"喷涂刷工具"属性面板中，选择默认喷涂点的填充颜色。或者单击【编辑】按钮，从库中选择自定义元件。

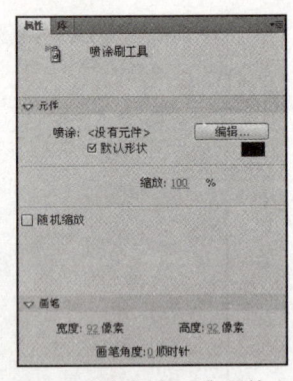

- **编辑**：打开"选择元件"对话框，可以在其中选择影片剪辑或图形元件以用作喷涂刷粒子。选中库中的某个元件时，其名称将显示在【编辑】按钮的旁边。如果库中没有元件，会弹出如图3-28所示的对话框，提示用户添加元件。
- **颜色**：选择用于默认粒子喷涂的填充颜色。
- **缩放**：缩放用作喷涂粒子的元件的宽度或高度。
- **随机缩放**：指定按随机缩放比例将每个基于元件的喷涂粒子放置在舞台上，并改变每个粒子的大小。使用默认喷涂点时，此选项会禁用。

图3-27 "喷涂刷工具"属性面板

教学提示 可以选作喷涂刷粒子的对象

可将库中任何影片剪辑或图形元件作为"粒子"使用。通过这些粒子，可对在Flash中创建的插图进行多种创造性控制。

Step 03 在舞台上要显示图案的位置单击或拖动。

如图3-29所示就是用"喷涂刷工具"绘制的星际天空。

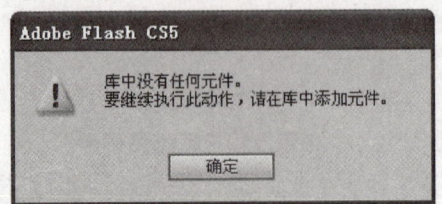 

图3-28 提示添加元件　　　　　图3-29 利用"喷涂刷工具"绘制的图形

3.1.5 橡皮擦工具

"橡皮擦工具" ✐可以擦除工作区中的边框和填充。用户可以使用命令快速擦除工作区中的任何元素，包括个体边框线段或被填充的区域，也可以通过拖动光标来擦除。

可以将"橡皮擦工具" ✐自定义为擦除边框、擦除填充区或擦除某单一填充区。"橡皮擦工具" ✐的外观既可以是圆形，也可以是方形，而且它有5个不同大小的橡皮头。

1. 拖曳光标清除边框或填充

拖曳光标清除边框或填充的操作步骤如下。

Step 01 选择"橡皮擦工具" ✐，在选项设置区单击【橡皮擦模式】按钮 ◎。

Step 02 在弹出的列表中有5种擦除图画区域的方式，如图3-30所示。

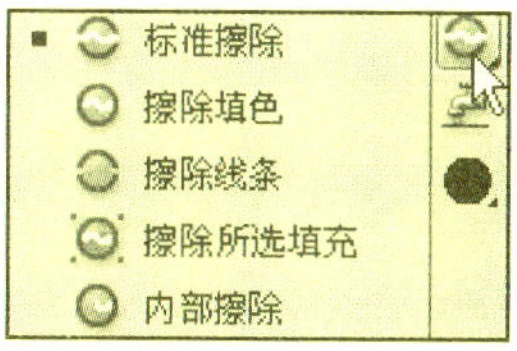

- **标准擦除**：该方式可以清除同一图层上的边框和填充。
- **擦除填色**：该方式仅清除填充，对边框没有影响。
- **擦除线条**：该方式仅清除边框，对填充没有影响。
- **擦除所选填充**：该方式仅清除被选择的填充区，无论边框是否选中都不受影响。在使用"橡皮擦工具" ✐前，请先选择要清除的填充区域。
- **内部擦除**：该方式仅清除橡皮擦笔触最开始所在的填充区，如果橡皮擦笔触从空白区开始，则不会清除任何元素。该模式下的擦除对边框没有影响。

图3-30 5种擦除方式

Step 03 单击【橡皮擦形状】按钮 ●，选择橡皮擦形状和大小，同时要确保没有选择【水龙头】按钮 ⚒。

Step 04 在工作区中拖曳光标，即可完成擦除。

2. 快速擦除边框或填充区

课堂示范素材：sample\第3章\原始文件\3.1使用绘图工具\橡皮擦.fla

Step 01 打开"sample\第3章\原始文件\3.1使用绘图工具\橡皮擦.fla"文件，选择"橡皮擦工具" ✐，然后单击工具箱下部选项设置区中的【水龙头】按钮 ⚒。

Step 02 单击要删除的边框线段或填充区，如图3-31所示。

图3-31 快速擦除选区

3.1.6 Deco工具

使用"Deco工具" ✐，可以对舞台上选定的对象应用效果。在选择"Deco工具" ✐后，可以从属性面板中选择效果。

以"藤蔓式填充"效果为例，可以用藤蔓式图案填充舞台、元件或封闭区域。通过从库中选择元件，可以替换工作区中的叶子和花朵的插图。生成的图案将包含在影片剪辑中，而影片剪辑本身包含组成图案的元件。

Step 01 选择"Deco工具" ✐，然后在如图3-32所示的属性面板中从"绘制效果"下拉列表中选择"藤蔓式填充"。

Step 02 在"Deco工具"属性面板中，选择默认花朵和叶子形状的填充颜色。或者单击【编辑】按钮，从库中选择一个自定义元件，以替换默认花朵元件和叶子元件之一或同时替换二者。

> **教学提示** 可以选作Deco工具图案的对象
>
> 可以使用库中的任何影片剪辑或图形元件，将默认的花朵和叶子元件替换为藤蔓式填充效果。

Step 03 可以指定填充形状的水平间距、垂直间距和缩放比例。应用藤蔓式填充效果后，将无法更改属性面板中的高级选项以改变填充图案。

- **分支角度**：指定分支图案的角度。
- **分支颜色**：指定用于分支的颜色。
- **图案缩放**：缩放操作会使对象同时沿水平方向（沿 x 轴）和垂直方向（沿 y 轴）放大或缩小。
- **段长度**：指定叶子节点和花朵节点之间的段的长度。
- **动画图案**：指定效果的每次迭代都绘制到时间轴中的新帧。在绘制花朵图案时，此选项将创建花朵图案的逐帧动画序列。
- **帧步骤**：指定绘制效果时每秒要横跨的帧数。

Step 04 单击舞台，或者在要显示网格填充图案的形状或元件内单击，如图 3-33 所示。

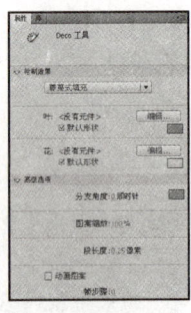
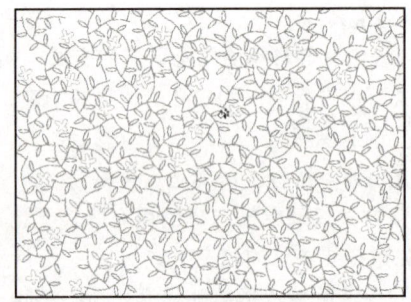

图 3-32 "Deco 工具"属性面板　　图 3-33 快速擦除选区

上机练习 | 绘制"卡通少女"图形

原始文件：无
最终文件：sample\第3章\最终文件\上机练习\卡通少女-end.fla
应用范围：Flash图形绘制，角色绘制，数码插画，卡通造型

Step 01 选择"钢笔工具"，笔触颜色选择黑色，勾画出女孩儿的脸部轮廓，如图 3-34 所示。

图 3-34 绘制脸部轮廓

Step 02 选择"铅笔工具"，将笔触颜色设置为 #666666（灰色），绘制两只耳朵，如图 3-35 所示。

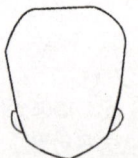

图 3-35 绘制耳朵

Step 03 在"颜色"面板的"类型"下拉列表中选择"线性渐变"，将左侧的颜色指针设置为 #FEEBA3（黄色），右侧的颜色指针设置为白色，如图 3-36 所示。

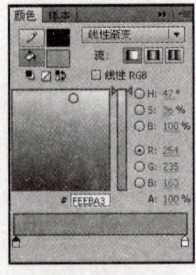

图 3-36 设置颜色

Step 04 选择"颜料桶工具"，在脸部轮廓的内部单击鼠标左键，为图形填充设置好的线性渐变颜色，如图 3-37 所示。

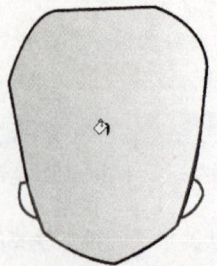

图 3-37 填充面部颜色

Step 05 选择"渐变变形工具" ，单击需要编辑渐变色的图像，此时图形周围会出现3个控制点，拖动右上方的控制点，当光标变成箭头形状时，拖动光标改变渐变的填充方向，如图3-38所示。

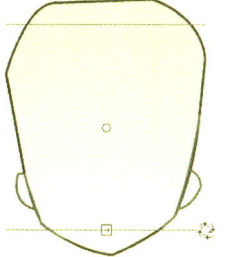

图3-38 调整脸部渐变

Step 06 采用同样的方法为两只耳朵填充颜色并使用"渐变变形工具" 调整填充效果，如图3-39所示。

图3-39 调整耳朵渐变

Step 07 在"时间轴"面板中将"图层1"更名为"脸"，然后单击【新建图层】按钮 ，新建图层并命名为"头发"，如图3-40所示。

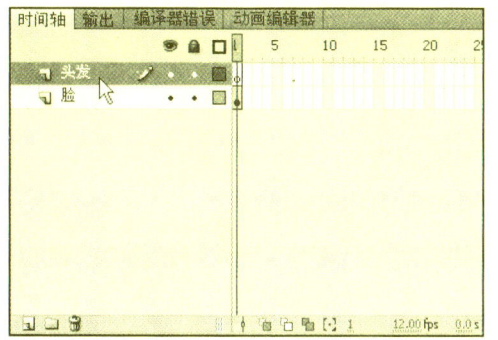

图3-40 新建图层

Step 08 在"头发"图层使用"钢笔工具" 勾画出头发的基本形状并填充黑色，如图3-41所示。

图3-41 勾画头发

Step 09 新建图层并命名为"身体"，然后选择"钢笔工具" ，将笔触高度设置为2，勾画女孩儿的身体轮廓，如图3-42所示。

图3-42 勾画身体轮廓

Step 10 选择"铅笔工具" ，将笔触高度设置为1，绘制脖子和裙子上的曲线，然后将笔触高度设置为0.5，绘制裙子的花边，如图3-43所示。

图3-43 绘制花边

Step 11 选择"颜料桶工具" ，将填充颜色设置为 #FFD7DE（淡粉色），然后在女孩儿裙子部分单击进行填充，如图 3-44 所示。

图 3-44 填充裙子颜色

Step 13 接着为裙子绘制其余的深粉色阴影区域，以增强裙子的立体效果，如图 3-46 所示。

图 3-46 继续绘制阴影区域

Step 15 将填充颜色设置为 #FFF7BD（黄色），使用"颜料桶工具" 在小女孩的左臂上单击填充颜色，如图 3-48 所示。

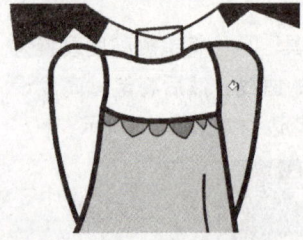

图 3-48 填充手臂颜色

Step 17 使用"颜料桶工具" 为裙子吊带儿中间的皮肤填充渐变色，然后利用"渐变变形工具"调整填充效果，如图 3-50 所示。

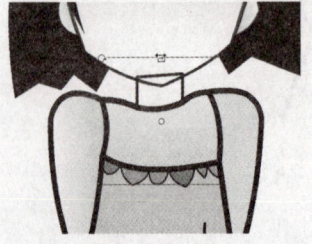

图 3-50 调整皮肤渐变

Step 12 选择"选择工具" ，单击刚刚填充的淡粉色，然后选择工具箱中的"刷子工具" ，再单击工具箱下方的【刷子模式】按钮 ，在弹出的列表中选择"颜料选择"模式，将填充颜色设置为 #FEA3B6（深粉色），将刷子大小调整到适当的尺寸，然后在裙子上画出阴影，如图 3-45 所示。

图 3-45 绘制阴影

Step 14 下面为女孩儿裙子的花边着色。选择"颜料桶工具" ，然后选择深浅不同的粉色分别进行填充，效果如图 3-47 所示。

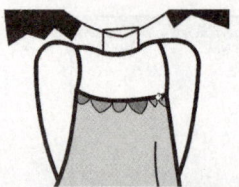

图 3-47 为裙子的花边着色

Step 16 在"颜色"面板中设置"线性渐变"填充，设置的方法及颜色同步骤 03。为女孩儿右臂填充颜色，使用"渐变变形工具" 改变填充方向，如图 3-49 所示。

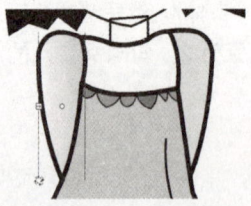

图 3-49 调整手臂渐变

Step 18 勾出轮廓后，选择"颜料桶工具" ，将填充颜色设置为 #9A0133（棕色），然后进行填充，填充脖子颜色为渐变颜色，如图 3-51 所示。

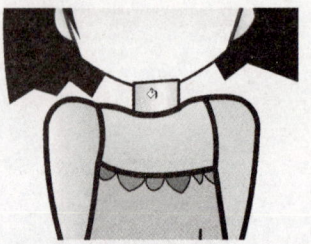

图 3-51 为脖子填充颜色

使用Flash绘制图形　Chapter 03

Step 19 选择"颜料桶工具" ，为女孩儿的两腿上色，填充颜色分别设置为 #FFF7BD 和 #FEEEB4，如图 3-52 所示。

Step 20 使用"刷子工具" 画出腿上的阴影效果，将颜色分别设置为 #FCDC61 和 #FDE382 进行绘制，如图 3-53 所示。

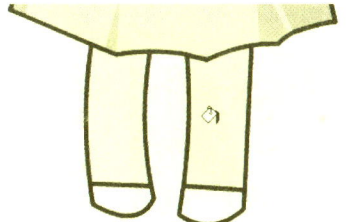

图 3-52 填充腿部颜色

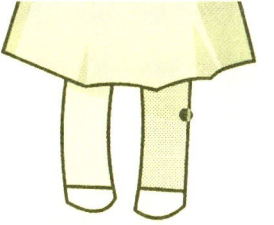

图 3-53 绘制阴影

Step 21 选择"颜料桶工具" ，设置填充颜色为 #FFBE8C（橘色），在女孩儿鞋子上单击，为鞋子填充颜色，如图 3-54 所示。

Step 22 在时间轴面板中将女孩身体所在的图层移至最底层，这样，脸就会将脖子覆盖住。然后新建一层，命名为"眉毛"，使用"铅笔工具" 绘制两条曲线，如图 3-55 所示。

图 3-54 填充鞋子颜色

图 3-55 绘制眉毛

Step 23 在时间轴面板中新建图层，命名为"眼睛"，然后使用"铅笔工具" 绘制女孩儿的眼睛，如图 3-56 所示。

Step 24 将笔触颜色设置为 #666666（灰色），使用"铅笔工具" 在眼睛中绘制两条灰色的曲线，如图 3-57 所示。

图 3-56 绘制眼睛

图 3-57 绘制曲线

Step 25 下面为眼睛填充颜色。选择"颜料桶工具" ，将填充颜色设置为 #21494A（墨绿色），填充眼睛的上半部分，如图 3-58 所示。

Step 26 将填充颜色设置为 #528E8C（浅一些的绿色），然后使用"颜料桶工具" 填充眼睛下半部分的颜色，如图 3-59 所示。

图 3-58 填充眼睛上半部分颜色

图 3-59 填充眼睛下半部分颜色

33

Step 27 选择"橡皮擦工具" ，选择合适的橡皮擦形状和大小，在两只眼睛中分别擦去一点儿颜色，如图 3-60 所示。

图 3-60 擦除颜色

Step 29 新建"嘴"图层，用"铅笔工具" 勾画出嘴的形状，再使用"颜料桶工具" 填充颜色 #FFCCCC（粉色），如图 3-62 所示。

图 3-62 填充嘴巴颜色

Step 31 可以在脸的下方再绘制一些黄色，否则脸部下方颜色太白，显得不够真实，如图 3-64 所示。

图 3-64 绘制颜色

Step 28 新建"鼻子"图层，将笔触颜色设置为 #666666（灰色），使用"铅笔工具" 绘制女孩儿的鼻子，如图 3-61 所示。

图 3-61 绘制鼻子

Step 30 下面绘制头上的发带，使用"铅笔工具" 勾画再填充 #846163（棕色）和白色，如图 3-63 所示。

图 3-63 绘制发带

Step 32 卡通少女图形绘制完成，效果如图 3-65 所示。

图 3-65 卡通少女

3.2 使用选择工具

常用的选择对象的工具包括"选择工具"、"部分选取工具"和"套索工具"等。

3.2.1 选择工具

"选择工具" 是所有工具中最常用的，具有选取对象、移动对象、编辑对象三种功能。

课堂示范素材：sample\第3章\原始文件\3.2使用选择工具\选择.fla

1．选取对象

在编辑对象之前，必须先选择对象，被选择的对象将被亮点填充或被方框包围。选取单个对象十分简单，打开"sample\第3章\原始文件\3.2使用选择工具\选择.fla"文件，在工作区中单击就可以选定想要编辑的对象，如图3-66所示。如果要同时选择对象的边线和填充，则可以双击，如图3-67所示。

图3-66 单击选择填充

图3-67 双击选择填充和边线

下面在舞台上复制一个该图形。首先选中该图形，按下【Ctrl+C】键复制，再按下【Ctrl+V】键粘贴；或单击鼠标右键，在弹出的菜单中选择"复制"命令，在要粘贴的位置单击鼠标右键，然后在弹出的菜单中选择"粘贴"命令复制图形。将复制好的图形上移，可以发现图形的一定位置会出现一条虚线，如图3-68所示。

当选择并移动对象时，该功能会在附近的对象旁显示一条虚线，以便使移动对象和该对象对齐，这一功能叫做吸附排列。这是一个非常实用的功能，当图形靠近虚线时就会自动吸附上去。

部分选取多个对象有以下几种方法。

- 按住【Shift】键，依次单击选取所需的对象。这是比较精确地选择多个对象的方法，能精确选中要选取的对象，如图3-69所示。
- 在对象的左上角按住鼠标左键并拖动，屏幕上会出现矩形选框，当该选框将待选对象框在里面时释放鼠标，则对象会被选中，但使用该方法选择时可能会同时选中我们不希望选取的舞台元素，如图3-70所示。

图3-68 吸附排列

图3-69 按【Shift】键选取多个对象

图3-70 拖动光标选取对象

如果要选取工作区中每一层上的所有对象，还可以执行"编辑>全选"命令，但这种方式不能选中锁定或隐藏层中的对象。取消所有选择时，可以执行"编辑>取消全选"命令。

2. 移动对象

首先选取要编辑的对象，然后将光标移动到对象上并按住鼠标左键拖动，便可以在工作区中任意移动该对象，释放鼠标，对象就被移动到新的位置。在选取时，要注意填充和边线，如果在填充中单击，移动的就只有填充部分，边线部分不会移动，如图3-71所示。

3. 编辑对象

使用"选择工具"拖曳线上的任何点都可以改变线条、轮廓线的形状，指针外观的改变可以指示出在线条上、填充区上发生了哪种类型的变化。

图3-71 移动填充部分

如果以轮廓线方式查看某些笔刷的笔划，则更容易对它们的形状进行编辑。如果对复杂线条的形状编辑存有疑问，则可以清除线条的一些细节，使线条趋向平滑，从而使形状的编辑变得容易些。另外，增加放大比例，也可以使形状编辑变得更容易、更精确。

利用"选择工具"对线条、轮廓线进行整形有以下3种操作。

- 当用光标指向未选定的对象边界时,光标会变成,这时按下鼠标左键并拖曳线段上的任何一点(不一定是锚点),即可对对象进行编辑,改变边界的曲率,如图3-72所示。

 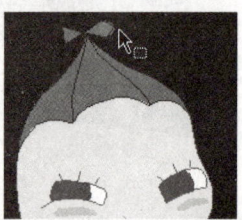

变形前　　　　　　　变形中　　　　　　　变形后

图3-72 用"选择工具"编辑图形

- 当用光标指向未选定的对象的一个角点时,光标就会变成,这时按下鼠标左键并拖曳角点,则在改变长短的同时,形成拐角的线段仍然保持为直线,如图3-73所示。

变形前　　　　　　　变形中　　　　　　　变形后

图3-73 拖曳角点进行编辑

- 按住【Ctrl】键,同时用光标在一线条上拖动,可以生成一个新的角点,如图3-74所示。

 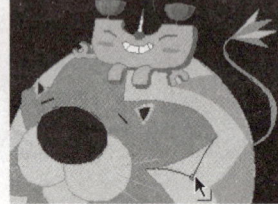 

变形前　　　　　　　变形中　　　　　　　变形后

图3-74 增加角点

3.2.2 部分选取工具

"部分选取工具"可以用来进行抓取、选择、移动和改变图形路径的操作。用"部分选取工具"选中路径后,可对其中的节点进行拉伸或修改。当用"部分选取工具"单击曲线时,被选中的节点显示为空心的点。

课堂示范素材:sample\第3章\原始文件\3.2使用选择工具\部分选取.fla

用"部分选取工具"编辑修改图像时,有以下几种操作。

- 打开"sample\第3章\原始文件\3.2使用选择工具\部分选取.fla"文件,选中其中的一个角点,则该点变成实心的小方点,按下【Delete】键可以删除这个角点,如图3-75所示。
- 用"部分选取工具"在工作区单击图形对象的边缘,其上就会显示出图形的路径及所有的角点,如图3-76所示。
- 用光标拖动任意一个角点,可以将该角点移动到新的位置,如图3-77所示。
- 选中一个角点,用光标拖动调节柄,可以调整其控制的线段的曲率,如图3-78所示。

图 3-75 删除角点　　　　图 3-76 显示图形的路径　　　图 3-77 移动角点　　　　图 3-78 调整曲线

在移动角点时，可以使用方向键精确地移动，每按一下，则角点会移动一个像素；如果按住【Shift】键再按方向键，则每次可以移动 10 个像素；阳花在拖动调节柄时，按住【Shift】键，可以使调节柄沿水平、垂直或 45°等方向移动。

3.2.3　套索工具

课堂示范素材：sample\第3章\原始文件\3.2使用选择工具\套索.fla

"套索工具" 可以用来选取任何形状范围内的对象，按住鼠标左键的同时拖动光标，像用"铅笔工具"那样绘出要选择的区域（可以不用封闭，Flash能自动用直线进行封闭）。释放鼠标后，所套住的区域便会被选中，如图3-79所示。打开 "sample\第3章\原始文件\3.2使用选择工具\套索.fla" 文件，单击工具箱中的 "套索工具" 进入套索选取状态。

当选中"套索工具"时，工具箱底部的选项设置区中将会出现 3 个新选项，功能如下。

多边形模式：可以绘制边为直线的多边形选择区域，在顶点处单击以开始，双击以结束。

魔术棒：主要应用于形状类似图形的操作，可以根据颜色的差异选择对象的不规则区域。

魔术棒设置：单击该按钮之后，屏幕将弹出"魔术棒设置"对话框，可以在此对魔术棒进行设置，如图 3-80 所示。

图 3-79 使用"套索工具"选取对象　　　图 3-80 "魔术棒设置"对话框

- 阈值：用于定义选取范围内相邻像素色值的接近程度，数值越高，可选范围越大。如果输入数值为 0，则只有与最先单击的那一点的像素色值完全一致的像素才会被选中。
- 平滑：用于定义选区边缘的平滑程度。其选项包括平滑、像素、粗糙、正常。

3.3　使用颜色工具

Flash 提供多种方法来应用、生成和修正颜色。使用默认的面板或自定义的面板即可以应用对象边框或填充的颜色。

当为形状应用边框着色时，可以选择任一纯色，还可以选择边框的样式和"重量"；为形状应用填充着色时，则可以选择应用纯色、渐变或位图来填充。要注意的是，使用位图填充时，必须先将位图导入当前文件。另外，还可以应用透明边框或透明填充，从而生成没有填充内容的轮廓结构对象，或者没有轮廓线的填充对象，还可以将纯填充色应用到输入的字体上。

3.3.1 设置颜色

1. 使用工具箱设置颜色

使用工具箱中的笔触颜色、填充颜色可以选择纯边框色、纯填充色、渐变填充色、交换边框和填充色，或者选择默认边框、填充色（黑、白色）。

工具箱中的笔触颜色、填充颜色确定了用户使用绘图、着色工具创建的新对象的着色属性。首先必须选择对象，然后才能使用笔触颜色、填充颜色来控制当前对象的着色属性的改变。进行以下操作之一，应用笔触颜色、填充颜色。

- 单击工具箱中的笔触颜色或填充颜色，在弹出的颜色窗口里选择色样，渐变只能用于填充，不能用于边框。
- 在如图 3-81 所示的弹出的颜色窗口左上部的文本框中，输入十六进制的颜色值。比如输入 #000000 为黑色、输入 #FFFFFF 为白色。

> **教学提示**　十六进制的颜色值
>
> 6 位数值其中前两位代表红色、中间两位代表绿色、最后两位代表蓝色。其中从 0 到 F，该色调所占比例越来越重。

- 单击弹出的颜色窗口中右上角左侧的【无色】按钮，应用透明边框或透明填充。透明边框和透明填充只能应用于新创建的对象，不能应用于已有的对象，对已有的对象可以采用删除方法应用透明属性。
- 单击弹出窗口右上角右侧的【拾色】按钮，然后在随之弹出的"颜色"对话框中选择颜色，也可以在相应的数值框中输入对应的数值，如图 3-82 所示，然后单击【确定】按钮。

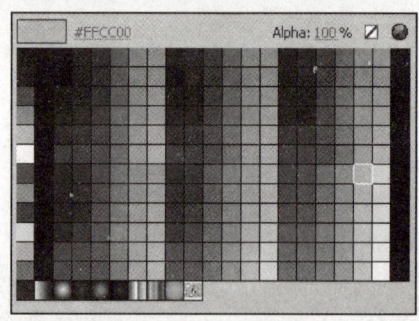

图 3-81 设置颜色

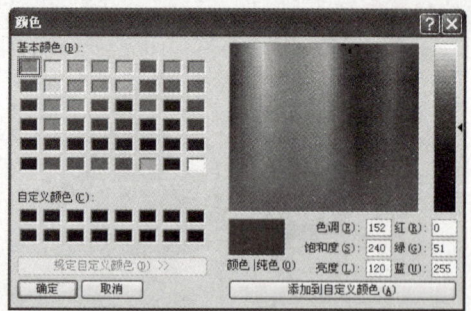

图 3-82 "颜色"对话框

- 单击工具箱中的【黑白】按钮，返回 Flash 的默认颜色设置（黑、白两色）。
- 单击工具箱中的【交换颜色】按钮，交换笔触颜色与填充颜色。

2. 使用"颜色"和"样本"面板设置颜色

在 Flash 中设有专门的颜色相关的面板，通过这些面板可以很方便地设置所需要的颜色。借助"颜色"面板可以生成、编辑纯色，生成、编辑渐变填充；借助"样本"面板则可导入、导出、删除、修改某一个填充的颜色配置。

(1) "颜色"面板

通常情况下，"颜色"面板位于界面上。如果没有，可以执行"窗口 > 颜色"命令，在屏幕中打开该面板。可用以下几种方法来设置颜色。

- **颜色和亮度**：如图 3-83 所示，用光标在颜色区内单击相应的色彩，选择后在右边的色调框中拖动光标设定其亮度值，这样所选色彩便会在颜色预览框中显示。
- **透明度**：在 Alpha（透明度）输入框内输入百分比或采用透明度设置滑块均可，0 表示全透明；100 表示不透明，为默认值。注意，当 Alpha 为 0 时，颜色的选择变得没有意义。
- **RGB**：可以通过定义红色、绿色和蓝色的值来定义一种颜色，只需在相应的 RGB 输入框中输入设定值即可。选中十六进制选择框，即可用十六进制来定义颜色。
- **HSB**：可以通过定义色相、饱和度、亮度的值来定义一种颜色，只需在相应的 HSB 输入框中输入设定值即可。
- **渐变色**：当选择渐变时，面板变为如图 3-84 所示的渐变色设置面板。要生成所需的渐变色，首先选中已定义好的一种渐变色，同时注意所选取的渐变色类型。一般来说，系统给定的渐变色只含有两个关键点颜色指针，分别单击这两个指针进行色彩的调整，其颜色、亮度及透明度的设置要与固定色设置面板上的操作一致。如果不能满足需要，可以将光标放到两个关键点颜色指针之间的渐变色定义条上，当光标变为 时，单击便又会生成一个关键点。然后再调节这个关键点的色值，进一步细化颜色渐变过程，Flash 最多允许 8 个关键点。如果觉得关键点太多，则可以用光标单击多余的关键点，并将其拖离渐变色定义条即可将其删除。

（2）"样本"面板

与"颜色"面板一样，通常情况下，该面板就位于界面上。如果没有，可以执行"窗口 > 样本"命令，打开该面板，如图 3-85 所示。其中定制的颜色有两种类型：单色和渐变色。单击面板右上角的 按钮后，便可以在弹出的菜单中控制颜色样本。

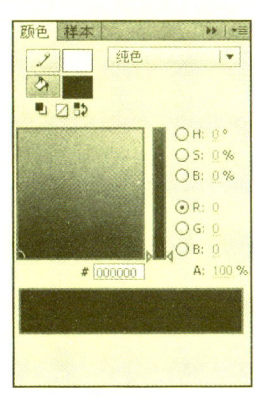 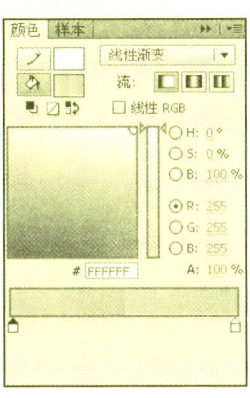 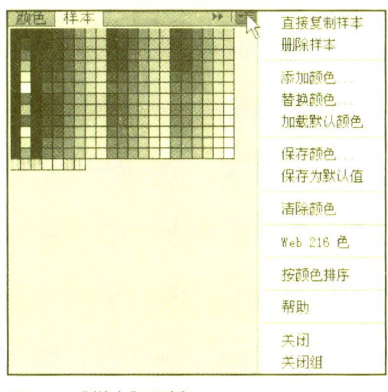

图 3-83 颜色设置　　　图 3-84 渐变色设置　　　图 3-85 "样本"面板

3.3.2 颜料桶工具组

颜料桶工具组是用来进行对象的内部填充和边框填充的，包括"颜料桶工具" 和"墨水瓶工具" 。
课堂示范素材：sample\第3章\原始文件\3.3使用颜色工具\颜料桶和墨水瓶.fla

1. 颜料桶工具

"颜料桶工具" 是用来填充封闭区域的，它既能填充一个空白区域，又能改变已着色区域的颜色；它可以使用纯色、渐变和位图填充，还可以用"颜料桶工具" 对一个未完全封闭的区域进行填充，当使用"颜料桶工具" 时，还可以指定 Flash 在形状轮廓线上封闭接口。

用户可以使用"颜料桶工具" 来调节渐变填充、位图填充的大小、方向和中心点。请注意，当用"颜料桶工具" 来修正位图填充时，所有位图填充的实例都将被修正，而不仅仅是当前选择的位图填充。

另外，如果图形包含多段线条，那么由这些线条组成的封闭区域可以被填充；如果形状不是完全封闭的，仍可以填充。视图的放大、缩小，可以改变接口的外观，以实现将非封闭作为封闭区域填充，但是并不能改变其实际大小。如果接口过大，仍需要手工来封闭接口。

使用"颜料桶工具"填充区域，操作步骤如下。

Step 01 打开"sample\第3章\原始文件\3.3使用颜色工具\颜料桶和墨水瓶.fla"文件，在工具箱中选择"颜料桶工具"，在工具箱底部的选项设置区中选择绘画模式，如图3-86所示。

Step 02 选择填充颜色和样式。

Step 03 单击【空隙大小】按钮，然后选择接口大小。

- **不封闭空隙**：如果想在填充形状之前手工封闭接口，选择本选项。对于一些复杂绘图来说，手工封闭接口速度会更快些。
- **封闭小 / 中等 / 大空隙**：选中此项填充有小 / 中等 / 大缺口的区域。

Step 04 单击要填充的形状或已封闭的区域进行填充。

使用"颜料桶工具"调节渐变、位图填充，操作步骤如下。

Step 01 选择"颜料桶工具"并设置填充颜色。

Step 02 单击需要填充的区域，如图 3-87 所示。

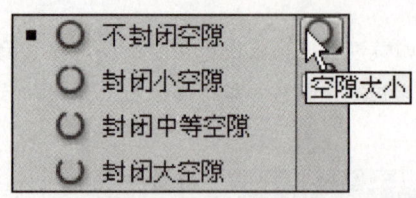

图 3-86 颜料桶模式　　　　图 3-87 使用"颜料桶工具"

2. 墨水瓶工具

"墨水瓶工具"可以为形状图形添加边框，也可以改变边框的颜色、线条宽度、轮廓线及边框线条的样式，但是只能应用纯色，不能应用渐变色和位图。

使用"墨水瓶工具"时，不必选择单一线条，所以用它可轻松地一次改变多个对象的边框属性。操作步骤如下。

Step 01 打开"sample\第3章\原始文件\3.3使用颜色工具\颜料桶和墨水瓶.fla"文件，选择"墨水瓶工具"。

Step 02 在工具箱中选择笔触颜色。

Step 03 在如图 3-88 所示的属性面板中选择线条样式和线条宽度。

Step 04 单击工作区上的对象，应用更改的属性，如图 3-89 所示。

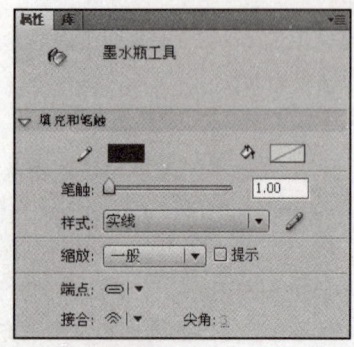

图 3-88 属性面板　　　　图 3-89 使用"墨水瓶工具"

3.3.3 滴管工具

"滴管工具" 不仅可以复制一个对象的填充和边框的颜色属性，而且可以马上将复制的属性应用到其他对象上，还能在作为填充的位图上取样。

课堂示范素材：sample\第3章\原始文件\3.3使用颜色工具\滴管.fla

使用"滴管工具" 复制并应用边框、填充属性的操作步骤如下。

Step 01 打开 "sample\第3章\原始文件\3.3使用颜色工具\滴管.fla" 文件，选择 "滴管工具"，单击要复制并应用到其他对象上的边框或填充区。当单击边框时，滴管工具会自动变为 ；而单击填充时，滴管工具则会自动变为 ，如图3-90所示。

单击边框　　　　　　　　　　单击填充

图 3-90 使用滴管工具

Step 02 在其他边框或填充区内单击，则新的属性将被应用到边框或填充区。

上机练习 | 绘制"卡通吉祥物"图形

原始文件：无
最终文件：sample\第3章\最终文件\上机练习\卡通吉祥物-end.fla
应用范围：Flash图形绘制，角色绘制，数码插画，卡通造型

Step 01 单击工具箱中的"钢笔工具" ，在工具箱中设置填充颜色为 #AEC768，设置笔触颜色为黑色，在舞台上绘制图形路径，如图 3-91 所示。

Step 02 单击工具箱中的"椭圆工具" ，在工具箱中设置填充颜色为白色，设置笔触颜色为黑色，在舞台上绘制一个椭圆形，并调整至合适的位置和大小，如图 3-92 所示。

图 3-91 绘制头部路径

图 3-92 绘制椭圆形

Step 03 相同方法应用"钢笔工具" ，设置填充颜色为 #004984，设置笔触颜色为黑色，在舞台上再绘制一个椭圆形，如图 3-93 所示。

图 3-93 再绘制一个椭圆形

Step 04 按照相同方法应用"钢笔工具"，设置填充颜色为白色，设置笔触颜色为无，绘制一个小椭圆形，如图 3-94 所示。

图 3-94 绘制一个小椭圆形

Step 06 单击工具箱中的"钢笔工具"，在工具箱中设置填充颜色为 #FFAB4B，设置笔触颜色为黑色，在舞台上绘制图形路径，如图 3-96 所示。

图 3-96 绘制鼻子路径

Step 08 相同方法应用"钢笔工具"，设置填充颜色为 #FFC14F，设置笔触颜色为无，在画布上绘制路径，如图 3-98 所示。

图 3-98 绘制另一侧高光路径

Step 10 单击工具箱中的"钢笔工具"，在工具箱中设置填充颜色为 #77352B，设置笔触颜色为黑色，在舞台上绘制图形路径，如图 3-100 所示。

图 3-100 绘制嘴部路径

Step 12 选中刚刚绘制的路径，将椭圆形用渐变颜色填充，打开"颜色"面板，设置线性渐变上滑块的颜色值从左到右为白色到 FFBA5C，然后使用"颜料桶工具"填充，如图 3-102 所示。

Step 05 选中刚刚绘制的 3 个椭圆形，按住键盘上的【Alt】键，拖动光标复制一个相同的图形，并调整位置，如图 3-95 所示。

图 3-95 复制图形

Step 07 相同方法应用"钢笔工具"，设置填充颜色为白色，设置笔触颜色为无，在画布上绘制路径，如图 3-97 所示。

图 3-97 绘制高光路径

Step 09 相同方法应用"钢笔工具"，设置填充颜色为 #F59241，设置笔触颜色为无，在画布上绘制路径，如图 3-99 所示。

图 3-99 绘制阴影路径

Step 11 相同方法应用"钢笔工具"，设置填充颜色为无，设置笔触颜色为黑色，在画布上绘制路径，如图 3-101 所示。

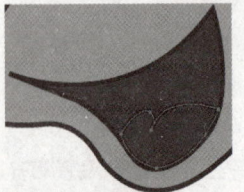

图 3-101 绘制舌头路径

图 3-102 填充渐变

使用Flash绘制图形　Chapter 03

Step 13 单击工具箱中的"钢笔工具"，在工具箱中设置填充颜色为无，设置笔触颜色为黑色，在舞台上绘制图形路径，如图 3-103 所示。

Step 14 单击工具箱中的"椭圆工具"，在工具箱中设置填充颜色为 #F79477，设置笔触颜色为无，在舞台上绘制一个圆形，并调整至合适的位置和大小，如图 3-104 所示。

图 3-103 绘制其他路径

图 3-104 绘制圆形

Step 15 单击工具箱中的"钢笔工具"，在工具箱中设置填充颜色为 #FFAB4B，设置笔触颜色为黑色，在舞台上绘制图形路径，如图 3-105 所示。

Step 16 相同方法应用"钢笔工具"，设置填充颜色为白色，设置笔触颜色为无，在舞台上绘制路径，如图 3-106 所示。

图 3-105 绘制犄角路径

图 3-106 绘制犄角高光路径

Step 17 相同方法应用"钢笔工具"，设置填充颜色为 #F88E3A，设置笔触颜色为无，在舞台上绘制路径，如图 3-107 所示。

Step 18 相同的方法应用"钢笔工具"，绘制更多的路径，最终图形如图 3-108 所示。

图 3-107 绘制路径

图 3-108 绘制更多路径

3.4　使用查看工具

用户在用 Flash 绘图时，除了使用上述的一些主要绘图工具之外，还常常要用到一些在绘图过程中辅助绘图的工具，比如"缩放工具"、"手形工具"等。

3.4.1　缩放工具

当要编辑的图形过大或过小时，可以利用"缩放工具"对图形的尺寸进行调整，以获得比较恰当的画面比例。在辅助工具中，"缩放工具"有两种状态，即放大状态和缩小状态。可以通过以下两种方式实现放大或缩小操作。

- 单击其中一个按钮，再用光标单击工作区实现画面的比例变化。
- 单击其中一个按钮，再用光标在工作区中拉出一个待放大的矩形区域，释放鼠标后，该区域内的图形将放大至整个窗口。

双击"缩放工具"，缩放比率将会回到默认值，即100%。

3.4.2 手形工具

"手形工具"应用于许多图形图像处理软件中，用于在画面内容超出显示范围时调整视窗，以方便在工作区中的操作。"手形工具"就是在工作区移动对象的工具。使用"手形工具"移动对象时，表面上看到的是对象的位置发生了改变，但实际移动的却是工作区的显示空间，而工作区上所有对象的实际坐标相对于其他对象的坐标并没有改变，即"手形工具"移动的实际上是工作区的整体。"手形工具"的主要目的是为了在一些比较大的舞台内快速移动到目标区域，显然，使用此工具比拖动滚动条要方便许多。

双击"手形工具"，画布将会在舞台正中央显示。

上机实践 | 绘制"湖光山色"背景图形

原始文件：无
最终文件：sample\第3章\最终文件\上机实践\湖光山色-end.fla
实训目的：学会在Flash中绘制图形
应用范围：Flash图形设计，角色绘制，数码插画

本实例要绘制的是湖光山色的背景图形。湖光山色风景以平淡为主，看上去令人有休闲轻松之感，其主题以清爽、简洁为主，加以颜色之间的相互配合，构成一幅美丽的画面。本例对于无美术基础的初学者而言有点困难，色彩的搭配要求和谐舒适，应注意本例中色彩间的相互配合。

Step 01 单击工具箱中的"矩形工具"，设置笔触颜色为无，在舞台上拖动光标绘制一个矩形。打开"颜色"面板，设置线性渐变上滑块的颜色值从左到右为 EAF7FC 到 00B0EA，然后使用"颜料桶工具"填充，如图3-109所示。

Step 02 单击工具箱中的"钢笔工具"，在舞台上绘制路径，打开"颜色"面板，设置线性渐变上滑块的颜色值从左到右为 699B72、C6D475 到 FFEA70，然后使用"颜料桶工具"填充，如图3-110所示。

图3-109 绘制矩形并填充

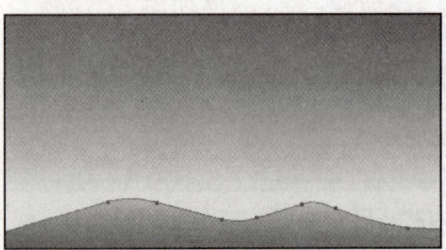

图3-110 绘制路径并填充

Step 03 按照相同的绘制方法，可以再绘制几个小山坡的路径图形，将绘制的路径用渐层颜色填充，设置笔触颜色为无，线性渐变的设置同上一步的设置相同，图像效果如图3-111所示。

图3-111 继续绘制路径并填充

Step 04 单击工具箱中的"钢笔工具" ，在舞台上绘制云彩的路径，如图3-112所示。

Step 05 选中刚刚绘制的白云图像，按住键盘上的【Alt】键，拖动光标再复制出几个白云图像，并分别调整复制出的白云图像的大小和位置，如图3-113所示。

图3-112 绘制云彩路径

图3-113 复制并调整图形

Step 06 单击工具箱中的"钢笔工具" ，在舞台上绘制云层的路径图像，然后执行"修改 > 排列 > 移至底层"命令，如图3-114所示。

Step 07 单击"矩形工具" ，在舞台上拖动光标绘制一个矩形，打开"颜色"面板，设置线性渐变上滑块的颜色值从左到右为00BDED到008FCD，然后使用"颜料桶工具" 填充，如图3-115所示。

图3-114 绘制云层路径

图3-115 在底部绘制矩形并填充

Step 08 单击"选择工具" ，选中前面绘制的云层图像，按下【Ctrl+D】键复制对象，然后执行"修改 > 变形 > 垂直翻转"命令，在属性面板中设置"样式"中的Alpha值为15%，如图3-116所示。

Step 09 按照相同的绘制方法，单击工具箱中的"选择工具" ，按住键盘上的【Shift】键，分别单击山坡图像以同时选中几个山坡的图像，按下【Ctrl+D】键复制对象，然后执行"修改 > 变形 > 垂直翻转"命令，在属性面板中设置"样式"中的Alpha值为15%，如图3-117所示。

图3-116 复制云层并设置透明效果

图3-117 复制山坡并设置透明效果

Step 10 单击工具箱中的"钢笔工具" ，在舞台上绘制路径，在工具箱中设置填充颜色为 #006600，笔触颜色为无，如图 3-118 所示。

Step 11 使用相同的方法，应用"钢笔工具" ，可以再绘制出多个小草的路径图形，并调整所绘制的小草路径为不同的大小和形状，如图 3-119 所示。

图 3-118 绘制小草路径

图 3-119 绘制路径并调整位置和大小

Step 12 单击工具箱中的"选择工具" ，在画布上拖动光标选中组成小草的所有图像，执行"修改 > 组合"菜单命令，将小草图像编组。然后选中刚刚编组的小草图像，移动到背景图像上调整到合适的大小和位置，如图 3-120 所示。

Step 13 单击工具箱中的"椭圆工具" ，在舞台上绘制一个椭圆形，在工具箱中设置填充颜色为 #E9E9E9，笔触颜色为无，如图 3-121 所示。

图 3-120 加入小草的图像效果

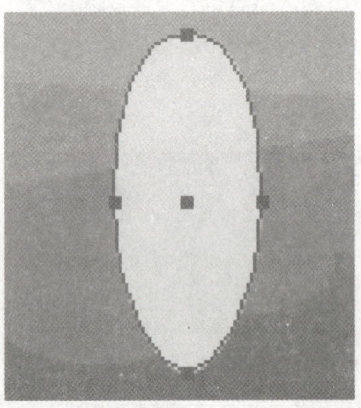

图 3-121 绘制椭圆形

Step 14 选中刚刚绘制的椭圆形，单击"转换锚点工具" ，单击选中锚点拖动可以拖动出锚点的两条控制柄，单击工具箱中的"部分选取工具" ，通过拖动锚点或锚点的方向点的方式，调整椭圆形的形状，如图 3-122 所示。

Step 15 复制绘制的形状，然后使用"任意变形工具" 将其旋转成花瓣的图形，然后对这个花瓣执行"修改 > 组合"菜单命令，再次复制并旋转，调整为如图 3-123 所示的效果。

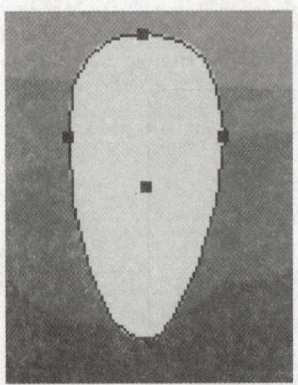

图 3-122 调整椭圆形

图 3-123 花瓣图像效果

使用Flash绘制图形 **Chapter 03**

Step 16 单击工具箱中的"椭圆工具"，按住键盘上的【Shift】键，在画布上绘制一个圆形，在工具箱中设置填充颜色为#FFF042，笔触颜色颜色为#FFBE94，图像效果如图 3-124 所示。

Step 17 单击工具箱中的"选择工具"，选中组成花朵的所有图形，执行"修改＞组合"菜单命令，将图形编组。然后单击工具箱中的"钢笔工具"，在画布上绘制路径，在工具箱中设置填充颜色为#38A75C，笔触颜色为无，如图 3-125 所示。

图 3-124 复制图形

图 3-125 绘制花茎路径

Step 18 单击工具箱中的"选择工具"，选中花朵和刚刚绘制的图形，执行"修改＞组合"菜单命令，将图形编组，移动到背景图像上调整到合适的大小和位置，如图 3-126 所示。

Step 19 使用相同的绘制方法，可以在背景图像上绘制更多的小草和花，如图 3-127 所示。

图 3-126 调整花草图像效果

图 3-127 绘制更多的小草和花

Step 20 单击工具箱中的"钢笔工具"，在画布上绘制路径，在工具箱中设置填充颜色为白色，笔触颜色为无，如图 3-128 所示。

Step 21 按照相同的方法，应用"钢笔工具"，在画布上绘制纸飞机图像的阴影路径，在工具箱中设置填充颜色为灰色，设置笔触颜色为无，如图 3-129 所示。

图 3-128 绘制纸飞机路径

图 3-129 绘制阴影路径

Step 22 单击工具箱中的"选择工具"，选中组成纸飞机图像的所有图形，执行"修改>组合"菜单命令，将图形编组，移动到背景图像上调整到合适的大小和位置。使用相同的方法，可以再绘制出几个不同的纸飞机图像，调整到合适的大小和位置，如图3-130所示。

Step 23 单击工具箱中的"选择工具"，在画布上拖动光标选中所有图形，执行"修改>组合"菜单命令，将图像编组。至此，完成湖光山色背景图形的绘制。

图 3-130 绘制多个纸飞机

思考与练习

★参见光盘"思考与练习答案"文档

一、填空题

（1）在 Flash CS5 中，要绘制一颗五角星，可以使用_____绘图工具。

（2）在 Flash CS5 中，要绘制精确的直线或曲线路径，可以使用_____绘图工具。

（3）编辑位图图像时，修改的是_____。

二、选择题

（1）Flash 中要转换到"刷子工具"可按什么快捷键？（　　）

　　A. P　　　　　　　B. I　　　　　　　C. B　　　　　　　D. U

（2）在绘制引导线时可以使用什么工具？（　　）

　　A. 钢笔工具　　　　B. 刷子工具　　　　C. 铅笔工具　　　　D. 线条工具

（3）下面关于矢量图形使用什么来描述图形的说法正确的是（　　）。

　　A. 矢量图形只使用直线来描述图像　　　B. 矢量图形只使用曲线来描述图像

　　C. 矢量图形是使用直线和曲线来描述图像的　　D. 以上说法都错

三、上机操作题

（1）请参考"配套光盘\exercise\第3章\最终文件\1\练习1.fla"文件，绘制出一个如图3-131所示的"卡通小猪"矢量图形。

要求：读者可省去绘制背景的过程，卡通小猪的图形要使用本章介绍的绘图工具完成。

（2）请参考"配套光盘\exercise\第3章\最终文件\2\练习2.fla"文件，绘制出一个如图3-132所示的"月光下的魔术师"矢量图形。

要求：使用综合类的绘图工具，配合纯色和渐变填充，完成图形绘制。

图 3-131 卡通小猪　　　图 3-132 月光下的魔术师

Chapter 4 使用文本对象

课题概述 本章主要介绍了文本工具的使用及其属性设置、特效文本的制作、字体映射的创建和编辑以及系统缺少字体的替换等内容。

教学目标 通过文本对象的学习，读者应该学会使用文本工具在工作区创建文字，并会设置最常见的文字属性，例如大小、颜色、字体、行间距和字间距等，并且会进行文本的平滑处理。

★ 章节重点

- ★★★★☆ 使用传统文本
- ★★★★★ 使用 TLF 文本
- ★★★☆☆ 分离文本
- ★★★★★ 为文字添加滤镜效果

★ 光盘路径

- 上机实践： sample\第4章\
- 课后练习： exercise\第4章\
- 电子教案： PPT\FL_lesson4.ppt

4.1 使用传统文本

文字是影片中非常重要的组成部分，利用"文本工具"T可以在 Flash 影片中添加各种文字。因此熟练使用"文本工具"T也是掌握 Flash 的一个关键。一个完整而精彩的动画或多或少地需要一定的文字来修饰，而文字的表现形式又非常丰富。合理使用"文本工具"T，可以增加 Flash 动画的整体完美效果，使动画显得更加丰富多彩。

4.1.1 传统文本的类型

在 Flash CS5 中可以创建三种不同类型的传统文本字段：静态文本字段、动态文本字段和输入文本字段，所有文本字段都支持 Unicode 编码。

1. 创建静态文本

在默认情况下，使用"文本工具"T创建的文本框为静态文本框，静态文本框创建的文本在影片播放过程中是不会改变的。要创建静态文本框，需首先选取"文本工具"T，然后在舞台上拉出一个固定大小的文本框，或者在舞台上单击鼠标，在光标处输入文本。绘制好的静态文本框没有边框。

2. 创建动态文本

动态文本框创建的文本是可以变化的。动态文本框中的内容既可以在影片制作过程中输入，也可以在影片播放过程中动态变化，通常的做法是使用 ActionScript 脚本语言对动态文本框中的文本进行控制，这样就大大增强了影片的灵活性。

要创建动态文本框，首先要在舞台上拉出一个固定大小的文本框，或者在舞台上单击鼠标，然后在光标处输入文本，接着从动态文本框的属性面板中的"文本类型"下拉列表中选取"动态文本"。绘制好的动态文本框会有一个黑色的边界。

3. 创建输入文本

输入文本也是应用比较广泛的一种文本类型。应用输入文本可以使用户在影片播放过程中即时地输入文本。一些利用 Flash 制作的留言簿和邮件收发程序都大量使用了输入文本。

要创建输入文本框，首先在舞台上拉出一个固定大小的文本框，或者在舞台上单击鼠标，然后在光标处进行文本的输入。从输入文本框的属性面板中的"文本类型"下拉列表中选取"输入文本"选项。

4.1.2 输入传统文本

使用"文本工具" T 输入传统文本的基本操作步骤如下：单击工具箱中的"文本工具" T，在属性面板中设置"文本引擎"为"传统文本"，鼠标光标将变为字母 T，且左上方还有一个十字。在 Flash CS5 中，"文本工具" T 的作用是文本输入和编辑。文本和文本输入框处于绘画层的顶层，这样处理的好处是既不会因文本而搞乱图像，也便于输入和编辑文本。Flash CS5 的"文本工具" T 可用标签和文本块两种方式输入文本。

课堂示范素材：sample\第4章\原始文件\4.1.2输入传统文本\文本.fla

- **以标签方式输入文本**：打开"sample\第4章\原始文件\4.1.2输入传统文本\文本.fla"文件，要以标签方式输入文本，只需将"文本工具" T 移到指定的区域并单击，标签方式的输入域即刻出现，此时用户可在此直接输入文本，标签方式的输入区域可根据实际需要自动横向延长。标签区域的右上角有一个圆形标志，拖动右上角的圆圈可以增加文本框的长度，如图4-1所示。
- **建立文本块方式的文本输入域**：只需将"文本工具" T 的光标移到需要输入文本的区域，按住左键并横向拖动光标，当输入区域的宽度满足要求后松开左键即可。文本块方式的输入区域的宽度是固定的，不可以自动延长，但是文本框会根据输入的文本量实现纵向延长。文本块方式的输入区域右上角是一个正方形标志，如图4-2所示。

图 4-1 以标签方式输入文本

图 4-2 以文本块方式输入文本

教学提示 在标签方式和文本块方式输入文本间互相转换

用户可以在标签方式输入文本和文本块方式输入文本之间进行相互转换。例如，只需双击文本块方式的输入区域右上角的正方形标志，即可将其转换为圆形标志，即将文本块方式输入文本转换为标签方式。如果向右拖动标签方式右上角的圆形标志，该圆形标志最终将变为正方形标志，即将标签方式转换为文本块方式输入文本。

用户可以在 Flash 中创建水平文本（从左到右）或垂直文本（从上到下或从下到上）。默认情况下，文本以水平方向创建。用户可以通过设置首选参数使垂直文本成为默认方向，并设置垂直文本的其他选项。除此之外，用户还可以创建滚动文本字段。

要创建文本，可以使用"文本工具" T 将文本块放在舞台上。创建静态文本时，可以将文本放在单独的一行中，该行会随着用户输入的文本扩展。也可以将文本放在定宽文本块（适用于水平文本）或定高文本块（适用于垂直文本）中，文本块会自动扩展并自动换行。在创建动态文本或输入文本时，用户也可以将文本放在单独的一行中，或创建定宽和定高的文本块。Flash 会在文本块的一角上显示一个手柄以标识该文本块的类型。

用户可以在按【Shift】键的同时双击动态和输入文本字段的手柄，以创建在舞台上输入文本时不扩展的文本块。这样用户就可以创建固定大小的文本块，并用多于它能够显示的文本进行填充，从而创建滚动文本。

4.1.3 设置传统文本属性

当选中"文本工具" T 时，文本工具的属性面板将出现在工作区右侧，如图 4-3 所示。需要注意的是，如果文本已经被分离，则选中文本时不会出现文本属性面板，属性面板出现的将会是图形对象的内容。

- **文本类型**：用来设置所绘文本框的类型，有三个选项，分别为静态文本、动态文本和输入文本。
- **改变文本方向**：可以改变当前文本的方向。
- **系列**：从字体下拉列表中可以选择当前选中文本框中文本的字体，也可通过执行"文本 > 字体"菜单命令后在字体列表中改变当前文本的字体。
- **样式**：决定是否对当前文字进行加粗处理或倾斜处理。
- **大小**：可以拖动字体大小文本框右侧的滑块来改变文字的大小。
- **字母间距**：调整选定字符之间的间距。
- **颜色**：设置和改变当前文本的颜色。单击可以调出调色板。Flash CS5 在颜色的选择上没有限制。
- **消除锯齿**：选择不同的消除文字锯齿的方式。
- **可选**：使静态文本或动态文本为用户可选，选择文本之后，用户可以复制或剪切文本，然后将文本粘贴到单独的文档中。
- **将文本呈现为 HTML**：用适当的 HTML 标签保留丰富的文本格式。
- **在文本周围显示边框**：为文本字段显示黑色边框和白色背景。
- **切换上标 / 下标**：将文字设置为上标显示或下标显示效果。
- **格式**：为当前段落选择文本的对齐方式。Flash CS5 提供"左对齐"、"居中对齐"、"右对齐"和"两端对齐"4 种对齐方式。
- **间距**：该设置会在字符之间插入统一的间隔。用户可以使用它调整选定字符或整个文本块的间距。
- **边距**：决定文本字段的边框与文本之间的间隔量。
- **行为**：设置动态文本或输入文本的行为类型。
- **链接**：将动态文本框和静态文本框中的文本设置为超链接，只需要在"链接"文本框中输入要链接到的 URL 地址即可。
- **目标**：在下拉列表框中对超链接目标属性进行设置。

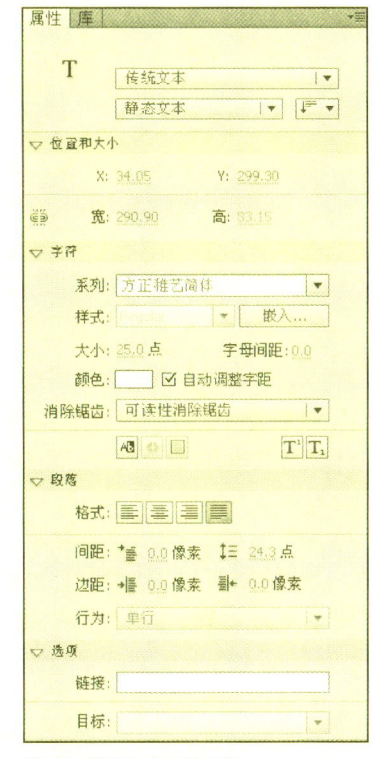

图 4-3 传统文本属性面板

4.2 使用TLF文本

从 Flash CS5 开始，用户可以使用新文本引擎——文本布局框架（TLF）向 FLA 文件添加文本。TLF 支持更多丰富的文本布局功能和对文本属性的精细控制。与以前的文本引擎（现在称为传统文本）相比，TLF 文本更能加强对文本的控制。

4.2.1 TLF文本的类型

根据用户希望文本在运行时的表现方式，用户可以使用 TLF 文本创建三种类型的文本块。

- **只读**：当作为 SWF 文件发布时，文本无法选中或编辑。
- **可选**：当作为 SWF 文件发布时，文本可以选中并可复制到剪贴板，但不可以编辑。对于 TLF 文本，此设置是默认设置。
- **可编辑**：当作为 SWF 文件发布时，文本可以选中和编辑。

与传统文本相比，TLF 文本提供了下列增强功能。

- 更多字符样式，包括行距、连字、加亮显示、下划线、删除线、大小写、数字格式及其他。
- 更多段落样式，包括通过栏间距支持多列、末行对齐选项、边距、缩进、段落间距和容器填充值。
- 控制更多亚洲字体属性，包括直排内横排、标点挤压、避头尾法则类型和行距模型。
- 可以为 TLF 文本应用 3D 旋转、色彩效果以及混合模式等属性，而无需将 TLF 文本放置在影片剪辑元件中。
- 文本可按顺序排列在多个文本容器。这些容器称为串接文本容器或链接文本容器。
- 能够针对阿拉伯语和希伯来语文字创建从右到左的文本。
- 支持双向文本，其中从右到左的文本可包含从左到右文本的元素。当遇到在阿拉伯语或希伯来语文本中嵌入英语单词或阿拉伯数字等情况时，此功能必不可少。

4.2.2 输入TLF文本

TLF 文本可以在各个帧之间和在元件内串接容器，只要所有串接容器位于同一时间轴内。要链接两个或更多文本容器，请执行下列操作。

Step 01 使用"文本工具" **T** 的 TLF 类型绘制出文本容器，如图 4-4 所示。

Step 02 单击选定文本容器的"进"或"出"端口。（文本容器上的进出端口位置基于容器的流动方向和垂直或水平设置。例如，如果文本流向是从左到右并且是水平方向，则进端口位于左上方，出端口位于右下方。如果文本流向是从右到左，则进端口位于右上方，出端口位于左下方。）

Step 03 指针会变成已加载文本的图标，然后请执行以下操作之一。

- 要链接到现有文本容器，请将指针定位在目标文本容器上。单击该文本容器以链接这两个容器。
- 要链接到新的文本容器，请在舞台的空白区域单击或拖动。单击操作会创建与原始对象大小和形状相同的对象；拖动操作则可创建任意大小的矩形文本容器，如图 4-5 所示。

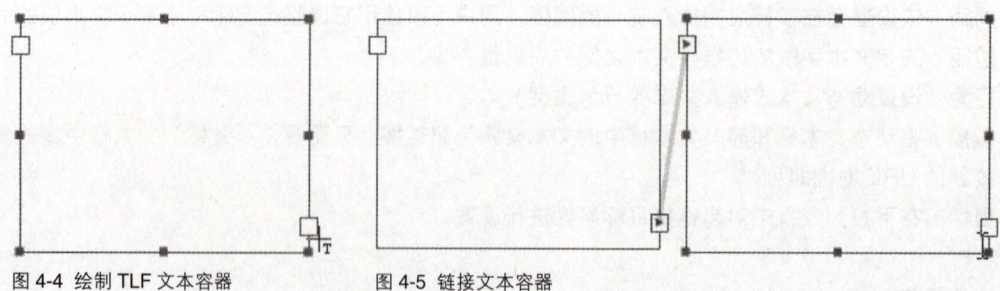

图 4-4 绘制 TLF 文本容器　　图 4-5 链接文本容器

Step 04 容器现在已链接，文本可以在其间流动。

要取消两个文本容器之间的链接，直接删除其中一个链接的文本容器即可。

4.2.3 设置TLF文本属性

当选中"文本工具" **T** ，在出现在工作区右侧的属性面板中设置"文本引擎"为"TLF 文本"后，将进行 TLF 文本属性的设置。

1. 设置字符样式

字符样式是应用于单个字符或字符组（而不是整个段落或文本容器）的属性。要设置字符样式，可使用文本属性面板的"字符"和"高级字符"部分，如图 4-6 所示。

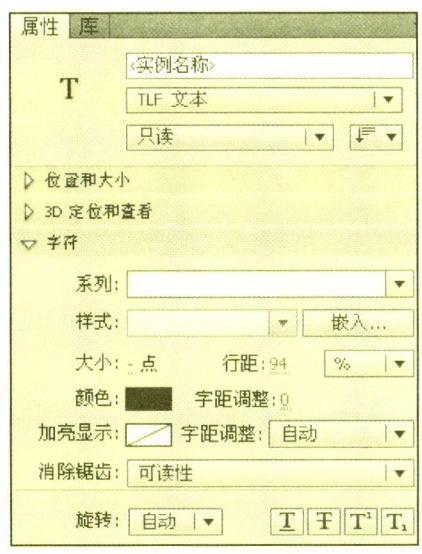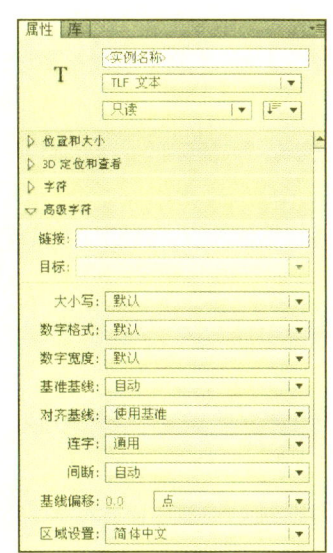

图 4-6 字符属性与高级字符属性

属性面板的"字符"部分包括以下文本属性。

- **系列**：设置字体名称。
- **样式**：设置文字的常规、粗体或斜体。TLF 文本对象不能使用仿斜体和仿粗体样式。某些字体还可能包含其他样式，例如黑体、粗斜体等。
- **大小**：设置字符大小，以像素为单位。
- **行距**：设置文本行之间的垂直间距。默认情况下，行距用百分比表示，但也可用点表示。
- **颜色**：设置文本的颜色。
- **字距调整**：设置所选字符之间的间距。
- **加亮显示**：设置加亮颜色。
- **字距调整（微调）**：设置字距微调，在特定字符对之间加大或缩小距离。
- **消除锯齿**：有三种消除锯齿模式可供选择，其中，"使用设备字体"指定 SWF 文件使用本地计算机上安装的字体来显示字体；"可读性"使字体更容易辨认；"动画"通过忽略对齐方式和字距微调信息来创建更平滑的动画。
- **旋转**：可以旋转各个字符。
- **下划线 T**：将水平线放在字符下。
- **删除线 T**：将水平线置于从字符中央通过的位置。
- **上标 T¹**：将字符移动到稍微高于标准线的上方并缩小字符的大小。
- **下标 T₁**：将字符移动到稍微低于标准线的下方并缩小字符的大小。

属性面板的"高级字符"部分包括以下文本属性。

- **链接**：使用此字段创建文本超链接，输入运行时已发布 SWF 文件中单击字符时要加载的 URL。
- **目标**：用于链接属性，指定 URL 要加载到其中的窗口。
- **大小写**：可以指定如何使用大写字符和小写字符。
- **数字格式**：允许指定在使用 OpenType 字体提供等高和变高数字时应用的数字样式。
- **数字宽度**：允许指定在使用 OpenType 字体提供等高和变高数字时使用等比数字还是定宽数字。

- 基准基线：为明确选中的文本指定主体基线。
- 对齐基线：可以为段落内的文本或图形图像指定不同的基线。
- 连字：指某些字母对的字面替换字符。
- 间断：用于防止所选词在行尾中断。
- 基线偏移：以百分比或像素设置基线偏移。
- 区域设置：作为字符属性，所选区域设置通过字体中的 OpenType 功能影响字形的形状。

2. 设置段落样式

要设置段落样式，可以使用文本面板的"段落"和"高级段落"部分，如图 4-7 所示。

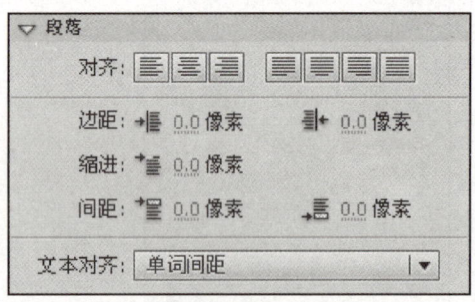
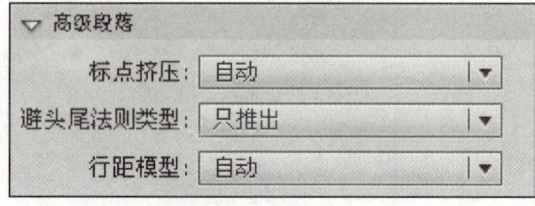

图 4-7 段落属性与高级段落属性

"段落"部分包括以下文本属性。

- 对齐：此属性可用于水平文本或垂直文本的对齐。
- 边距：指定左边距和右边距的宽度。
- 缩进：指定所选段落的第一个词的缩进。
- 间距：为段落的前后间距指定像素值。
- 文本对齐：指示对文本如何应用对齐。

"高级段落"部分包括以下文本属性。

- 标点挤压：用于确定如何应用段落对齐，根据此设置应用的字距调整器会影响标点的间距和行距。
- 避头尾法则类型：用于指定处理日语避头尾字符的选项。
- 行距模型：由允许的行距基准和行距方向的组合构成的段落格式。

3. 设置容器和流属性

TLF 文本属性面板的"容器和流"部分控制影响整个文本容器的选项，如图 4-8 所示。

- 行为：可控制容器如何随文本量的增加而扩展。
- 最大字符数：文本容器中允许的最多字符数。
- 对齐方式：指定容器内文本的对齐方式。
- 列：指定容器内文本的列数。
- 列间距：指定选定容器中的每列之间的间距。
- 填充：指定文本和选定容器之间的边距宽度。
- 边框颜色：容器外部周围笔触的颜色。
- 边框宽度：容器外部周围笔触的宽度。
- 背景颜色：设置文本后的背景颜色。
- 首行线偏移：指定首行文本与文本容器的顶部的对齐方式。
- 区域设置：在流级别设置"区域设置"属性。

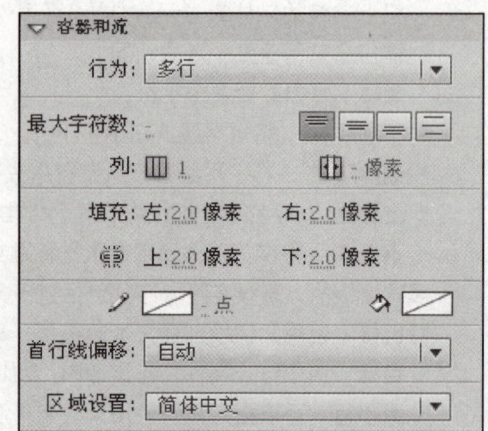

图 4-8 容器和流属性

上机练习 | 使用TLF文本制作宣传文稿

原始文件：sample\第4章\原始文件\上机练习\宣传文稿.fla
最终文件：sample\第4章\最终文件\上机练习\宣传文稿-end.fla
应用范围：Flash文字设计

Step 01 打开"sample\第4章\原始文件\上机练习\宣传文稿.fla"文件，选择"文本工具" T ，在属性面板中设置"文本引擎"为"TLF文本"，然后在文稿标题处拖曳出一个文本容器，如图4-9所示。

Step 02 在容器内输入主标题"当梦想照进小鱼婚礼"，字体设置为"方正小标宋简体"，然后分别选中"当梦想"文字，在属性面板中设置大小为39点，选中"照进小鱼婚礼"文字，设置大小为22点，如图4-10所示。

图4-9 拖曳文本容器1

图4-10 输入主标题文字并设置属性

Step 03 继续双击文本容器，在容器内部输入副标题内容"http://www.huxinyu.cn"，并设置字体为Courier New，大小为15点，对齐为右对齐，然后设置这个文本容器的边框色为红色，填充色为白色，如图4-11所示。

Step 04 选择工具箱中的"文本工具" T ，在属性面板中设置"文本引擎"为"TLF文本"，然后在文稿左列处拖曳出一个文本容器，如图4-12所示。

图4-11 输入副标题文字并设置属性

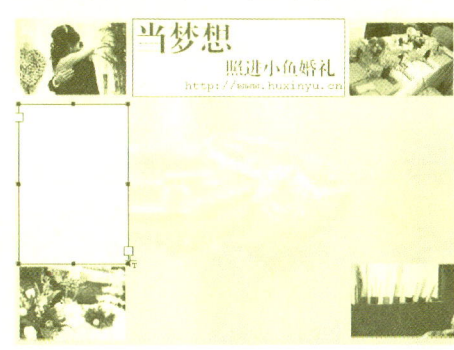
图4-12 拖曳文本容器2

Step 05 单击选定文本容器的右下方的"出"端口，在舞台的中间空白区域拖动，创建任意大小的矩形文本容器，如图4-13所示。

Step 06 单击中间文本容器的右下方的"出"端口，在舞台的右侧空白区域拖动，创建任意大小的矩形文本容器，如图4-14所示。

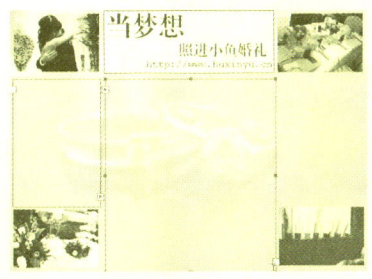
图4-13 链接文本容器1

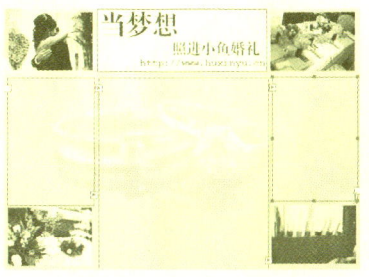
图4-14 链接文本容器2

55

Step 07 拷贝"文本.txt"文件中的文字,双击左侧的第一个文本容器,按下【Ctrl+V】键,将文字粘贴,文字会自动出现在三个文本容器中。设置大小为13点,字体为宋体,行距为131,消除锯齿为"使用设备字体",如图4-15所示。

Step 08 文本粘贴后,还可以使用"选择工具"移动任何一个已经链接了的文本容器,调整其在舞台中的位置。按下【Ctrl+Enter】键后,可以看到使用TLF文本制作的宣传文稿的效果,如图4-16所示。

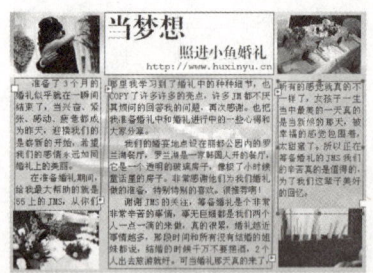

图4-15 粘贴文本

图4-16 预览效果

4.3 分离文本

某些操作不能直接作用于文本对象,例如为文本填充渐变色或位图,以及调整文本的外形等。因为上述操作只能作用于图形对象,所以如果要对文本对象进行上述操作,用户首先需要将文本分离,经过分离的文本具有和图形相似的属性。这样做的目的是将文本从一组可编辑和配置的字符转换为最基本的形式,即矢量形状,从而可以以任何方式对其进行整形或从图形的角度对其进行编辑。请注意这里仅提出"从图形的角度"编辑,因为一旦文本被分离,就不能再作为文本进行编辑,因此,也就不能再进行字体改变、段落设置以及其他普通的文字设置,也就是说不能返回到文本状态。所以在分离之前要确保正确设置文本内容及其字体等外观属性。

用户可以将文本转换为组成它的线条和填充区域,以便对它进行改变形状、擦除和其他操作。如同其他所有形状一样,可以单独将这些转换后的字符分组,或将它们更改为元件并制作为动画。一旦将文本转换为线条和填充区域,就不能再将它们作为文本来编辑。分离文本的具体操作步骤如下。

课堂示范素材:sample\第4章\原始文件\4.3分离文本\分离文本.fla

Step 01 打开"sample\第4章\原始文件\4.3分离文本\分离文本.fla"文件,首先从工具箱中选择"选择工具",然后单击选择舞台中的文本块。

Step 02 执行"修改 > 分离"命令(或使用【Ctrl+B】快捷键),选定文本块中的每个字符都会被放置在一个单独的文本块中,文本依然保持在舞台的同一位置上,分离后的文本如图4-17所示。

Step 03 分离后的文本被分解为一个个独立的字符,此时对其中的任意字符进行单独的操作都不会影响其他字符,如图4-18所示为对其中某个字符进行位置调整后的效果。

图4-17 分离成块的文本

图4-18 调整独立字符

Step 04 如果再次执行"修改>分离"命令（或再次按下【Ctrl+B】快捷键），将使第一次分离过的文本转换为图形，如图 4-19 所示。

Step 05 可以看到，此时文本已经变成了可填充的色块，用户可以使用"颜料桶工具"对文本进行颜色的填充，填充的颜色不仅可以是纯色，还可以是渐变色。使用"颜料桶工具"对分离后的文本填充后的效果如图 4-20 所示。

图 4-19 字符被转换为图形

图 4-20 对分离后的文本进行填充

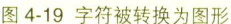
教学提示 可以对分离文本进行的操作

除此之外，还可以使用选择工具、部分选取工具、套索工具和钢笔工具对文本的外形进行调整，还可以使用橡皮擦工具对文本进行擦除，总之，所有可以对图形进行的编辑操作都可以对分离后的文本进行。

4.4 创建和使用字体元件

当用户在 Flash 影片中使用系统中已安装的字体时，Flash 会将该字体信息嵌入 Flash 影片播放文件中，从而确保该字体能够在 Flash Player 中正常显示。但是并非所有显示在 Flash 中的字体都可以随影片导出，要检查字体最终是否可以导出，可以执行"视图>预览模式>消除文字锯齿"命令预览该文本，如果出现锯齿则表明 Flash 不识别该字体轮廓，也就无法将该字体导出到播放文件中。

用户可以在 Flash CS5 中使用一种被称做"设备字体"的特殊字体作为嵌入字体信息的一种替代方式（仅适用于横向文本）。设备字体并不嵌入 Flash 播放文件中。相反，Flash Player 会使用本地计算机上的与设备字体最相近的字体来替换设备字体。因为没有嵌入字体信息，所以使用设备字体生成的 Flash 影片文件会更小一些，此外，设备字体在小磅值（小于 10 磅）时比嵌入字体更清晰且更易读。不过，因为设备字体不是嵌入的，所以如果用户的系统上没有安装与设备字体相对应的字体，那么文本在用户系统中的显示效果可能与预期的不同。

Flash 中包括三种设备字体：_sans（类似于 Helvetica 或 Arial 字体）、_serif（类似于 Times Roman 字体）和 _typewriter（类似于 Courier 字体），这三种字体位于文本属性面板中"字体"下拉列表的最前面。

要将影片中所用字体指定为设备字体，可以在属性面板中选择上面任意一种 Flash 设备字体，在影片回放期间 Flash 会选择用户系统上的第一种设备字体。用户可以指定要选择的设备字体中的文本设置，以便复制和粘贴出现在影片中的文本。

如果将字体作为共享库项，就可以在库面板中创建字体元件，然后给该元件分配一个标识符字符串和一个公布包含该字体元件的影片的 URL。这样用户就可以在影片中链接该字体并使用它，而无需将字体嵌入到影片中，从而大大减少了影片的尺寸。

创建字体元件的操作步骤如下。

Step 01 执行"窗口>库"命令，打开用户想向其中添加字体元件的库，如图 4-21 所示。

Step 02 从库面板右上角的选项菜单中选择"新建字型"命令，如图 4-22 所示。

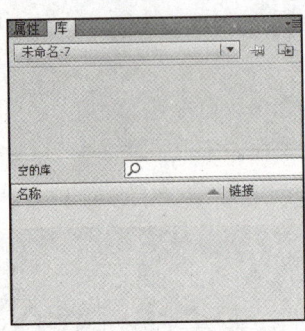

图 4-21 库面板

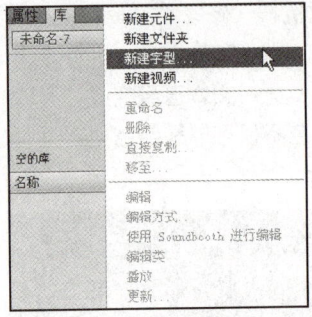

图 4-22 选择"新建字型"命令

Step 03 接下来会弹出"字体嵌入"对话框,如图 4-23 所示。在这里可以设置字体元件名称,选择字体,还可以设置字体其他参数,如加粗、倾斜等。

Step 04 如果希望为字体元件指定标识符字符串,单击 ActionScript 选项卡,在"共享"选项下,选择"为运行时共享导出"选项,如图 4-24 所示。另外,在"标识符"文本框中,输入一个字符串,以标识该字体元件。在"URL"文本框中,输入包含该字体元件的 SWF 影片文件将要公布的 URL。

Step 05 设置完毕后,单击【确定】按钮,这样就创建好了一个字体元件。

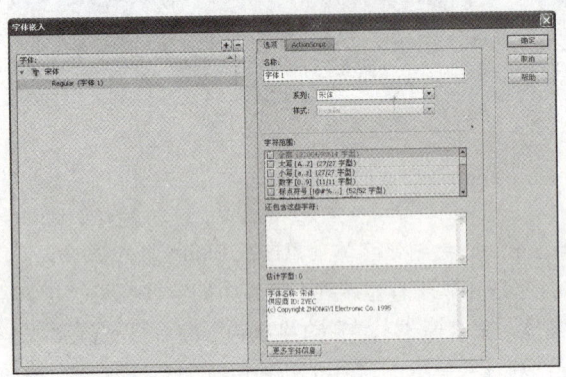

图 4-23 "字体嵌入"对话框

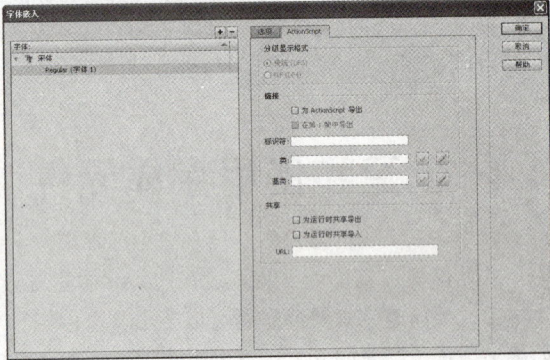

图 4-24 ActionScript 选项卡

4.5 为文字添加滤镜效果

滤镜是可以应用到对象的图形效果。可用滤镜有斜角、投影、发光、模糊、渐变发光、渐变模糊和调整颜色。可以直接从属性面板中为所选对象应用滤镜。

使用属性面板,可以对选定的对象应用一个或多个滤镜。对象每添加一个新的滤镜,在属性面板中,就会将其添加到该对象所应用的滤镜列表中。可以对一个对象应用多个滤镜,也可以删除以前应用的滤镜。

应用滤镜后,可以随时改变其选项,或者重新调整滤镜顺序以试验组合效果。在属性面板中,可以启用、禁用或者删除滤镜。删除滤镜时,对象恢复原来外观。通过选择对象,可以查看应用于该对象的滤镜;该操作会自动更新属性面板中所选对象的滤镜列表。

课堂示范素材:sample\第4章\原始文件\4.5为文字添加滤镜效果\滤镜.fla

4.5.1 投影

投影滤镜可模拟对象向一个表面投影的效果,或者在背景中剪出一个形似对象的洞,来模拟对象的外观。滤镜参数如图 4-25 所示。

- **模糊 X、模糊 Y**:设置投影的宽度和高度。

- **强度**：设置阴影暗度。数值越大，阴影就越暗。
- **品质**：选择投影的质量级别。把质量级别设置为"高"就近似于高斯模糊。建议把质量级别设置为"低"，以实现最佳的回放性能。
- **角度**：输入一个值来设置阴影的角度。
- **距离**：设置阴影与对象之间的距离。
- **挖空**：挖空（即从视觉上隐藏）源对象，并在挖空图像上只显示投影。
- **内阴影**：在对象边界内应用阴影。
- **隐藏对象**：隐藏对象，并只显示其阴影。
- **颜色**：打开"颜色"面板，然后设置阴影颜色。

对"sample\第4章\原始文件\4.5为文字添加滤镜效果\滤镜.fla"文件使用投影滤镜后，效果如图4-26所示。

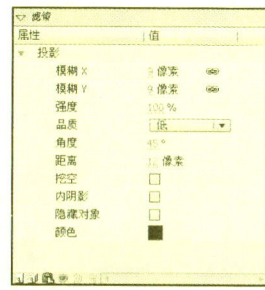
图 4-25 投影滤镜参数

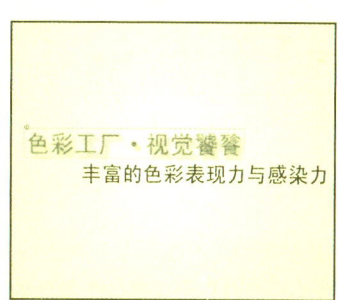
图 4-26 投影效果

4.5.2 模糊

模糊滤镜可以柔化对象的边缘和细节。将模糊滤镜应用于对象，可以让它看起来好像位于其他对象的后面，或者使对象看起来好像是运动的。滤镜参数如图4-27所示。

- **模糊 X、模糊 Y**：设置模糊的宽度和高度。
- **品质**：选择模糊的质量级别。把质量级别设置为"高"就近似于高斯模糊。建议把质量级别设置为"低"，以实现最佳的回放性能。

模糊的效果如图4-28所示。

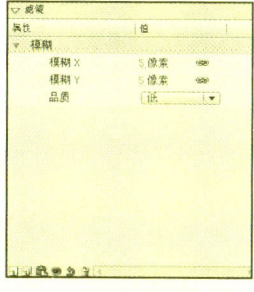
图 4-27 模糊滤镜参数

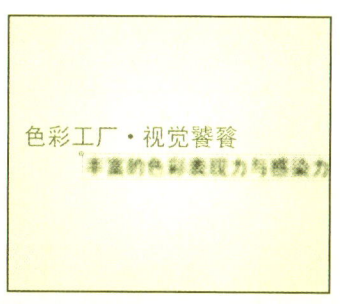
图 4-28 模糊效果

4.5.3 发光

使用发光滤镜，可以为对象的整个边缘应用颜色。滤镜参数如图4-29所示。

- **模糊 X、模糊 Y**：设置发光的宽度和高度。
- **强度**：设置发光的清晰度。

- **品质**：选择发光的质量级别。把质量级别设置为"高"就近似于高斯模糊。建议把质量级别设置为"低",以实现最佳的回放性能。
- **颜色**：打开"颜色"面板,然后设置发光颜色。
- **挖空**：挖空(即从视觉上隐藏)源对象,并在挖空图像上只显示发光。
- **内发光**：在对象边界内应用发光。

发光的效果如图 4-30 所示。

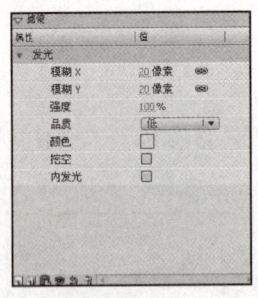

图 4-29 发光滤镜参数

图 4-30 发光效果

4.5.4 渐变发光

应用渐变发光,可以在发光表面产生带渐变颜色的发光效果。渐变发光要求选择一种颜色作为渐变开始的颜色,该颜色的 Alpha 值为 0。用户无法移动此颜色的位置,但可以改变该颜色。滤镜参数如图 4-31 所示。

- **模糊 X、模糊 Y**：设置发光的宽度和高度。
- **强度**：设置发光的不透明度,而不影响其宽度。
- **品质**：选择渐变发光的质量级别。把质量级别设置为"高"就近似于高斯模糊。建议把质量级别设置为"低",以实现最佳的回放性能。
- **角度**：拖动角度盘或输入值,更改发光投下的阴影角度。
- **距离**：设置阴影与对象之间的距离。
- **挖空**：挖空(即从视觉上隐藏)源对象,并在挖空图像上只显示渐变发光。
- **类型**：从下拉菜单上,选择要为对象应用的发光类型。可以选择"内侧"、"外侧"或者"全部"。
- **渐变**：指定发光的渐变颜色,渐变包含两种或多种可相互淡入或混合的颜色。选择的渐变开始颜色称为 Alpha 颜色。

渐变发光的效果如图 4-32 所示。

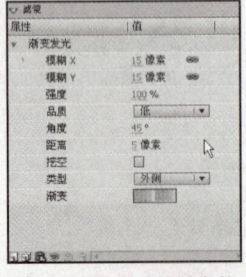

图 4-31 渐变发光滤镜参数

图 4-32 渐变发光效果

4.5.5 斜角

应用斜角就是向对象应用加亮效果,使其看起来凸出于背景表面。可以创建内斜角、外斜角或者完全斜角。滤镜参数如图 4-33 所示。

- **模糊 X、模糊 Y**：设置斜角的宽度和高度。
- **阴影、加亮显示**：选择斜角的阴影和加亮颜色。
- **品质**：选择斜角的质量级别。把质量级别设置为"高"就近似于高斯模糊。建议把质量级别设置为"低"，以实现最佳的回放性能。
- **强度**：设置斜角的不透明度，而不影响其宽度。
- **角度**：拖动角度盘或输入值，更改斜边投下的阴影角度。
- **距离**：请输入值来定义斜角的宽度。
- **挖空**：挖空（即从视觉上隐藏）源对象，并在挖空图像上只显示斜角。
- **类型**：选择要应用到对象的斜角类型。可以选择"内侧"、"外侧"或者"全部"。

斜角的效果如图 4-34 所示。

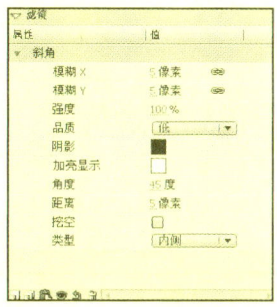

图 4-33 斜角滤镜参数

图 4-34 斜角效果

4.5.6 渐变斜角

应用渐变斜角可以产生一种凸起效果，使得对象看起来好像从背景上凸起，且斜角表面有渐变颜色。渐变斜角要求渐变的中间有一个颜色，颜色的 Alpha 值为 0。滤镜参数如图 4-35 所示。

- **模糊 X、模糊 Y**：设置斜角的宽度和高度。
- **强度**：请输入一个值以影响其平滑度，而不影响斜角宽度。
- **角度**：请输入一个值或者使用弹出的角度盘来设置光源的角度。
- **挖空**：挖空（即从视觉上隐藏）源对象，并在挖空图像上只显示渐变斜角。
- **渐变**：指定斜角的渐变颜色，渐变包含两种或多种可相互淡入或混合的颜色。中间的指针控制渐变的 Alpha 颜色。
- **类型**：从下拉菜单上，选择要应用到对象的斜角类型。可以选择"内侧"、"外侧"或者"全部"。
- **品质**：选择渐变斜角的质量级别。把质量级别设置为"高"就近似于高斯模糊。建议把质量级别设置为"低"，以实现最佳的回放性能。

渐变斜角的效果如图 4-36 所示。

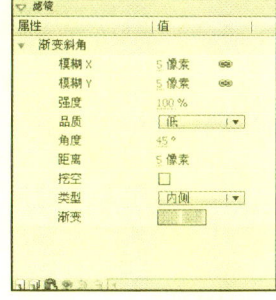

图 4-35 渐变斜角滤镜参数

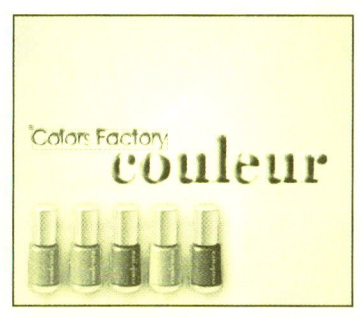

图 4-36 渐变斜角效果

4.5.7 调整颜色

使用"调整颜色"滤镜，可以调整对象的亮度、对比度、色相和饱和度。滤镜参数如图 4-37 所示。

- **亮度**：调整对象的亮度。
- **对比度**：调整对象的对比度。
- **饱和度**：调整对象的饱和度。
- **色相**：调整对象的色相。

调整颜色的效果如图 4-38 所示。

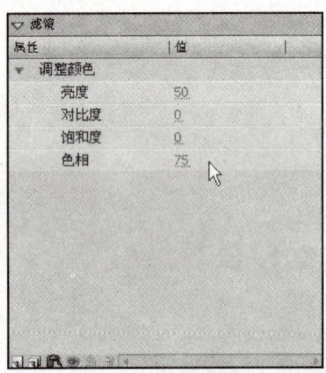
图 4-37 调整颜色滤镜参数

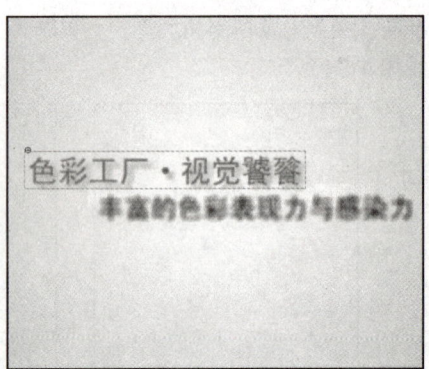
图 4-38 调整颜色效果

上机实践｜"便利店Logo"创意设计

原始文件：无
最终文件：sample\第4章\最终文件\上机实践\便利店Logo-end.fla
实训目的：学会在Flash中的文本应用
应用范围：Flash图形绘制，文字设计

下面使用"文本工具" T 在 Flash 中创建文本。本实例要制作的是以文本为主的便利店 Logo 标志。本实例使用规则图形与文字相结合，以得到挖空效果，同时应用星形起点缀作用使图像更加完美。

Step 01 单击工具箱中的"椭圆工具"，使用对象绘制模式在舞台上绘制一个椭圆形，并使用"任意变形工具" 旋转刚刚绘制的椭圆形，如图 4-39 所示。

Step 02 选中刚刚绘制的椭圆形，用线性渐变填充，设置"描边"颜色为无，在颜色面板中设置"渐变滑块"从左到右颜色值为 #00B3F1 到 #005EEC，如图 4-40 所示。

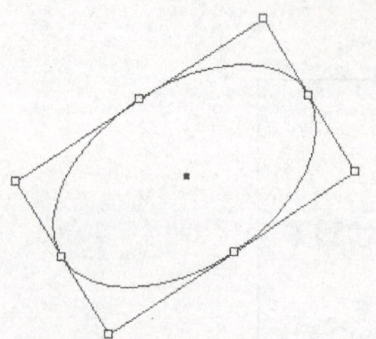
图 4-39 绘制椭圆并旋转

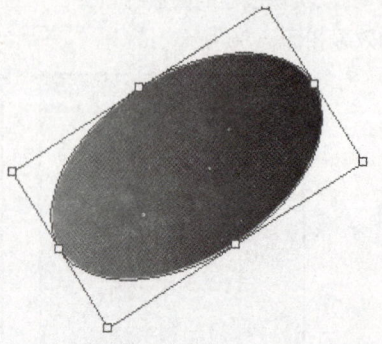
图 4-40 填充椭圆

使用文本对象　Chapter 04

Step 03 单击工具箱中的"文本工具" T，在舞台上输入文字，设置字体为 Century Gothic，颜色为黑色，如图 4-41 所示。

Step 04 按下【Ctrl+B】键将文字分离，单击工具箱中的"选择工具"按钮，调整两个数字的位置，如图 4-42 所示。

图 4-41 输入文字 1

图 4-42 移动文字位置

Step 05 选中两个数字，单击工具箱中的"任意变形工具"按钮，调整两个数字的形状，如图 4-43 所示。

Step 06 单击工具箱中的"部分选取工具"按钮，调整两个数字的锚点，如图 4-44 所示。

图 4-43 调整文字形状

图 4-44 调整锚点

Step 07 同时选中两个文字和椭圆对象，并执行"修改 > 合并对象 > 打孔"命令，效果如图 4-45 所示。

Step 08 选中打孔后的对象，按下【Ctrl+B】键将对象分离，然后选中分割开的部分图形，在工具箱中设置"填色"颜色值为 #0054A9，"描边"为无，如图 4-46 所示。

图 4-45 打孔效果

图 4-46 填充颜色

Step 09 单击工具箱中"多角星形工具"，设置多边形边数为 4，设置"填色"颜色为白色，在画布中绘制多个不同大小的星形，效果如图 4-47 所示。

Step 10 单击工具箱中的"文本工具" T，在舞台上输入文字"PLUS"，在字符面板设置合适的字体和大小，如图 4-48 所示。至此，便利店 Logo 设计完成。

图 4-47 绘制星形

图 4-48 输入文字 2

思考与练习

★参见光盘"思考与练习答案"文档

一、填空题

（1）Flash 分离文本的快捷键是_____。

（2）Flash CS5 的文本工具可以使用_____、_____两种方式输入文本。

（3）与以前的文本引擎（现在称为传统文本）相比，TLF 支持_____。

二、选择题

（1）以下属于 Flash 滤镜的是（　　）。

  A. 投影　　　　　B. 模糊　　　　　C. 发光　　　　　D. 斜角

（2）用户可以使用 TLF 文本创建哪些类型的文本块？（　　）

  A. 只读　　　　　B. 可选　　　　　C. 可编辑　　　　D. 以上都可以

（3）用 Flash 可以将文字转换成（　　）。

  A. 矢量图形　　　B. 位图　　　　　C. 静态图片　　　D. 动态图片

三、上机操作题

（1）请参考"配套光盘\exercise\第4章\最终文件\1\练习1.fla"文件，利用绘图工具和文本工具制作出如图 4-49 所示的"特效文字"效果。

要求：使用分离命令将文字分离，然后制作文字双色的效果。

（2）请参考"配套光盘\exercise\第4章\最终文件\2\练习2.fla"文件，利用绘图工具和文本工具制作出如图 4-50 所示的"文字Logo"效果。

要求：使用 TLF 文本输入方式完成文字样式的设置。

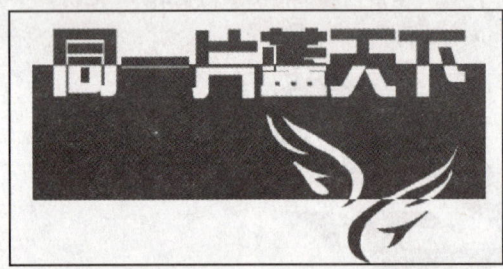
图 4-49 "特效文字"效果

图 4-50 "文字 Logo"效果

Chapter 5 编辑对象

课题概述 本章介绍了动画中大部分元素的编辑方法。在动画制作过程中，制作者必须对各种动画元素进行频繁的编辑，对相关的对象进行移动、换位、变形等编辑操作，其中对象位置的管理和变形是使用最多的方法。

教学目标 读者学习完本章后，一定要通过不断的练习对这些编辑方法熟练掌握。要想获得完美的动画效果，在必要时往往要对对象进行进一步的变形操作，所以作为一个合格的动画制作者对每个编辑方法都应该能灵活运用。

★ 章节重点

- ★★★★☆ 变形对象
- ★★★☆☆ 调整对象
- ★★★★☆ 有效地管理图层
- ★★★★★ 设置图层混合模式

★ 光盘路径

- 上机实践：sample\第5章\
- 课后练习：exercise\第5章\
- 电子教案：PPT\FL_lesson5.ppt

5.1 变形对象

变形工具组包括"任意变形工具" 和"渐变变形工具" ，"任意变形工具" 可以改变工作区中对象的形态，"渐变变形工具" 可以改变对象的渐变填充效果。另外，还可以使用3D旋转和平移工具。

5.1.1 任意变形

"任意变形工具" 主要用于对各种对象进行各种方式的变形处理，比如拉伸、压缩、旋转、翻转和自由变形等。通过使用"任意变形工具" ，用户可以将对象变形为自己需要的各种样式。

选择工具箱中的"任意变形工具" ，工具箱选项处会显示该工具的选项，如图 5-1 所示。

旋转与倾斜：用来旋转对象。
缩放：用来调整对象大小。
扭曲：用来调整对象的形状，使之自由扭曲变形。
封套：利用它可以得到更加奇妙的变形效果，弥补扭曲变形在某些局部无法兼顾的缺陷。
课堂示范素材：sample\第5章\原始文件\5.1变形对象\变形对象.fla

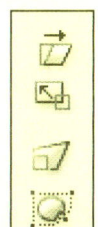

图 5-1 任意变形工具选项

1. 旋转与倾斜

选中要变形的对象，单击工具箱中的"任意变形工具" ，选择选项区中的【旋转与倾斜】按钮，此时对象的周围会出现 8 个控制点，并且对象的中心会出现一个小圆圈。将鼠标指针移到边角的位置，鼠标指针变成旋转箭头形状时拖动光标。拖动到适当位置释放鼠标就可以实现图形的旋转了。旋转的结果如图 5-2 所示。

在此可以看到，旋转是以 9 个控制点中最中心的小圆圈为旋转中心的，将光标移到这个小圆圈处，即可拖动它改变旋转中心的位置，改变旋转中心的位置后，再对对象进行旋转操作时，就可以看到对象将围绕新的旋转中心旋转，如图 5-3 所示。

将光标放在 4 条边线的控点上，当光标变成倾斜箭头形状时拖动鼠标，拖动到适当的位置释放鼠标就可以将图形倾斜了。例如对对象实现水平方向的倾斜变形的操作结果如图 5-4 所示。

图 5-2 旋转图形　　　　图 5-3 围绕中心旋转　　　　图 5-4 水平倾斜的效果

2. 缩放

选中要改变大小的对象。单击工具箱中的"任意变形工具" ，选择选项区中的【缩放】按钮，此时对象的周围会出现 8 个控制点，并且对象的中心会出现一个小圆圈。将光标放在边角的控点上，当鼠标指针变成倾斜方向的双向箭头时拖动光标，拖动到适当的位置释放鼠标，即可按比例改变图形的大小，变形结果如图 5-5 所示。

将光标放在左右两侧的控点上，当鼠标指针变成左右方向的双向箭头时，按住鼠标左键并水平拖动光标，拖动到适当的位置释放鼠标，可在水平方向上改变对象的大小。将光标放在上下两侧的控点上，当鼠标指针变成上下方向的双向箭头时，按住鼠标左键并垂直拖动光标，拖动到适当的位置释放鼠标，可在垂直方向上改变对象的大小。水平方向放大和垂直方向放大的效果分别如图 5-6 和图 5-7 所示。

图 5-5 按比例缩放　　　　图 5-6 水平放大　　　　图 5-7 垂直放大

3. 扭曲

"扭曲工具"　可以单独移动编辑点，改变对象原本规则的形状。选择工具箱中的"任意变形工具" ，然后单击选项区中的【扭曲】按钮，或者在工具被选中的状态下按住【Ctrl】键也可以应用扭曲功能。这时可以看到对象周围出现了一个带有 8 个控制点的边框，如图 5-8 所示。

将光标放在 8 个控制点中的任何一个上，可以看到光标变成一个白色的无尾箭头，按住鼠标左键，就可以随意拖动每个控制点，如图 5-9 所示，而框内形状始终会随着 8 个控制点组成的边框形状的变化而变化，这种变形完全不同于基本变形形式，而是能根本改变对象的外观。

教学提示　使用"任意变形工具"扭曲对象的技巧

如果用工具箱中的"任意变形工具"选定了对象，按住【Ctrl】键，光标移动到控制点处也会变成无尾箭头，可以进行和上面一样的操作。由于扭曲变形可以更加随意地改变图形本身的形状和给人的感觉，所以在对象变形中应用十分广泛，对图形精彩的扭曲变形也的确可以为动画界面增色不少。

图 5-8 扭曲图形　　　　图 5-9 拖动控制点

4. 封套

封套可以通过改变对象周围的切线手柄变形对象。选择工具箱中的"任意变形工具"，然后单击选项区中的【封套】按钮，对象周围出现切线手柄，拖动这些控制点可以随意对对象进行局部的变形，如图 5-10 所示。这种变形可以做到细致和精确，完成效果如图 5-11 所示。

图 5-10 进行封套变形　　　　图 5-11 变形效果

5.1.2 渐变变形

"渐变变形工具"是用来调整颜色渐变的工具。当选择了一个渐变填充或位图填充用于编辑时，则该填充区的中心会显示出来，同时边框也会显示出来。边框上带有编辑手柄，当鼠标指针落在这些手柄上时，指针的形状就会发生改变，而且改变的形状可以指示出对应手柄的功能。

课堂示范素材：sample\第5章\原始文件\5.1变形对象\渐变变形.fla

下面对"sample\第5章\原始文件\5.1变形对象\渐变变形.fla"文件进行渐变变形调整。

- 如果要改变渐变、位图填充的宽度，可拖动右侧的方形控点，改变渐变填充区域的大小，如图 5-12 所示。

图 5-12 改变渐变的宽度

- 如果要改变渐变色、位图填充的中心点，拖动中心位置的圆形控点即可，如图 5-13 所示。

图 5-13 调整渐变中心

- 如果要旋转渐变、位图填充，拖动右上角的控点，当光标变成环形箭头形状时，拖曳光标即可改变渐变的填充方向，如图 5-14 所示。

图 5-14 旋转渐变

- 如果是放射渐变填充，则可拖曳环形边界框上最下面的那个环形手柄，还可以通过拖曳环状边界框线上中间的那个环形手柄来调节直径，如图 5-15 所示。

图 5-15 调整放射渐变直径

5.1.3 3D旋转和平移

工具箱中的 3D 旋转工具组包括"3D 平移工具"和"3D 旋转工具"，允许用户在全局 3D 空间或局部 3D 空间中操作对象。全局 3D 空间即为舞台空间，全局变形和平移与舞台相关。局部 3D 空间即为影片剪辑空间，局部变形和平移与影片剪辑空间相关。例如，如果影片剪辑包含多个嵌套的影片剪辑，则嵌套的影片剪辑的局部 3D 变形与容器影片剪辑内的绘图区域相关。"3D 平移工具"和"3D 旋转工具"的默认模式是全局。

课堂示范素材：sample\第5章\原始文件\5.1变形对象\3d.fla

1. 3D旋转工具

使用"3D 旋转工具"可以在 3D 空间中旋转影片剪辑实例。3D 旋转控件出现在选定对象之上。

Step 01 打开"sample\第5章\原始文件\5.1变形对象\3d.fla"文件，在工具箱中选择"3D旋转工具" ",通过选中工具箱的"选项"部分中的【全局转换】按钮,验证该工具是否处于所需模式,如图5-16所示。

Step 02 在舞台上选择一个影片剪辑。3D旋转控件将叠加在所选对象上。如果这些控件出现在其他位置,请双击控件的中心点以将其移动到选定的对象。

Step 03 将指针放在四个旋转轴控件之一上,指针在经过四个控件中的一个控件时将发生变化。

Step 04 拖动一个轴控件以绕该轴旋转,如图5-17所示。

Step 05 若要相对于影片剪辑重新定位旋转控件中心点,请拖动中心点。若要按45°增量约束中心点的移动,请在按住【Shift】键的同时进行拖动。

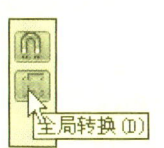

图5-16 全局转换　　图5-17 3D旋转

2. 3D平移工具

可以使用"3D 平移工具" 在3D 空间中移动影片剪辑实例,具体操作步骤如下。

Step 01 在工具箱中选择"3D 平移工具" 。

Step 02 将该工具设置为局部或全局模式。

Step 03 用"3D 平移工具" 选择一个影片剪辑。

Step 04 若要通过用该工具进行拖动来移动对象,请将指针移动到X、Y或Z轴控件上。指针在经过任一控件时将发生变化,如图5-18所示。

Step 05 若要使用属性面板移动对象,请在属性面板的"3D 定位和查看"部分中输入X、Y或Z的值,如图5-19所示。

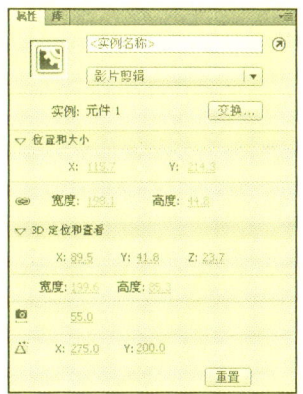

图5-18 3D平移　　图5-19 3D定位和查看

上机练习 | 绘制"比萨饼"

原始文件:无
最终文件:sample\第5章\最终文件\上机练习\比萨饼-end.fla
应用范围:Flash图形绘制、角色绘制

Step 01 新建文件，背景色为白色，在舞台上使用"线条工具"和"钢笔工具"绘制如图 5-20 所示的比萨饼轮廓。

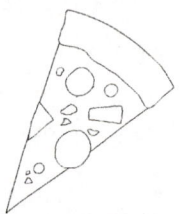

图 5-20 比萨饼轮廓

Step 03 按照同样的方法继续为比萨饼上色。红色（#F7EDC9 #F66846），绿色（#F2F1A3 #1E8530），黑色（#F7F7DA #000000），如图 5-22 所示。

图 5-22 填充完颜色的比萨饼

Step 05 选择工具箱中的"任意变形工具"，将中心点调整到比萨饼的角上，如图 5-24 所示。

图 5-24 使用变形工具

Step 07 这时可以看到变形的过程，如图 5-26 所示。

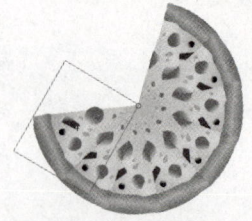

图 5-26 进行旋转复制

Step 02 使用"颜料桶工具"给比萨饼上色，饼身 1 为线性渐变（#F7F1B8 到 #F8DF40），饼身 2 为线性渐变（#FACD4F 到 #E98EB），如图 5-21 所示。

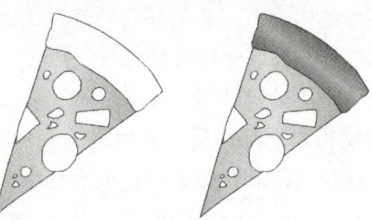

图 5-21 比萨饼 1 和比萨饼 2

Step 04 用"橡皮擦工具"选项中的【水龙头】按钮去掉轮廓线，如图 5-23 所示。

图 5-23 去掉轮廓线的比萨饼

Step 06 打开变形面板，设置"旋转"为 30°，单击【重制选区和变形】按钮，如图 5-25 所示。

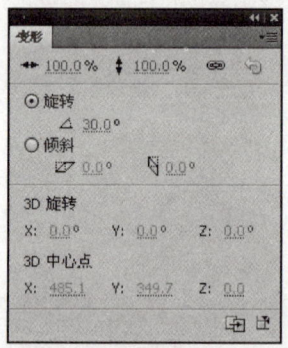

图 5-25 变形面板

Step 08 复制出整个饼身后，按下【Ctrl+A】键选中所有对象，按下【Ctrl+B】键将对象打散，就可以看到图形的效果了，如图 5-27 所示。

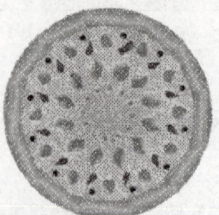

图 5-27 打散对象

5.2 调整对象

在动画制作前期的对象编辑和动画制作过程中，针对对象的调整是一个非常重要的方面，也是 Flash CS5 提供的一项基本的编辑功能。

5.2.1 对齐对象

在开始动画制作之前，自行绘制的和从其他地方引用的对象往往都杂乱地排列在编辑区中，所以必须先对它们的位置进行调节。另外，在动画制作的过程中，也常常需要改变和调整对象的位置。管理对象的位置包括对象的移动、对象的对齐等几个方面。

课堂示范素材：sample\第5章\原始文件\5.2调整对象\对齐对象.fla

在制作较复杂的动画时，有时会有很多的对象，简单应用手工移动的方式会很麻烦。Flash 提供了自动对齐的功能，而且全部体现在对齐面板中，如图 5-28 所示。它包括了排列方式、分布方式、匹配尺寸、间距等几个功能类型。

- **左对齐**：以选中的对象的最左边的对象为基准对齐。
- **水平中齐**：以选中对象的中心为基准进行垂直方向对齐。
- **右对齐**：以选中的对象的最右边的对象为基准对齐。
- **顶对齐**：以选中的对象的最上边的对象为基准对齐。
- **垂直中齐**：以选中对象的中心为基准在水平方向上对齐。
- **底对齐**：以选中对象中的最下边的对象为基准对齐。
- **按高度均匀分布**：如选中重叠的对象，该命令将会令它们在垂直方向上分散开来。
- **按宽度均匀分布**：如选中重叠的对象，该命令将会令它们在水平方向上分散开来。
- **匹配宽度/高度**：将所有选中的对象调整为一样的宽度或高度。
- **匹配宽和高**：将所有选中的对象调整为一样的宽度和高度。
- **间隔**：设置对象间的水平间距或垂直间距相等。
- **与舞台对齐**：如果对齐的基准对象在舞台外，执行该功能在对齐后将使之自动回到舞台内。

以 "sample\第5章\原始文件\5.2调整对象\对齐对象.fla" 文件两个对象为例，初始位置如图5-29所示。

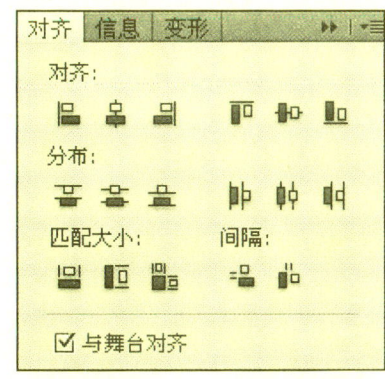

图 5-28 对齐面板

图 5-29 原排列

首先选中 "与舞台对齐" 选项，再将它们两者同时选定，然后在对齐面板的对齐栏中单击【底对齐】按钮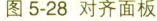，它们会自动位于舞台最下侧，效果如图 5-30 所示。

若选定两者后，单击面板内 "分布" 栏中的【垂直居中分布】按钮，两者将按照各自水平中心线所处位置在垂直方向上平均分布，上下两张图片将与画布的上下边缘对齐，如图 5-31 所示。

图 5-30 相对舞台底对齐　　　　　图 5-31 垂直居中分布

上面已针对将对象对齐时的对齐面板的一部分用法做了举例说明，读者也可以用同样的方法来尝试面板中没有讲到的那些按钮的功能和用法。熟练使用对齐面板，掌握对齐的方法，可以给对象的编辑带来诸多方便。

5.2.2 合并对象

可以通过执行"修改 > 合并对象"命令，通过合并或改变现有对象来创建新形状。在有些情况下，所选对象的堆叠顺序决定了操作的工作方式。

课堂示范素材：sample\第5章\原始文件\5.2调整对象\合并对象.fla

以"sample\第5章\原始文件\5.2调整对象\合并对象.fla"文件为例，"合并对象"命令如下。

- 联合：使用"联合"命令，可以将两个或多个形状合成单个形状，如图 5-32 所示。
- 交集：使用"交集"命令，可以创建两个或多个对象的交集的对象，如图 5-33 所示。

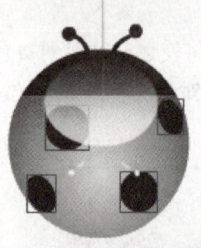

　　　图 5-32 联合　　　　　　　　　　　图 5-33 交集

- 打孔：使用"打孔"命令，可以删除所选对象的某些部分，这些部分由所选对象与排在所选对象前面的另一个所选对象的重叠部分来定义，如图 5-34 所示。
- 裁切：使用"裁切"命令，可以使用某一对象的形状裁切另一对象。前面或最上面的对象定义裁切区域的形状，如图 5-35 所示。

　　　图 5-34 打孔　　　　　　　　　　　图 5-35 裁切

5.2.3 修饰对象

使用基本工具创建了图形对象后，Flash 提供了几种对图形的修饰方法。包括优化曲线、将线条转换为填充、扩展填充、柔化填充边缘、高级平滑与伸直等。

1. 将线条转换为填充

在工作区中选中一条线条，然后执行"修改 > 形状 > 将线条转换为填充"命令，就可以把该线条转换为填充区域。使用这个命令可以产生一些特殊的效果，例如使用渐变色填充这个直线区域，那么就可以得到一条五彩缤纷的线条。将线条转换为填充区域会增大文件尺寸，但是它可以提高计算机的绘图速度。

2. 扩展填充

通过扩展填充，可以扩展填充形状。具体的操作步骤为：使用"选择工具" 选择一个形状，执行"修改 > 形状 > 扩展填充"命令，弹出如图 5-36 所示的对话框。其中主要参数如下。

- **距离**：用于指定扩充、插进的尺寸。
- **方向**：如果希望扩充一个形状，请选择"扩展"项，如果希望缩小形状，请选择"插入"项。

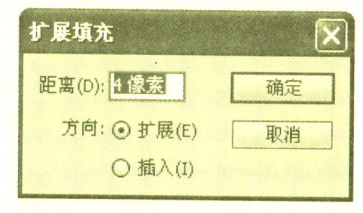

图 5-36 "扩展填充"对话框

3. 优化曲线

优化曲线通过减少用于定义这些元素的曲线数量来改进曲线和填充轮廓，这能够减小 Flash 文件的尺寸。

使用"选择工具" 选择要进行优化的对象，执行"修改 > 形状 > 优化"命令，然后在出现的如图 5-37 所示的"优化曲线"对话框中进行设置。

- **优化强度**：确定平滑的程度。
- **显示总计消息**：显示提示窗口，指示平滑完成时优化的程度，如图 5-38 所示。

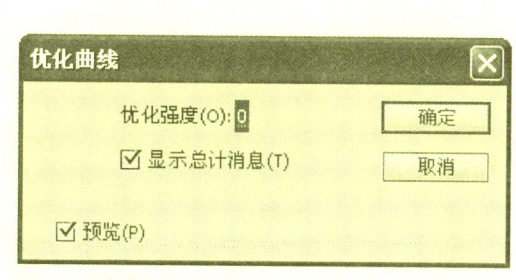

图 5-37 "优化曲线"对话框

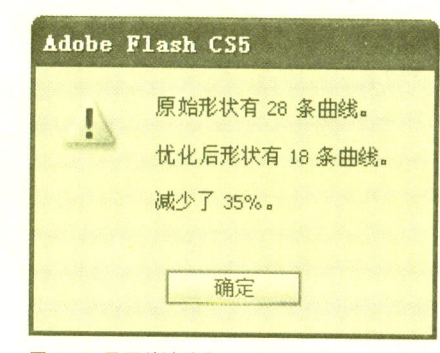

图 5-38 显示总计消息

4. 柔化填充边缘

在绘图时，有时会遇到颜色对比非常强烈的情况，这时绘出的实体边界太过分明，会影响整个电影的效果。如果对实体的边界进行柔化，那么看起来就好多了。Flash 提供了柔化填充边缘的功能。

具体的操作步骤为：使用"选择工具" 选择一个形状，执行"修改 > 形状 > 柔化填充边缘"命令，打开如图 5-39 所示的"柔化填充边缘"对话框。对话框的主要参数如下。

- **距离**：用于指定扩充、插进的尺寸。
- **步长数**：步长数越大，形状边界的过渡越平滑，柔化效果越好。但是，这样也会带来大的文件尺寸以及非常慢的绘图速度。
- **方向**：如果希望向外柔化形状，请选择"扩展"项，如果希望向内柔化形状，请选择"插入"项。

课堂示范素材：sample\第5章\原始文件\5.2调整对象\修饰对象.fla

以"sample\第5章\原始文件\5.2调整对象\修饰对象.fla"文件为例，如图5-40所示的就是对矢量对象边缘柔化前后的对比效果。

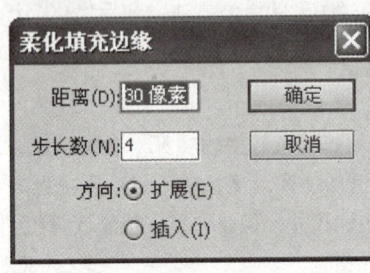

图5-39 "柔化填充边缘"对话框

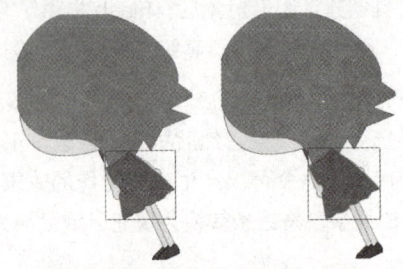

图5-40 柔化填充边缘前后的效果

5. 高级平滑与伸直

利用伸直操作可以对已经绘制的线条和曲线进行调整。平滑操作使曲线变柔和并减少曲线整体方向上的突起或其他变化。同时还会减少曲线中的线段数。不过，平滑只是相对的，它并不影响直线段。如果在改变大量非常短的曲线段的形状时遇上困难，该操作尤其有用。选择所有线段并将它们处理得平滑可以减少线段数量，从而得到一条更易于改变形状的柔和曲线。

执行"修改 > 形状 > 高级平滑"命令，可以打开如图5-41所示的对话框，在"高级平滑"对话框中，为"上方的平滑角度"、"下方的平滑角度"和"平滑强度"参数设置适当的值。

执行"修改 > 形状 > 高级伸直"命令，可以打开如图5-42所示的对话框，在"高级伸直"对话框中，为"伸直强度"参数设置适当的值。

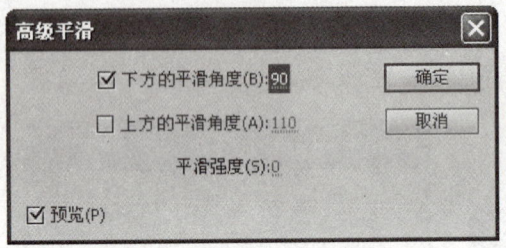

图5-41 "高级平滑"对话框

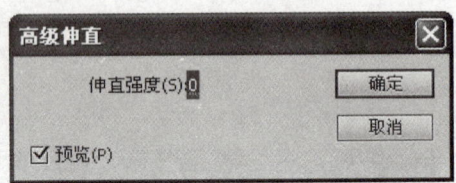

图5-42 "高级伸直"对话框

5.3 管理图层

可以把图层（简称层）看成是堆叠在一起的多张透明纸。在工作区中，当图层上没有任何内容的时候，便可透过上面的图层看到下面图层上的图像。用户可以通过图层组合出各种复杂的动画。

5.3.1 图层编辑

1. 新增图层

在新建的Flash动画中只有一个图层，默认图层名称为"图层1"。要插入图层，单击时间轴上的"插入图层"按钮就可以。每单击一次就会添加一个普通图层，新建的图层会自动排在已有图层的上面，图层名将以图层1、图层2、图层3……依次排序命名。

2. 改变图层顺序

选中某个图层，用光标将该图层拖曳至其他图层的上方或下方即可。

3. 指定图层

在对图层进行操作时，必须先将其确认为当前图层。虽然在同一时刻只能对一个图层的内容进行编辑，但是在选取图层时可以选取单个图层，也可以选择多个图层。

按住【Shift】键单击需要选中的图层，可以选择连续的图层；按住【Ctrl】键单击需要选中的图层，可以选择多个不连续的图层。

4. 图层重命名

在创建一个新图层时，系统会给图层命名为"图层N"。当面对一个复杂的影片时，在时间轴上会存在数十个，甚至更多个图层，为用户方便地识别图层，可以根据图层的内容来给图层命名。使用光标双击要改变的图层名称，并输入新的图层名，然后按下【Enter】键确认即可，如图5-43所示。

或者右击要改名的图层，在弹出的菜单中选择"属性"命令，当屏幕上弹出如图5-44所示的对话框时，请在"名称"栏中输入新的图层名称。

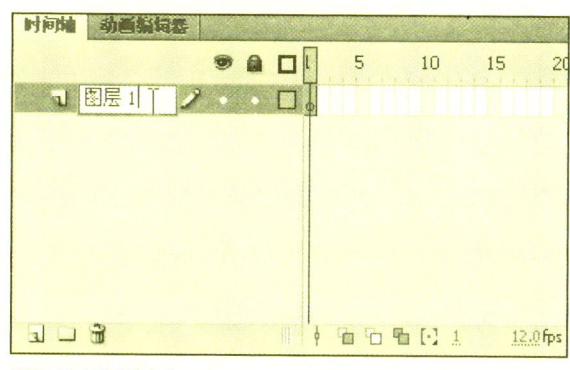

图5-43 图层重命名

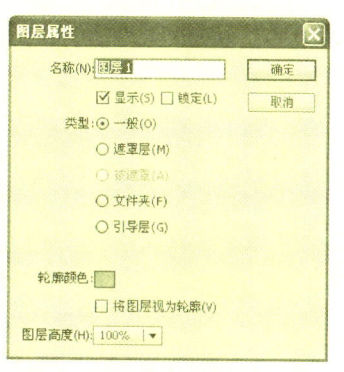

图5-44 "图层属性"对话框

5. 删除图层

选中要删除的图层，单击时间轴上的【删除】按钮就可以将图层删除。

5.3.2 设置图层状态

在时间轴的图层编辑区中有代表图层状态的三个图标，如图5-45所示，它们可以隐藏某层以保持工作区域的整洁；可以将某层锁定以防止被意外修改；可以在任何层查看对象的轮廓线。

1. 隐藏图层

默认情况下，图层都是处于显示状态的。当影片中存在多个图层的时候，为了便于查看和编辑各图层中的内容，需要将其他的图层隐藏。隐藏图层的操作很简单，只要单击眼睛图标下方的图标就可以。

当某一个图层被隐藏，该图层将会用红色的叉号标示，如图5-46所示。如果要取消隐藏，单击红色的叉号就可以显示图层。单击眼睛图标可以隐藏所有图层。按住【Alt】键单击某一图层，可以将该图层以外的所有图层隐藏。

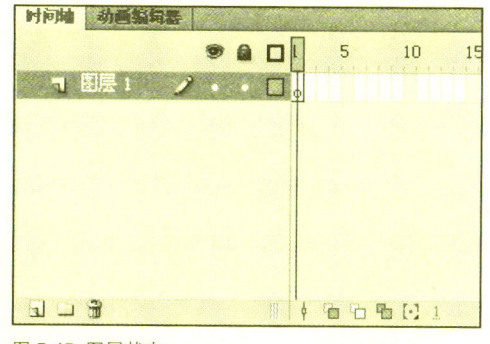

图5-45 图层状态

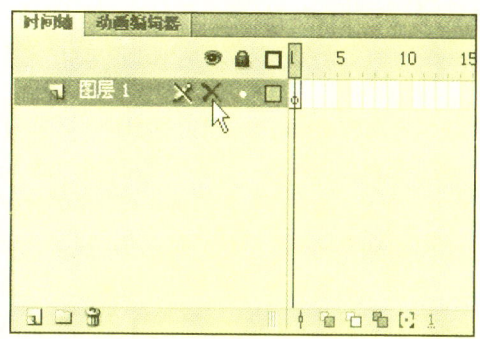

图5-46 隐藏图层

2. 锁定图层

在编辑某个图层的对象时，常会对其他图层的对象产生误操作。为了避免影响到其他图层的内容，可以只激活当前编辑图层，将其他的图层锁定。锁定图层用 🔒 标示。

锁定图层的方法是单击需要锁定的图层名称右侧锁形图标下方的点，图层即被锁定。如果锁定的是当前图层，则其左侧的铅笔也被划掉。单击图层列表顶部的按钮，可以锁定所有的图层。在此单击锁形图标可以取消图层的锁定状态，如图 5-47 所示。

3. 图层轮廓线

使用图层轮廓线可以掌握图层对象的外轮廓。当某层中的对象被另外一个图层中的对象遮盖时，可以使用遮盖层显示图层轮廓线来调整当前图层的位置或大小，如图 5-48 所示。

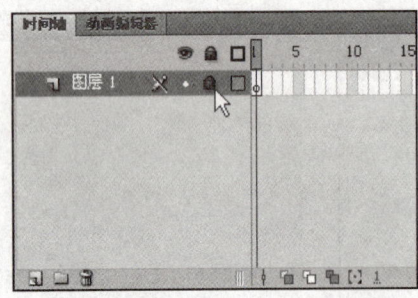

图 5-47 锁定图层

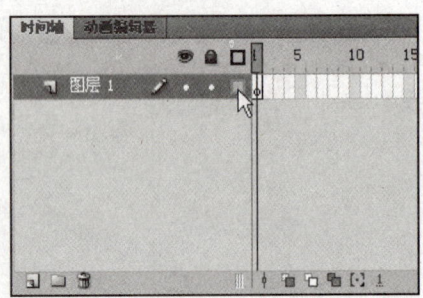

图 5-48 线框显示图层

5.3.3 设置图层混合模式

使用图层混合模式可以创建复合图像。复合是改变两个或两个以上重叠对象的透明度或者颜色相互关系的过程。利用混合模式可以混合重叠影片剪辑中的颜色，从而创造独特的效果。可以在属性面板的"混合"列表中设置混合模式。

> **教学提示** 混合模式包含的元素
>
> 混合模式包含以下元素。
> - **混合颜色**：应用于混合模式的颜色。
> - **不透明度**：应用于混合模式的透明度。
> - **基准颜色**：混合颜色像素的颜色。
> - **结果颜色**：基准颜色的混合效果。

课堂示范素材：sample\第5章\原始文件\5.3管理图层\图层混合.fla

由于混合模式取决于将混合所应用的对象的颜色和基础颜色，因此必须试验不同的颜色，以查看结果。操作步骤如下。

Step 01 打开 "sample\第5章\原始文件\5.3管理图层\图层混合.fla" 文件，选择要应用混合模式的对象。

Step 02 在属性面板的"混合"列表中，选择对象的混合模式，如图 5-49 所示。
- **一般**：正常应用颜色，与基准颜色没有相互关系，如图 5-50 所示。
- **图层**：可以层叠各个影片剪辑，而不影响其颜色，如图 5-51 所示。
- **变暗**：只替换比混合颜色亮的区域，比混合颜色暗的区域不变，如图 5-52 所示。
- **正片叠底**：将基准颜色复合以混合颜色，从而产生较暗的颜色，如图 5-53 所示。
- **变亮**：只替换比混合颜色暗的像素，比混合颜色亮的区域不变，如图 5-54 所示。
- **滤色**：将混合颜色的反色复合以基准颜色，从而产生漂白效果，如图 5-55 所示。

- 叠加：进行色彩增值或滤色，具体情况取决于基准颜色，如图 5-56 所示。
- 强光：进行色彩增值或滤色，具体情况取决于混合模式颜色。该效果类似于用点光源照射对象，如图 5-57 所示。
- 增加：从基准颜色增加混合颜色，如图 5-58 所示。

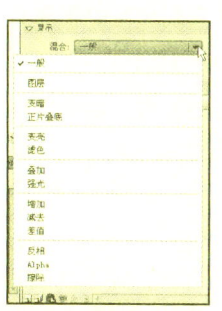

图 5-49 混合

图 5-50 一般模式

图 5-51 图层模式

图 5-52 变暗模式

图 5-53 正片叠底模式

图 5-54 变亮模式

图 5-55 滤色模式

图 5-56 叠加模式

图 5-57 强光模式

图 5-58 增加模式

- 减去：从基准颜色减去混合颜色，如图 5-59 所示。
- 差值：从基准颜色减去混合颜色，或者从混合颜色减去基准颜色，具体情况取决于哪个的亮度值较大。该效果类似于彩色底片，如图 5-60 所示。
- 反色：取基准颜色的反色，如图 5-61 所示。
- Alpha：应用 Alpha 遮罩层，如图 5-62 所示。
- 擦除：删除所有基准颜色像素，包括背景图像中的基准颜色像素，如图 5-63 所示。

图 5-59 减去模式

图 5-60 差值模式

图 5-61 反色模式

图 5-62 Alpha 模式

图 5-63 擦除模式

上机实践 | 绘制 "网站Logo"

原始文件：无
最终文件：sample\第5章\最终文件\上机实践\网站Logo-end.fla
实训目的：学会在Flash中利用对象操作绘制角色
应用范围：Flash图形绘制，角色绘制

通过本章的学习，读者应该已经掌握了修改对象的方法。在本节中，通过一个矢量图绘制的实例及其对象编辑，帮助用户熟练掌握矢量图绘制的技巧及对象操作的综合应用。

Step 01 新建文件，单击工具箱中的"文本工具" T，在舞台上输入文字"5ifz.cn"，设置字体为Comic Sans MS，如图5-64所示。

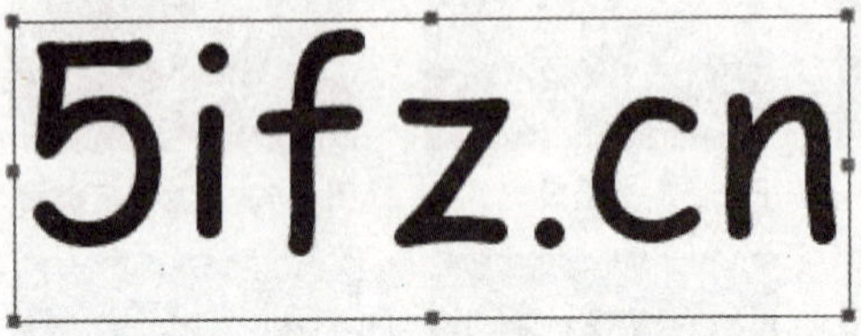

Step 02 选中文字，按下【Ctrl+B】键，将文字分离，然后使用工具箱中的"部分选取工具" 选取文字，如图5-65所示。

图5-64 输入文字

图5-65 选取文字

Step 03 选中"5"文字路径，单击工具箱中的"部分选取工具" ，单击可以选中锚点，然后通过拖动锚点或锚点的方向点的方式，调整文字路径的形状，调整到合适的形状，如图5-66所示。

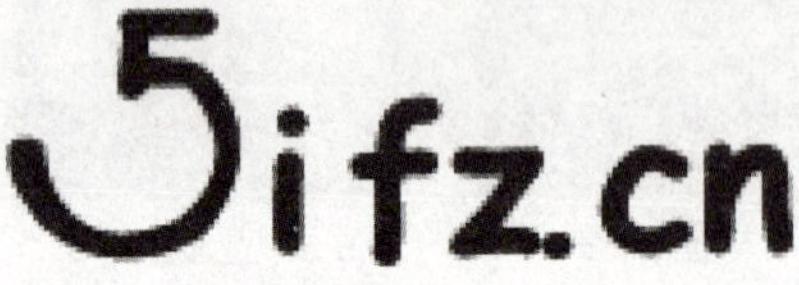

Step 04 选中"f"文字路径，单击工具箱中的"部分选取工具" ，单击可以选中锚点，然后通过拖动锚点或锚点的方向点的方式，调整文字路径的形状，调整到合适的形状，如图5-67所示。

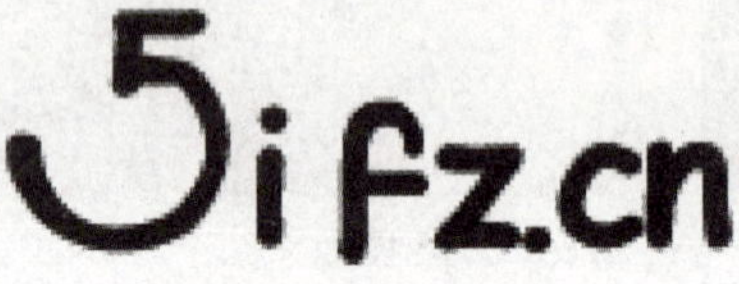

图5-66 调整文字形状1

图5-67 调整文字形状2

Step 05 选中"n"文字路径，单击工具箱中的"部分选取工具" ，单击可以选中锚点，然后通过拖动锚点或锚点的方向点的方式，调整文字路径的形状，调整到合适的形状，如图5-68所示。

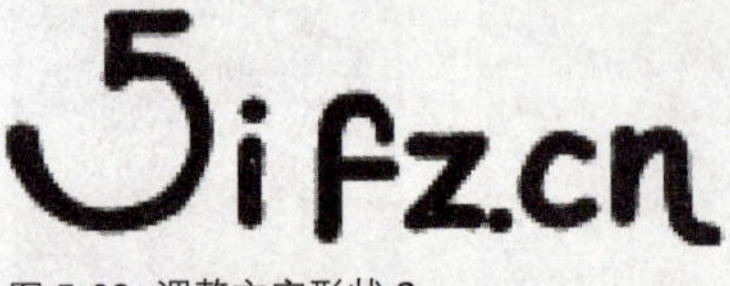

Step 06 单击工具箱中的"选择工具" ，拖动光标选中"5i"文字路径，然后将刚刚绘制的路径用渐变颜色填充，设置"笔触"颜色为无，打开"颜色"面板，从左至右分别设置线性渐变滑块颜色值为#0088BC到#6CCAD1，然后使用"颜料桶工具" 填充路径，如图5-69所示。

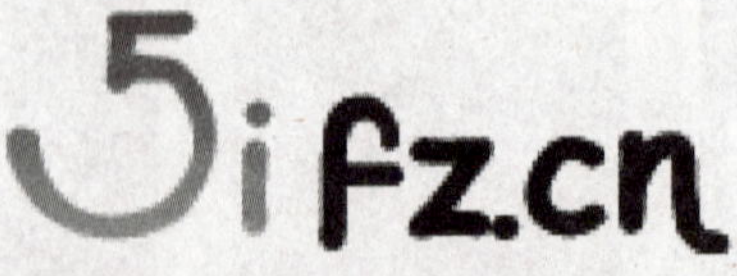

图5-68 调整文字形状3

图5-69 填充渐变

Step 07 单击工具箱中的"选择工具" ，拖动光标选中"fz.cn"文字路径，在工具箱中设置"填充"颜色值为#FFE04E，设置"笔画"颜色值为#FF923A，如图5-70所示。

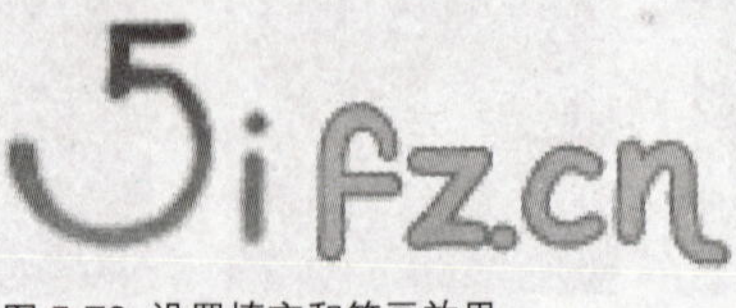

图5-70 设置填充和笔画效果

Step 08 单击工具箱中的"选择工具" ，拖动光标选中舞台上所有文字路径，按下【Ctrl+G】键，将文字路径编组，然后按下【Ctrl+D】键，直接复制并使用"任意变形工具" 进行放大操作，如图5-71所示。

Step 09 单击工具箱中的"部分选取工具"按钮 ，选中偏移得到的路径，在工具箱中设置"填充"为黑色，设置"笔画"为无，如图5-72所示。

图5-71 复制对象并移动位置

图5-72 设置黑色填充

Step 10 单击工具箱中的"钢笔工具" ，在舞台上绘制路径，如图5-73所示。

Step 11 选中刚刚绘制的路径，在工具箱中设置"填充"颜色值为黑色，设置"笔画"为无，调整到合适的大小和位置，如图5-74所示。

图5-73 绘制路径

图5-74 填充颜色

Step 12 单击工具箱中的"选择工具" ，拖动光标选中画布上所有文字路径和图形，执行"修改>合并对象>联合"命令，如图5-75所示。

Step 13 按下【Ctrl+D】键，直接复制并使用"任意变形工具" 进行放大操作，然后在工具箱中设置"填充"为白色，设置"笔画"为黑色，宽度为2，使用"墨水瓶工具" 和"颜料桶工具" 进行填充，如图5-76所示。

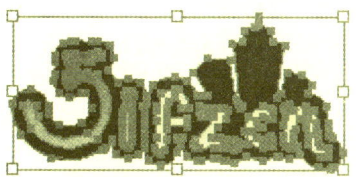

图5-75 联合对象

图5-76 填充颜色和笔画

Step 14 单击工具箱中的"多角星形工具" ，在舞台上绘制多个星形，在工具箱中为星形设置不同的颜色，并分别调整到不同的大小和位置。至此，网站Logo就制作完成了，如图5-77所示。

图5-77 绘制星形

教学提示 经典动画离不开构思巧妙的技巧与方法

看一看变形后的图形效果，可以得出结论，一个经典的动画是由一个个构思巧妙的技巧和方法完成的，只要充分调动想象力，就可以借助Flash把它们的形象完美地表达出来，这可能也是众多朋友迷恋Flash的原因吧。

思考与练习

★参见光盘"思考与练习答案"文档

一、填空题

（1）要改变舞台上对象的宽度，可以使用_____工具。
（2）Flash 提供了几种对图形的修饰方法，包括_____等。
（3）工具箱中的 3D 旋转工具组包括_____和_____工具。

二、选择题

（1）执行"修改 > 合并对象"命令，通过合并或改变现有对象来创建新形状，包括哪些选项？（　　）
   A. 联合　　　　　B. 交集　　　　　C. 打孔　　　　　D. 裁切
（2）关于图层混合模式，以下叙述正确的有（　　）。
   A. 使用混合模式，可以创建复合图像。
   B. 使用混合，可以混合重叠影片剪辑中的颜色，从而创造独特的效果。
   C. 混合颜色是应用于混合模式的颜色，不透明度是应用于混合模式的透明度。
   D. 基准颜色是混合颜色下的像素的颜色，结果颜色是基准颜色的混合效果。
（3）关于线条的平滑与伸直，以下叙述正确的有（　　）。
   A. 伸直操作可以稍稍弄直已经绘制的线条和曲线。
   B. 平滑操作使曲线变柔和并减少曲线整体方向上的突起或其他变化。
   C. 平滑只是相对的，它并不影响直线段。
   D. 选择所有线段并将它们弄平滑可以减少线段数量，从而得到一条更易于改变形状的柔和曲线。

三、上机操作题

（1）请参考"配套光盘\exercise\第5章\最终文件\1\练习1.fla"文件，制作如图 5-78 所示的"卡通小牛"图形效果。

要求：使用绘图、变形等工具，配合对象的对齐方式，通过图层管理绘制图形。

（2）请参考"配套光盘\exercise\第5章\最终文件\2\练习2.fla"文件，制作如图 5-79 所示的"特效文字"效果。

要求：为方便制作，可以将不同的文字放在不同的图层中。

图 5-78 "卡通小牛"图形

图 5-79 "特效文字"效果

Chapter 6 导入外部素材

课题概述 Flash CS5 可以使用在其他应用程序中创建的插图,导入各种文件格式的矢量图形和位图。另外,也可以将声音和视频导入到 Flash 中。

教学目标 通过本章的学习,读者应该掌握几种常用格式文件的导入方法以及各参数的设定情况。对声音和图像的知识有更进一步地了解。另外,声音的编辑与压缩、视频的导入与编辑都是动画中一定会用到的知识点。在这些方面,希望读者能通过大量的练习以达到熟练掌握的程度。

★ 章节重点

★★★★★ 导入图片
★★★☆☆ 位图矢量化
★★★★☆ 导入视频
★★★★★ 导入声音

★ 光盘路径

上机实践:sample\第6章\
课后练习:exercise\第6章\
电子教案:PPT\FL_lesson6.ppt

6.1 导入图片

Flash 能够识别各种矢量图和位图格式。它能将插图导入到当前 Flash 文档的舞台中或库中;也可以通过将位图粘贴到当前文档的舞台中实现导入操作。所有直接导入 Flash 文档中的位图都会自动添加到该文档的库中。导入的途径有两种,即从 Flash 的库中直接调用和从外部导入。

课堂示范素材:sample\第6章\原始文件\6.1导入图片\位图.jpg、psd.psd、png.png、ai.ai

6.1.1 导入位图和矢量图

执行"文件 > 导入"命令,在弹出的快捷菜单中有四个选项,分别为导入到舞台、导入到库、打开外部库、导入视频,用户可按需要选择。

1. 导入JPG、GIF图像

执行"文件>导入>导入到舞台"命令,在弹出的对话框中指定要导入的文件"sample\第6章\原始文件\6.1导入图片\位图.jpg",单击【打开】按钮即可,如图6-1所示。

执行"窗口 > 库"命令,或同时按下【Ctrl + L】键打开当前编辑区的库面板。随后,在库中选取所调用的对象,按住鼠标左键并将它拖到编辑区内的相应位置,如图 6-2 所示。

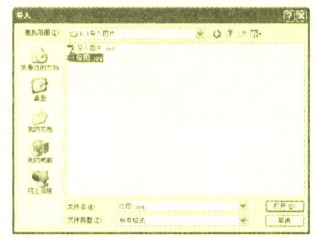

图 6-1 "导入"对话框

图 6-2 将库中对象拖入舞台

在制作动画时，要充分利用外部资源来丰富自己的设计与制作，这些内容在概述中已列举过，只要是这些类型的文件，都可以导入为 Flash CS5 的对象，这就为设计者提供了很大的方便。作为一个应用软件，Flash CS5 最主要的功能还是进行动画的制作，因而其在对象编辑方面的功能自然不如专用的编辑软件（如图形编辑软件、声音编辑软件等）强大，所以当对所需对象的要求较高，而对相关的编辑软件又有一定了解时，则可以先在该软件中编辑相应的对象，满意之后再将其导入到 Flash 中进行下一步的动画制作。如果要删除对象，请先选定要删除的对象，然后按【Delete】键即可。

2. 导入PSD文件

Flash 在保留图层和结构的同时，可以导入和集成 Photoshop（PSD）文件，然后在 Flash 中编辑它们。使用高级选项在导入过程中优化和自定义文件。

Step 01 执行"文件>导入>导入到舞台"命令，在"导入"对话框中从"文件类型"列表中选择 Photoshop 选项。

Step 02 选择Photoshop文件"sample\第6章\原始文件\6.1导入图片\psd.psd"。

Step 03 单击【打开】按钮，即可出现如图 6-3 所示的对话框，可在对话框中进行如下设置。

- **将图层转换为**：选择"Flash 图层"会将 Photoshop 文件中的每个图层都转换为 Flash 文件中的一个层。选择"关键帧"会将 Photoshop 文件中的每个图层都转换为 Flash 文件中的一个关键帧。
- **将图层置于原始位置**：在 Photoshop 文件中的原始位置放置导入的对象。
- **将舞台大小设置为与 Photoshop 画布大小相同**：导入后，将舞台尺寸和 Photoshop 的画布设置成相同的大小。
- **将此图像图层导入为**（图像图层设置）：选择"具有可编辑图层样式的位图图像"时，将图像层导入为带有可编辑图层样式的位图图像。选择"拼合的位图图像"时，将图像层导入为压平的位图图像。
- **将此文本图层导入为**（文字图层设置）：选择"可编辑文本"、"矢量轮廓"、"拼合的位图图像"的任一项。
- **为此图层创建影片剪辑**：为当前层创建影片剪辑元件。
- **实例名称**：设置影片剪辑的实例名称。
- **注册**：设置影片剪辑实例的注册点位置。
- **压缩**：设置压缩方式为"有损"或"无损"。
- **品质**：选择"使用发布设置"或"自定义"。
- **计算位图大小**：单击该按钮后可计算出当前位图大小。

Step 04 设置完毕后单击【确定】按钮即可将 Photoshop 文件导入到 Flash 中，如图6-4 所示。

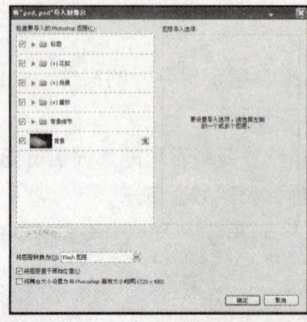
图 6-3 "导入到舞台"对话框

图 6-4 导入的 Photoshop 文件

3. 导入PNG文件

可以将 Fireworks PNG 文件作为平面化图像或可编辑对象导入到 Flash 中。将 PNG 文件作为平面化图像导入时，整个文件（包括所有矢量图）会进行栅格化，或转换为位图图像。将 PNG 文件作为可编辑对象导入时，该文件中的矢量图会保留为矢量格式。同时还可以选择保留 PNG 文件中存在的位图、文本和辅助线。

如果将 PNG 文件作为平面化图像导入，则可以从 Flash 中启动 Fireworks，并编辑原始的 PNG 文件（具有矢量数据）。当成批导入多个 PNG 文件时，只需选择一次导入设置，Flash 对于一批中的所有文件使用同样的设置。可以在 Flash 中编辑位图图像，方法是将位图图像转换为矢量图或将位图图像分离。

Step 01 执行"文件 > 导入 > 导入到舞台"菜单命令，打开"导入"对话框。

Step 02 在"导入"对话框中，从"文件类型"列表中选择"PNG 文件"。

Step 03 找到 Fireworks PNG 图像"sample\第6章\原始文件\6.1导入图片\png.png"，然后单击【打开】按钮。

Step 04 在如图 6-5 所示的"导入 Fireworks 文档"对话框中，设置如下选项。

- **作为单个扁平化的位图导入**：选择该选项，将 PNG 文件扁平化为单独的位图图像。
- **导入页面至**：选择"当前帧为电影剪辑"时，会将 PNG 文件导入为影片剪辑，并且该影片剪辑元件内部的所有帧和层都不变；选择"新层"时，会将 PNG 文件导入到堆叠顺序顶部的单独新层的当前 Flash 文件中。Fireworks 层会被平面化为单独的一层，Fireworks 帧包含在该新层中。
- **对象**：选择"导入为位图以保持外观"，将 Fireworks 笔划、填充和效果保留在 Flash 中；选择"保持原有的路径为可编辑状态"，即将所有对象保留为可编辑路径。
- **文本**：选择"导入为位图以保持外观"，将文本导入到 Flash 时保留 Fireworks 笔划、填充和效果；选择"保持所有的文本为可编辑状态"，即将所有文本保持为可编辑路径。

Step 05 设置完毕后单击【确定】按钮，即可将图像导入到 Flash 中，如图 6-6 所示。

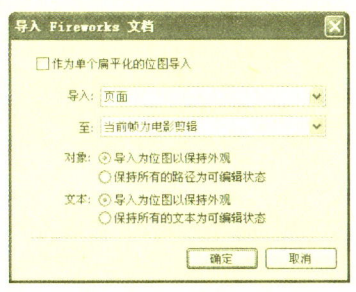
图 6-5 "导入 Fireworks 文档"对话框

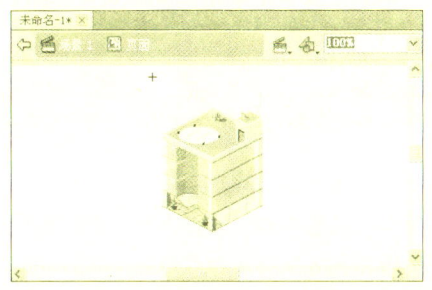
图 6-6 导入的 Fireworks 文件

4. 导入AI文件

Flash 可以导入和导出 Illustrator 文件。将 Illustrator 文件导入到 Flash 中时，它们可以对像其他 Flash 对象一样进行处理。

Step 01 执行"文件 > 导入 > 导入到舞台"菜单命令，打开"导入"对话框。

Step 02 在"导入"对话框中，找到 Illustrator 图像"sample\第6章\原始文件\6.1导入图片\ai.ai"，然后单击【打开】按钮。

Step 03 在如图 6-7 所示的"导入到舞台"对话框中，针对图层、图像、组、路径可以设置不同的导入选项。

- **将图层转换为**：选择"Flash 图层"会将 Illustrator 文件中的每个图层都转换为 Flash

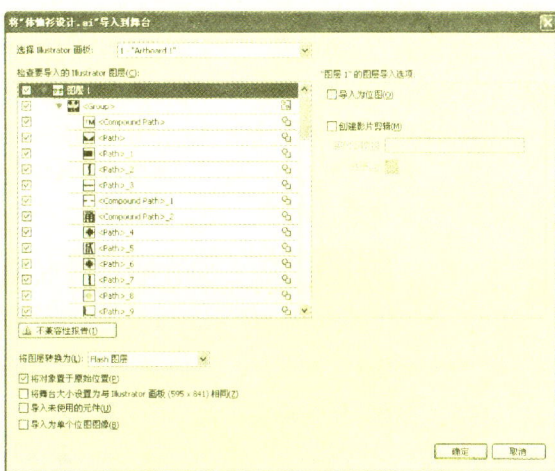
图 6-7 "导入到舞台"对话框

文件中的一个图层。选择"关键帧"会将 Illustrator 文件中的每个图层都转换为 Flash 文件中的一个关键帧。选择"单一 Flash 图层"会将 Illustrator 文件中的所有图层都转换为 Flash 文件中的单个平面化的图层。

- **将对象置于原始位置**：在 Photoshop 或 Illustrator 文件中的原始位置放置导入的对象。
- **将舞台大小设置为与 Illustrator 画板（裁减区域）相同**：导入后，将舞台尺寸和 Illustrator 的画板（裁切区域）设置成相同的大小。
- **导入未使用的元件**：导入时，将未使用的元件一并导入进来。
- **导入为单个位图图像**：导入为单一的位图图像。
- **创建影片剪辑**：将指定层创建为影片剪辑元件。
- **实例名称**：设置影片剪辑的实例名称。
- **注册**：设置影片剪辑实例的注册点位置。
- **导入为位图（图层、组导入选项）**：将指定层以位图的形式导入。

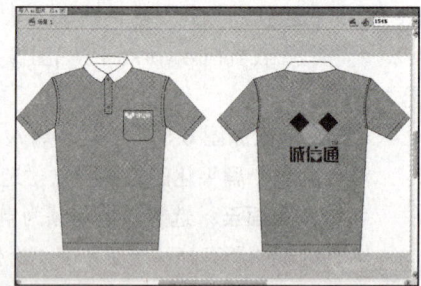

图 6-8 导入的 AI 文件

Step 04 设置完毕后单击【确定】按钮，即可将图像导入到 Flash 中，如图 6-8 所示。

6.1.2 位图矢量化

"转换位图为矢量图"命令会将位图转换为具有可编辑的离散颜色区域的矢量图形。此命令能将图像当作矢量图形进行处理，可以创建出使用画笔绘制的效果，而且它在减小文件大小方面也很有作用。

> **教学提示** 找到位图转换矢量图的最佳平衡点
>
> 如果导入的位图包含许多复杂的形状和颜色，则转换后的矢量图形的文件大小会比原来的位图文件大。尝试"转换位图为矢量图"对话框中的各种设置，找出文件大小和图像品质之间的最佳平衡点。

将位图转换为矢量图形的方法如下。

Step 01 选择当前场景中的位图，执行"修改 > 位图 > 转换位图为矢量图"命令，在"转换位图为矢量图"对话框中进行如图 6-9 所示的设定。

Step 02 在"颜色阈值"文本框中输入一个介于 0～500 之间的值。当对两个像素进行比较后，如果它们在 RGB 颜色值上的差异低于该颜色阈值，则两个像素被认为是颜色相同。如果增大了该阈值，则意味着降低了颜色的数量。

Step 03 在"最小区域"文本框中输入一个介于 1～1000 之间的值，用于设置在指定像素颜色时要考虑的周围像素的数量。

Step 04 对于"曲线拟合"项，在其下拉列表中选择一个选项，用于确定绘制的轮廓的平滑程度。

Step 05 对于"角阈值"项，在其下拉列表中选择一个选项，以确定是保留锐边还是进行平滑处理。

设置完成后单击【确定】按钮，如图 6-10 所示的是转换后的矢量图形效果。

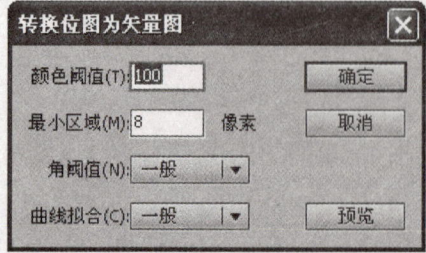

图 6-9 "转换位图为矢量图"对话框

图 6-10 矢量图形

6.1.3 设置位图属性

对库文件中的某个位图文件进行属性设置有如下几种方法。

- 在库文件列表中双击该位图文件名称前的图标；
- 在库文件列表中选定该位图，在预览窗口中双击；
- 在库文件列表中，用鼠标右键单击该文件，在弹出的菜单中单击"属性"命令；
- 在库文件列表中选定该文件，单击库面板标题栏右侧的【菜单】按钮，在下拉列表中单击"属性"命令。

在弹出的位图属性对话框中，可以对位图的输出质量和体积大小进行相应设置，如图6-11所示。

- **文件属性**：左上角窗口是位图的预览框，中间的文本框显示的是文件的名称，可以在此对它重命名，下面则是文件路径、修改日期及文件大小。
- **允许平滑**：允许压缩时对图像进行平滑处理。
- **压缩**：下拉列表框中有两个压缩方式选项，"照片（JPEG）"图片压缩格式是Flash CS5的默认方式，"无损（PNG/GIF）"图像无损格式即对图片不做任何修改。
- **品质**：设置"照片（JPEG）"图片压缩格式的压缩比例。
- **启用解块**：启用JPEG解块以减少图像由于低品质设置带来的失真。

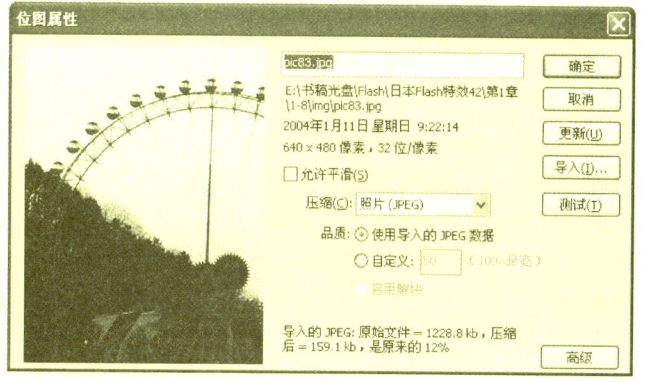

图6-11 "位图属性"对话框

上机练习 | 制作"白羊"效果

原始文件：sample\第6章\原始文件\上机练习\素材1.jpg、素材2.jpg
最终文件：sample\第6章\最终文件\上机练习\白羊-end.fla
应用范围：Flash图形导入与绘制

Step 01 新建文件，设置舞台背景色为#D9BAA6，执行"文件>导入"命令，在"导入"对话框中选择"sample\第6章\原始文件\上机练习\素材1.jpg"文件，如图6-12所示。

Step 02 单击【打开】按钮后，图片被导入到舞台中。在属性面板中将图片的"宽度"设为550、"高度"设为400，与舞台大小相同，如图6-13所示。

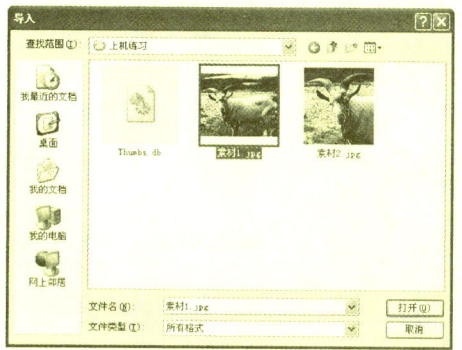

图6-12 导入图片1

图6-13 导入的图片效果

Step 03 按下【Ctrl+B】键将图片分离，然后使用工具箱中的"套索工具"，选择多边形套索模式，在图片上选择不规则的几个边缘，分别将其删除，形成如图 6-14 所示的效果。

Step 04 将图片所在的图层命名为"山羊"，然后新建图层，命名为"渐变"，再使用工具箱中的"矩形工具"绘制两个从白色到黑色的渐变矩形，其中黑色的不透明度设置为 0，形成如图 6-15 所示的效果。

图 6-14 修饰图片边缘

图 6-15 设置渐变

Step 05 新建图层，命名为"其他部分"，然后使用"椭圆工具"，设置笔触色为白色，填充色为无色，绘制一个椭圆，并使用"线条工具"绘制几条黑色的直线与平行四边形，再使用"颜料桶工具"填充四边形颜色，并使用"文本工具"输入网址和导航条文字，如图 6-16 所示。

Step 06 新建图层，命名为"山羊的面部"，执行"文件>导入"命令，在"导入"对话框中选择"sample\第6章\原始文件\上机练习\素材2.jpg"文件，如图 6-17 所示。

图 6-16 绘制图形并输入文字

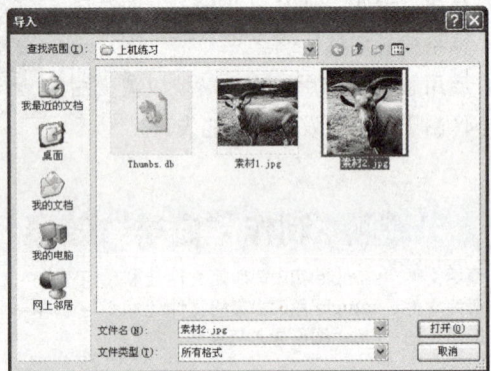

图 6-17 导入图片 2

Step 07 单击【打开】按钮后图片即被导入到舞台中，执行"修改>位图>转换位图为矢量图"命令，使用默认的参数设置，然后使用"套索工具"选中山羊的头部，将其他部分删除，如图 6-18 所示。

Step 08 新建图层，命名为"山羊的影子"，使用"钢笔工具"围绕已有山羊的头部绘制山羊头部的阴影，然后使用 30% 不透明度的黑色填充，并将该层移至"山羊的面部"层下方，如图 6-19 所示。

图 6-18 转换位图为矢量图

图 6-19 绘制阴影

6.2 导入视频

Flash 能导入视频剪辑，根据视频格式和所选导入方法的不同，用户可以将视频文件发布为 Flash 影片（SWF 文件）或 QuickTime 影片（MOV 文件）。FLV 视频格式具备技术和创意优势，允许用户将视频、数据、图形、声音和交互式控制融为一体。FLV 视频使用户可以轻松地将视频以几乎任何人都可以查看的格式放在网页上。

用户选择的部署视频方式决定了创建视频内容和将它与 Flash 集成的方式。可以用以下方式将视频融入 Flash 中：使用 Adobe Flash Media Server 流式加载视频、从 Web 服务器渐进式下载视频、在 Flash 文档中嵌入视频。

课堂示范素材：sample\第6章\原始文件\6.2导入视频\视频.flv

向当前的编辑环境中导入视频文件的步骤如下。

Step 01 执行"文件 > 导入 > 导入视频"命令，打开"导入视频"对话框，如图 6-20 所示。选择要导入的视频剪辑。可以选择"在您的计算机上"的视频剪辑，也可以在"已经部署到 Web 服务器、Flash Video Streaming Service 或 Flash Media Server"输入 URL。

Step 02 单击【浏览】按钮，找到要导入的文件"sample\第6章\原始文件\6.2导入视频\视频.flv"。

Step 03 选择视频集成在 Flash 中的方式，这里选择默认的设置。

- **使用回放组件加载外部视频**：导入视频并创建 FLVPlayback 组件的实例以控制视频回放。可以将 Flash 文档作为 SWF 文件发布并将其上载到 Web 服务器时，还必须将视频文件上载到 Web 服务器或 Flash Media Server，并按照已上载视频文件的位置配置 FLVPlayback 组件。
- **在 SWF 中嵌入 FLV 并在时间轴中播放**：将 FLV 嵌入到 Flash 文档中，这样导入视频时，该视频放置于时间轴中可以看到时间轴帧所表示的各个视频帧的位置。嵌入的 FLV 视频文件成为 Flash 文档的一部分。
- **作为捆绑在 SWF 中的移动设备视频导入**：与在 Flash 文档中嵌入视频类似，将视频绑定到 Flash Lite 文档中以部署到移动设备。

Step 04 单击【下一步】按钮，加载视频文件的外观，如图 6-21 所示。

- **外观**：设置视频导航控制的外观。
- **URL**：设置自定义视频导航外观时的 URL 地址。
- **颜色**：设置视频导航控制的色彩。

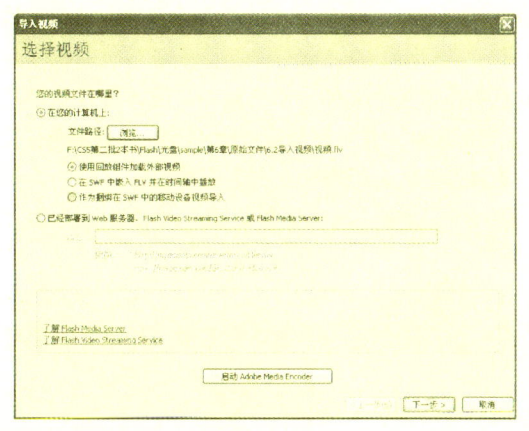

图 6-20 "导入视频"对话框

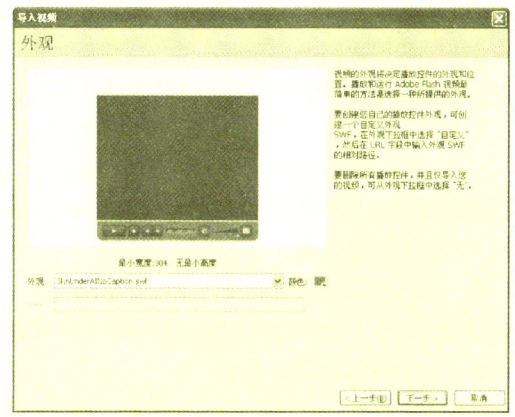

图 6-21 加载视频文件外观

Step 05 单击【下一步】按钮，进入如图 6-22 所示的对话框。

Step 06 单击【完成】按钮，影片被导入到舞台中，如图 6-23 所示。

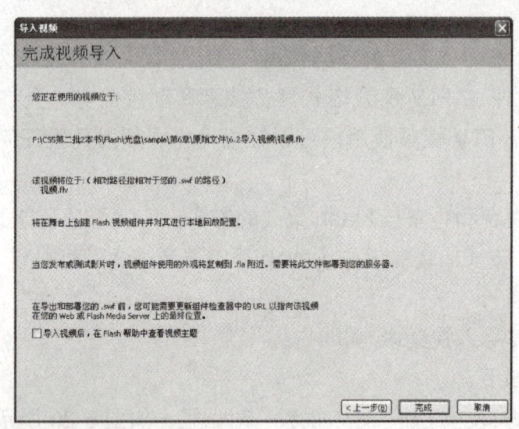

图 6-22 完成视频导入

图 6-23 导入的视频

6.3 导入声音

Flash 电影最突出的特点是结合了动画和音频，而且用户可以在特定的情况下选择播放特定的声音。一般来说，添加声音文件会大大增加动画文件的大小，但是，Flash 提供了最佳的压缩方式，能将动画文件尽可能压缩到最小。Flash 还提供了多种使用声音的方法，既能让声音独立于时间轴连续播放，也可以使动画与音轨同步；既能制作声音渐入渐出效果，又可以为按钮添加声音以增强其交互性，还可以用 ActionScript 来控制声音的播放。

课堂示范素材：sample\第6章\原始文件\6.3导入声音\声音.wav

6.3.1 在Flash中使用声音

Flash 电影中的声音可分为两种，一种是流式声音，另一种是事件声音。这两种声音类型并不是指它们在格式上有区别，而是指它们加入 Flash 电影中的方式不同。比如，同一个声音文件导入到动画中后既可以是流式声音，也可以是事件声音，只是它们的不同之处体现在播放的过程中。

在把带有音乐的 Flash 动画发布到网页上时，如果 Flash 动画中添加的是流式声音，那么它的播放将与 Flash 动画紧密相关，这时可以认为它是 Flash 动画的背景音乐，它随动画的播放而播放，随动画的停止而停止。它最美妙的地方在于它不必等到整个音乐全下载完毕后才开始播放，而是只要下载的数据足够一帧时就能开始播放。事件声音与流式声音不同，它必须要等到整个文件全部下载完毕后才能开始播放，而且只有当浏览者触发了该声音的事件时，它才会自动播放到结束，并且在播放过程中不会受到动画的影响。

由于一般音乐的文件比较大，为此，Flash 专门提供了压缩功能来控制声音在导出影片中的大小和质量。用户可以在"声音属性"对话框中选择压缩选项，也可以在"发布参数设置"对话框中为影片中所有的声音确定参数设置。

在 Flash 中导入声音的具体操作步骤如下。

Step 01 首先选择【插入图层】命令，在当前影片中为声音创建一个独立的图层。如果同时要播放多个声音，也可以创建多个图层。

Step 02 执行"文件 > 导入 > 导入到舞台"命令，打开"导入"对话框，如图 6-24 所示。

Step 03 选择一个需要导入的声音文件"sample\第6章\原始文件\6.3导入声音\声音.wav"，单击【打开】按钮，导入声音。

Step 04 导入的声音会自动添加到库面板中，如图 6-25 所示。

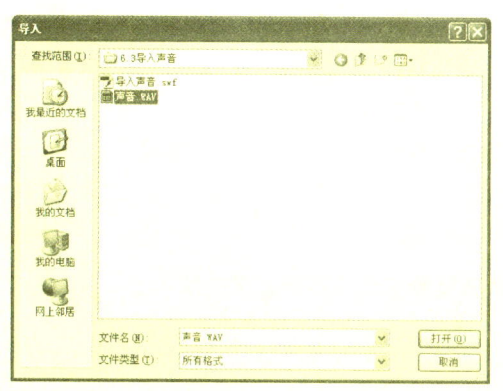
图 6-24 "导入"对话框

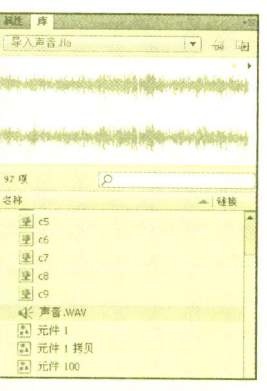
图 6-25 声音被加载到库面板中

教学提示 库面板中声音的波形反映声音特征

如果选中库中的一个声音，在预览窗口中就会观察到声音的波形。当前导入的声音文件为双声道，有两条波形。如果导入的声音为单声道，则只会出现一条波形。

用户可以在库面板中试听导入声音的效果。通过单击库面板预览窗口中的【播放】按钮，即可在库中听到播放的声音。声音文件被导入到 Flash 中之后，就成为 Flash 文件的一部分，也就是说，声音或音轨文件会使 Flash 文件的体积变大。

6.3.2 设置声音属性

在库中对某个声音文件进行属性的设置，有如下几种方法。
- 在库文件列表中用鼠标右键单击该文件，在弹出的菜单中单击"属性"命令；
- 在库文件列表中双击该声音文件名称前的图标；
- 在库文件列表中选定该声音，在预览窗口中双击；
- 在库文件列表中选定该文件，单击库面板标题栏右端的【菜单】按钮，在弹出的下拉列表中单击"属性"命令。

执行以上任意命令后，屏幕上都会弹出"声音属性"对话框，如图 6-26 所示。在"声音属性"对话框中可以对声音的输出质量和体积大小进行相应的设置，左上角窗口是声波的形状；中间的文本框里显示声音文件的名称，可以在此对它重命名；下面的文字是文件路径、修改日期及文件大小。该对话框右侧按钮的主要功能如下。

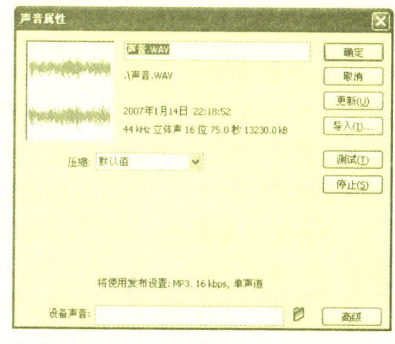

- **更新**：将"声音属性"对话框中进行的修改应用到当前编辑环境下相应的声音文件中。
- **导入**：从外界导入新的声音文件将代替被编辑的声音文件，并且同时将当前编辑环境下的所有引用该声音的实例替换掉。
- **测试**：对当前编辑的声音效果进行试听。
- **停止**：停止对声音的试听。

图 6-26 "声音属性"对话框

在"压缩"栏的下拉列表中，Flash CS5 一共提供了 5 种压缩方式。
- **默认值**：Flash CS5 提供的一个通用的压缩方式，可以对整个文件中的声音用同一个压缩比进行压缩，而不用分别对文件中不同的声音进行单独的属性设置，避免了不必要的麻烦。
- **ADPCM**：常用于压缩诸如按钮音效、事件声音等比较简短的声音。
- **MP3**：使用该方式压缩声音文件可使文件体积变成原来的 1/10，而且基本不损害音质。这是一种高效的压缩方式，常用于压缩较长且不用循环播放的声音，这种方式在网络传输中十分常用。
- **原始**："原始"压缩选项在导出声音时不进行压缩。
- **语音**：选择一个特别适合于语音的压缩方式导出声音时可以使用该选项。

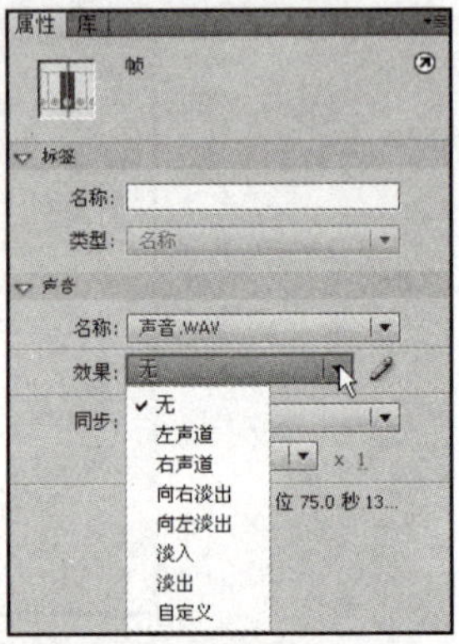

6.3.3 声音的编辑

声音被导入后，方可对其进行编辑。本节将重点介绍声音效果的编辑以及声音的同步和循环。

1. 编辑声音效果

在声音层任意选中一帧（含有声音数据的）打开属性面板，从"效果"后的下拉列表中选择一种效果，如图 6-27 所示。

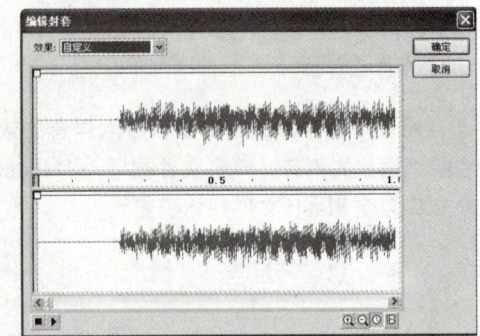

图 6-27 声音效果选项

- **左声道 / 右声道**：只在左或右声道播放声音。
- **向右淡出 / 向左淡出**：会从一个声道切换到另外一个声道。
- **淡入 / 淡出**：会在声音的持续时间内逐渐增加 / 减小其幅度。
- **自定义**：选择该选项后，屏幕上将弹出如图 6-28 所示的对话框。在该对话框中通过添加和移动滑块可以创建自己的声音淡入和淡出点，此外还可以控制播放音量的大小。

图 6-28 "编辑封套"对话框

其实，该对话框是淡入淡出效果的一个延续。通过多次修改声音播放时音量的大小，不仅可以实现简单的淡入 / 淡出效果，还能提供一些复杂的音效。改变音量是通过对话框中的两条音量线来控制的，细心观察一下，不难发现在两条音量线上有许多小方块，这就是调节柄。拖曳它们即可实现对音量的调节。音量线越高表明音量越大，反之则越小。制作复杂音效时，可通过在音量线上任意位置单击来增加调节柄。面板右下部有一个对波形进行缩放的"缩放工具"，旁边两个按钮分别表示【按秒显示波形】按钮以及【按帧显示波形】按钮。

2. 声音的同步

在当前编辑环境中添加的声音最终要体现在生成的动画作品中，声音和动画采用什么样的形式协调播放也是设计者需要考虑的问题，这关系到整个作品的总体效果和播放质量。正是出于这一考虑，Flash CS5 为用户提供了同步模式选择功能。

单击属性面板中"同步"右侧的下拉列表箭头，如图 6-29 所示，可以设置如下内容。

- **事件**：该选项会把声音和一个事件的发生过程同步起来。事件的声音在事件的起始关键帧开始显示时播放，独立于时间轴播放完整个声音，即使影片已经停止，只要事件没有结束，声音仍会继续播放。在播放发布的影片时，事件和声音是混合在一起的。例如，当给动画开始按钮加上一个很长时间的声音时，先单击该按钮声音开始播放，过一小段时间再单击，则在前一个声音继续播放的同时，另一个声音也将开始播放。
- **开始**：此选项和事件选项功能基本一致，只是在播放一个声音时，即使多次单击也不会播放新的声音。
- **停止**：将制定的声音禁止。

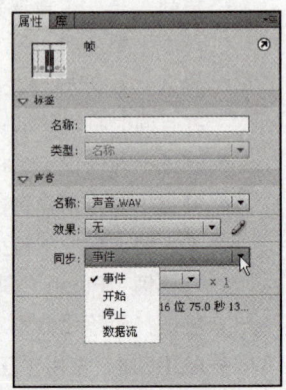

图 6-29 声音同步选项

● **数据流**：用于在互联网上同步播放声音。选中该项后，Flash CS5 会协调动画与声音流，使声音与动画同步。当声音播放时间较短而动画显示的速度不够快时，动画会自动跳过一些帧；如果声音过长而动画太短，则声音流将随着动画的结束而停止播放。声音流的播放长度绝不会超过它所占帧的长度。发布影片时，声音流会混合在一起播放。

3. 声音的循环

一般情况下声音文件的字节数较多，如果在一个较长的动画中引用很多的声音，就会造成文件过大。为了避免这种情况发生，我们可以使用声音重复播放的方法，在动画中重复播放一个声音文件。

选择属性面板的"重复"项，在该项右侧改变数值可以指定声音重复播放的次数，如果要连续播放声音，可以选择"循环"，以便在一段持续时间内一直播放声音。

上机实践 | 为MV搭配声音

原始文件：sample\第6章\原始文件\上机实践\MV.fla
最终文件：sample\第6章\最终文件\上机实践\MV-end.fla
实训目的：学会在Flash中导入音频文件作为背景音乐
应用范围：Flash MV制作，Flash动画配音

下面通过实例的制作来说明插入音频的制作流程，这里制作的是为 MTV 动画添加背景音乐。

Step 01 打开"sample\第6章\原始文件\上机实践\MV.fla"原始文件，为了便于操作，将所有图层全部锁定，如图6-30所示。

Step 02 执行"文件 > 导入 > 导入到库"命令，选择 music.wav 文件，单击【打开】按钮，如图6-31 所示。

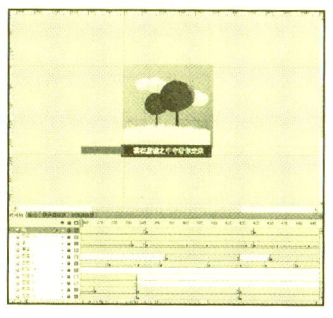

图 6-30 锁定图层

图 6-31 导入声音

Step 03 执行"窗口 > 库"命令，打开库面板，在库面板中可以看到添加的声音，如图6-32 所示。

Step 04 在时间轴面板上单击【插入图层】按钮，新建图层，将其命名为 music，选中该层第 1 帧，将声音"music.wav"从库面板中拖曳到舞台上，可以看到声音出现在该图层中，如图6-33 所示。

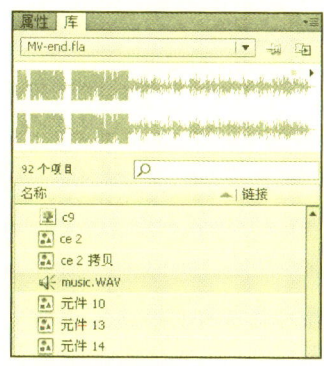

图 6-32 库中的声音

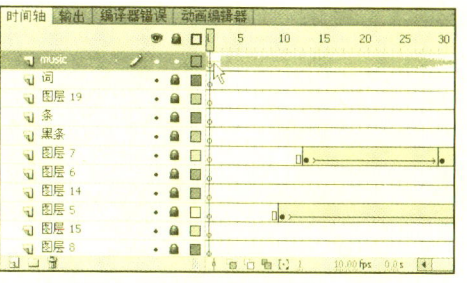

图 6-33 将声音添加到动画中

Step 05 选中该层第 1 帧,在其属性面板上将"同步"设置为"数据流",如图 6-34 所示。

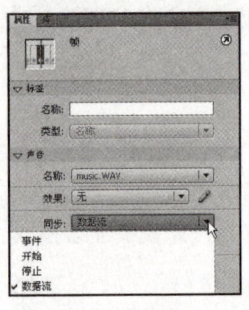

图 6-34 设置流声音

Step 06 按下【Ctrl+Enter】键测试动画,打开发布的SWF文件观看影片的效果,此时便可以听到背景音乐的声音,如图6-35所示。

图 6-35 最终效果

思考与练习

★参见光盘"思考与练习答案"文档

一、填空题

(1) Flash CS5 提供了_____,可简化视频编码并提供编码调整及剪接编辑。

(2) 一般来说 CD 的采样率为_____ khz。

(3) 在属性面板的_____文本框中输入一个值,可以指定声音循环播放的次数。

二、选择题

(1) 执行"文件 > 导入"命令,在弹出的菜单中有多个选项,包括哪些?(　　)

　　A. 导入到舞台　　　B. 导入到库　　　C. 打开外部库　　　D. 导入视频

(2) Flash 不可以导入的文件格式有哪些?(　　)

　　A. 扩展名为 .mp3 的文件　　　　B. 扩展名为 .flv 的文件

　　C. 扩展名为 .jpg 的文件　　　　D. 扩展名为 .qtif 的文件

(3) 以下是 Flash 声音压缩方式的有?(　　)

　　A. ADPCM　　　B. 原始　　　C. 语音　　　D. MP3

三、上机操作题

(1) 请参考如图 6-36 所示的"配套光盘\exercise\第6章\最终文件\1\练习1.fla"动画,将"配套光盘\exercise\第6章\最终文件\1\cj.flv"视频"演唱会现场"文件导入。

要求:读者可尝试不同的视频集成在 Flash 中的方式进行导入。

(2) 请参考如图 6-37 所示的"配套光盘\exercise\第6章\最终文件\2\练习2.fla"动画,将"配套光盘\exercise\第6章\最终文件\2\sound.wav"音频文件导入,为"宁夏"MV动画添加背景音乐。

要求:将声音导入到新建的图层帧中。

图 6-36 "演唱会现场"视频

图 6-37 "宁夏"MV

Chapter 7 库、元件和实例

课题概述 实例是动画最基本的元素之一，所有的动画都是由一个又一个实例组织起来的。而元件这个概念的出现使创作者能够重复使用该元件的实例，并且几乎不会增加动画文件的大小，这个特性使得 Flash 动画在网络上更加普及。库则是管理元件最常用的工具，通过库的管理使元件的应用更加灵活。

教学目标 通过本章的学习，读者能够掌握元件的类型、实例和元件的关系以及管理元件和实例的库面板的使用方法。

★ 章节重点
★★★★★ 制作元件
★★★☆☆ 认识库
★★★★☆ 使用元件制作实例
★★★★★ 设置实例属性

★ 光盘路径
上机实践：sample\第7章\
课后练习：exercise\第7章\
电子教案：PPT\FL_lesson7.ppt

7.1 认识库

库是元件和实例的载体，所以在认识元件和实例前有必要知道库是什么、有何作用，以及它在 Flash CS5 中的地位等。在制作影片时，导入的声音和位图文件会被自动放在库面板中，制作的元件也会自动地存放在库中。

7.1.1 库面板

典型的库面板包括预览窗口及库文件的管理工具等，如图 7-1 所示。

- **预览窗口**：选择元件库中的某一个元件，该元件将显示在预览窗口中。当选中的元件类型是影片剪辑或声音文件时，预览窗口的右上角会出现 按钮，单击【播放】按钮可以在预览窗口中欣赏影片剪辑或声音文件。
- **新建元件** ：单击可以打开如图 7-2 所示的"创建新元件"对话框，选择元件的类型。
- **新建文件夹** ：单击该按钮，可以创建一个元件文件夹。
- **属性** ：单击该按钮，打开"元件属性"对话框，可以修改元件的类型。
- **删除** ：选中库中的某个元件，单击该按钮，可以将元件删除。

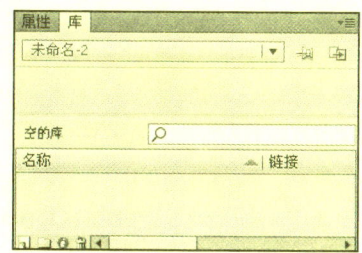

图 7-1 库面板

图 7-2 "创建新元件"对话框

7.1.2 库的种类

库分为通用库和专用库，下面将仔细讲解这两种库的特点。

1. 专用库

执行"窗口 > 库"命令或直接使用【Ctrl+L】快捷键，将打开当前文件的专用库，前边提到的库大部分都是这种类型。这种库的文件和文件夹包含了当前编辑环境下的所有元件、声音、导入的位图、视频及其他对象，就像电影中每个角色的集合。所以无论在当前编辑的动画中，某个实例出现了多少次、变了多少模样还是换了多少个位置，它都只是作为一个元件被放入库中。

2. 公用库

执行"窗口 > 公用库"命令，可以在其下拉列表中看到"声音"、"按钮"和"类"三项。

（1）按钮库

执行"窗口 > 公用库 > 按钮"命令，将弹出按钮库面板。其中包含多个文件夹，双击其中的某个文件夹将其打开，即可看到该文件夹中包含的多个按钮文件，单击选定其中的一个按钮，便可在预览窗口中预览，窗口中右上角的【播放】按钮▶和【停止】按钮■可以用来查看按钮效果，如图7-3所示。

（2）类库

执行"窗口 > 公用库 > 类"命令打开该库，可以看见其中有 DataBinding（数据绑定）、Utils（组件）及 Web Service（网络服务）三个选项，如图7-4所示。

（3）声音库

执行"窗口 > 公用库 > 声音"命令将弹出声音库。其中包括了多个声音文件，如图7-5所示。

 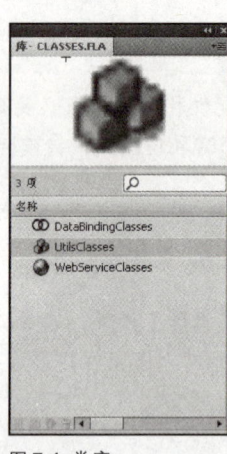 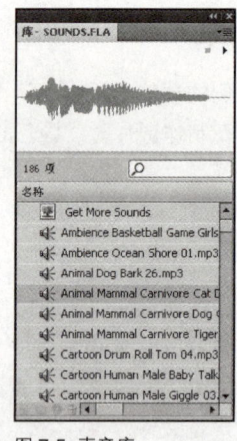

图7-3 按钮库　　　　　图7-4 类库　　　　　图7-5 声音库

通过与专用库的对比，可看出在上面的三个库中，左下角的库管理工具都处于不能使用的状态，这是因为它们是固化在 Flash CS5 中的内置库，对这种库不能进行改变和相应的管理。对库中所带的各个文件有了详细的了解后，再进行动画制作时就更加得心应手、游刃有余了。

> **教学提示** 库资源可共享使用
>
> 共享库资源使用户可以在多个目标影片中使用源影片的资源，有两种不同的方法可以共享库资源。
> - 在运行时共享资源，源影片的资源是作为外部文件链接到目标影片中的。运行时，资源在影片回放期间（即在运行时）加载到目标影片中。在制作目标影片时，包含共享资源的源影片并不需要在本地网络上使用，但是，为了让共享资源在运行时可供目标影片使用，源影片必须张贴到一个 URL 上。
> - 在创作时共享资源，可以用本地网络上任何其他可用元件来更新或替换正在创作的影片中的任何元件。目标影片中的元件在创作影片时可以更新。目标影片中的元件保留了它的原始名称和属性，但它的内容会被更新或替换为用户选定的元件内容。

7.2 制作元件

元件从来源上可以分为：直接创建元件、转换元件和公用库中现有的元件。按类型可分为：图形元件、按钮元件和影片剪辑元件。创建元件的方法有两种：一种是直接创建，另一种是转换。

7.2.1 制作图形元件

图形元件的时间轴上放置静态的信息，作为静态的图片来使用。在 Flash 中可以创建一个新的图形元件，在其中添加图形对象，也可以将现有的图形对象转换为图形元件。在图形元件中不建议用动作和声音。其制作过程有以下两个步骤。

课堂示范素材：sample\第7章\原始文件\7.2制作元件\图形元件.fla

Step 01 打开 "sample\第7章\原始文件\7.2制作元件\图形元件.fla" 文件，选取如图7-6所示的舞台上的元素并执行 "修改>转换为元件" 命令或按【F8】键直接转换。

Step 02 在 "转换为元件" 对话框中，输入一个元件的名称，选择图形元件类型，如图 7-7 所示。

这样被选择的图像就成为元件并被复制到库中，如图 7-8 所示。

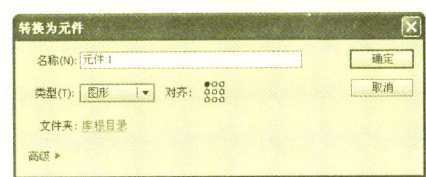
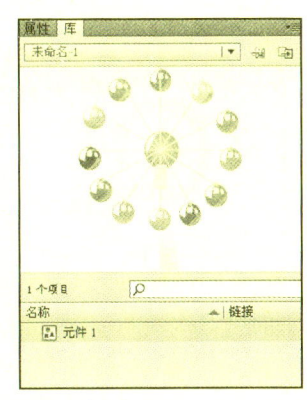

图 7-6 转换为元件　　　　　图 7-7 "转换为元件" 对话框　　　　　图 7-8 库面板

如果要对已创建的元件进行编辑，可从库窗口中双击这个元件，即可进入元件编辑环境。

新建图形元件过程如下。

Step 01 创建新元件。创建新元件一般有以下几种方法。

- 在菜单中执行 "插入 > 新建元件" 命令。
- 在库窗口的选项菜单中选择 "新建元件" 命令，或按【Ctrl+F8】键。
- 单击库窗口底部的【新建元件】按钮 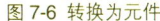。

Step 02 在弹出的 "元件属性" 对话框中，为新元件命名，并在 "类型" 选项中选取 "图形" 项。工作窗口中将出现一个十字，表示元件的定位点，在舞台上用工具绘制元件内容。

Step 03 完成元件的制作后，在菜单中执行 "编辑 > 编辑元件" 命令，或者在左上角单击 "场景 1" 退出元件编辑模式。绘制的图像就成为元件被复制到库中了。

元件的建立过程到此就结束了，在接下来的动画制作中可以很方便地调用库中新建的元件了。

7.2.2 制作按钮元件

按钮可以使 Flash 影片富有交互性，它不同于图形元件和影片剪辑元件。按钮元件实际上是一个 4 帧的影片剪辑，它在时间轴上的每一帧都有固定的名称。创建按钮元件时，前 3 帧用来设定显示按钮的状态，在第 4 帧定义按钮的相应区域。

- **弹起**：鼠标指针不在按钮上时按钮的状态。
- **指针经过**：鼠标指针在按钮上时按钮的状态。
- **按下**：鼠标单击按钮时按钮的状态。
- **点击**：用来定义可以响应鼠标单击状态的最大区域。

> **教学提示** 使用按钮的注意事项
>
> 动作必须指定给在影片里的按钮实例，而不是在按钮符号时间轴里的帧，而且不能在一个按钮中放入另一个按钮。

制作按钮的步骤如下。

课堂示范素材：sample\第7章\原始文件\7.2制作元件\按钮元件.fla

Step 01 打开"sample\第7章\原始文件\7.2制作元件\按钮元件.fla"文件，按下【Ctrl+F8】键，在弹出的对话框中选"按钮"类型，并为新按钮命名，如图7-9所示。

Step 02 单击【确定】按钮后，进入按钮元件的编辑界面，时间轴如图 7-10 所示。

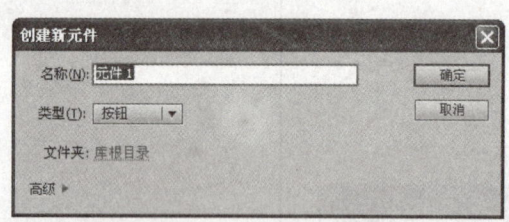

图 7-9 新建按钮元件

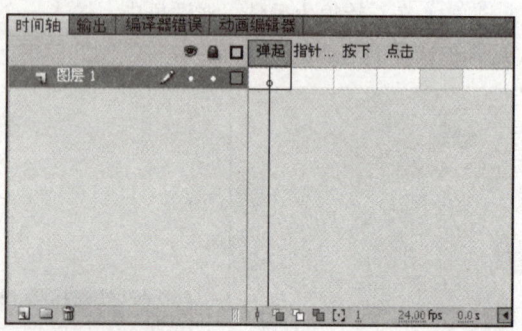

图 7-10 按钮时间轴

Step 03 在舞台上用工具绘制元件内容，完成元件的制作后，在菜单中执行"编辑 > 编辑元件"命令，或者在左上角单击"场景1"退出元件编辑模式，绘制的图像就成为元件被复制到库中。

接下来，单击"场景1"返回场景后便可在场景中随时调用该按钮元件。

在编辑电影时可以选择是否启动按钮功能。当启动按钮功能后，按钮就会对指定的鼠标事件做出反应。一般情况下，在工作的时候，按钮功能是被禁止的，启动按钮功能可以快速测试其行为是否满意。

启动按钮功能的方法为，在菜单中执行"控制 > 启动简单按钮"命令，这时，命令旁边会出现一个选中的元件，表示按钮已经被启动，再次选择这个命令可以禁止按钮功能。

按钮中的电影片段在编辑环境下是不可见的，若要测试效果，可以按下【Ctrl+Enter】键，生成 SWF 动画，如图 7-11 所示。

图 7-11 按钮动画

7.2.3 制作影片剪辑元件

影片剪辑元件可用于创建独立于电影中主时间轴播放的可重复使用的动画部分。影片剪辑就像电影中的小电影，它可包含交互控制、声音，甚至其他的影片剪辑实例。也可在按钮符号的时间轴内放置影片剪辑实例来创建动画按钮。它是 Flash 影片中运用最多，也是最灵活的一种元件。

将已有元素转变为影片剪辑的方法和图形元件的转变方法一样，不同点只是在元件转换窗口中需要选择"影片剪辑"选项。在此不再赘述。

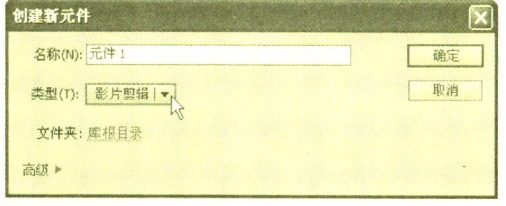

Step 01 新建元件。新建元件有以下几种方法。

- 在菜单中执行"插入 > 新建元件"命令。
- 按【Ctrl+F8】键。
- 单击库窗口底部的【新建元件】按钮，或者由库面板的选项菜单中选择"新建元件"命令。

图 7-12 新建影片剪辑元件

Step 02 在如图 7-12 所示的"元件属性"对话框中，为新元件输入一个名字，并在"类型"选项中选择"影片剪辑"作为元件类型。这时，Flash 转换到元件编辑模式元件的名字将出现在舞台的左上角，窗口中将包含一个十字，代表元件的定位点。

Step 03 在舞台上制作动画。完成动画的制作后，在菜单中执行"编辑 > 编辑元件"命令，或者在左上角单击"场景 1"退出元件编辑模式。绘制的图像就成为元件被复制到库中。

现在，即可随时调用影片剪辑元件了，关于更复杂的影片剪辑动画制作将在后边的章节详细讲述。

教学提示 库项目冲突时的处理

当用户要从源影片中拷贝一个已在目标影片中存在的项目，并且这两个项目具有不同的修改日期时，就会出现冲突。用户可以通过组织影片库中文件夹内的资源来避免出现命名冲突。如果用户将某个元件或组件粘贴到影片舞台上时，而用户已经有一个该元件或组件的副本，只不过它和用户正在粘贴的元件或组件修改日期不同，这时也会出现"解决库冲突"对话框。

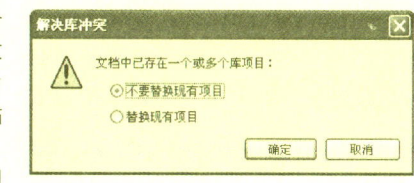

"解决库冲突"对话框

如果用户选择不替换现有项目，Flash 就会尝试使用现有项目，而不是用户正在粘贴的冲突项目。例如，如果用户拷贝一个名为 Symbol 1 的元件，并将该元件的副本粘贴到已经包含名为 Symbol 1 的元件的影片舞台中，那么创建的将是现有 Symbol 1 的实例。

如果选择替换现有项目，现有项目（及其所有实例）就会被同名的新项目替换。如果用户取消导入或拷贝操作，就会对所有项目取消该操作（不仅是那些在目标影片中产生冲突的项目）。只有相同的库项目类型才能互相替换，即不能用一个名为 Test 的位图替换一个名为 Test 的声音。在这种情况下，新项目的名称后面会附加 Copy 字样，然后再添加到库中。

7.3 使用元件制作实例

实例是指位于舞台上或嵌套在另一个元件内的元件副本。实例可以与元件在颜色、大小和功能上存有很大的差别。

建立一个新元件实例的方法为从库中拖动一个元件到舞台上。一旦创建完一个元件之后，就可以在影片中任何需要的地方（包括在其他元件内）创建该元件的实例了。当修改完元件之后，该元件所有的实例都会被更新。使用实例属性对实例的颜色效果、指定动作、显示模式或类型进行更改，则不会影响元件的属性。

课堂示范素材：sample\第7章\原始文件\7.3使用元件制作实例\实例属性.fla

7.3.1 设置实例属性

在属性面板中，可以对元件实例的属性进行编辑，可以对元件的实例应用不同的效果。选中工作区中的元件实例，单击属性面板中的"样式"选项，如图7-13所示。在下拉列表中有5个选项：无、亮度、色调、高级和Alpha。其中"无"表示不使用任何颜色效果。如图7-14所示的是"sample\第7章\原始文件\7.3使用元件制作实例\实例属性.fla"文件中多个实例的不同效果。

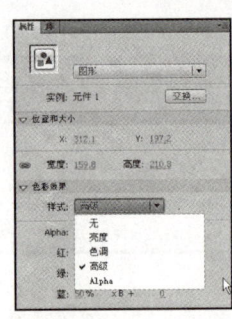   

图 7-13 属性面板　　　　图 7-14 不同效果

- **亮度**：用来调整图像的相对亮度和暗度。明亮值在 –100% ~ 100% 之间，100% 为白色，–100% 为黑色。其默认值为 0。
- **色调**：用来增加某种色调。可用颜色拾取器，也可以直接输入红、绿、蓝颜色值。使用游标可以设置色调百分比，数值从 0% ~ 100%，数值为 0% 不受影响，数值为 100% 则所选颜色将完全取代原有颜色。
- **高级**：用来调整实例中的红、绿、蓝和透明度。
- **Alpha（不透明度）**：用来设定实例的透明度，数值从 0% ~ 100%，数值为 0% 则实例完全不可见，数值为 100% 实例将完全可见。

7.3.2　改变实例类型

无论是直接在舞台创建的还是从元件中拖曳出来的实例，都保留了其元件的类型。既可在以后的动画中将它们用作其他类型，也可通过属性面板在三种元件类型间相互转换，如图 7-15 所示。

如图 7-16 所示，按钮的独有设置选项如下。

- **音轨作为按钮**：忽略其他按钮发出的事件，即从按钮一按下鼠标，然后移动到按钮二上释放鼠标，不会起作用。
- **音轨作为菜单项**：会接收在同样性质的按钮上发出的事件。

如图 7-17 所示，图形的独有选项设置如下。

- **循环**：包含在当前实例中的序列动画循环播放。
- **播放一次**：从指定帧开始，只播放动画一次。
- **单帧**：显示序列动画指定的一帧。

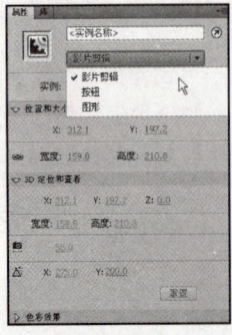 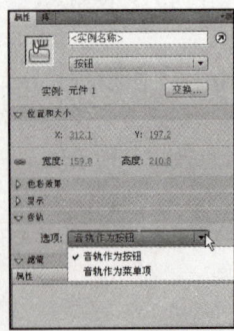 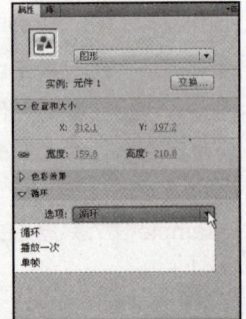

图 7-15 转换类型　　　图 7-16 按钮的设置选项　　　图 7-17 图形元件的设置选项

7.3.3　替换实例

在舞台上创建实例后，也可以为实例指定另外的元件，在舞台上出现一个完全不同的实例，而不改变原来的实例属性。

在实例属性面板中单击"交换"选项,则会弹出如图 7-18 所示的"交换元件"对话框。从元件列表中选择要替换的元件,左边的图框中即会显示出该元件的缩览图,还可使用按钮 对该元件进行复制,如图 7-19 所示。

图 7-18 "交换元件"对话框

图 7-19 "直接复制元件"对话框

上机实践 | 制作"导航菜单"动画元件

原始文件:sample\第7章\原始文件\上机实践\导航菜单.fla
最终文件:sample\第7章\最终文件\上机实践\导航菜单-end.fla
实训目的:学会在Flash中制作元件
应用范围:Flash 动画制作

下面制作动画中的导航菜单元件,案例重点在于理解元件的意义,可以把工作区中所选择的元素转变成元件,也可以创建一个新元件,然后在元件编辑模式中制作元件的内容。

Step 01 打开"sample\第7章\原始文件\上机实践\导航菜单.fla"原始文件,选择button层,执行"插入>新建元件"命令,然后在如图7-20所示的对话框中输入元件的名称为button1,并选择元件类型为"按钮"。

Step 02 单击【确定】按钮后,Flash 会将该元件添加到库中,并切换到元件编辑模式。在元件编辑模式下,使用工具箱中的"多角星形工具"绘制一个 9 边的星形,颜色为灰色,然后使用"椭圆工具"绘制一个白色的椭圆,如图 7-21 所示。

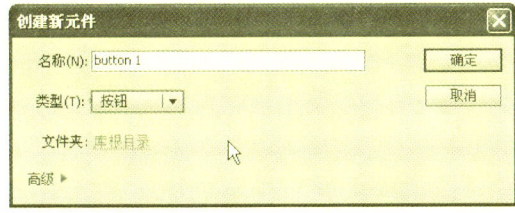

图 7-20 创建新元件 1

图 7-21 绘制图形

Step 03 下面把光标移动到时间轴的"指针经过"帧,按下【F6】键,复制"弹起"帧,然后选中绘制的图形,将填充改为 #CC6600,然后使用"文本工具"输入"Profile",如图 7-22 所示。

Step 04 在"按下"帧按下【F6】键,复制图形和文字,并将图形的颜色改为 #3366CC,文字的颜色改为 #FF9900,然后将图形和文字向右侧移动一段距离,如图 7-23 所示。

图 7-22 修改图形颜色并输入文字 1

图 7-23 修改图形和文字颜色 1

Step 05 在"点击"帧按下【F7】键,绘制一个矩形,能够包容住文字和图形的大小,颜色可以随意设置,如图 7-24 所示。

Step 06 接下来就可以回到主场景,然后将这个按钮从元件库中拖曳到舞台上了,如图 7-25 所示。

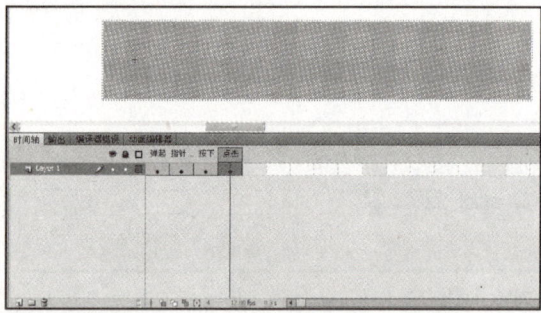

图 7-24 绘制矩形 1

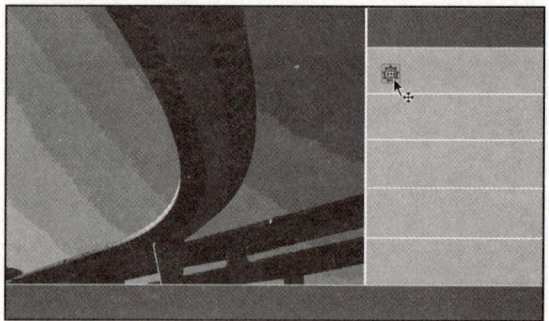

图 7-25 使用元件 1

Step 07 执行"插入>新建元件"命令,然后在如图 7-26 所示的对话框中输入元件的名称为 button2,并选择元件类型为"按钮"。

Step 08 单击【确定】按钮后 Flash 切换到元件编辑模式,在该模式下,使用"钢笔工具"绘制一个十字架图形,颜色为灰色,然后使用"矩形工具"绘制一个白色的十字,如图 7-27 所示。

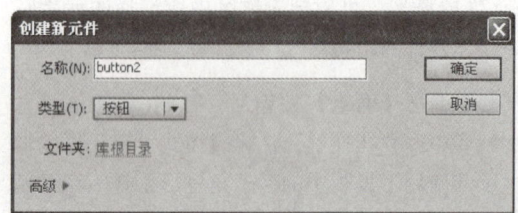

图 7-26 创建新元件 2

图 7-27 绘制十字形

Step 09 把光标移动到时间轴的"指针经过"帧,按下【F6】键,复制"弹起"帧,然后选中绘制的图形,将填充色改为 #CC6600,再使用"文本工具"输入"Portfolio",如图 7-28 所示。

Step 10 在"按下"帧按下【F6】键,复制图形和文字,并将图形的颜色改为 #339900,文字的颜色改为 #993333,然后将图形和文字向右侧移动一段距离,如图 7-29 所示。

图 7-28 修改图形颜色并输入文字 2

图 7-29 修改图形和文字颜色 2

Step 11 在"点击"帧按下【F7】键,绘制一个矩形,能够包容住文字和图形的大小,颜色可以随意设置,如图 7-30 所示。

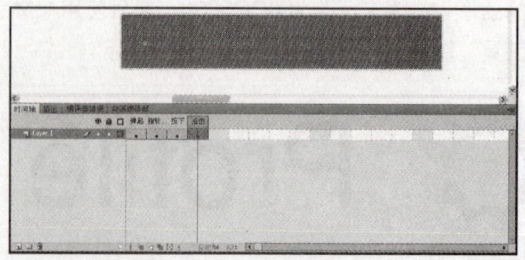

图 7-30 绘制矩形 2

Step 12 接下来就可以回到主场景，然后将这个按钮从元件库中拖曳到舞台上，如图 7-31 所示。

图 7-31 使用元件 2

Step 14 继续新建名为 Button4 的按钮元件，与制作前两个按钮的方法相同，按钮中前 3 帧的效果如图 7-33 所示。

图 7-33 button4 按钮前 3 帧的图形效果

Step 16 回到主场景，然后将这个按钮从元件库中拖曳到舞台上，如图 7-35 所示。

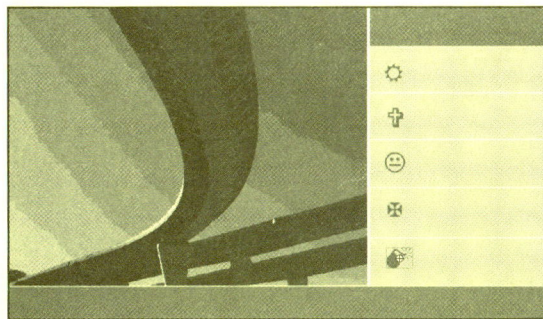

图 7-35 使用元件 3

Step 13 继续新建名为 Button3 的按钮元件，与制作前两个按钮的方法相同，按钮中前 3 帧的效果如图 7-32 所示。

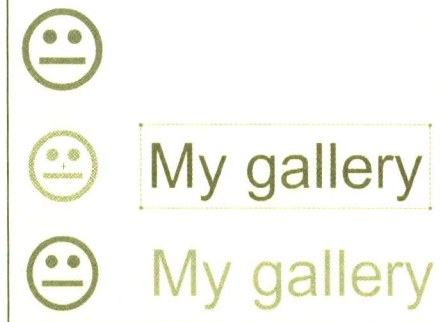

图 7-32 button3 按钮前 3 帧的图形效果

Step 15 继续新建名为 Button5 的按钮元件，与前两个按钮方法相同，按钮中前 3 帧的效果如图 7-34 所示。

图 7-34 button5 按钮前 3 帧的图形效果

Step 17 按下【Ctrl+Enter】键测试动画，就可以看到导航菜单的效果了，如图 7-36 所示。

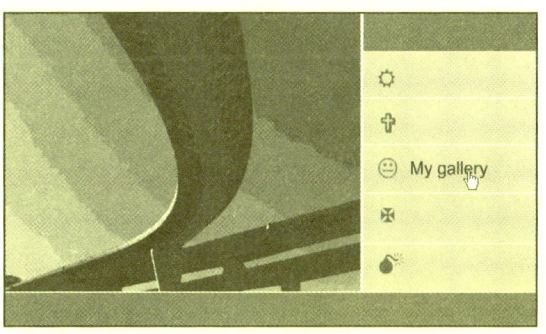

图 7-36 测试动画

思考与练习

★参见光盘"思考与练习答案"文档

一、填空题

（1）Flash 的类库包含_____、_____、_____三个选项。

（2）按钮实际上是一个 4 帧的影片剪辑，具体包括_____、_____、_____、_____四帧。

（3）图形元件的独有选项设置包括_____、_____、_____三个选项。

二、选择题

（1）可以为实例设置的不同属性包括哪些？（　　）
　　A. 亮度　　　　B. 色调　　　　C. Alpha　　　　D. 高级

（2）将舞台上的对象转换为元件的步骤是（　　）。
　　A. 选定舞台上的元素；执行"修改 >/ 转换为元件"命令，设置"转换为元件"对话框中的参数，并单击【确定】按钮。
　　B. 执行"修改 >/ 转换为元件"命令，打开"转换为元件"对话框；选定舞台上的元素；设置"转换为元件"对话框中的参数，单击【确定】按钮。
　　C. 选定舞台上的元素，并将选定元素拖到库面板上；执行"修改 >/ 转换为元件"命令，打开"转换为元件"对话框；设置"转换为元件"对话框中的参数，单击【确定】按钮。
　　D. 执行"修改 >/ 转换为元件"命令，打开"转换为元件"对话框；选定舞台上的元素，并将选定元素拖到库面板上；设置"转换为元件"对话框中的参数，单击【确定】按钮。

（3）关于影片剪辑元件，以下叙述正确的是（　　）。
　　A. 影片剪辑元件可用于创建独立于电影中主时间轴播放的可重复使用的动画部分。
　　B. 影片剪辑就像在电影中的小电影，它可包含交互控制、声音，甚至其他的影片剪辑实例。
　　C. 可在按钮符号的时间轴内放置影片剪辑实例来创建动画按钮。
　　D. 影片剪辑元件是 Flash 影片中运用最多，也是最灵活的一种元件。

三、上机操作题

（1）请参考"配套光盘\exercise\第7章\最终文件\1\练习1.fla"文件，将如图7-37所示的"脑筋急转弯"动画中的"SMS.163.com"制作成按钮元件。

要求：注意制作好按钮的点击帧，便于用户点击文字按钮。

（2）请参考"配套光盘\exercise\第7章\最终文件\2\练习2.fla"文件，制作如图7-38所示的"按钮"动画。

要求：制作好一个按钮元件后，设置实例的不同文字就可以制作更多的按钮效果。

图 7-37 "脑筋急转弯"动画

图 7-38 "按钮"动画

Chapter 8 帧和时间轴

课题概述 在制作动画前,首先要认清两个基本概念,一个是时间轴,另一个是帧。如果说动画是一幢大楼,元件和图幅就是砖和水泥,时间轴和帧就是整个建筑的构架,正是它们支撑和组织起整个动画的。动画连不连贯,运行起来流不流畅很大程度上取决于时间轴和帧的使用。所以它是整个动画最基本也最重要的,再复杂的动画也是一帧帧创建起来的。

教学目标 制作动画的过程中我们大部分的操作都是针对时间轴的,帧就像是人的细胞,它是动画中最小的播放单位,再长、再复杂的动画也是一帧帧拼出来的。对时间轴的操作是动画中最基本的操作,如果连时间轴的操作都掌握不了,那就更不用说动画的进阶制作了。简短的帧注解和帧标签能帮助用户更好地读懂动画,养成良好的制作习惯是提高动画制作效率的好方法。

★ 章节重点

- ★★★★★ 使用时间轴
- ★★★★★ 使用帧
- ★★★★★ 制作逐帧动画
- ★★★☆☆ 使用动画预设

★ 光盘路径

- 上机实践:sample\第8章\
- 课后练习:exercise\第8章\
- 电子教案:PPT\FL_lesson8.ppt

8.1 使用时间轴

时间轴是控制动画最主要的工具。图形绘制完毕后,几乎所有操作都要靠时间轴来完成,也就是说时间轴就是一根主线,它将各个元素串起来构成一个整体,即最后的动画,如图 8-1 所示。

其中,红色的播放头用来指示当前所在帧。如果在舞台中按下【Enter】键,则可以在编辑状态下运行影片,播放头也会随着影片的播放向前移动,指示出播放到的帧的位置。

如果正在处理大量的帧,无法一次全部显示在时间轴上,则可以沿着时间轴拖动播放头,从而轻易地定位到目标帧,如图 8-2 所示。

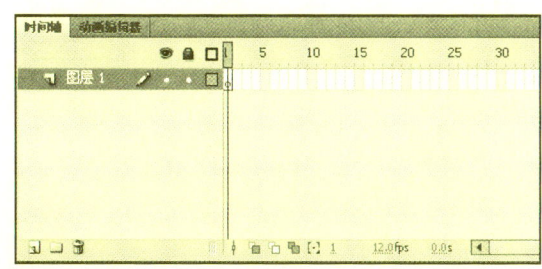

图 8-1 时间轴

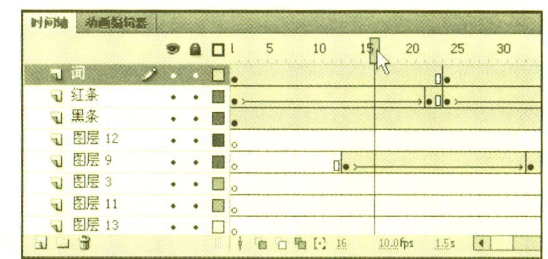

图 8-2 拖动播放头

播放头的移动是有一定范围的,最远只能移动到时间轴中定义过的最后一帧,不能将播放头移动到未定义过帧的时间轴范围。单击【帧居中】按钮能使播放头所在帧在时间轴中间显示。

课堂示范素材:sample\第8章\原始文件\8.1使用时间轴\时间轴.fla

8.1.1 使用绘图纸

通常在 Flash 工作区中只能看到一帧的画面，如果使用了绘图纸工具，就可以同时显示或编辑多个帧的内容，更便于对整个影片中对象的定位和安排。

绘图纸工具由绘图纸外观、绘图纸外观轮廓、编辑多个帧和修改绘图纸标记组成。

（1）绘图纸外观：单击该按钮，在播放头的左右会出现绘图纸的起始点和终止点，位于绘图纸之间的帧在工作区中由深入浅显示出来，当前帧的颜色最深，如图 8-3 所示。

（2）绘图纸外观轮廓：绘图纸外观轮廓模式显示对象的轮廓线，如图 8-4 所示。

图 8-3 绘图纸外观　　　　　　　　　　图 8-4 绘图纸外观轮廓

（3）编辑多个帧：单击该按钮，可以对选定为绘图纸部分的区域中的关键帧进行编辑，例如改变对象的大小、颜色、位置、角度等。

（4）修改绘图纸标记：用于改变绘图纸的状态和设置，单击该按钮则弹出如图 8-5 所示的下拉列表。

- **始终显示标记**：无论绘图纸是否开启，都显示其标志。当绘图纸未开启时，虽然显示范围，但是在画面上不会显示绘图纸效果。
- **锚记绘图纸**：将绘图纸标志标定在当前的位置，其位置和范围都将不再改变。否则，绘图纸的范围会跟着播放头移动，如图 8-6 所示。

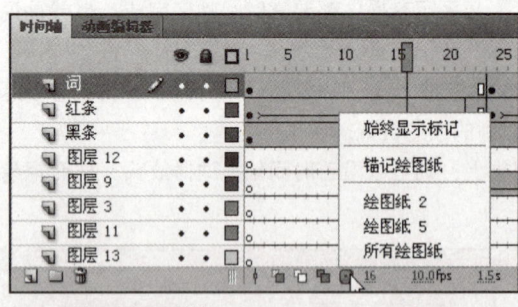 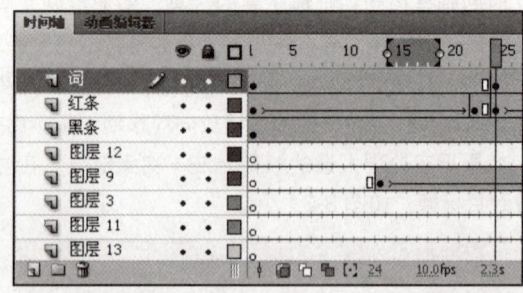

图 8-5 绘图纸设置菜单　　　　　　　　图 8-6 锚记绘图纸

- **绘图纸 2**：显示当前帧两边各两帧的内容。
- **绘图纸 5**：显示当前帧两边各 5 帧的内容。
- **所有绘图纸**：显示当前帧两边所有的内容。

要更改绘图纸的范围，可以将绘图纸两端的标志拖动到新的位置。

> **教学提示**　打开绘图纸外观时的操作技巧
>
> 当绘图纸外观打开时，锁定图层（有个挂锁图标的图层）不会显示。为了避免搞乱大多数图像，可以锁定或隐藏不想使用绘图纸外观的图层。

8.1.2 控制时间轴的显示

在制作一个复杂动画时,由于时间轴的可视区域面积有限,往往不能将全部帧都显示出来,甚至只能显示动画中很少的一部分帧。这时为了便于编辑和管理整个时间轴,我们可以通过单击时间轴窗口右上角的 按钮,使用弹出菜单中的命令来调整每个单元格的宽窄,如图 8-7 所示共有 5 种显示比例可供选择:很小、小、标准、中、大,可根据动画的长短进行修改,以便于操作。

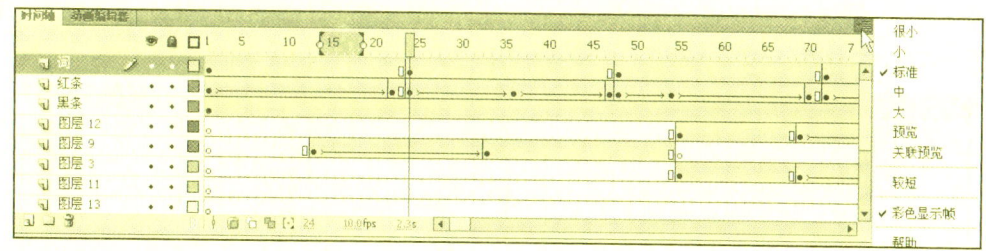

图 8-7 调整帧显示比例

当文件中的图层比较多时,执行菜单中的"较短"命令,它可以使图层的高度缩短,从而可以将更多的图层显示出来,如图 8-8 所示。

取消"彩色显示帧"命令,则时间轴显示如图 8-9 所示。

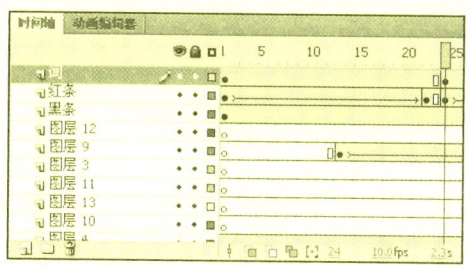

图 8-8 显示更多图层

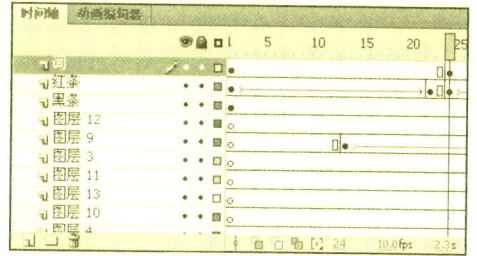

图 8-9 取消"彩色显示帧"

如果执行"预览"命令,则关键帧上的内容以缩略图显示在时间轴上,但这样会扩大帧格,使显示出来的帧数减少,如图 8-10 所示。

如果选择了"关联预览"命令,可以将对象的比例和位置显示出来,如图 8-11 所示。

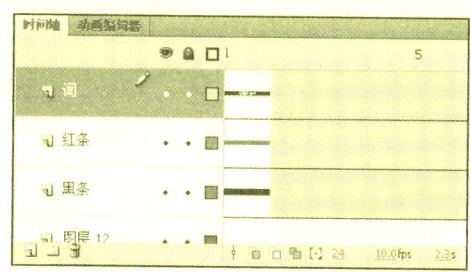

图 8-10 预览

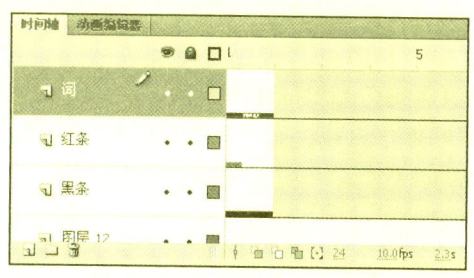

图 8-11 关联预览

8.2 使用帧

帧就像一个大容器,在动画中基本上每个帧都包含了各式各样的实例。关键帧是用来定义动画变化的帧,在时间轴中关键帧显示为实心圆。但关键帧不能频繁使用,因为关键帧的增加亦会增加动画文件的大小。渐变动画的制作是通过关键帧内插的方法实现的。只要在发生变化的画面定义关键帧,Flash 就会自动完成中间帧的内容。

8.2.1 帧频率

帧频率是设置 Flash 动画快慢的关键所在，标准动态图像的帧频率为 24fps。由于网络发布的需要，默认情况下，Flash 动画的帧频率为 24fps。帧频率过低，动画播放时会出现明显的停顿现象；帧频率过高，动画播放时速度太快，则会使动画一闪而过。因此，设置合适的帧频率，才能使动画播放达到最佳效果。

一个 Flash 动画，只能制定一个帧频率。在创建动画之前应该首先设置好帧频率。在菜单中执行"修改 > 文档"命令，打开"文档设置"对话框，并在"帧频"框中输入新的播放频率数值，然后单击【确定】按钮即可，如图 8-12 所示。或者直接在"时间轴"面板下方修改帧频也可，如图 8-13 所示。

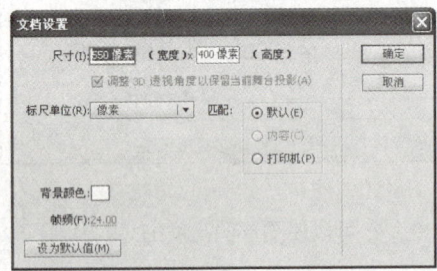

图 8-12 设置帧频

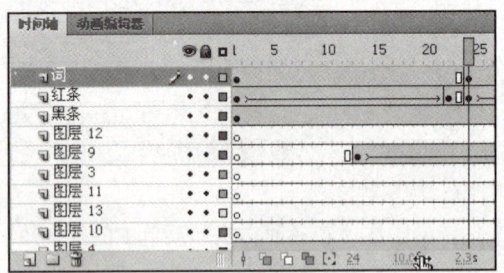

图 8-13 修改帧频

8.2.2 帧的基本操作

帧的基本操作主要包括插入帧、删除帧、移动帧、复制帧、翻转帧以及多帧编辑等。

1. 插入帧

- **插入一个普通帧**：执行"插入 > 时间轴 > 帧"命令，或按下【F5】键，会在当前帧的后面插入一个新帧。
- **插入一个关键帧**：执行"插入 > 时间轴 > 关键帧"命令，或按下【F6】键，会在播放头所在的位置添加关键帧。
- **插入一个空白关键帧**：执行"插入 > 时间轴 > 空白关键帧"命令，或按下【F7】键，在播放头所在的位置添加空白关键帧。
- **一次插入多个普通帧**：只要单击要插入的最后一帧位置，执行"插入 > 时间轴 > 帧"命令，或按下快捷键【F5】就可以了。
- **【Ctrl】键配合鼠标拖动添加帧**：按住【Ctrl】键的同时用鼠标拖动最后的帧的分界线，可以将帧延续。
- **鼠标拖动添加帧**：在不使用任何键的状态下，选中某一帧用鼠标向右拖动帧的末尾部分，帧就会添加到拖动的区域中，但最后一帧是关键帧。

2. 删除帧

要删除或修改影片的帧或关键帧时，选中要删除的帧或关键帧，单击右键，在弹出的快捷菜单中选择"删除帧"命令就可以了。另一种方法就是选中要删除的帧或关键帧，按下【Shift+F5】快捷键删除。

3. 移动帧

只要用鼠标拖动准备移动的帧或关键帧就可以了。

4. 复制帧

按住【Alt】键将要复制的关键帧拖动到待复制的位置，然后释放鼠标就可以了。另一种复制方法是执行"编辑 > 时间轴 > 复制帧"命令复制关键帧，然后在待复制的位置执行"编辑 > 时间轴 > 粘贴帧"命令就可以了。

5. 翻转帧

选取某一段动画，右键单击，在弹出的快捷菜单中选择"翻转帧"命令，可以将影片的播放次序反转。

6. 多帧编辑

选择多个帧有两种方法：一种是选择连续的帧，选择某一帧后，在按住【Shift】键同时单击另外一帧，可以选中两帧之间的所有帧；另一种是选择不连续的多个帧，按住【Ctrl】键并单击，可以选中多个不连续的帧。

8.2.3 帧标签、帧注释和帧锚记

帧标签、帧注释和帧锚记可以在时间轴中为普通帧增加特殊的标记与解释，便于实现特定的功能。

1. 帧标签

使用帧标签有助于在时间轴上确认关键帧。例如在动作脚本中指定目标帧时，可以用帧标签代替帧号码。当添加或移除帧时，帧标签也随着移动，而不管帧号码是否改变，这样即使修改了帧，也不用再修改脚本程序了。要创建帧标签，其操作步骤如下。

Step 01 选择要加名称的帧。

Step 02 在"帧"属性面板中"标签"卷展栏的"名称"文本框里输入文本作为帧标签，如图 8-14 所示，如图 8-15 显示了帧标签在时间轴中的显示状态。

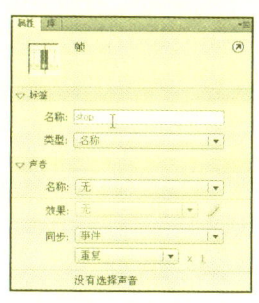
图 8-14 帧标签属性

图 8-15 帧标签

2. 帧注释

帧注释以"//"开始，它不能输出，因此不必注意输入注释内容的长短。如果在文本的每一行的开头输入双斜线"//"或在属性面板的下拉列表中选择"注释"，则该文本将变为帧注释。

帧注释有助于用户对影片的后期操作，还有助于同一个影片团体中其他的合作伙伴理解影片制作过程中的相关信息。要创建帧注释，其操作步骤如下。

Step 01 选择要加注释的帧。

Step 02 在"帧"属性面板的帧注释文本框中输入双斜线"//"或在下拉列表中选择"注释"，则该文本将变为帧注释，如图 8-16 所示，如图 8-17 所示的第 1 帧显示了帧注释在时间轴中的显示状态。

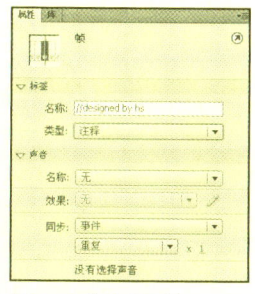
图 8-16 帧注释属性

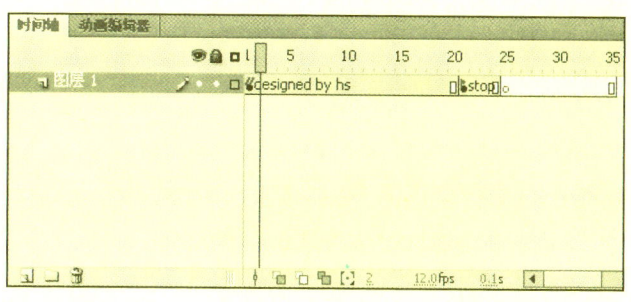
图 8-17 帧注释

> **教学提示** 帧标签和帧注释的区别
>
> 帧标签会与影片数据同时输出，为获得最小的体积文件，使用的帧标签应越短越好。而帧注释不随影片一起输出，所以用户可以尽可能详细地写入注释，以方便制作者及其他人阅读。

3. 帧锚记

命名锚记可以使影片观看者使用浏览器中的【前进】和【后退】按钮从一个帧跳到另一个帧，或是从一个场景跳到另一个场景，从而使 Flash 影片的导航变得简单。命名锚记关键帧在时间轴中用锚记图标表示。

如果要使选定的关键帧成为命名锚记，具体操作步骤如下。

Step 01 选取要使用命名锚记的关键帧。

Step 02 在"帧"属性面板的文本框中输入锚记的名称。

Step 03 最后选择"锚记"选项即可，如图 8-18 所示。

如图 8-19 所示的第 13 帧显示了帧锚记在时间轴中的显示状态。

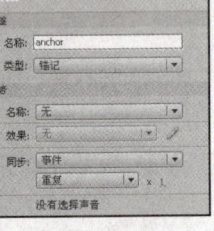

图 8-18 帧锚记属性

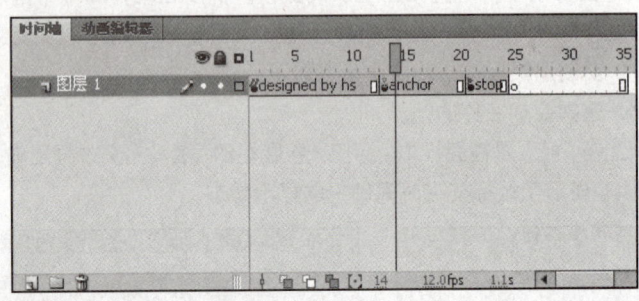

图 8-19 帧锚记

8.3 使用逐帧动画

Flash 作为一款著名的二维动画制作软件，其制作动画的功能是非常强大的。在 Flash 中，用户可以轻松地创建丰富多彩的动画效果，并且只需要通过更改时间轴每一帧中的内容，就可以在舞台中创作出移动对象、增大或减小对象大小、旋转、更改颜色、淡入淡出或者更改对象形状的效果。上述更改既可以独立于其他的更改方式进行，也可以和其他更改方式互相协调，结合使用。

制作逐帧动画

逐帧动画也叫"帧帧动画"，顾名思义，它需要具体定义每一帧的内容，以完成动画的创建。逐帧动画需要用户更改影片每一帧中的舞台内容。简单的逐帧动画并不需要用户定义过多的参数，只需要设置好每一帧，动画即可播放。

逐帧动画最适合于每一帧中的图像都在更改，所以逐帧动画的体积一般会比普通动画的体积大。在逐帧动画中，Flash 会保存每个完整帧的值。

要创建逐帧动画，需要将每个帧都定义为关键帧，然后给每个帧创建不同的图像。每个新关键帧最初包含的内容和它前面的关键帧是一样的，因此可以递增地修改动画中的帧。

> **上机练习** 制作"人物奔跑"动画
>
> 原始文件：sample\第8章\原始文件\上机练习\人物奔跑.fla
> 最终文件：sample\第8章\最终文件\上机练习\人物奔跑-end.fla
> 应用范围：Flash动画制作

帧和时间轴 Chapter 08

Step 01 打开"sample\第8章\原始文件\上机练习\人物奔跑.fla"文件，在时间轴的第1帧按下【F5】键，插入普通帧，然后打开"库"面板，在库中已经导入了15张素材图，如图8-20所示，这是一组人物奔跑分解动作的剪影图。

Step 02 选择 run01 图形，按住鼠标左键将其拖曳到舞台中，然后执行"窗口 > 对齐"命令，打开"对齐"面板，选中舞台中的 run01 图形实例后，先单击【与舞台对齐】按钮，再单击【水平中齐】和【垂直中齐】按钮，此时 run01 图形实例就处于舞台的正中央了，如图8-21所示。

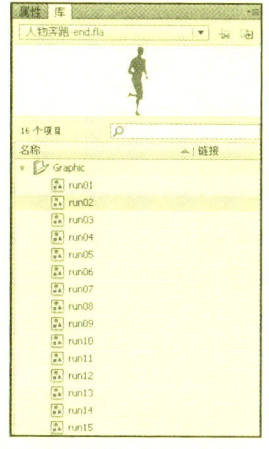
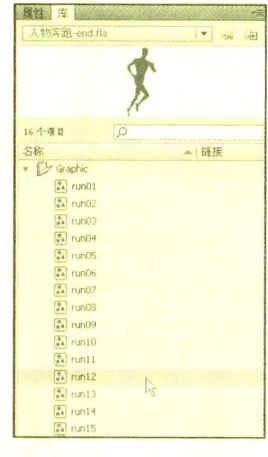

图 8-20 "库"面板中的素材

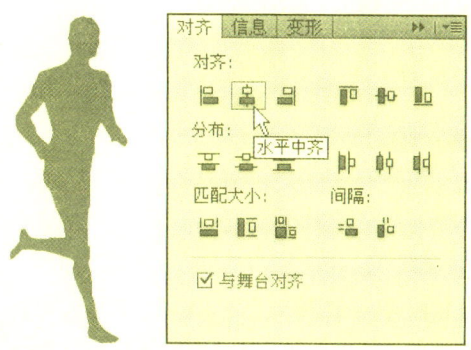

图 8-21 使用 run01 实例并对齐

Step 03 单击时间轴"图层1"图层的第3帧位置，按下【F7】键，插入空白关键帧，从"库"面板中找到 run02 图形，将其拖曳到舞台中，并和舞台中央对齐，如图8-22所示。

Step 04 将库中 run03 图形至 run15 图形分别插入时间轴"图层1"图层，完成后如图8-23所示。至此，就完成了人物奔跑的动画，按下键盘上的【Enter】键可以预览动画效果。

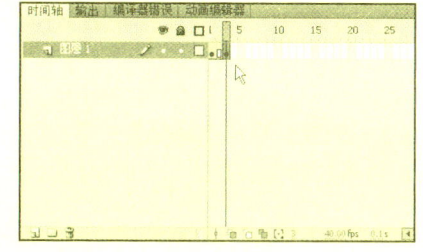

图 8-22 使用 run02 实例

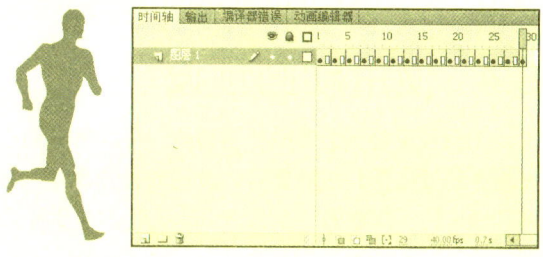

图 8-23 使用更多实例

Step 05 单击时间轴中的【新建图层】按钮，然后选中新建的"图层2"，按住鼠标左键将其拖曳到"图层1"图层下方，再选中"图层2"的第 2～29 帧，用鼠标右键单击，在弹出的快捷菜单中选择"删除帧"，最后单击"图层1"图层中的"隐藏"和"锁定"图标，将"图层1"图层中的动画锁定并隐藏，如图8-24所示。

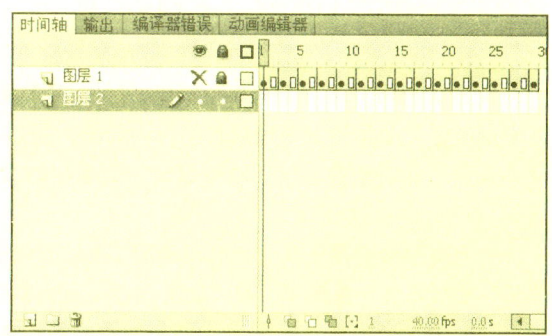

图 8-24 新建"图层2"并隐藏锁定"图层1"

109

Step 06 选择工具箱中的"矩形工具"，设置笔触颜色为无，填充颜色选择一个喜欢的颜色即可。接下来，在舞台中按住鼠标左键和键盘上的【Shift】键，拖曳出一个正方形，如图 8-25 所示。

Step 07 单击时间轴中"图层 2"图层的第 3 帧，按下【F6】键复制关键帧，将舞台中的图形向左上方移动一点，在"颜色"面板中选择矩形的另一种填充颜色，如图 8-26 所示。

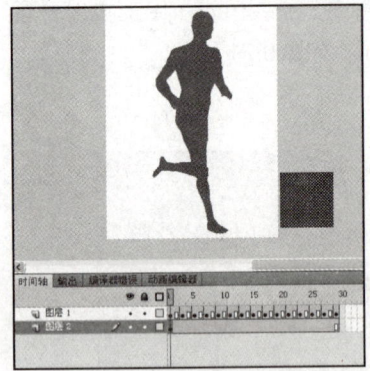

图 8-25 绘制正方形

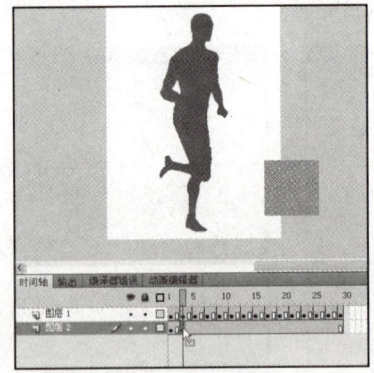

图 8-26 制作第 3 帧

Step 08 依照这种方法操作至第 21 帧，就可以完成彩色方块穿越的动画效果。完成以上操作后，按下键盘上的【Ctrl+Enter】键，可以观看制作好的人物奔跑动画，如图 8-27 所示。

通过本例的制作，生动地展示了逐帧动画实现的原理，同时又应用了 Flash 的常用功能，加强读者的操作技能并加深对理论知识的理解。

图 8-27 测试动画

8.4 使用动画预设

动画预设是预配置的补间动画，可以将它们应用于舞台上的对象。只需选择对象并单击"动画预设"面板中的【应用】按钮即可。使用动画预设是学习在 Flash 中添加动画的基础知识的快捷方法。一旦了解了预设的工作方式，自己制作动画就非常容易了。

关于动画预设

Flash 将动画中一些经常用到的效果制作成简单的命令，用户只需选中动画的对象再执行相关命令即可。从而省去了大量重复、机械的操作，提高了动画开发的速率。动画预设是预配置的补间动画，可以将它们应用于舞台上的对象。用户只需选择对象并单击"动画预设"面板中的【应用】按钮即可，如图 8-28 所示。

一旦将预设应用于舞台上的对象后，在时间轴中创建的补间就不再与"动画预设"面板有任何关系了。在"动画预设"面板中删除或重命名某个预设对以前使用该预设创建的所有补间没有任何影响。如果在面板中现有预设上保存新预设，它对使用原始预设创建的任何补间没有影响。

每个动画预设都包含特定数量的帧。应用预设时，在时间轴中创建的补间范围将包含此数量的帧。如果目标对象已应用了不同长度的补间，补间范围将进行调整，以符合动画预设的长度。可在应用预设后调整时间轴中补间范围的长度。

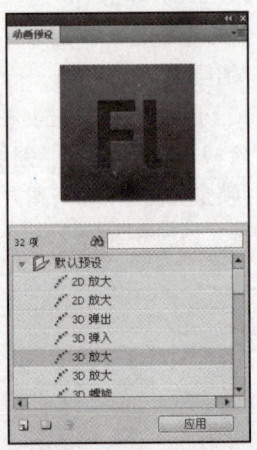

图 8-28 "动画预设"面板

上机练习 | 制作"大话密保"动画

原始文件：sample\第8章\原始文件\上机练习\大话密保.fla
最终文件：sample\第8章\最终文件\上机练习\大话密保-end.fla
应用范围：Flash动画制作

Step 01 打开原始文件，选择"图层22"中第49帧的"保护"文字对象，如图8-29所示。

Step 02 执行"窗口 > 动画预设"命令，打开"动画预设"面板，选择"默认预设"中的"脉搏"，单击【应用】按钮，脉搏动画就被应用到了文字对象上，如图8-30所示。

图 8-29 选择文字对象

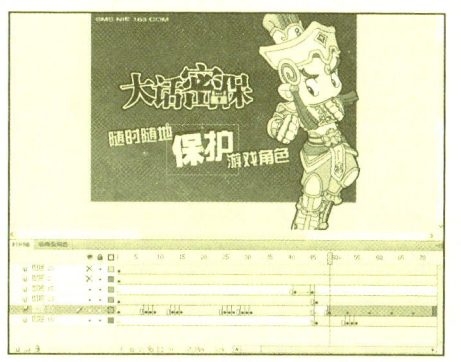

图 8-30 应用动画预设

Step 03 将该层帧的长度也延展到和其他层相同的长度，如图8-31所示。

Step 04 按下【Ctrl+Enter】键测试动画，就可以看到脉搏的效果了，如图8-32所示。

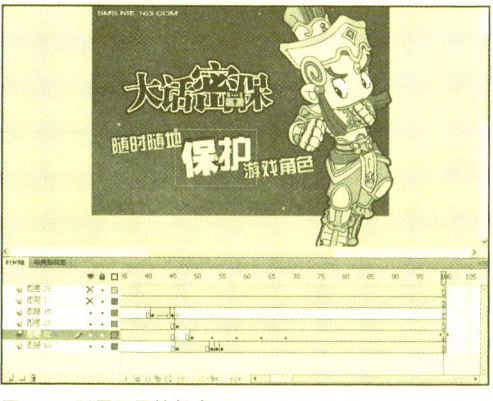

图 8-31 延展图层帧长度

图 8-32 测试动画

上机实践 | 制作"网易真爱频道广告"动画

原始文件：sample\第8章\原始文件\上机实践\真爱频道宣传广告.fla
最终文件：sample\第8章\最终文件\上机实践\真爱频道宣传广告-end.fla
实训目的：学会在Flash中制作逐帧动画
应用范围：Flash 动画制作，广告制作

下面制作一个网易真爱频道的宣传广告，在该广告实例中，主要使用了逐帧动画的技术进行制作，其中还运用了影片剪辑元件组合动画。

Step 01 打开"sample\第8章\原始文件\上机实践\真爱频道宣传广告.fla"原始文件,按下【Ctrl+F8】键创建新元件,在"名称"文本框中输入movie,在"类型"中选择"影片剪辑",如图8-33所示。

Step 02 单击【确定】按钮后,进入影片剪辑元件的编辑界面,输入"网易真爱频道"和mylove.163.com,并按下【Ctrl+G】键将其并组,如图8-34所示。然后在时间轴Layer1图层的第91帧按下【F5】键,将帧延续到这里。

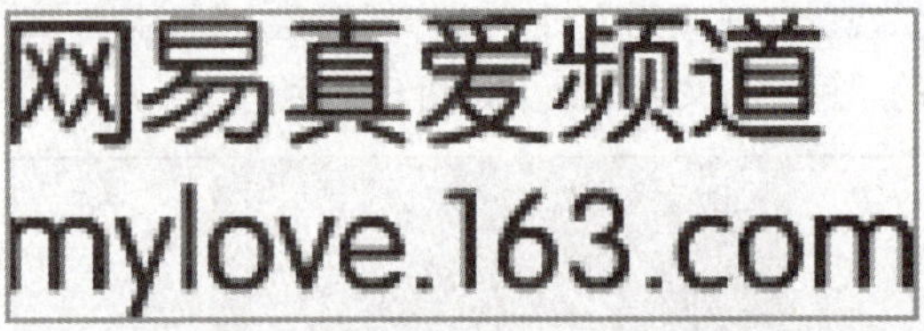

图 8-33 创建新元件

图 8-34 输入文字并并组

Step 03 新建Layer4图层,将其移动到Layer1图层下方,然后将Symbol23元件从"库"面板中拖曳到舞台上,如图8-35所示。

Step 04 新建Layer3图层,使其位于Layer4图层的上方,将renaa元件从库面板中拖曳到舞台上,如图8-36所示。

图 8-35 使用 Symbol23 元件

图 8-36 使用 renaa 元件

Step 05 在第20帧按下【F6】键,复制关键帧,然后选中舞台上的renaa实例,在属性面板中将"循环"项中的"第一帧"设置为37,如图8-37所示。

Step 06 在第53帧按下【F7】键,将ren1元件从"库"面板中拖曳到舞台上,如图8-38所示。

图 8-37 设置循环

图 8-38 使用 ren1 元件

Step 07 在第 60 帧按下【F7】键，将 renaa 元件从"库"面板中拖曳到舞台上，然后选中舞台上的实例，在属性面板中将"循环"项中的"第一帧"设置为 80，如图 8-39 所示。

Step 08 新建 Layer2 图层，使其位于 Layer3 图层上方，输入"许愿中"文字，读者可自行选择字体、字号、颜色，如图 8-40 所示。

图 8-39 使用 renaa 元件并设置循环

图 8-40 输入文字

Step 09 在第 20 和 52 帧按下【F7】键，插入空白关键帧，然后在第 52 帧将 Symbol 49 元件从库面板中拖曳到舞台上，如图 8-41 所示。

Step 10 回到主场景，将 movie 元件从"库"面板中拖曳到舞台上，如图 8-42 所示。

图 8-41 使用 Symbol 49 元件

图 8-42 使用 movie 元件

Step 11 至此，真爱频道广告动画就制作完成了，按下【Ctrl+Enter】键测试影片，可以看到动画效果，如图 8-43 所示。

图 8-43 最终效果

思考与练习

★参见光盘"思考与练习答案"文档

一、填空题

(1) _____动画在初始状态下，每一个关键帧都应该包含和前一关键帧相同的内容。

(2) 插入普通帧的快捷键是_____。

(3) 如果在文本的每一行的开头输入双斜线"//"，则该文本将变为_____。

二、选择题

(1) 关于动画预设，以下叙述正确的是（　　）。
   A. 一旦将预设应用于舞台上的对象后，草药在时间轴中创建的补间就不再与"动画预设"面板有任何关系了。
   B. 在"动画预设"面板中删除或重命名某个预设对以前使用该预设创建的所有补间没有任何影响。
   C. 每个动画预设都包含特定数量的帧。
   D. 如果目标对象已应用了不同长度的补间，补间范围将进行调整，以符合动画预设的长度。可在应用预设后调整时间轴中补间范围的长度。

(2) 关于逐帧动画，以下叙述正确的是（　　）。
   A. 要创建逐帧动画，需要将每个帧都定义为关键帧，然后给每个帧创建不同的图像。
   B. 每个新关键帧最初包含的内容和它前面的关键帧是一样的，因此可以递增地修改动画中的帧。
   C. 逐帧动画最适合于每一帧中的图像都在更改，而不仅仅是简单地在舞台中移动的复杂动画。
   D. 逐帧动画的体积一般会比普通动画的体积大。

(3) 由于网络发布的需要，默认情况下，Flash CS5 动画的帧频率为（　　）。
   A. 12fps　　　　B. 24fps　　　　C. 36fps　　　　D. 100fps

三、上机操作题

(1) 请参考"配套光盘\exercise\第8章\最终文件\1\练习1.fla"文件，制作如图8-44所示"跳跃的中国娃娃"逐帧动画。

要求：动画元素和背景元素要建立在不同的层中。

(2) 请参考"配套光盘\exercise\第8章\最终文件\2\练习2.fla"文件，利用动画预设制作如图8-45所示的"奖杯"动画效果。

要求：读者可尝试不同的动画预设，制作更丰富的运动效果。

图8-44 "跳跃的中国娃娃"逐帧动画

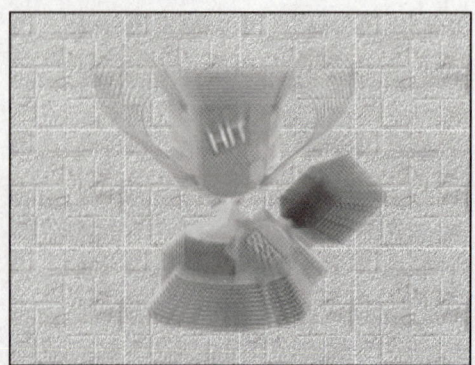
图8-45 "奖杯"动画

Chapter 9 创建动画

课题概述 本章主要介绍 Flash 中几种动画的创建方法。包括补间动画、传统补间、补间形状、遮罩动画、反向运动等动画效果。传统补间动画包括了运动渐变动画和形状渐变动画两大类动画效果，也包含了遮罩动画等特殊的动画效果。其中，遮罩动画是比较综合的应用。使用遮罩动画，可以融合前面讲述的几种动画制作技巧，制作出丰富的效果。

教学目标 读者通过本章案例需要掌握 Flash 中几种动画的创建方法。内容包括补间动画、传统补间、补间形状、遮罩动画、反向运动等。

★ 章节重点

- ★★★★★ 创建补间动画
- ★★★★☆ 创建引导线动画
- ★★★★★ 创建遮罩动画
- ★★★★☆ 创建反向运动动画

★ 光盘路径

上机实践：sample\第9章\
课后练习：exercise\第9章\
电子教案：PPT\FL_lesson9.ppt

9.1 创建基本动画

通过更改连续帧的内容，可以在 Flash CS5 中创建动画，也可以在舞台中移动对象、改变实例大小、旋转、改变颜色、淡入或淡出，以及更改对象形状等。更改可以独立于其他更改，也可和其他更改相互协调。例如在制作文字飘散效果时，可以同时改变文字的透明度、旋转及大小。基本动画包括三种，分别是补间动画、传统补间动画和补间形状动画。

9.1.1 创建补间动画

补间是通过为一个帧中的对象属性指定一个值并为另一个帧中的该相同属性指定另一个值创建的动画。Flash 自动计算这两个帧之间该属性的值。

可补间的对象类型包括影片剪辑、图形和按钮元件以及文本字段。可补间的对象的属性包括以下内容。

- 2D X 和 Y 位置。
- 3D Z 位置（仅限影片剪辑）。
- 2D 旋转（绕 Z 轴）。
- 3D X、Y 和 Z 旋转（仅限影片剪辑）。
- 3D 动画要求 FLA 文件在发布设置中面向 ActionScript 3.0 和 Flash Player 10。
- 倾斜 X 和 Y。
- 缩放 X 和 Y。
- 颜色效果。
- 滤镜属性。

补间范围是时间轴中的一组帧，其舞台上的对象的一个或多个属性可以随着时间而改变。补间范围

115

在时间轴中显示为具有蓝色背景的单个图层中的一组帧。可将这些补间范围作为单个对象进行选择，并从时间轴中的一个位置拖到另一个位置，包括拖到另一个图层。在每个补间范围中，只能对舞台上的一个对象进行动画处理。此对象称为补间范围的目标对象。

属性关键帧是在补间范围中为补间目标对象显式定义一个或多个属性值的帧。定义的每个属性都有它自己的属性关键帧。如果在单个帧中设置了多个属性，则其中每个属性的属性关键帧会驻留在该帧中。可以在动画编辑器中查看补间范围的每个属性及其属性关键帧，还可以从补间范围上下文菜单中选择可在时间轴中显示的属性关键帧类型。

> **教学提示**　注意分清"关键帧"和"属性关键帧"的区别
>
> "关键帧"和"属性关键帧"的概念有所不同，"关键帧"是指时间轴中其元件实例首次出现在舞台上的帧，而 Flash CS5 中"属性关键帧"是指在补间动画的特定时间或帧中定义的属性值。

通过如图 9-1 所示的"动画编辑器"面板，可以查看所有补间属性及其属性关键帧，它还提供了向补间添加精度和详细信息的工具。动画编辑器显示当前选定的补间的属性。

在时间轴中创建补间后，动画编辑器允许用户以多种不同的方式来控制补间。选择时间轴中的补间范围或者舞台上的补间对象或运动路径后，动画编辑器即会显示该补间的属性曲线。动画编辑器将在网格上显示属性曲线，该网格表示发生选定补间的时间轴的各个帧。在时间轴和动画编辑器中，播放头将始终出现在同一帧编号中。

课堂示范素材：sample\第9章\原始文件\9.1创建基本动画\补间动画.fla

创建补间动画的方法如下：在舞台上选择要补间的一个或多个对象，右键单击所选内容或当前帧，然后从菜单中选择"创建补间动画"。创建补间后，在时间轴中拖动补间范围的任一端，可以按所需长度缩短或延长范围，而对象的移动轨迹可以很方便地运用贝塞尔曲线进行调节，如图 9-2 所示。

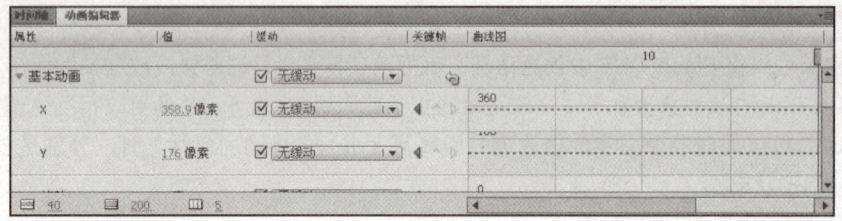

图 9-1 "动画编辑器"面板　　　　　　　　　　　　　　图 9-2 调节贝塞尔曲线

9.1.2　创建传统补间动画

传统补间需要在一个点定义实例的位置、大小及旋转角度等属性，然后才可以在其他位置改变这些属性，从而由这些变化产生动画；Flash 能为它们之间的帧内插值或者内插图形，从而产生动画效果。

利用传统补间动画可以实现的动画类型包括位置和大小的变化、旋转的变化、速度的变化、颜色和透明度的变化。

制作传统补间动画有两个基本条件：首先，开始帧和结束帧必须是关键帧；其次，应用于传统补间的对象要具有图形元件或群组的属性。

创建补间动画的方法如下：创建动画的第 1 个关键帧，在时间轴上插入所需帧数，执行"插入 > 传统补间"命令，然后将对象移到舞台中的新位置。Flash 会自动创建结束关键帧。在两关键帧之间观看运动轨迹，如图 9-3 所示。

课堂示范素材：sample\第9章\原始文件\9.1创建基本

图 9-3 运动轨迹

动画\传统补间.fla

如果想取得一些特殊的效果，还需要在属性面板中进行相应的设置。当将某一帧列设置为传统补间后，属性面板如图9-4所示。

- **缓动**：当希望运动渐变不是按匀速进行时可以调节该选项。如果将滑块向上拖曳，可以使转变过程的开始部分变慢，而结束部分变快。反之，如果向下拖曳，可以使转变过程的结束部分变慢，而开始部分变快。如果将滑块放在中间的位置，那么过渡的过程将是匀速进行的。使用"缓动"可以产生非常自然的快慢转变。单击【编辑缓动】按钮 ✎ 可以打开如图9-5所示的"自定义缓入/缓出"对话框，自行定义缓动的方式。
- **旋转**：这个选项可以使组或符号进行旋转。在这个下拉列表中总共有如下4个选项："无"，即不旋转；"自动"，组或符号进行旋转时将以最少运动为原则；"顺时针"，指定旋转按顺时针进行；"逆时针"，指定旋转按逆时针进行。在"旋转"的右侧有一个文本框，用来设置旋转的次数。用户可以根据自己的需要，在该文本框中填入相应的数值。
- **贴紧**：这一选项可以使某一对象在某一帧处对齐到引导线的位置。
- **同步**：要想使影片剪辑元件动画在主动画中能够准确地完成循环，就需要选中"同步"这一选项。
- **缩放**：如果想实现组或符号的尺寸变化，请选中此选项。
- **调整到路径**：如果想使组或符号按照所指定的路径遵循一定方向进行运动，那么就需要选中该选项。它能够设定对象是否按照指定路径遵循一定方向进行运动，这实际上就是对象随着路径的改变（弯曲等）而调整自身的方向。

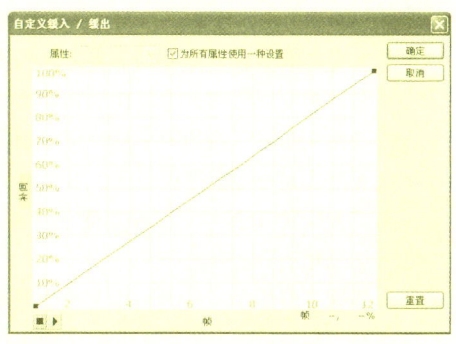

图9-4 属性面板

图9-5 "自定义缓入/缓出"对话框

9.1.3 创建补间形状动画

通过补间形状可以实现一幅图形变为另一幅图形的效果。补间形状和运动补间的主要区别在于，补间形状不能应用到实例上，必须是被打散的形状图形之间才能产生补间形状。所谓形状图形是由无数个点堆积而成的，而并非是一个整体。选中该对象时外部不会显示蓝色边框，而是会显示为掺杂白色小点的图形。

课堂示范素材：sample\第9章\原始文件\9.1创建基本动画\补间形状.fla

例如，在第1帧插入一个图形，在任意帧插入空白关键帧，并插入另一幅图形，然后在两个关键帧之间创建补间形状动画，补间形状动画的渐变过程如图9-6所示。如果想取得一些特殊的效果，还需要在属性面板中进行相应的设置。当将某一帧列设置为补间形状后，属性面板如图9-7所示。

图9-6 补间形状

- **缓动**：输入一个 -100 ~ 100 之间的数，或者通过右边的滑块条来调整。默认情况下，补间帧之间的变化速率是不变的，通过调节此项可以调整变化速率，从而创建更加自然的变形效果。
- **混合**："分布式"选项创建的动画，形状比较平滑不规则。"角形"选项创建的动画，形状会保留明显的角和直线。"角形"只适合于具有锐化转角和直线的混合形状。如果选择的形状没有角，Flash 会还原到分布式补间形状。

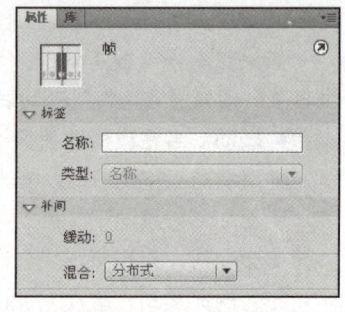

图 9-7 属性面板

要控制更加复杂的动画，可以使用变形提示。变形提示可以标识起始形状和结束形状中相对应的点。变形提示点用字母表示，这样可以更方便地确定起始形状和结束形状，每次最多可以设定 26 个变形提示点。变形提示点在开始关键帧中是黄色的，在结束关键帧中是绿色的，如不在曲线上则是红色的。

添加变形提示点有以下几个要注意的事项。

- 最好将变形提示点沿同样的转动方向依次放置。
- 使用变形提示点的两个形状越简单效果越好。
- 要删除某一个变形提示点，可以将该提示点拖离工作区。
- 在复杂的变形中，最好创建一个中间形状，而不是仅仅定义开始帧和结束帧的形状。
- 确保变形提示点的排列顺序合乎逻辑，例如沿直线的 3 个变形提示点，必须与前后两条直线上的顺序相同。

图 9-8 形状提示点

选中形状变形的开始帧，执行"修改 > 形状 > 添加形状提示"命令，或使用【Ctrl+Shift+H】键；重复该命令，添加适量的点。在有棱角和曲线的地方，提示点会自动吸附上去。按在开始帧添加点的顺序为结束帧添加上相同的点，如图 9-8 所示。

上机练习 | 制作 Moto V8 动画

原始文件：sample\第9章\原始文件\上机练习\moto.fla
最终文件：sample\第9章\最终文件\上机练习\moto-end.fla
应用范围：Flash动画制作

Step 01 打开"sample\第9章\原始文件\上机练习\moto.fla"文件，选择时间轴pic_bg图层的第1帧，然后找到"库"面板中的shape2图形，将此图形拖至舞台中，如图9-9所示。

Step 02 用光标单击时间轴pic_bg图层的第25帧，按下【F6】键复制关键帧，然后选中第1帧的shape2图形实例，在属性面板中选择"色彩效果"为Alpha，然后向下调节右侧的滑块至0%，将shape2图形实例设置为透明，如图9-10所示。

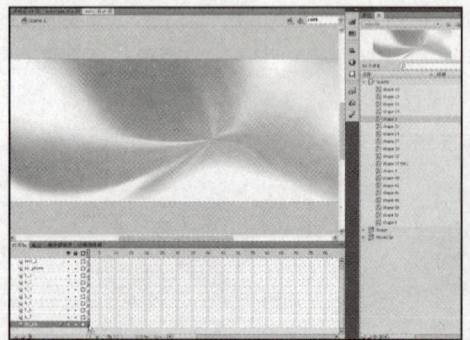

图 9-9 使用图形元件

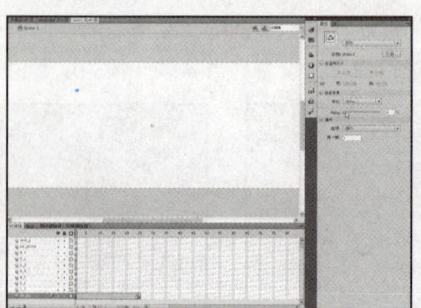

图 9-10 设置透明

Step 03 用鼠标右键单击 pic_bg 图层第 1 ~ 25 帧之间任意位置，在弹出的快捷菜单中选择"创建传统补间"，如图 9-11 所示。

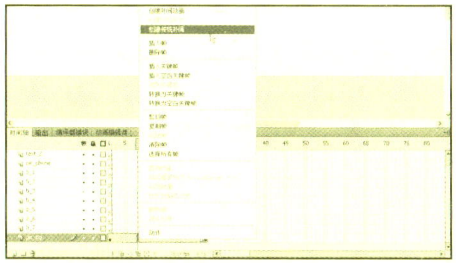

图 9-11 创建传统补间 1

Step 05 找到时间轴 pic_phone 图层的第 20 帧，按下【F7】键插入空白关键帧，将"库"面板中的 shape8 图形拖曳到舞台中，再继续调节属性面板中"色彩效果"的 Alpha 为 0%，如图 9-13 所示。

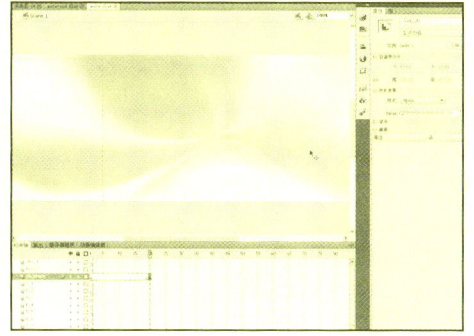

图 9-13 设置图形透明

Step 07 在 pic_phone 图层的第 61 帧插入关键帧，然后使用工具箱中的"任意变形工具"缩小手机图形，如图 9-15 所示。

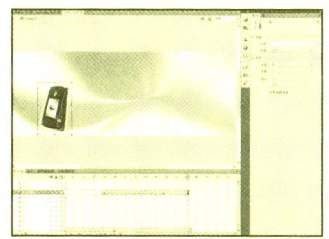

图 9-15 缩小手机图形

Step 09 在 text_2 图层的第 33 帧位置插入关键帧，在"库"面板中找到 shape23 图形，将其拖曳至舞台中间，然后在第 50 帧按下【F6】键，复制关键帧，并将图形向右侧移动。调节第 33 帧中图形属性中"色彩效果"的 Alpha 为 0%，然后在第 33 ~ 50 帧之间创建传统补间动画，如图 9-17 所示。

Step 04 单击 pic_bg 图层第 62 帧，按下【F5】键插入普通帧，然后按下键盘上的【Enter】键，如图 9-12 所示，预览背景渐进效果。

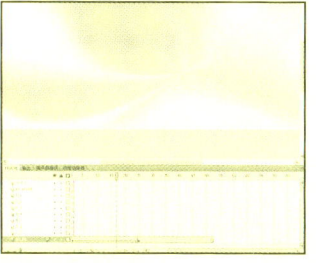

图 9-12 背景效果

Step 06 单击时间轴 pic_phone 图层第 49 帧，按下【F6】键复制关键帧，设置属性面板中"色彩效果"的 Alpha 为 100%，然后选择 pic_phone 图层第 20 ~ 45 帧之间的任意位置，单击鼠标右键，并在弹出的快捷菜单中选择"创建传统补间"，如图 9-14 所示。

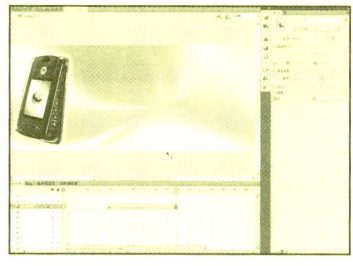

图 9-14 创建传统补间 2

Step 08 在 pic_phone 图层的第 45 ~ 61 帧之间创建传统补间动画，如图 9-16 所示。

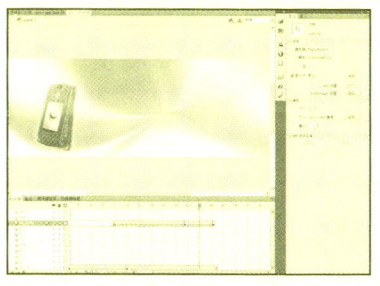

图 9-16 创建传统补间 3

图 9-17 创建传统补间 4

Step 10 在 pic_phone 图层和 text_2 图层的第 62 帧按下【F5】键，插入普通帧，使这两层的动画内容延续到最后一帧，如图 9-18 所示。

图 9-18 延续帧

Step 11 在 text_1 图层第 37 帧插入关键帧，在库面板中找到 shape31 图形，将其拖曳至舞台中间，然后在第 54 帧按下【F6】键，复制关键帧。将图形向右侧移动，然后在第 37 ~ 54 帧之间创建传统补间动画，最后在第 62 帧按下【F5】键，插入普通帧，如图 9-19 所示。

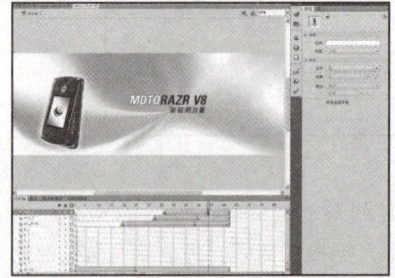

图 9-19 制作文字效果

Step 12 下面制作 b_1 图层中的图标效果。在第 20 帧按下【F7】键，插入空白关键帧，使用 Sprite 6 图形，然后在第 46 帧按下【F6】键，复制关键帧。将第 20 帧的图形属性中"色彩效果"的 Alpha 设置为 0%，将第 46 帧中图形的位置向右侧移动，然后在第 20 ~ 46 帧之间创建传统补间动画，如图 9-20 所示。

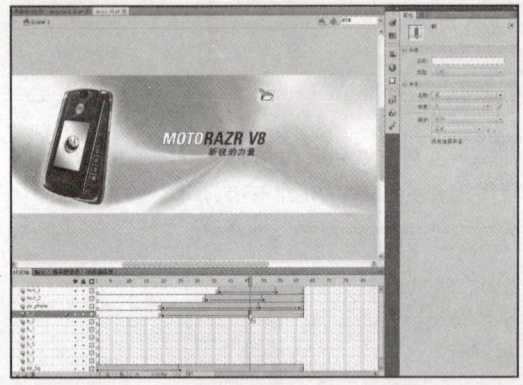

图 9-20 制作 b_1 图层图标效果

Step 13 下面制作 b_2 图层中的图标效果。在第 23 帧按下【F7】键，插入空白关键帧，使用 Sprite 12 图形，然后在第 49 帧按下【F6】键，复制关键帧。将第 23 帧的图形属性中"色彩效果"的 Alpha 设置为 0%，将第 49 帧中图形的位置向右侧移动，然后在第 23 ~ 49 帧之间创建传统补间动画，如图 9-21 所示。

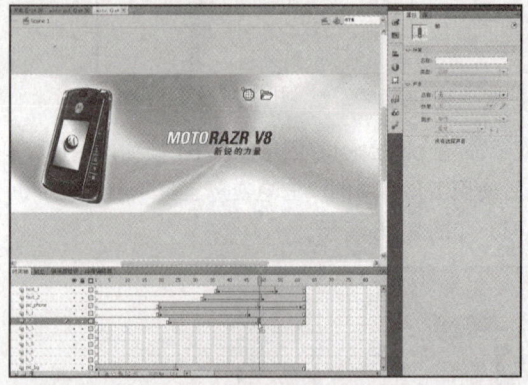

图 9-21 制作 b_2 层图标效果

Step 14 按照相同的方法制作 b_3 图层到 b_7 图层的动画效果，读者可以参考光盘源文件的具体帧数和图形位置制作动画效果，最终的时间轴和舞台效果如图 9-22 所示。

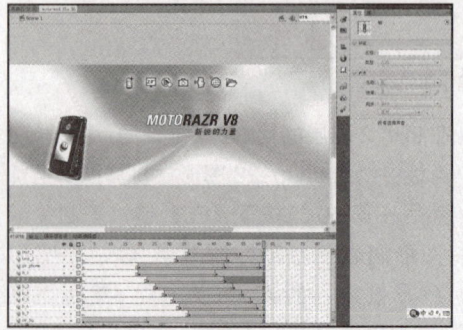

图 9-22 最终的时间轴和舞台

Step 15 按下【Ctrl+Enter】键测试动画,可以看到 Moto V8 动画的效果,如图 9-23 所示。

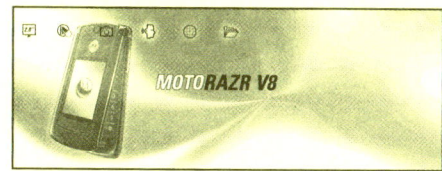

图 9-23 测试动画

9.2 创建高级动画

高级动画可以实现比基本更丰富的效果,常见的高级动画包括引导线动画、遮罩动画、反向运动动画等。

9.2.1 创建引导线动画

基本的运动补间动画只能使对象产生直线方向的移动,而对于一个曲线运动,就必须不断地设置关键帧,为运动指定路线。为此,Flash 提供了一个自定义运动路径的功能。这个功能可在运动对象的上方添加一个运动路径的图层,然后用户可在该图层中绘制对象的运动路线,让对象掩盖路线运动。在播放时,该图层是隐藏的。运用引导图层可以绘制路径,补间实例、组或文本块均可以沿着这些路径运动。也可以将多个图层链接到一个运动引导图层,使多个对象沿同一条路径运动。

引导图层分为两种,即普通引导图层和运动引导图层。普通引导图层在影片中起辅助静态定位的作用,而运动引导图层在创建影片中起引导运动路径的作用,在需要实现某个对象沿着某个路径移动时,常常用到运动引导图层。

建立一个普通引导图层的操作步骤如下:在图层上单击鼠标右键,从弹出的快捷菜单中选择"引导层"命令,这时图层将变成普通引导图层,如图 9-24 所示。

运动引导图层在制作影片中起着设置运动路径和导向的作用。建立运动引导层的操作步骤如下。

Step 01 首先单击要为其建立运动引导图层的图层,使之突出显示。

Step 02 右键单击被引导的图层名称栏,在弹出的快捷菜单中选择"添加传统运动引导层"命令,即可在当前选中的图层上创建一个与之相关联的运动引导图层,如图 9-25 所示。

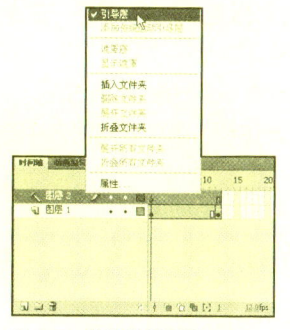
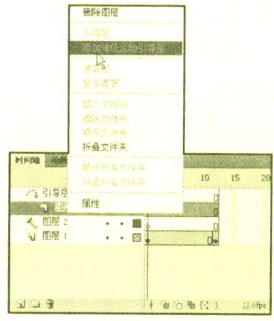

图 9-24 普通引导图层　　图 9-25 创建运动引导图层

课堂示范素材：sample\第9章\原始文件\9.2创建高级动画\引导线动画.fla

在图层中创建一个补间动画，并将被引导对象中心点的起始点和末端分别对齐引导线的起点和末端，创建引导线动画，此时被引导的对象将跟随引导线进行运动，如图 9-26 所示。

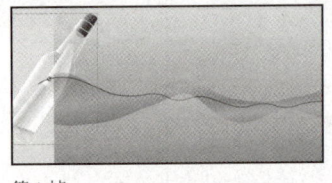 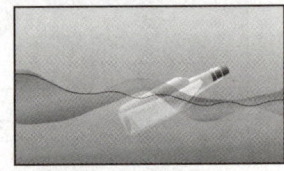 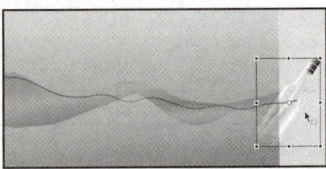

第 1 帧　　　　　　　　　　　中间帧　　　　　　　　　　　最后一帧

图 9-26　创建引导线动画

9.2.2　创建遮罩动画

遮罩的原理是将一个特殊的图层作为遮罩图层，遮罩图层下面的图层是被遮罩图层，只有在遮罩图层中填充色块下的被遮罩图层的内容才能被看到。利用遮罩功能可以制作许多复杂的效果。

遮罩分为运动遮罩和变形遮罩。运动遮罩还存在两种效果，一种是遮罩图层中的对象运动，另一种是被遮罩图层中对象的运动。创建遮罩图层的操作如下。

Step 01 首先创建一个普通层"图层 1"，并在此图层中绘制出可透过遮罩图层显示的图形与文本。

Step 02 新建一个图层"图层 2"，将该图层移动到"图层 1"的上面。

Step 03 在"图层 2"上创建一个填充区域和文本。

Step 04 在该图层上单击鼠标右键，在弹出的快捷菜单中选择"遮罩层"菜单命令，这样就将"图层 2"设置为遮罩图层，而其下面的"图层 1"就变成了被遮罩图层，此时的时间轴如图 9-27 所示。

课堂示范素材：sample\第9章\原始文件\9.2创建高级动画\遮罩动画.fla

创建遮罩图层后，系统将自动锁定遮罩图层和被遮罩图层，显示遮罩后的效果如图 9-28 所示。若用户还要对遮罩图层进行编辑，取消其锁定状态即可。

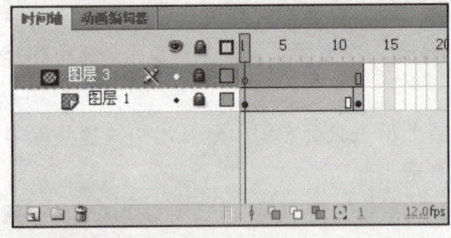 

图 9-27　遮罩图层　　　　　　　　　　图 9-28　遮罩效果

可以看出，普通图层和遮罩图层是相互关联的，被关联的普通图层位于遮罩图层下面，Flash 提供了 4 种使普通图层和遮罩图层相关联的方法，分别如下。

- 在"时间轴"面板中把已经存在的普通图层拖动到遮罩图层之下，普通图层就会自动转化为被遮罩图层，被遮罩的图层会向右缩进，表示已被遮罩。
- 在遮罩图层之下创建新图层时，新建的图层自动被设置为被遮罩图层。
- 在"图层属性"对话框中单击【图层类型】单选按钮，在打开的列表中选择"遮罩层"或"被遮罩层"选项即可。

如果要取消普通图层与遮罩图层的关联，也有多种方法，分别如下。

- 在"时间轴"面板中把相关联的被遮罩图层拖动到遮罩图层之上，则被遮罩图层会自动转化为普通图层。
- 在"图层属性"对话框的"类型选区"中选择"一般"单选按钮即可。

9.2.3 创建反向运动动画

课堂示范素材：sample\第9章\原始文件\9.2创建高级动画\反向运动.fla

反向运动（IK）是一种使用骨骼的有关节结构对一个对象或彼此相关的一组对象进行动画处理的方法。使用"骨骼工具" ，元件实例和形状对象可以按复杂而自然的方式移动，只需进行很少的设计工作。例如，通过反向运动可以更加轻松地创建人物动画，如胳膊、腿和面部表情，如图9-29所示。

可以向单独的元件实例或单个形状的内部添加骨骼。在一个骨骼移动时，与启动运动的骨骼相关的其他连接骨骼也会移动。使用反向运动进行动画处理时，只需指定对象的开始位置和结束位置即可。通过反向运动，可以更加轻松地创建自然的运动。

1. 使用骨骼工具

在Flash中可以按两种方式使用反向运动。第一种方式是，通过添加将每个实例与其他实例连接在一起的骨骼，用关节连接一系列的元件实例，如图9-30所示。骨骼允许元件实例链一起移动。例如，用户可能具有一组影片剪辑，其中的每个影片剪辑都表示人体的不同部分，通过将躯干、上臂、下臂和手链接在一起可以创建逼真移动的胳膊，也可以创建一个分支骨架，以包括两个胳膊、两条腿和头。

使用反向运动的第二种方式是向形状对象的内部添加骨架。可以在合并绘制模式或对象绘制模式中创建形状，如图9-31所示。通过骨骼，可以移动形状的各个部分并对其进行动画处理，而无需绘制形状的不同版本或创建补间形状。例如，可以向简单的蛇图形添加骨骼，以使蛇逼真地移动和弯曲。

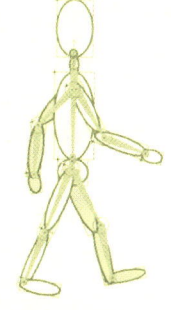

图9-29 反向运动　　　　　　　　　　图9-30 已附加IK骨架的多个实例

在用户向元件实例或形状添加骨骼时，Flash将实例或形状以及关联的骨架移动到时间轴中的新图层。此新图层称为姿势图层。每个姿势图层只能包含一个骨架及与其关联的实例或形状。

Flash包括两个用于处理反向运动的工具。使用"骨骼工具" 可以向元件实例和形状添加骨骼。使用"绑定工具" 可以调整形状对象的各个骨骼和控制点之间的关系。向元件添加骨骼的方法如下。

Step 01 在舞台上创建元件实例。

Step 02 选择工具箱中的"骨骼工具" ，单击要成为骨架的根部或头部的元件实例。然后将其拖曳到单独的元件实例中，以将其链接到根实例，如图9-32所示。

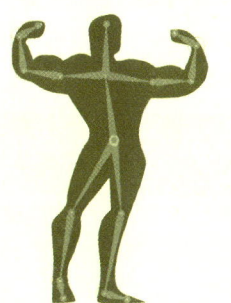

图9-31 已添加反向运动骨架的形状　　图9-32 使用"骨骼工具"

Step 03 若要添加其他骨骼，从第一个骨骼的尾部拖动到要添加到骨架的下一个元件实例。

Step 04 若要创建分支骨架，单击希望分支开始的现有骨骼的头部，然后进行拖动以创建新分支的第一个骨骼。

2. 使用绑定工具

根据反向运动形状的配置，用户可能会发现，在移动骨架时形状的笔触并不按令人满意的方式扭曲。默认情况下，形状的控制点连接到离它们最近的骨骼。使用"绑定工具"可以编辑单个骨骼和形状控制点之间的连接。这样就可以控制在每个骨骼移动时笔触扭曲的方式，以获得更满意的结果，如图 9-33 所示。

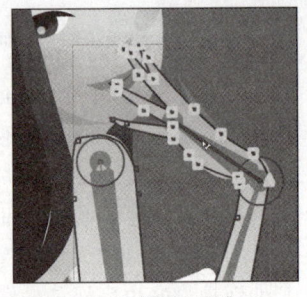

图 9-33 使用"绑定工具"

可以将多个控制点绑定到一个骨骼，以及将多个骨骼绑定到一个控制点。使用"绑定工具"单击控制点或骨骼，将显示骨骼和控制点之间的链接。然后可以按各种方式更改链接。

3. 设置骨骼属性

选定一个或多个骨骼时，可以在属性检查器中设置属性，如图 9-34 所示。

- **速度**：限制选定骨骼的运动速度，在"速度"文本框中输入一个值。
- **"联接：X 平移"或"联接：Y 平移"中的"启用"**：使选定的骨骼可以沿 x 轴或 y 轴移动并更改其父级骨骼的长度。
- **"联接：X 平移"或"联接：Y 平移"中的"约束"**：限制沿 x 轴或 y 轴启用的运动量，选择"约束"，然后输入骨骼可以行进的最小距离和最大距离。
- **"联接 旋转"中的"启用"**：使用选定骨骼连接的旋转。
- **"联接 旋转"中的"约束"**：约束骨骼的旋转，输入旋转的最小度数和最大度数。
- **强度**：弹簧强度。值越高，创建的弹簧效果越强。
- **阻尼**：弹簧效果的衰减速率。值越高，弹簧属性减小得越快。如果值为 0，则弹簧属性在姿势图层的所有帧中保持其最大强度。

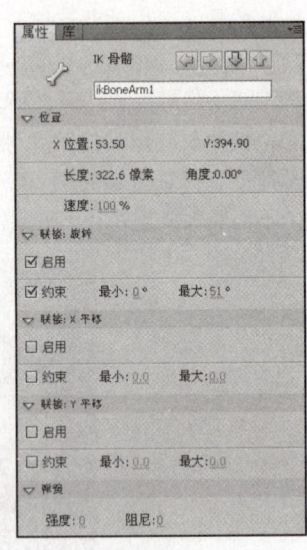

图 9-34 骨骼属性

🖳 上机练习 | 制作"Swatch导航"动画

原始文件：sample\第9章\原始文件\上机练习\swatch.fla
最终文件：sample\第9章\最终文件\上机练习\swatch-end.fla
应用范围：Flash动画制作，特效制作

Step 01 打开"sample\第9章\原始文件\上机练习\swatch.fla"，在库面板中双击About Swatch影片剪辑，进入编辑模式，如图9-35所示。

Step 02 选择 Layer 1 图层的第 1 帧，从"库"面板中将 block 图形拖曳到舞台中，并选中该图形，在属性面板中调节"色彩效果"的 Alpha 为 0%，如图 9-36 所示。

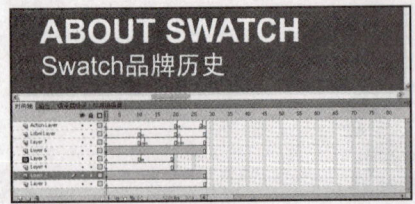

图 9-35 编辑"About Swatch"影片剪辑元件

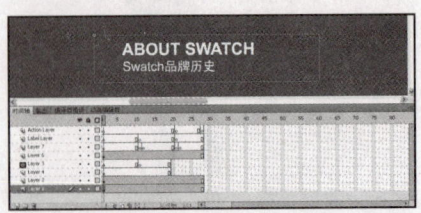

图 9-36 使用"block"图形

Step 03 在 Layer 1 图层的第 11、21、28 帧分别按下【F6】键，复制关键帧，然后选择第 11 和 21 帧的图形实例，在属性面板中选择"色彩效果"为"色调"，将图形实例设置为黑色，如图 9-37 所示。

Step 04 分别在第 11～21 帧和 21～28 帧之间创建传统补间动画，形成色彩渐变的效果，如图 9-38 所示。

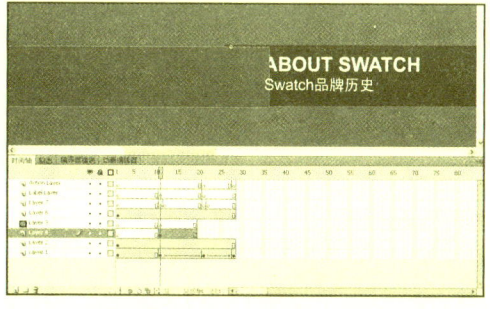

图 9-37 复制关键帧并设置图形色调

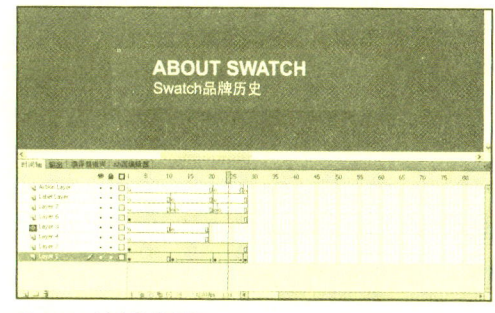

图 9-38 创建传统补间 1

Step 05 选择 Layer 4 图层第 11 帧，按下【F7】键插入空白关键帧，从"库"面板中将 block 图形拖曳到舞台中，使图形实例的右边与文字 A 的左边对齐，然后在属性面板中调节图形实例的色调为红色，如图 9-39 所示。

Step 06 在 Layer 4 图层第 19 帧位置插入关键帧，并使图形实例覆盖到文字，完成后在第 11～19 帧之间创建传统补间动画，如图 9-40 所示。

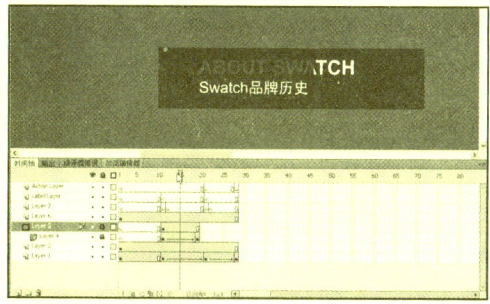

图 9-39 使用 block 图形并设置色调

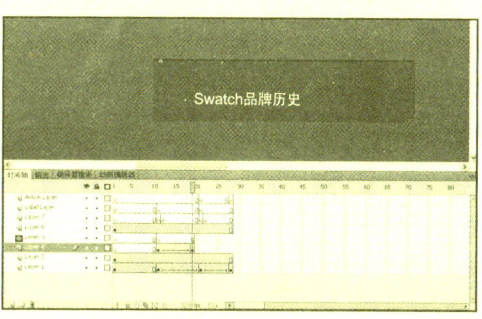

图 9-40 创建传统补间 2

Step 07 选择 Layer 3 图层第 11 帧，从"库"面板中将 text 图形拖曳到舞台中，然后移动图形实例，使其与下面图层的文字重合。用鼠标右键单击时间轴 Layer 3 图层的名称，在弹出的快捷菜单中选择"遮罩层"，完成后按下【Enter】键预览遮罩效果，如图 9-41 所示。

Step 08 选择 Label Layer 图层的第 1 帧，在属性面板的帧标签文本框中输入标签名称 Normal，之后再选择第 11 帧，设置标签名称为 RollOver，最后设置第 21 帧的标签名称为 RollOut，如图 9-42 所示。

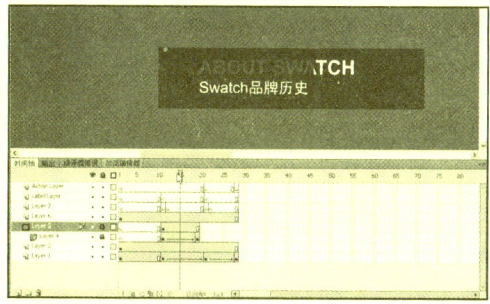

图 9-41 预览遮罩效果

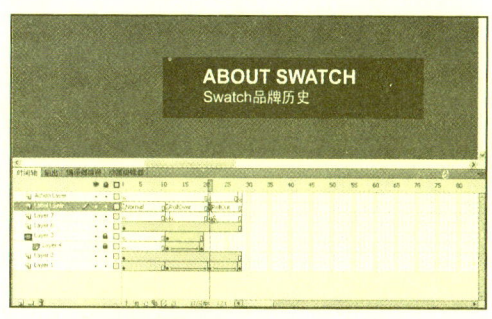

图 9-42 设置帧标签

Step 09 用鼠标右键单击 Action Layer 图层的第1帧，在弹出的快捷菜单中选择"动作"，然后输入下列代码，此代码完成播放控制功能，如图9-43所示。

```
stop ();
this.onRollOver = function ()
{
    this.gotoAndPlay("RollOver");
};
this.onRollOut = function ()
{
    this.gotoAndPlay("RollOut");
};
```

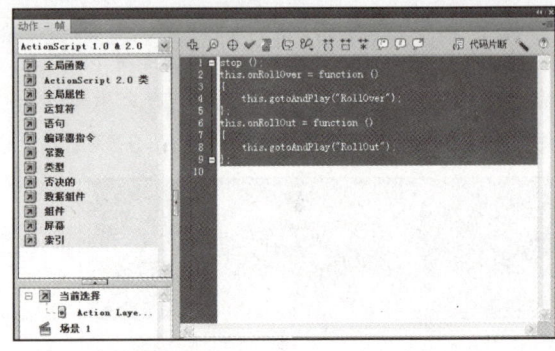

图 9-43 输入代码

Step 10 单击 Action Layer 图层的第21帧，输入动作停止代码"stop()"，最后在第28帧也加入停止代码。完成后关闭"动作"面板，About Swatch 影片剪辑制作完成，如图9-44所示。

Step 11 单击"库"面板中的 list 元件，进入 list 影片剪辑编辑模式，选择 L1 图层的第1帧，从"库"面板中将 block 图形拖曳到舞台中，在 L1 图层的第7帧位置插入关键帧，并设置图形实例的色调为深灰色，如图9-45所示。

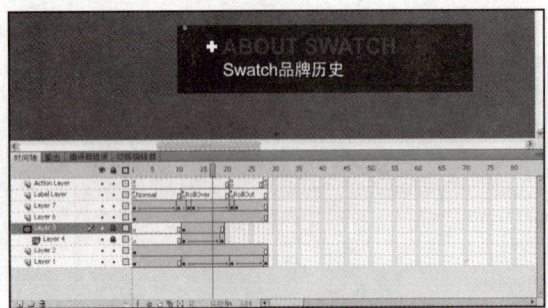

图 9-44 About Swatch 影片剪辑

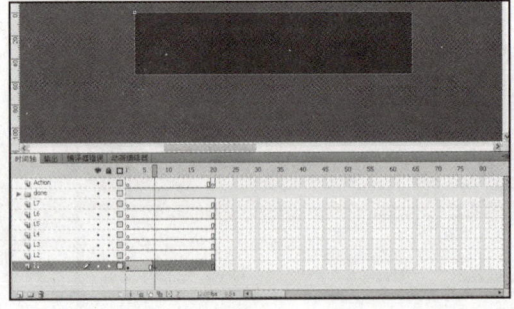

图 9-45 制作 L1 图层的关键帧

Step 12 在第1～7帧之间创建传统补间动画，选中 L1 图层的第1～20帧，然后单击鼠标右键，在弹出的快捷菜单中选择"复制帧"，再选中 L2 图层的第1～20帧，单击鼠标右键，在弹出的快捷菜单中选择"粘贴帧"，之后选中 L2 图层的第1～7帧，向后拖曳1帧的位置，并调整 block 图形的位置和颜色，如图9-46所示。

Step 13 按照同样的方法，制作从 L3 图层到 L7 图层的矩形渐变效果，完成后的舞台和时间轴如图9-47所示。

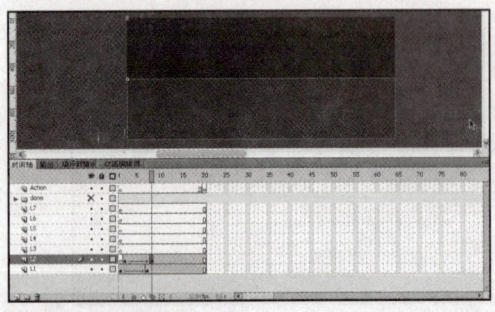

图 9-46 制作 L2 图层的效果

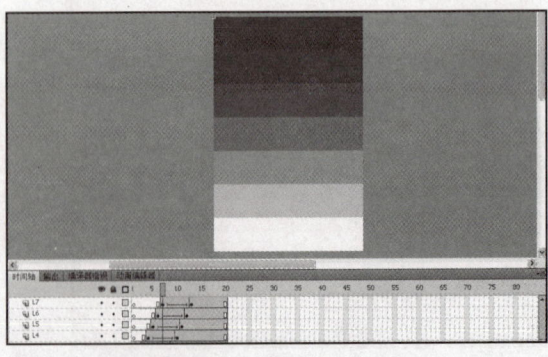

图 9-47 矩形渐变效果

创建动画 **Chapter 09**

Step 14 在 L8 图层到 L14 图层中，也使用同样的方法制作多个影片剪辑元件从透明到显示的补间过程，读者可参考光盘源文件辨清每个元件的名称及其所处的帧数，如图 9-48 所示。

Step 15 在"库"面板中双击 main，进入 main 影片剪辑编辑模式。首先选择 L1 图层的第 1 帧，将 background 影片剪辑拖曳到舞台中央，然后再选择 L2 图层的第 1 帧，再次拖曳 background 影片剪辑到舞台中央，并调节影片剪辑实例"色彩效果"中的 Alpha 为 30%，如图 9-49 所示。

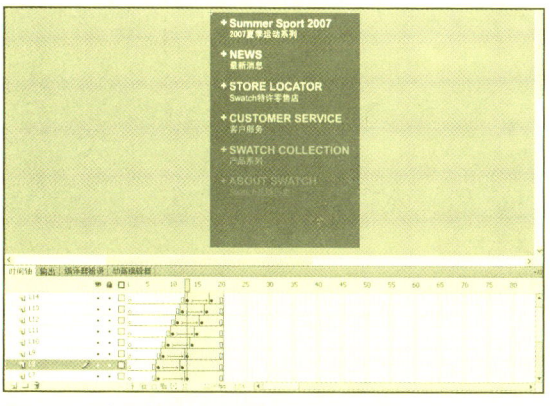

图 9-48 元件从透明到显示的补间

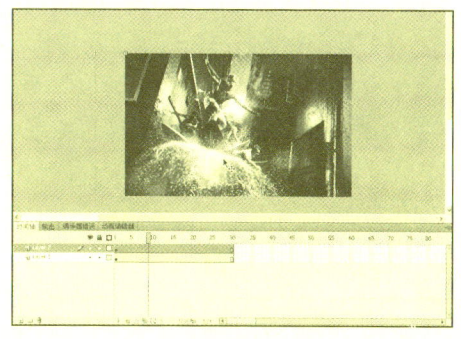

图 9-49 使用 background 影片剪辑

Step 16 在 L2 图层的第 14 和 25 帧插入关键帧，将第 14 帧的 background 影片剪辑向上移动几个像素的位置，然后在 L2 图层创建两个传统补间动画，如图 9-50 所示。

Step 17 回到场景 1，首先从"库"面板将 main 影片剪辑拖曳到 main 图层并移动到舞台中央，然后选择 list 图层的第 1 帧，并从"库"面板中将 list 影片剪辑拖曳到舞台中，如图 9-51 所示。

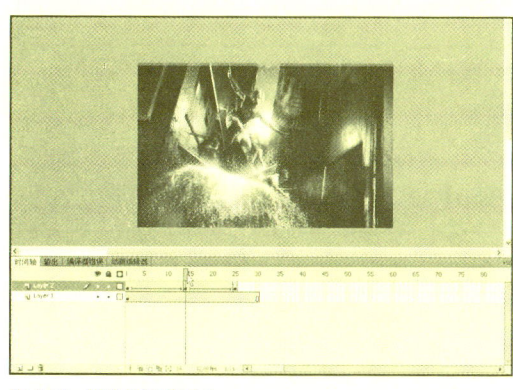

图 9-50 创建补间动画 3

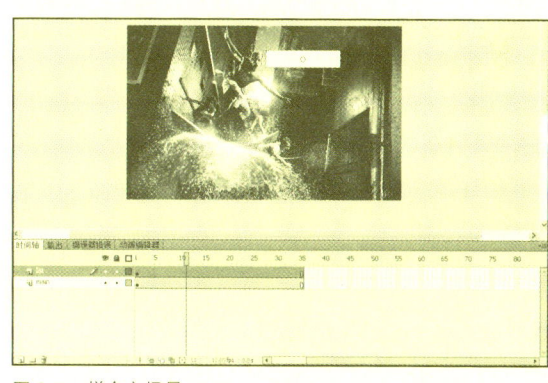

图 9-51 拼合主场景

Step 18 按下【Ctrl+Enter】键测试动画，可以看到动画的效果如图 9-52 所示。

图 9-52 测试动画

上机实践 | 制作"游戏广告"动画

原始文件: sample\第9章\原始文件\上机实践\游戏广告.fla
最终文件: sample\第9章\最终文件\上机实践\游戏广告-end.fla
实训目的: 学会在Flash中制作综合动画
应用范围: Flash 动画制作，广告制作

下面制作一个网络游戏的广告动画，在该广告实例中，综合应用前面所学的内容进行制作，其中，动画补间动画是影视、卡通动画作品中最常用的一种动画形式。如何通过动画补间动画将物体形象生动地表现出来是学习 Flash 动画的基本准则和根本目的。

Step 01 打开"sample\第9章\原始文件\上机实践\游戏广告.fla"，新建Layer3图层，将Symbol6元件从"库"面板中拖曳至第1帧，并在第10和90帧按下【F6】键，复制关键帧，如图9-53所示。

Step 02 选中第1帧中的实例，在属性面板中选择"色彩效果"中的Alpha，并将其设置为0%，使整个实例都变成透明的，如图9-54所示。

图 9-53 使用 Symbol6 元件

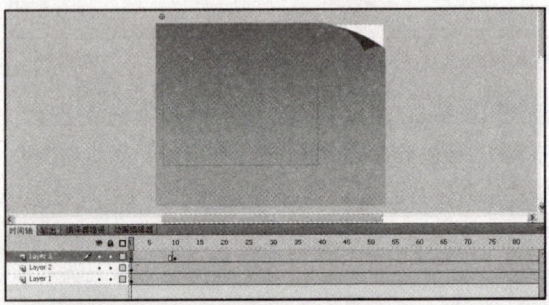

图 9-54 设置透明 1

Step 03 分别选择第 1～10 帧、第 11～90 帧中的任意一帧，单击右键，在弹出的快捷菜单中选择"创建传统补间"命令，如图 9-55 所示。

Step 04 新建 Layer4 图层，将 Symbol14 元件从"库"面板中拖曳至第 20 帧，并在第 25 和 90 帧按下【F6】键，复制关键帧，如图 9-56 所示。

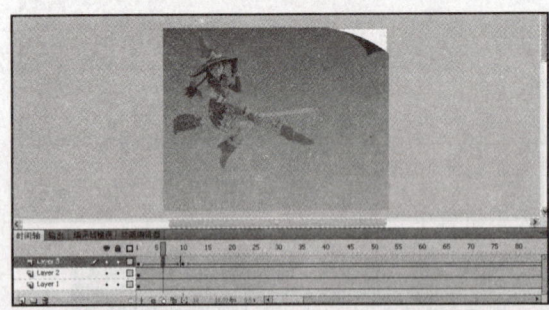

图 9-55 创建传统补间 1

图 9-56 使用 Symbol14 元件

Step 05 选中第 20 帧中的实例，在属性面板中，选择"色彩效果"中的 Alpha，并将其设置为 0%，使整个实例都变成透明的，如图 9-57 所示。

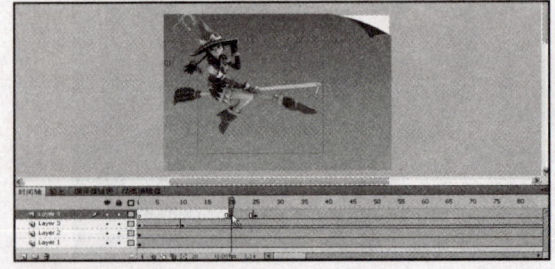

图 9-57 设置透明 2

Step 06 分别选择第 20 ~ 25 帧、第 26 ~ 90 帧中的任意一帧，单击右键，在弹出的快捷菜单中选择"创建传统补间"命令，如图 9-58 所示。

Step 07 新建 Layer5 图层，将 Symbol17 元件从"库"面板拖曳至第 42 帧，并在第 47 和 90 帧按下【F6】键，复制关键帧，如图 9-59 所示。

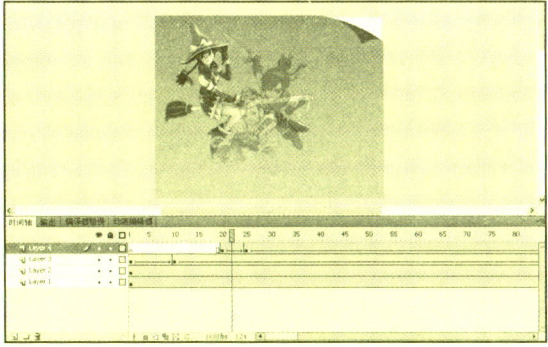

图 9-58 创建传统补间 2

图 9-59 使用 Symbol17 元件

Step 08 选中第 22 帧中的实例，在属性面板中选择"色彩效果"中的 Alpha，并将其设置为 0%，使整个实例都变成透明的，如图 9-60 所示。

Step 09 分别选择第 42 ~ 47 帧、第 48 ~ 90 帧中的任意一帧，单击右键在弹出的快捷菜单中选择"创建传统补间"命令，如图 9-61 所示。

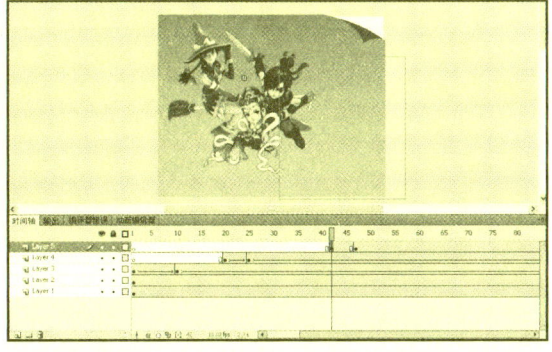

图 9-60 设置透明 3

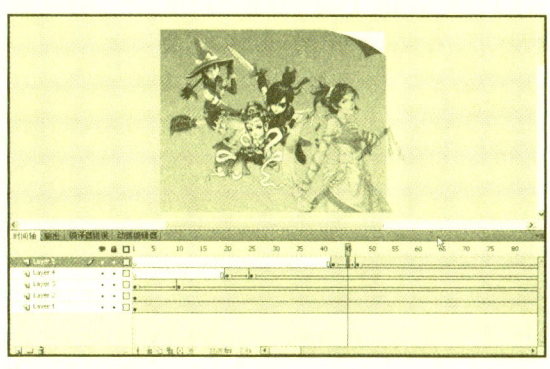

图 9-61 创建传统补间 3

Step 10 按下【Ctrl+F8】键新建名为 Symbol7 的影片剪辑元件，在编辑模式下将 Symbol2 元件从"库"面板拖曳至第 1 帧，并在第 30 和 60 帧按下【F6】键，复制关键帧，如图 9-62 所示。

Step 11 选中第 1 和 60 帧中的实例，在属性面板中选择"色彩效果"中的 Alpha，并将其设置为 0%，使整个实例都变成透明的，如图 9-63 所示。

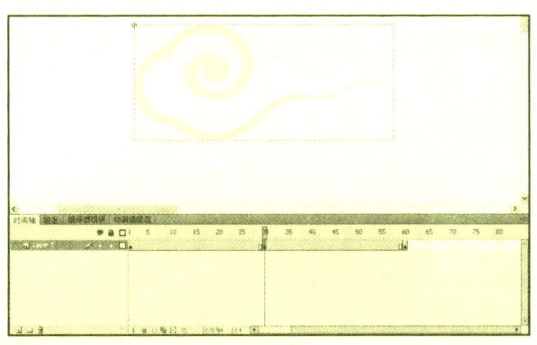

图 9-62 制作 Symbol7 影片剪辑元件

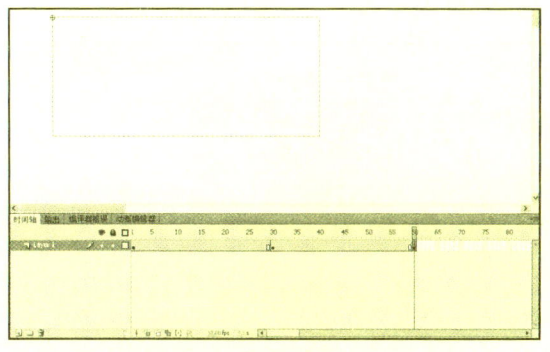

图 9-63 设置透明 4

Step 12 将第 30 帧的实例向左侧移动,将第 60 帧的实例移动到最左侧,然后分别选择第 1～30 帧、第 31～60 帧中的任意一帧,单击右键,在弹出的快捷菜单中选择"创建传统补间"命令,如图 9-64 所示。

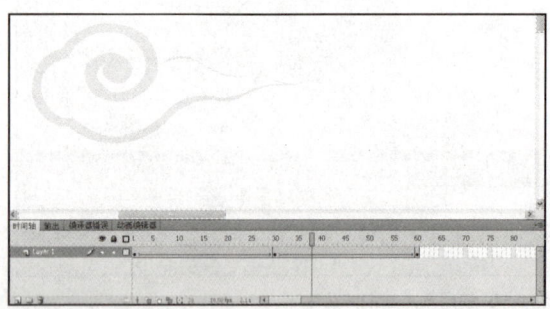

图 9-64 创建传统补间 4

Step 13 回到主场景,新建 Layer6 图层,将 Symbol7 元件拖曳到舞台右侧,如图 9-65 所示。

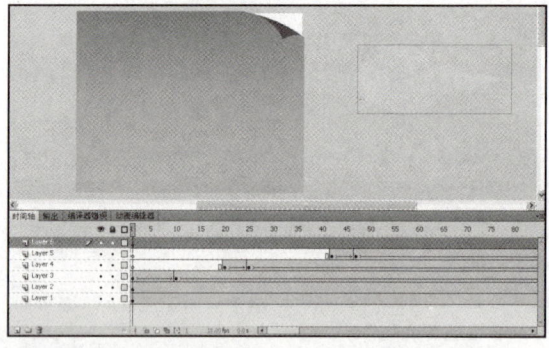

图 9-65 使用 Symbol7 元件

Step 14 新建 Layer7 图层,将 Symbol18 元件从"库"面板拖曳至第 42 帧的舞台上方,并在第 45 和 90 帧按下【F6】键,复制关键帧。然后移动第 45 帧中元件的位置到舞台左下方,如图 9-66 所示。

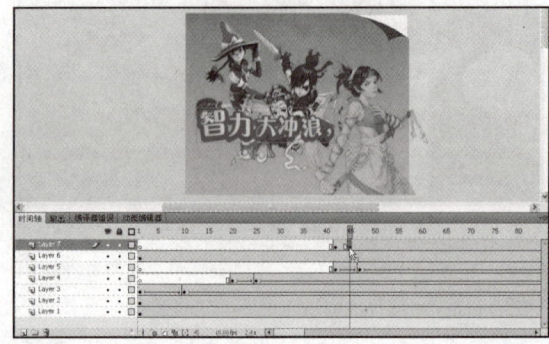

图 9-66 使用 Symbol18 元件

Step 15 选中第 40 帧中的实例,在属性面板中选择"色彩效果"中的 Alpha,并将其设置为 0%,使整个实例都变成透明的,如图 9-67 所示。

图 9-67 设置透明 5

Step 16 分别选择第 42～45 帧、第 46～90 帧中的任意一帧,单击右键,在弹出的快捷菜单中选择"创建传统补间"命令,如图 9-68 所示。

图 9-68 创建传统补间 5

Step 17 新建 Layer8 图层,将 Symbol19 元件从"库"面板拖曳至第 57 帧的舞台上方,并在第 60 和 90 帧按下【F6】快捷键,复制关键帧。然后移动第 60 帧中元件的位置到舞台右下方,如图 9-69 所示。

图 9-69 使用 Symbol19 元件

Step 18 选中第 57 帧中的实例，在属性面板中选择"色彩效果"中的 Alpha，并将其设置为 0%，使整个实例都变成透明的，如图 9-70 所示。

Step 19 分别选择第 57～60 帧、第 61～90 帧中的任意一帧，单击右键，在弹出的快捷菜单中选择"创建传统补间"命令，如图 9-71 所示。

图 9-70 设置透明 6

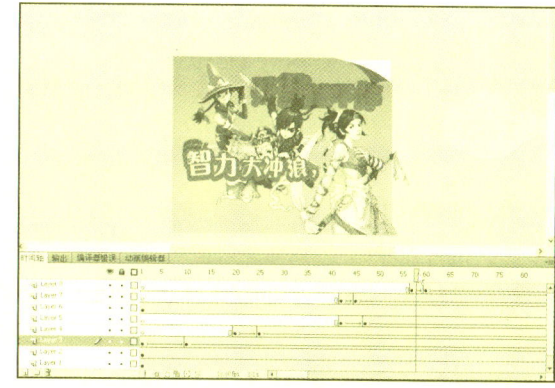

图 9-71 创建传统补间 6

Step 20 按下【Ctrl+Enter】键测试动画。打开发布的 SWF 文件观看影片的效果，如图 9-72 所示。

教学提示 更好地制作动画的技巧

为了更好地制作 Flash 动画，读者需要注意学习物体基本运动规律与运动节奏方面的知识，应养成多留心观察日常物体运动的习惯。

图 9-72 测试动画

思考与练习

★参见光盘"思考与练习答案"文档

一、填空题

（1）_____是通过为一个帧中的对象属性指定一个值并为另一个帧中的该相同属性指定另一个值创建的动画。

（2）引导图层在影片制作中起辅助作用，它可以分为_____和_____两种。

（3）Flash CS5 中，IK 动画的含义代表_____。

二、选择题

（1）在制作使用路径控制渐变移动动画时，下列工具能绘制出所需路径的是（　　）。
　　A. 铅笔工具　　　B. 线条工具　　　C. 椭圆、矩形或刷子工具　　　D. 矩形工具

（2）关于添加变形提示点，以下叙述正确的是（　　）。
　　A. 在复杂的变形中，最好创建一个中间形状，而不是仅仅定义开始帧和结束帧的形状。
　　B. 最好将变形提示点沿同样的转动方向依次放置。
　　C. 使用变形提示点的两个形状越简单效果越好。
　　D. 要删除某一个变形提示点，可以将该提示点拖离工作区。

（3）关于遮罩动画，以下叙述正确的是（　　）。
　　A. 遮罩图层起初与一个单独的被遮罩图层关联。
　　B. 当它变成遮罩图层时，被遮罩图层位于遮罩图层的下面。
　　C. 遮罩图层也可以与任意多个被遮罩的图层关联，仅有那些与遮罩图层相关联的图层会受其影响。
　　D. 其他所有图层（包括组成遮罩的图层下面的那些图层及与遮罩图层相关联的图层）将显示出来。

三、上机操作题

（1）参考"配套光盘\exercise\第9章\最终文件\1\练习1.fla"文件，用传统补间动画制作如图9-73所示的"雨后彩虹"动画效果。

要求：通过色彩和不透明度的变化体现彩虹的渐显效果。

（2）参考"配套光盘\exercise\第9章\最终文件\2\练习2.fla"文件，利用遮罩动画制作如图9-74所示的"心跳回忆"动画效果。

要求：通过关键帧和遮罩显示手指经过后清晰的图像效果。

图9-73 "雨后彩虹"动画

图9-74 "心跳回忆"动画

Chapter 10 ActionScript 3.0基础

课题概述 除前面章节中介绍的多种动画制作功能外，Flash 还提供了这样一种功能，即能让显示的动画具有交互性，也就是动画能根据用户的选择在屏幕上呈现出不同的动画内容，甚至是即时、动态的资料，这大大提高了 Flash 的娱乐性。这种功能就是本章将为大家介绍的 ActionScript（动作脚本）。

教学目标 由于脚本语言是一门系统的语言，在这么短的篇幅内不可能详细地为读者讲解每一条命令、每一个语法，本章只是介绍了一些脚本编程的基础知识和常用的语法知识及语句。像外语一样，要掌握一门计算机语言也是一个长期而辛苦的过程。但要想制作出高级的动画效果来，脚本知识是动画制作者必须要掌握的。

★ 章节重点

- ★★★★★ 使用动作面板
- ★★★★☆ ActionScript 基础
- ★★★★☆ ActionScript 常规语法
- ★★★★★ 面向对象的编程

★ 光盘路径

- 上机实践： sample\第10章\
- 课后练习： exercise\第10章\
- 电子教案： PPT\FL_lesson10.ppt

10.1 了解ActionScript

ActionScript 到底是什么？确切地说，ActionScript 是针对 Adobe Flash Player 运行时环境的编程语言，它在 Flash 内容和应用程序中实现了交互性、数据处理以及其他许多功能。

使用 ActionScript，用户不仅可以动态地控制动画的进行，而且还能够进行各种运算，甚至用各种方式获取用户的动作，并即时地做出回应，这样就可以有效地响应用户事件，触发响应的脚本来控制动画的播放，大大增强了 Flash 动画的交互性。利用 ActionScript 制作动画，可以使动画精确地按照设计者的意图播放，只要有一个清晰的构思，通过一些简单的 ActionScript 的组合，就可以实现相当精彩的动画效果。所以说，ActionScript 是一种简单而高效的交互动画制作工具。

Flash 包含多个 ActionScript 版本，以满足各类开发人员和回放硬件的需要。

- ActionScript 3.0 的执行速度极快。与其他 ActionScript 版本相比，此版本要求开发人员对面向对象的编程概念有更深入的了解。ActionScript 3.0 完全符合 ECMAScript 规范，提供了更出色的 XML 处理、一个改进的事件模型以及一个用于处理屏幕元素的改进的体系结构。使用 ActionScript 3.0 的 FLA 文件不能包含 ActionScript 的早期版本。

- ActionScript 2.0 比 ActionScript 3.0 更容易学习。尽管 Flash Player 运行编译后的 ActionScript 2.0 代码比运行编译后的 ActionScript 3.0 代码的速度慢，但 ActionScript 2.0 对于许多计算量不大的项目仍然十分有用。ActionScript 2.0 也基于 ECMAScript 规范，但并不完全遵循该规范。

- ActionScript 1.0 是最简单的 ActionScript 版本，仍为 Flash Lite Player 的一些版本所使用。ActionScript 1.0 和 2.0 可共存于同一个 FLA 文件中。

10.1.1 ActionScript 3.0基础

ActionScript 3.0 提供了可靠的编程模型，具备面向对象编程的基础知识的开发人员对此模型会感到似曾相识。ActionScript 3.0 中的一些主要功能包括以下几点。

- 一个新增的 ActionScript 虚拟机，称为 AVM2，它使用全新的字节码指令集，可使性能显著提高。
- 一个更为先进的编译器代码库，它更为严格地遵循 ECMAScript（ECMA 262）标准，并且相对于早期的编译器版本，可执行更深入的优化。
- 一个扩展并改进的应用程序编程接口（API），拥有对对象的低级控制和真正意义上的面向对象的模型。
- 一种基于即将发布的 ECMAScript（ECMA-262）第 4 版草案语言规范的核心语言。
- 一个基于 ECMAScript for XML（E4X）规范（ECMA-357 第 2 版）的 XML API。E4X 是 ECMAScript 的一种语言扩展，它将 XML 添加为语言的本机数据类型。
- 一个基于文档对象模型（DOM）第 3 级事件规范的事件模型。

ActionScript 3.0 的脚本编写功能超越了 ActionScript 的早期版本。它旨在方便创建拥有大型数据集和面向对象的可重用代码库的高度复杂应用程序。虽然 ActionScript 3.0 对于在 Adobe Flash Player 9 中运行的内容并不是必需的，但它使用的新型虚拟机 AVM2 实现了性能的改善。ActionScript 3.0 代码的执行速度比旧式 ActionScript 代码快 10 倍。

10.1.2 编写ActionScript

在创作环境中编写 ActionScript 代码时，可使用动作面板或"脚本"窗口。动作面板和"脚本"窗口包含一个全功能代码编辑器，其中包括代码提示和着色、代码格式设置、语法加亮显示、语法检查、调试、行号、自动换行等功能，并支持 Unicode。

1. 动作面板

在 FLA 文件中编写脚本时，要使用动作面板中的 ActionScript 编辑器。动作面板中的"脚本窗格"内包含 ActionScript 编辑器，且面板中还支持各种工具，更加便于脚本的编写。这些工具中包括"动作工具箱"，能够快速访问核心 ActionScript 语言元素；"脚本导航器"，可以在文档中的所有脚本之间进行导航；以及"脚本助手"模式，用来提示创建脚本所需的元素，如图 10-1 所示。

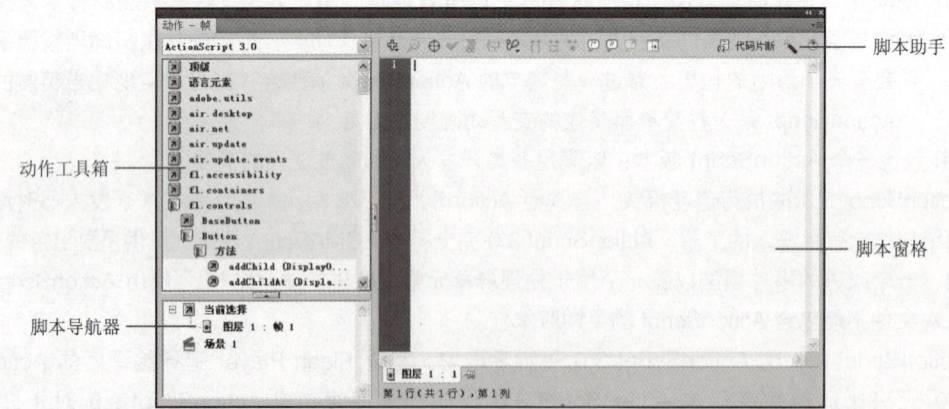

图 10-1 动作面板

- **动作工具箱**：浏览 ActionScript 语言元素（函数、类、类型等）的分类列表，然后将其插入到"脚本窗格"中。
- **脚本导航器**：可显示包含脚本的 Flash 元素（影片剪辑、帧和按钮）的分层列表。如果单击脚本导航器中的某一项目，则与该项目关联的脚本将显示在"脚本窗格"中。如果双击脚本导航器中的某一项，则该脚本将被固定。
- **脚本窗格**：可在"脚本窗格"中输入代码。"脚本窗格"为在一个全功能编辑器（称作 ActionScript 编辑器）中创建脚本提供了必要的工具，该编辑器中包括代码的语法格式设置和检查、代码提示、代码着色、调试以及其他一些简化脚本创建的功能。
- **脚本助手**：将提示输入脚本的元素，有助于更轻松地向 Flash SWF 文件或应用程序中添加简单的交互功能。对于那些不喜欢自己编写脚本，或者那些喜欢工具所提供简便性的用户来说"脚本助手"模式是理想的选择。

"脚本助手"与动作面板配合使用，提示用户选择选项和输入参数。例如，不用从头编写脚本，可以从"动作工具箱"中选择一个语言元素，将它拖动到"脚本窗格"中，然后使用"脚本助手"帮助完成脚本。

关掉"脚本助手"后，"脚本窗格"下方的工具栏的按钮如图 10-2 所示。

图 10-2 工具栏

- **将新项目添加到脚本中**：添加新项目。
- **查找**：单击后会弹出如图 10-3 所示的对话框，在其中的"查找内容"栏中输入要查找的名称，再单击【查找下一个】按钮即可；在"替换"栏中输入要"替换为"的内容，然后单击右侧的【替换】按钮即可。
- **插入目标路径**：动作的名称和地址被指定了以后，才能使用它来控制一个影片剪辑或者下载一个动画，这个名称和地址就被称为目标路径。后边我们会提到在接收路径作为程序运行时如何控制其参数。单击该按钮可以打开如图 10-4 所示的对话框，在其中输入插入目标的路径，或者直接在下边选择，选中后直接单击【确定】按钮。

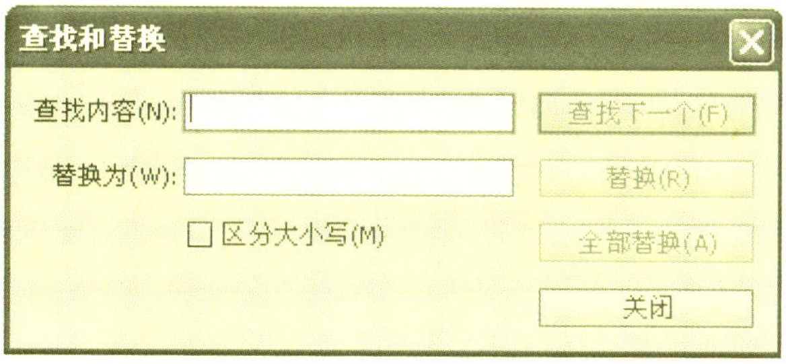

图 10-3 "查找和替换"对话框 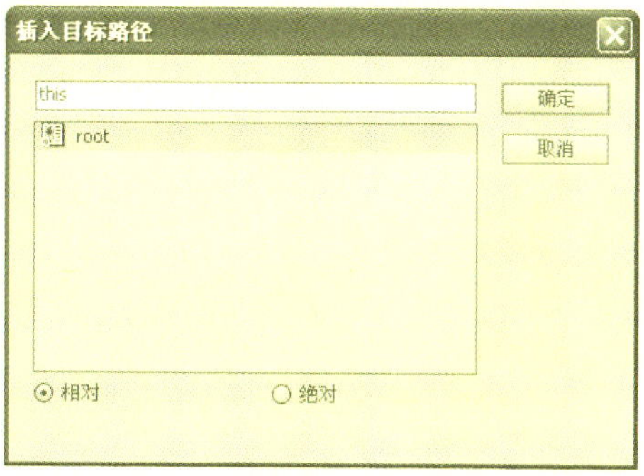　　　　图 10-4 "插入目标路径"对话框

- **语法检查工具**：选中要检查的语句，单击该按钮，系统会自动检查其中的语法错误。比如选中"ass {cl"这个句子，单击这个工具，将在编译器错误面板中显示如图 10-5 所示的信息。

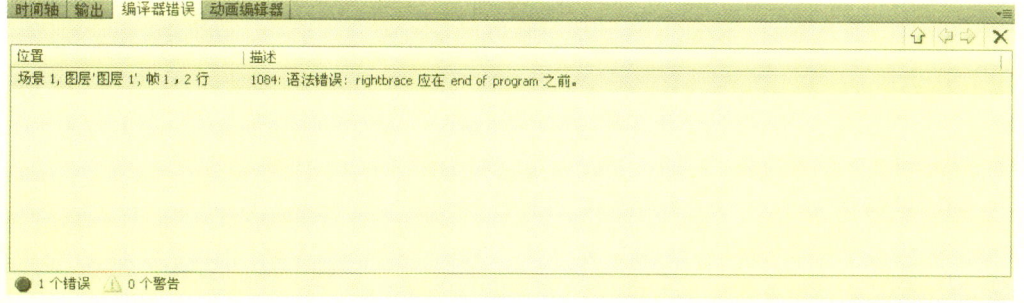

图 10-5 出错提示

- **自动套用格式**：选中该选项，Flash CS5 将自动编排编写好的语言。
- **显示代码提示**。
- **调试选项**：根据命令的不同可以显示不同的出错信息。
- **折叠成对大括号**：在代码的大括号间收缩。
- **折叠所选**：在选择的代码间收缩。
- **展开全部**：展开所有收缩的代码。
- **应用块注释**。
- **应用行注释**。
- **删除注释**。
- **显示／隐藏工具箱**。

2. 脚本窗口

创建新的 ActionScript、ActionScript 通信文件或 Flash JavaScript 文件时，可以在"脚本"窗口中编写和编辑 ActionScript，应使用"脚本"窗口编写和编辑外部脚本文件。"脚本"窗口中支持语法着色、代码提示和其他编辑器选项。

在使用"脚本"窗口时，会发现有些代码帮助功能（如脚本导航器、"脚本助手"模式和"行为"）不可用。这是因为这些功能仅在创建 Flash 文档时才有用，在创建外部脚本文件时用不到。

执行"文件 > 新建"命令，选择要创建的外部文件类型（ActionScript 文件、ActionScript 通信文件或 Flash JavaScript 文件），然后就可以打开"脚本"窗口，如图 10-6 所示。用户可以同时打开多个外部文件，文件名显示在沿"脚本"窗口顶部排列的选项卡上。单击"脚本"窗口上方的【显示／隐藏工具箱】按钮，可以在左侧显示脚本工具箱，如图 10-7 所示。

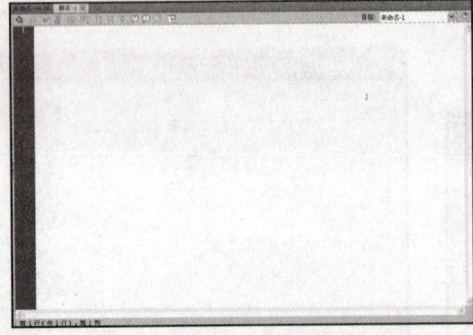
图 10-6 "脚本"窗口

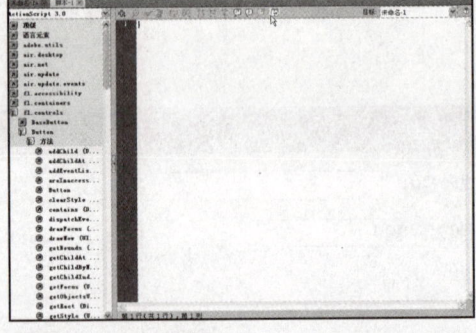
图 10-7 "脚本"工具箱

10.2 ActionScript 3.0常规语法

ActionScript 3.0 既包含 ActionScript 核心语言又包含 Adobe Flash Player 应用程序编程接口（API）。ActionScript 核心语言是 ActionScript 的一部分，Flash Player API 提供对 Flash Player 的编程访问。

10.2.1 基本语法

ActionScript 3.0 语言的语法定义了一组在编写可执行代码时必须遵循的规则。

1. 区分大小写

ActionScript 3.0 是一种区分大小写的语言。只是大小写不同的标识符会被视为不同。例如，右面的代码会创建两个不同的变量。

```
var num1:int;
var Num1:int;
```

2. 点语法

可以通过点运算符 (.) 来访问对象的属性和方法。使用点语法，可以使用后跟点运算符和属性名或方法名的实例名来引用类的属性或方法。以下面的类定义为例进行讲解。

```
class DotExample
{
    public var prop1:String;
    public function method1():void {}
}
```

借助于点语法，可以使用在右侧代码中创建的实例名来访问 prop1 属性和 method1()。

```
var myDotEx:DotExample = new DotExample();
myDotEx.prop1 = "hello";
myDotEx.method1();
```

定义包时，可以使用点语法。可以使用点运算符来引用嵌套包。例如，EventDispatcher 类位于一个名为 events 的包中，该包嵌套在名为 flash 的包中。可以使用下面的表达式来引用 events 包。

```
flash.events
```

还可以使用此表达式来引用 EventDispatcher 类。

```
flash.events.EventDispatcher
```

3. 斜杠语法

ActionScript 3.0 不支持斜杠语法。在早期的 ActionScript 版本中，斜杠语法用于指示影片剪辑或变量的路径。

4. 字面值

"字面值"是直接出现在代码中的值。下面的示例都是字面值，如 17、"hello"、–3、9.4、null、undefined、true、false。

"字面值"还可以组合起来构成"复合字面值"。数组文本括在中括号字符 ([]) 中，各数组元素之间用逗号隔开。

数组文本可用于初始化数组。下面的几个示例显示了两个使用数组文本初始化的数组。用户可以使用 new 语句将"复合字面值"作为参数传递给 Array 类构造函数。用户还可以在实例化下面的 ActionScript 核心类的实例中直接赋予字面值，如 Object、Array、String、Number、int、uint、XML、XMLList 和 Boolean。

```
// 使用new语句
var myStrings:Array = new Array(["alpha", "beta", "gamma"]);
var myNums:Array = new Array([1,2,3,5,8]);
// 直接赋予字面值
var myStrings:Array = ["alpha", "beta", "gamma"];
var myNums:Array = [1,2,3,5,8];
```

"字面值"还可用来初始化通用对象。通用对象是 Object 类的一个实例。对象字面值括在大括号 ({}) 中，各对象属性之间用逗号隔开。每个属性都用冒号字符 (:) 进行声明，冒号用于分隔属性名和属性值。

可以使用 new 语句创建一个通用对象并将该对象的字面值作为参数传递给 Object 类构造函数，也可以在声明实例时直接将对象字面值赋给实例。下面的示例创建一个新的通用对象，并使用三个值分别设置为 1、2 和 3 的属性（propA、propB 和 propC）初始化该对象。

```
// 使用new语句
```

```
var myObject:Object = new Object({propA:1, propB:2, propC:3});
// 直接赋予字面值
var myObject:Object = {propA:1, propB:2, propC:3};
```

5. 分号

可以使用分号字符 (;) 来终止语句。如果用户省略分号字符，则编译器将假设每一行代码代表一条语句。由于很多程序员都习惯使用分号来表示语句结束，因此，如果用户坚持使用分号来终止语句，则代码会更易于阅读。

教学提示　不要在一行中放置多个语句

使用分号终止语句可以在一行中放置多个语句，但是这样会使代码变得难以阅读。

6. 小括号

在 ActionScript 3.0 中，可以通过三种方式来使用小括号 (())。首先，可以使用小括号来更改表达式中的运算顺序，组合到小括号中的运算总是最先执行的。例如，小括号可用来改变如下代码中的运算顺序。

```
trace(2 + 3 * 4);      // 14
trace( (2 + 3) * 4); // 20
```

可以结合使用小括号和逗号运算符 (,) 来计算一系列表达式并返回最后一个表达式的结果，如右面的示例所示。

```
var a:int = 2;
var b:int = 3;
trace((a++, b++, a+b)); // 7
```

可以使用小括号来向函数或方法传递一个或多个参数，如右面的示例所示，此示例向 trace() 函数传递一个字符串值。

```
trace("hello"); // hello
```

7. 注释

ActionScript 3.0 代码支持两种类型的注释，即单行注释和多行注释。这些注释机制与 C++ 和 Java 中的注释机制类似。编译器将忽略标记为注释的文本。

单行注释以两个正斜杠字符 (//) 开头并持续到该行的末尾。例如，右面的代码包含一个单行注释。

```
var someNumber:Number = 3;  // 单行注释
```

多行注释以一个正斜杠和一个星号 (/*) 开头，以一个星号和一个正斜杠 (*/) 结尾。

```
/* 这是一个可以跨多行代码的多行注释 */
```

8. 关键字和保留字

"保留字"是一些单词，因为这些单词是保留给 ActionScript 使用的，所以不能在代码中将它们用作标识符。保留字包括"词汇关键字"，编译器将词汇关键字从程序的命名空间中删除。如果用户将词汇关键字用作标识符，则编译器会报告一个错误。表 10-1 中列出了 ActionScript 3.0 的词汇关键字。

表 10-1 ActionScript 3.0 词汇关键字

as	break	case	catch	if	implements	import	in
class	const	continue	default	instanceof	interface	internal	is
delete	do	else	extends	native	new	null	package
false	finally	for	function	private	protected	public	return
super	switch	this	throw	use	var	void	while
to	true	try	typeof	with			

有一小组名为"句法关键字"的关键字，这些关键字可用作标识符，但是在某些上下文中具有特殊的含义。表 10-2 中列出了 ActionScript 3.0 的句法关键字。

表 10-2 ActionScript 3.0 句法关键字

each	get	set	namespace
include	dynamic	final	native
override	static		

9. 常量

ActionScript 3.0 支持 const 语句，该语句可用来创建常量。常量是指具有无法改变的固定值的属性。只能为常量赋值一次，而且必须在最接近常量声明的位置赋值。例如，如果将常量声明为类的成员，则只能在声明过程中或者在类构造函数中为常量赋值。

下面的代码声明两个常量。第一个常量 MINIMUM 是在声明语句中赋值的，第二个常量 MAXIMUM 是在构造函数中赋值的。

```
class A
{
    public const MINIMUM:int = 0;
    public const MAXIMUM:int;
    public function A()
    {
        MAXIMUM = 10;
    }
}
var a:A = new A();
trace(a.MINIMUM); // 0
trace(a.MAXIMUM); // 10
```

如果用户尝试以其他任何方法向常量赋予初始值，则会出现错误。例如，如果用户尝试在类的外部设置 MAXIMUM 的初始值，将会出现运行时错误。

```
class A
{
    public const MINIMUM:int = 0;
    public const MAXIMUM:int;
}
var a:A = new A();
a["MAXIMUM"] = 10; // 运行时错误
```

Flash Player API 定义了一组广泛的常量供用户使用。按照惯例，ActionScript 中的常量全部使用大写字母，各个单词之间用下划线字符 (_) 分隔。例如，MouseEvent 类定义将此命名惯例用于其常量，其中每个常量都表示一个与鼠标输入相关的事件。

```
package flash.events
{
    public class MouseEvent extends Event
    {
        public static const CLICK:String = "click";
        public static const DOUBLE_CLICK:String = "doubleClick";
        public static const MOUSE_DOWN:String = "mouseDown";
        public static const MOUSE_MOVE:String = "mouseMove";
        ...
    }
}
```

10.2.2 变量

变量可用来存储程序中使用的值。要声明变量，必须将 var 语句和变量名结合使用。在 ActionScript 2.0 中，只有当用户使用类型注释时才需要使用 var 语句。在 ActionScript 3.0 中，总是需要使用 var 语句。例如，下面的 ActionScript 行声明一个名为 i 的变量。

```
var i;
```

如果在声明变量时省略了 var 语句，在严格模式下将出现编译器错误，在标准模式下将出现运行时错误。例如，如果以前未定义变量 i，则下面的代码行将产生错误。

```
i;  // 如果以前未定义 i，将出错
```

要将变量与一个数据类型相关联，则必须在声明变量时进行此操作。在声明变量时不指定变量的类型是合法的，但这在严格模式下将产生编译器警告。可通过在变量名后面追加一个后跟变量类型的冒号 (:) 来指定变量类型。例如，下面的代码声明一个 int 类型的变量 i。

```
var i:int;
```

可以使用赋值运算符 (=) 为变量赋值。例如，下面的代码声明一个变量 i 并将值 20 赋给它。

```
var i:int;
i = 20;
```

用户可能会发现在声明变量的同时为变量赋值可能更加方便，如下面的示例所示。

```
var i:int = 20;
```

通常，在声明变量的同时为变量赋值的方法不仅在赋予基元值（如整数和字符串）时很常用，而且在创建数组或实例化类的实例时也很常用。下面的示例显示了一个使用一行代码声明和赋值的数组。

```
var numArray:Array = ["zero", "one", "two"];
```

可以使用 new 运算符来创建类的实例。下面的示例创建一个名为 CustomClass 的实例，并向名为 customItem 的变量赋予对该实例的引用。

```
var customItem:CustomClass = new CustomClass();
```

如果要声明多个变量，则可以使用逗号运算符 (,) 来分隔变量，从而在一行代码中声明所有这些变量。例如，下面的代码在一行代码中声明 3 个变量。

```
var a:int, b:int, c:int;
```

也可以在同一行代码中为其中的每个变量赋值。例如，下面的代码声明 3 个变量（a、b 和 c）并为每个变量赋值。

```
var a:int = 10, b:int = 20, c:int = 30;
```

尽管用户可以使用逗号运算符将各变量的声明组合到一条语句中，但这样可能会降低代码的可读性。

1.了解变量的作用域

变量的"作用域"是指可在其中通过引用词汇来访问变量的代码区域。"全局"变量是指在代码的所有区域中定义的变量，而"局部"变量是指仅在代码的某个部分定义的变量。在 ActionScript 3.0 中，始终为变量分配声明它们的函数或类的作用域。全局变量是在任何函数或类定义的外部定义的变量。例如，下面的代码通过在任何函数的外部声明一个名为 strGlobal 的全局变量来创建该变量。从该示例可看出，全局变量在函数定义的内部和外部均可用。

```
var strGlobal:String = "Global";
function scopeTest()
{
    trace(strGlobal);  // 全局
}
scopeTest();
trace(strGlobal);  // 全局
```

可以通过在函数定义内部声明变量来将它声明为局部变量。可定义局部变量的最小代码区域就是函数定义。在函数内部声明的局部变量仅存在于该函数中。例如，如果在名为 localScope() 的函数中声明一个名为 str2 的变量，该变量在该函数外部将不可用。

```
function localScope()
{
    var strLocal:String = "local";
}
localScope();
trace(strLocal);  // 出错，因为未在全局定义
                  strLocal
```

如果用于局部变量的变量名已经被声明为全局变量，那么，当局部变量在作用域内时，局部定义会隐藏（或遮蔽）全局定义。全局变量在该函数外部仍然存在。例如，下面的代码创建一个名为 str1 的全局字符串变量，然后在 scopeTest() 函数内部创建一个同名的局部变量。该函数中的 trace 语句输出该变量的局部值，而函数外部的 trace 语句则输出该变量的全局值。

```
var str1:String = "Global";
function scopeTest ()
{
    var str1:String = "Local";
    trace(str1);  // 本地
}
scopeTest();
trace(str1);  // 全局
```

与 C++ 和 Java 中的变量不同的是，ActionScript 变量没有块级作用域。代码块是指左大括号 ({) 与右大括号 (}) 之间的任意一组语句。在某些编程语言（如 C++ 和 Java）中，在代码块内部声明的变量在代码块外部不可用。对于作用域的这一限制称为块级作用域，ActionScript 中不存在这样的限制，如果用户在某个代码块中声明一个变量，那么，该变量不仅在该代码块中可用，而且还在该代码块所属函数的其他任何部分都可用。例如，下面的函数包含在不同的块作用域中定义的变量。所有的变量均在整个函数中可用。

```
function blockTest (testArray:Array)
{
    var numElements:int = testArray.length;
    if (numElements > 0)
    {
        var elemStr:String = "Element #";
        for (var i:int = 0; i < numElements; i++)
        {
            var valueStr:String = i + ": " + testArray[i];
            trace(elemStr + valueStr);
        }
        trace(elemStr, valueStr, i);    // 仍定义了所有变量
    }
    trace(elemStr, valueStr, i); // 如果 numElements > 0，则会定义所有变量
}
blockTest(["Earth", "Moon", "Sun"]);
```

有趣的是，如果缺乏块级作用域，那么，只要在函数结束之前对变量进行声明，就可以在声明变量之前对它读写。这是由于存在一种名为"提升"的方法，该方法表示编译器会将所有变量声明移到函数

的顶部。例如，下面的代码会进行编译，即使 num 变量的初始 trace() 函数发生在声明 num 变量之前也是如此。

```
trace(num); // NaN
var num:Number = 10;
trace(num); // 10
```

但是，编译器将不会提升任何赋值语句。这就说明了为什么 num 的初始 trace() 会生成 NaN（而非某个数字），NaN 是 Number 数据类型变量的默认值。这说明用户甚至可以在声明变量之前为变量赋值，如下面的示例所示。

```
num = 5;
trace(num); // 5
var num:Number = 10;
trace(num); // 10
```

2. 默认值

"默认值"是在设置变量值之前变量中包含的值。首次设置变量的值实际上就是"初始化"变量。如果用户声明了一个变量，但是没有设置它的值，则该变量便处于"未初始化"状态。未初始化的变量的值取决于它的数据类型。

对于 Number 类型的变量，默认值是 NaN（而非某个数字），NaN 是一个由 IEEE-754 标准定义的特殊值，它表示非数字的某个值。

如果用户声明某个变量，但是未声明它的数据类型，则将应用默认数据类型 *，这实际上表示该变量是无类型变量。如果用户没有用值初始化无类型变量，则该变量的默认值是 undefined。

对于 Boolean、Number、int 和 uint 以外的数据类型，所有未初始化变量的默认值都是 null。这适用于由 Flash Player API 定义的所有类以及用户创建的所有自定义类。

对于 Boolean、Number、int 或 uint 类型的变量，null 不是有效值。如果用户尝试将值 null 赋予这样的变量，则该值会转换为该数据类型的默认值。对于 Object 类型的变量，可以赋予 null 值。如果用户尝试将值 undefined 赋予 Object 类型的变量，则该值会转换为 null。

对于 Number 类型的变量，有一个名为 isNaN() 的特殊的顶级函数。如果变量不是数字，该函数将返回布尔值 true，否则将返回 false。

10.2.3 数据类型

"数据类型"用来定义一组值。例如，Boolean 数据类型所定义的一组值中仅包含两个值 true 和 false。除了 Boolean 数据类型外，ActionScript 3.0 还定义了其他几个常用的数据类型，如 String、Number 和 Array。用户可以使用类或接口来自定义一组值，从而定义自己的数据类型。ActionScript 3.0 中的所有值均是对象，而与它们是基元值还是复杂值无关。

"基元值"是一个属于 Boolean、int、Number、String 或 uint 数据类型之一的值。基元值的处理速度通常要比复杂值的处理速度快，因为 ActionScript 按照一种尽可能优化内存和提高速度的特殊方式来存储基元值。

"复杂值"是指基元值以外的值。定义复杂值的集合的数据类型包括 Array、Date、Error、Function、RegExp、XML 和 XMLList。

许多编程语言都区分基元值及其包装对象。例如，Java 中有一个 int 基元值和一个包装它的 java.lang.Integer 类。Java 基元值不是对象，但它们的包装是对象，这使得基元值对于某些运算非常有用，而包装对象则更适合于其他运算。在 ActionScript 3.0 中，出于实用的目的，不对基元值及其包装对象加以区分。所有的值（包括基元值）都是对象。Flash Player 将这些基元类型视为特例——它们的行为与对象相似，但是不需要创建对象所涉及的正常开销。这意味着下面的两行代码是等效的。

```
var someInt:int = 3;
var someInt:int = new int(3);
```

上面列出的所有基元数据类型和复杂数据类型都是由 ActionScript 3.0 核心类定义的。通过 ActionScript 3.0 核心类，可以使用字面值（而非 new 运算符）创建对象。例如，可以使用字面值或 Array 类的构造函数来创建数组，如下所示。

```
var someArray:Array = [1, 2, 3]; // 字面值
var someArray:Array = new Array(1,2,3); // Array 构造函数
```

基元数据类型包括 Boolean、int、Null、Number、String、uint 和 void。ActionScript 核心类还定义下列复杂数据类型，如 Object、Array、Date、Error、Function、RegExp、XML 和 XMLList。

1. Boolean 数据类型

Boolean 数据类型包含两个值 true 和 false。对于 Boolean 类型的变量，其他任何值都是无效的。已经声明但尚未初始化的布尔变量的默认值是 false。

2. int 数据类型

int 数据类型在内部存储为 32 位整数，它包含一组介于 –2,147,483,648 和 2,147,483,647 之间的整数（包括 –2,147,483,648 和 2,147,483,647）。早期的 ActionScript 版本仅提供 Number 数据类型，该数据类型既可用于整数又可用于浮点数。在 ActionScript 3.0 中，现在可以访问 32 位带符号整数和无符号整数的低位机器类型。如果用户的变量不使用浮点数，那么，使用 int 数据类型来代替 Number 数据类型会更快、更高效。

对于小于 int 的最小值或大于 int 的最大值的整数值，应使用 Number 数据类型。Number 数据类型可以处理 –9,007,199,254,740,992 和 9,007,199,254,740,992（53 位整数值）之间的值。int 数据类型的变量的默认值是 0。

3. Null 数据类型

Null 数据类型仅包含一个值 null。这是 String 数据类型和用来定义复杂数据类型的所有类（包括 Object 类）的默认值。其他基元数据类型（如 Boolean、Number、int 和 uint）均不包含 null 值。如果用户尝试向 Boolean、Number、int 或 uint 类型的变量赋予 null，则 Flash Player 会将 null 值转换为相应的默认值。不能将 Null 数据类型用作类型注释。

4. Number 数据类型

在 ActionScript 3.0 中，Number 数据类型可以表示整数、无符号整数和浮点数。但是，为了尽可能提高性能，应将 Number 数据类型仅用于浮点数，或者用于 int 和 uint 类型可以存储的大于 32 位的整数值。要存储浮点数，数字中应包括一个小数点。如果用户省略了小数点，数字将存储为整数。

Number 数据类型使用由 IEEE 二进制浮点算术标准（IEEE-754）指定的 64 位双精度格式。此标准规定如何使用 64 个可用位来存储浮点数。其中的 1 位用来指定数字是正数还是负数。11 位用于指数，它以二进制的形式存储。其余的 52 位用于存储"有效位数"，有效位数是 2 的 N 次幂，N 即前面所提到的指数。

5. String 数据类型

String 数据类型表示一个 16 位字符的序列。字符串在内部存储为 Unicode 字符，并使用 UTF-16 格式。字符串是不可改变的值，就像在 Java 编程语言中一样。对字符串值执行运算会返回字符串的一个新

实例。用 String 数据类型声明的变量的默认值是 null。虽然 null 值与空字符串 ("") 均表示没有任何字符，但二者并不相同。

6. uint 数据类型

uint 数据类型在内部存储为 32 位无符号整数，它包含一组介于 0 和 4,294,967,295 之间的整数（包括 0 和 4,294,967,295）。uint 数据类型可用于要求非负整数的特殊情形。例如，必须使用 uint 数据类型来表示像素颜色值，因为 int 数据类型有一个内部符号位，该符号位并不适合处理颜色值。对于大于 uint 的最大值的整数值，应使用 Number 数据类型，该数据类型可以处理 53 位整数值。uint 数据类型的变量的默认值是 0。

7. void 数据类型

void 数据类型仅包含一个值 undefined。在早期的 ActionScript 版本中，undefined 是 Object 类实例的默认值。在 ActionScript 3.0 中，Object 实例的默认值是 null。如果用户尝试将值 undefined 赋予 Object 类的实例，Flash Player 会将该值转换为 null。用户只能为无类型变量赋予 undefined 这一值。无类型变量是指缺乏类型注释或者使用星号 (*) 作为类型注释的变量。只能将 void 用作返回类型注释。

8. Object 数据类型

Object 数据类型是由 Object 类定义的。Object 类用作 ActionScript 中的所有类定义的基类。ActionScript 3.0 中的 Object 数据类型与早期版本中的 Object 数据类型存在以下三方面的区别：第一，Object 数据类型不再是指定给没有类型注释的变量的默认数据类型。第二，Object 数据类型不再包括 undefined 这一值，该值以前是 Object 实例的默认值。第三，在 ActionScript 3.0 中，Object 类实例的默认值是 null。

在早期的 ActionScript 版本中，会自动为没有类型注释的变量赋予 Object 数据类型。ActionScript 3.0 现在包括真正无类型变量这一概念，因此不再为没有类型注释的变量赋予 Object 数据类型。没有类型注释的变量现在被视为无类型变量。如果用户希望向读者清楚地表明用户是故意将变量保留为无类型，可以使用新的星号 (*) 表示类型注释，这与省略类型注释等效。下面的示例显示两条等效的语句，两者都声明一个无类型变量 x。

```
var x
var x:*
```

只有无类型变量才能保存值 undefined。如果用户尝试将值 undefined 赋给具有数据类型的变量，Flash Player 会将该值 undefined 转换为该数据类型的默认值。对于 Object 数据类型的实例，默认值是 null，这意味着，如果尝试将 undefined 值赋给 Object 实例，Flash Player 会将值 undefined 转换为 null。

在将某个值转换为其他数据类型的值时，就发生了类型转换。类型转换可以是"隐式的"，也可以是"显式的"。隐式转换又称为"强制"，有时由 Flash Player 在运行时执行。例如，如果将值 2 赋给 Boolean 数据类型的变量，则 Flash Player 会先将值 2 转换为布尔值 true，然后再将其赋给该变量。显式转换又称为"转换"，在代码指示编译器将一个数据类型的变量视为属于另一个数据类型时发生。在涉及基元值时，转换功能将一个数据类型的值实际转换为另一个数据类型的值。

10.2.4 运算符

运算符是一种特殊的函数，它们具有一个或多个操作数并返回相应的值。操作数是被运算符用作输入的值，通常是字面值、变量或表达式。例如，在下面的代码中，将加法运算符 (+) 和乘法运算符 (*) 与三个字面值操作数（2、3 和 4）结合使用来返回一个值。赋值运算符 (=) 随后使用该值将所返回的值 14 赋给变量 sumNumber。

```
var sumNumber:uint = 2 + 3 * 4; // uint = 14
```

运算符可以是一元、二元或三元的。一元运算符有一个操作数。例如,递增运算符 (++) 就是一元运算符,因为它只有一个操作数。二元运算符有两个操作数。例如,除法运算符 (/) 有两个操作数。三元运算符有三个操作数。例如,条件运算符 (?:) 具有三个操作数。

有些运算符是"重载的",这意味着它们的行为因传递给它们的操作数的类型或数量而异。例如,加法运算符 (+) 就是一个重载运算符,其行为因操作数的数据类型而异。如果两个操作数都是数字,则加法运算符会返回这些值的和。如果两个操作数都是字符串,则加法运算符会返回这两个操作数连接后的结果。下面的示例代码说明运算符的行为如何因操作数而异。

```
trace(5 + 5);     // 10
trace("5" + "5"); // 55
```

运算符的行为还可能因所提供的操作数的数量而异。减法运算符 (–) 既是一元运算符又是二元运算符。对于减法运算符,如果只提供一个操作数,则该运算符会对操作数求反并返回结果;如果提供两个操作数,则减法运算符返回这两个操作数的差。下面的示例说明首先将减法运算符用作一元运算符,然后再将其用作二元运算符。

```
trace(-3);   // -3
trace(7-2);  // 5
```

表 10-3 中按优先级递减的顺序列出了 ActionScript 3.0 中的运算符。该表内同一行中的运算符具有相同的优先级。在该表中,每行运算符都比位于其下方的运算符的优先级高。

表 10-3 运算符

组	运算符	组	运算符
主要	[] {x:y} () f(x) new x.y x[y] <></> @ :: ..	按位"与"	&
后缀	x++ x--	按位"异或"	^
一元	++x --x + - ~ ! delete typeof void	按位"或"	|
乘法	* / %	逻辑"与"	&&
加法	+ -	逻辑"或"	||
位移	<< >> >>>	条件	?:
关系	< > <= >= as in instanceof is	赋值	= *= /= %= += -= <<= >>= >>>= &= ^= |=
等于	== != === !==	逗号	,

10.2.5 条件语句

ActionScript 3.0 提供了三个可用来控制程序流的基本条件语句。

1. if...else

if...else 条件语句用于测试一个条件,如果该条件存在,则执行一个代码块,否则执行替代代码块。例如,下面的代码测试 x 的值是否超过 20,如果是,则生成一个 trace() 函数,否则生成另一个 trace() 函数。

```
if (x > 20)                          else
{                                    {
    trace("x is > 20");                  trace("x is <= 20");
}                                    }
```

如果用户不想执行替代代码块,可以仅使用 if 语句,而不用 else 语句。

2. if...else if

可以使用 if...else if 条件语句来测试多个条件。例如，下面的代码不仅测试 x 的值是否超过 20，而且还测试 x 的值是否为负数。

```
if (x > 20)
{
    trace("x is > 20");
}
```

```
else if (x < 0)
{
    trace("x is negative");
}
```

如果 if 或 else 语句后面只有一条语句，则无需用大括号括起后面的语句。例如，下面的代码不使用大括号。

```
if (x > 0)
    trace("x is positive");
else if (x < 0)
```

```
    trace("x is negative");
else
    trace("x is 0");
```

但是，Adobe 建议用户始终使用大括号，因为以后在缺少大括号的条件语句中添加语句时，可能会出现意外的行为。例如，在下面的代码中，无论条件的计算结果是否为 true，positiveNums 的值总是按 1 递增。

```
var x:int;
var positiveNums:int = 0;
if (x > 0)
```

```
    trace("x is positive");
    positiveNums++;
trace(positiveNums); // 1
```

3. switch

如果多个执行路径依赖于同一个条件表达式，则 switch 语句非常有用。它的功能大致相当于一系列 if...else if 语句，但是它更便于阅读。switch 语句不是对条件进行测试来获得布尔值，而是对表达式进行求值并使用计算结果来确定要执行的代码块。代码块以 case 语句开头，以 break 语句结尾。例如，下面的 switch 语句基于由 Date.getDay() 方法返回的日期值输出星期日期。

```
var someDate:Date = new Date();
var dayNum:uint = someDate.getDay();
switch(dayNum)
{
    case 0:
        trace("Sunday");
        break;
    case 1:
        trace("Monday");
        break;
    case 2:
        trace("Tuesday");
        break;
    case 3:
        trace("Wednesday");
        break;
    case 4:
        trace("Thursday");
        break;
    case 5:
        trace("Friday");
        break;
    case 6:
        trace("Saturday");
        break;
    default:
        trace("Out of range");
        break;
}
```

10.2.6 循环

循环语句允许用户使用一系列值或变量来反复执行一个特定的代码块。Adobe 建议用户始终用大括号（{}）来括起代码块。尽管用户可以在代码块中只包含一条语句时省略大括号，但是就像在介绍条件语言时所提到的那样，不建议用户这样做，原因也相同：因为这会增加无意中将以后添加的语句从代码块中排除的可能性。如果用户以后添加一条语句，并希望将它包括在代码块中，但是忘了加必要的大括号，则该语句将不会在循环过程中执行。

1. for

for 循环用于循环访问某个变量以获得特定范围的值。必须在 for 语句中提供三个表达式：一个设置了初始值的变量，一个用于确定循环何时结束的条件语句，以及一个在每次循环中都更改变量值的表达式。例如，下面的代码循环五次。变量 i 的值从 0 开始到 4 结束，输出结果是从 0 ~ 4 的 5 个数字，每个数字各占 1 行。

```
var i:int;
for (i = 0; i < 5; i++)
{
    trace(i);
}
```

2. for...in

for...in 循环用于循环访问对象属性或数组元素。例如，可以使用 for...in 循环来循环访问通用对象的属性（不按任何特定的顺序来保存对象的属性，因此属性可能以看似随机的顺序出现）。

```
var myObj:Object = {x:20, y:30};
for (var i:String in myObj)
{
    trace(i + ":" + myObj[i]);
}
// 输出：
// x: 20
// y: 30
```

还可以循环访问数组中的元素。

```
var myArray:Array = ["one", "two", "three"];
for (var i:String in myArray)
{
    trace(myArray[i]);
}
// 输出：
// one
// two
// three
```

如果对象是自定义类的一个实例，则除非该类是动态类，否则将无法循环访问该对象的属性。即便对于动态类的实例，也只能循环访问动态添加的属性。

3. for each...in

for each...in 循环用于循环访问集合中的项目，它可以是 XML 或 XMLList 对象中的标签、对象属性保存的值或数组元素。例如，如下面所摘录的代码所示，用户可以使用 for each...in 循环来循环访问通用对象的属性，但是与 for...in 循环不同的是，for each...in 循环中的迭代变量包含属性所保存的值，但不包含属性的名称。

```
var myObj:Object = {x:20, y:30};
for each (var num in myObj)
{
    trace(num);
}
// 输出：
// 20
// 30
```

用户可以循环访问 XML 或 XMLList 对象，如下面的示例所示。

```
var myXML:XML = <users>
                <fname>Jane</fname>
                <fname>Susan</
                    trace(item);
}
/* 输出
```

```
       fname>                                    Jane
                     </users>;                   Susan
for each (var item in myXML.fname)               John
{                                                */
```

还可以循环访问数组中的元素，如下面的示例所示。

```
var myArray:Array = ["one", "two",      // 输出：
"three"];
for each (var item in myArray)          // one
{                                       // two
    trace(item);                        // three
}
```

如果对象是密封类的实例，则用户将无法循环访问该对象的属性。即使对于动态类的实例，也无法循环访问任何固定属性（即作为类定义的一部分定义的属性）。

4. while

while 循环与 if 语句相似，只要条件为 true，就会反复执行。例如，下面的代码与 for 循环示例生成的输出结果相同。

```
var i:int = 0;                              trace(i);
while (i < 5)                                   i++;
{                                           }
```

使用 while 循环（而非 for 循环）的一个缺点是，编写的 while 循环中更容易出现无限循环。如果省略了用来递增计数器变量的表达式，则 for 循环示例代码将无法编译，而 while 循环示例代码仍然能够编译。若没有用来递增 i 的表达式，循环将成为无限循环。

5. do...while

do...while 循环是一种 while 循环，它保证至少执行一次代码块，这是因为在执行代码块后才会检查条件。下面的代码显示了 do...while 循环的一个简单示例，即使条件不满足，该示例也会生成输出结果。

```
var i:int = 5;                                  i++;
do                                          } while (i < 5);
{                                           // 输出：5
    trace(i);
```

10.2.7 函数

"函数"是执行特定任务并可以在程序中重用的代码块。ActionScript 3.0 中有两类函数："方法"和"函数闭包"。将函数称为方法还是函数闭包取决于定义函数的上下文。如果用户将函数定义为类定义的一部分或者将它附加到对象的实例，则该函数称为方法。如果用户以其他任何方式定义函数，则该函数称为函数闭包。

函数在 ActionScript 中始终扮演着极为重要的角色。例如，在 ActionScript 1.0 中，不存在 class 关键字，因此"类"由构造函数定义。尽管 class 关键字已经添加到了之后的 ActionScript 版本中，但是，如果用户想充分利用该语言所提供的功能，深入了解函数仍然十分重要。对于希望 ActionScript 函数的行为与 C++ 或 Java 等语言中函数的行为相似的程序员来说，这可能是一个挑战。尽管基本的函数定义和调用对有经验的程序员来说不是什么问题，但是仍需要对 ActionScript 函数的一些更高级的功能进行解释。

1. 调用函数

可通过使用后跟小括号运算符 (()) 的函数标识符来调用函数。要发送给函数的任何函数参数都括在小括号中。例如，贯穿于本章始末的 trace() 函数，它是 Flash Player API 中的顶级函数。

```
trace("Use trace to help debug your script");
```

如果要调用没有参数的函数，则必须使用一对空的小括号。例如，可以使用没有参数的 Math.random() 方法来生成一个随机数。

```
var randomNum:Number = Math.random();
```

在 ActionScript 3.0 中，可通过两种方法来定义函数：使用函数语句或使用函数表达式。用户可以根据自己的编程风格（偏于静态还是偏于动态）来选择相应的方法。如果用户倾向于采用静态或严格模式来编程，则应使用函数语句来定义函数。如果用户有特定的需求，需要用函数表达式来定义函数。函数表达式更多地应用在动态编程或标准模式编程中。

2. 函数语句

函数语句是在严格模式下定义函数的首选方法。函数语句以 function 关键字开头，后跟如下内容。
- 函数名。
- 用小括号括起来的逗号分隔参数列表。
- 用大括号括起来的函数体，即在调用函数时要执行的 ActionScript 代码。

例如，下面的代码创建定义一个参数的函数，然后将字符串"hello"用作参数值来调用该函数。

```
function traceParameter(aParam:String)
{
    trace(aParam);
}
traceParameter("hello"); // hello
```

3. 函数表达式

声明函数的第二种方法就是结合使用赋值语句和函数表达式，函数表达式有时也称为函数字面值或匿名函数。这是一种较为繁杂的方法，在早期的 ActionScript 版本中广为使用。

带有函数表达式的赋值语句以 var 关键字开头，后跟如下内容。
- 函数名。
- 冒号运算符 (:)。
- 指示数据类型的 Function 类。
- 赋值运算符 (=)。
- function 关键字。
- 用小括号括起来的逗号分隔参数列表。
- 用大括号括起来的函数体，即在调用函数时要执行的 ActionScript 代码。

例如，下面的代码使用函数表达式来声明 traceParameter 函数。

```
var traceParameter:Function =
function (aParam:String)
{
    trace(aParam);
};
traceParameter("hello"); // hello
```

请注意，就像在函数语句中一样，在上面的代码中也没有指定函数名。函数表达式和函数语句的另一个重要区别是，函数表达式是表达式,而不是语句。这意味着函数表达式不能独立存在,只能用作语句(通常是赋值语句）的一部分，而函数语句则可以。下面的示例显示了一个赋予数组元素的函数表达式。

```
var traceArray:Array = new Array();
traceArray[0] = function
(aParam:String)
{
    trace(aParam);
};
traceArray[0]("hello");
```

4. 从函数中返回值

要从函数中返回值，请使用后跟要返回的表达式或字面值的 return 语句。例如，下面的代码返回一个表示参数的表达式。

```
function doubleNum(baseNum:int):int
{
    return (baseNum * 2);
}
```

请注意，return 语句会终止该函数，因此，不会执行位于 return 语句下面的任何语句，如下所示。

```
function doubleNum(baseNum:int):int {
    return (baseNum * 2);
    trace("after return"); // 不会执行这条trace语句
}
```

在严格模式下，如果用户选择指定返回类型，则必须返回相应类型的值。例如，下面的代码在严格模式下会生成错误，因为它们不返回有效值。

```
function doubleNum(baseNum:int):int
{
    trace("after return");
}
```

5. 嵌套函数

用户可以嵌套函数，这意味着函数可以在其他函数内部声明。除非将对嵌套函数的引用传递给外部代码，否则嵌套函数将仅在其父函数内可用。例如，下面的代码在 getNameAndVersion() 函数内部声明两个嵌套函数。

```
function getNameAndVersion():String
{
    function getVersion():String
    {
        return "9";
    }
    function getProductName():String
    {
        return "Flash Player";
    }
    return (getProductName() + " " + getVersion());
}
trace(getNameAndVersion()); // Flash Player 9
```

在将嵌套函数传递给外部代码时，它们将作为函数闭包传递，这意味着嵌套函数保留在定义该函数时处于作用域内的任何定义。

10.2.8 包和命名空间

包和命名空间是两个相关的概念。使用包，可以通过有利于共享代码并尽可能减少命名冲突的方式将多个类定义捆绑在一起。使用命名空间，可以控制标识符（如属性名和方法名）的可见性。无论命名空间位于包的内部还是外部，都可以应用于代码。包可用于组织类文件，命名空间可用于管理各个属性和方法的可见性。

1. 包

在 ActionScript 3.0 中，包是用命名空间实现的，但包和命名空间并不同义。在声明包时，可以隐式创建一个特殊类型的命名空间并保证它在编译时是已知的。显式创建的命名空间在编译时不必是已知的。下面的示例使用 package 指令来创建一个包含单个类的简单包。

```
package samples
{
    public class sampleCode
    {
        public var sampleGreeting:String;
        public function sampleFunction()
        {
            trace(sampleGreeting + " from sampleFunction()");
        }
    }
}
```

在本例中，该类的名称是 sampleCode。由于该类位于 samples 包中，因此编译器在编译时会自动将其类名称限定为完全限定名称 samples.sampleCode。编译器还限定任何属性或方法的名称，以便 sampleGreeting 和 sampleFunction() 分别变成 samples.sampleCode.sampleGreeting 和 samples.sampleCode.sampleFunction()。

许多开发人员（尤其是那些具有 Java 编程背景的人）可能会选择只将类放在包的顶级。但是，ActionScript 3.0 不但支持将类放在包的顶级，而且还支持将变量、函数甚至语句放在包的顶级。此功能的一个高级用法是：在包的顶级定义一个命名空间，以便它对于该包中的所有类均可用。但是，请注意，在包的顶级只允许使用两个访问说明符 public 和 internal。Java 允许将嵌套类声明为私有，而 ActionScript 3.0 则不同，它既不支持嵌套类也不支持私有类。

但是，在其他许多方面，ActionScript 3.0 中的包与 Java 编程语言中的包非常相似。从上一个示例可以看出，完全限定的包引用点运算符 (.) 来表示，这与 Java 相同。可以用包将代码组织成直观的分层结构，以供其他程序员使用。这样，用户就可以将自己所创建的包与他人共享，还可以在自己的代码中使用他人创建的包，从而推动了代码共享。

使用包还有助于确保所使用的标识符名称是惟一的，而不与其他标识符名称冲突。事实上，有些人认为这才是包的主要优点。例如，假设两个希望相互共享代码的程序员各创建了一个名为 sampleCode 的类。如果没有包，这样就会造成名称冲突，惟一的解决方法就是重命名其中的一个类。但是，使用包，就可以将其中的一个（最好是两个）类放在具有惟一名称的包中，从而轻松地避免名称冲突。

用户还可以在包名称中嵌入点来创建嵌套包，这样就可以创建包的分层结构。Flash Player API 提供的 flash.xml 包就是一个很好的示例。flash.xml 包嵌套在 Flash 包中。

flash.xml 包中包含在早期的 ActionScript 版本中使用的旧 XML 分析器。该分析器现在之所以包含在 flash.xml 包中，原因之一是旧 XML 类的名称与一个新 XML 类的名称冲突，这个新 XML 类实现 ActionScript 3.0 中的 XML for ECMAScript (E4X) 规范功能。

尽管首先将旧的 XML 类移入包中也可以，但是旧 XML 类的大多数用户都会导入 flash.xml 包，这样，除非用户总是记得使用旧 XML 类的完全限定名称 (flash.xml.XML)，否则同样会造成名称冲突。为避免这种情况，现在已将旧 XML 类命名为 XMLDocument，如下面的示例所示。

```
package flash.xml
{
    class XMLDocument {}
    class XMLNode {}
    class XMLSocket {}
}
```

大多数 Flash Player API 都划分到 flash 包中。例如，flash.display 包中包含显示列表 API，flash.events 包中包含新的事件模型。

（1）创建包

ActionScript 3.0 在包、类和源文件的组织方式上具有很大的灵活性。早期的 ActionScript 版本只允许每个源文件有一个类，而且要求源文件的名称与类名称匹配。ActionScript 3.0 允许在一个源文件中包括多个类，但是，每个文件中只有一个类可供该文件外部的代码使用。换言之，每个文件中只有一个类可以在包声明中进行声明。用户必须在包定义的外部声明其他任何类，以使这些类对于该源文件外部的代码不可见。在包定义内部声明的类的名称必须与源文件的名称匹配。

ActionScript 3.0 在包的声明方式上也具有更大的灵活性。在早期的 ActionScript 版本中，包只是表示可用来存放源文件的目录，用户不必用 package 语句来声明包，而是在类声明中将包名称包括在完全限定的类名称中。在 ActionScript 3.0 中，尽管包仍表示目录，但是它现在不只包含类。在 ActionScript 3.0 中，使用 package 语句来声明包，这意味着用户还可以在包的顶级声明变量、函数和命名空间，甚至还可以在包的顶级包括可执行语句。如果在包的顶级声明变量、函数或命名空间，则在顶级只能使用 public 和 internal 属性，并且每个文件中只能有一个包级声明使用 public 属性（无论该声明是类声明、变量声明、函数声明还是命名空间声明）。

包的作用是组织代码并防止名称冲突。用户不应将包的概念与类继承这一不相关的概念混淆。位于同一个包中的两个类具有共同的命名空间，但是它们在其他任何方面都不必相关。同样，在语义方面，嵌套包可以与其父包无关。

（2）导入包

如果用户希望使用位于某个包内部的特定类，则必须导入该包或该类。这与 ActionScript 2.0 不同，在 ActionScript 2.0 中，类的导入是可选的。

以本章前面的 sampleCode 类示例为例，如果该类位于名为 samples 的包中，那么，在使用 sampleCode 类之前，用户必须使用下列导入语句之一。

```
import samples.*;                      或者  import samples.sampleCode;
```

通常，import 语句越具体越好。如果用户只打算使用 samples 包中的 sampleCode 类，则应只导入 sampleCode 类，而不应导入该类所属的整个包。导入整个包可能会导致意外的名称冲突。

还必须将定义包或类的源代码放在类路径内部。类路径是用户定义的本地目录路径列表，它决定了编译器将在何处搜索导入的包和类。类路径有时称为"生成路径"或"源路径"。

在正确地导入类或包之后，可以使用类的完全限定名称 (samples.sampleCode)，也可以只使用类名称本身 (sampleCode)。

当同名的类、方法或属性会导致代码不明确时，完全限定的名称非常有用，但是，如果将它用于所有的标识符，则会使代码变得难以管理。例如，在实例化 sampleCode 类的实例时，使用完全限定的名称会导致代码冗长。

```
var mysample:samples.sampleCode = new samples.sampleCode();
```

包的嵌套级别越高，代码的可读性越差。如果用户确信不明确的标识符不会导致问题，就可以通过使用简单的标识符来提高代码的可读性。例如，如果在实例化 sampleCode 类的新实例时仅使用类标识符，代码就会简短得多。

```
var mysample:sampleCode = new sampleCode();
```

如果用户尝试使用标识符名称，而不先导入相应的包或类，编译器将找不到类定义。另一方面，即便用户导入了包或类，只要尝试定义的名称与所导入的名称冲突，也会产生错误。

创建包时，该包的所有成员的默认访问说明符是 internal，这意味着，默认情况下，包成员仅对其所在包的其他成员可见。如果用户希望某个类对包外部的代码可用，则必须将该类声明为 public。例如，下面的包包含 sampleCode 和 CodeFormatter 两个类。

```
// sampleCode.as 文件                    // CodeFormatter.as 文件
package samples                          package samples
{                                        {
    public class sampleCode {}               class CodeFormatter {}
}                                        }
```

sampleCode 类在包的外部可见，因为它被声明为 public 类。但是，CodeFormatter 类仅在 samples 包的内部可见。如果用户尝试访问位于 samples 包外部的 CodeFormatter 类，将会产生一个错误，如下面的示例所示。

```
import samples.sampleCode;               var myFormatter:CodeFormatter = new
import samples.CodeFormatter;            CodeFormatter(); // 错误
var mysample:sampleCode = new
sampleCode(); // 正确, public 类
```

如果用户希望这两个类在包外部均可用，必须将它们都声明为 public。不能将 public 属性应用于包声明。

完全限定的名称可用来解决在使用包时可能发生的名称冲突。如果用户导入两个包，但它们用同一个标识符来定义类，就可能会发生名称冲突。例如，请参考下面的包，该包也有一个名为 sampleCode 的类。

```
package langref.samples                      public class sampleCode {}
{                                        }
```

如果按如下方式导入两个类，在引用 sampleCode 类时将会发生名称冲突。

```
import samples.sampleCode;               var mysample:sampleCode = new
import langref.samples.sampleCode;       sampleCode(); // 名称冲突
```

编译器无法确定要使用哪个 sampleCode 类，要解决此冲突，必须使用每个类的完全限定名称，如下所示。

```
var sample1:samples.sampleCode = new samples.sampleCode();
var sample2:langref.samples.sampleCode = new langref.samples.sampleCode();
```

2. 命名空间

通过命名空间可以控制所创建的属性和方法的可见性。请将 public、private、protected 和 internal 访问控制说明符视为内置的命名空间。如果这些预定义的访问控制说明符无法满足用户的要求，用户可以创建自己的命名空间。

如果用户熟悉 XML 命名空间，那么，用户对这里讨论的大部分内容都不会感到陌生。但是 ActionScript 实现的语法和细节与 XML 的稍有不同，即使用户以前从未使用过命名空间也没有关系，因为命名空间概念本身很简单，只是其实现过程会涉及一些用户需要了解的特定术语。

要了解命名空间的工作方式，有必要先了解属性或方法的名称，它包含两部分：标识符和命名空间。标识符通常被视为名称。例如，以下类定义中的标识符是 sampleGreeting 和 sampleFunction()。

```
class sampleCode                             trace(sampleGreeting + " from
{                                        sampleFunction()");
    var sampleGreeting:String;               }
    function sampleFunction () {         }
```

只要定义不以命名空间属性开头，就会用默认 internal 命名空间限定其名称，这意味着，它们仅对同一个包中的调用可见。如果编译器设置为严格模式，则编译器会发出一个警告，指明 internal 命名空间将应用于没有命名空间属性的任何标识符。为了确保标识符可在任何位置使用，用户必须在标识符名称的前面明确加上 public 属性。在上面的示例代码中，sampleGreeting 和 sampleFunction() 都有一个命名空间值 internal。

使用命名空间时应遵循以下三个基本步骤：第一，必须使用 namespace 关键字来定义命名空间。例如，下面的代码定义 version1 命名空间。

```
namespace version1;
```

第二，在属性或方法声明中，使用命名空间（而非访问控制说明符）来应用命名空间。下面的示例将一个名为 myFunction() 的函数放在 version1 命名空间中。

```
version1 function myFunction() {}
```

第三，在应用了该命名空间后，可以使用 use 指令引用它，也可以使用该命名空间来限定标识符的名称。下面的示例通过 use 指令来引用 myFunction() 函数。

```
use namespace version1;
myFunction();
```

用户还可以使用限定名称来引用 myFunction() 函数，如下面的示例所示。

```
version1::myFunction();
```

（1）定义命名空间

命名空间中包含一个名为统一资源标识符 (URI) 的值，该值有时称为命名空间名称。使用 URI 可确保命名空间定义的惟一性。

可通过使用以下两种方法之一来声明定义命名空间，以创建命名空间：像定义 XML 命名空间那样使用显式 URI 定义命名空间；省略 URI。下面的示例说明如何使用 URI 来定义命名空间。

```
namespace flash_proxy = "http://www.adobe.com/flash/proxy";
```

URI 用作该命名空间的惟一标识字符串。如果用户省略 URI（如下面的示例所示），则编译器将创建一个惟一的内部标识字符串来代替 URI。用户对于这个内部标识字符串不具有访问权限。

```
namespace flash_proxy;
```

在定义了命名空间（具有 URI 或没有 URI）后，就不能在同一个作用域内重新定义该命名空间。如果尝试定义的命名空间以前在同一个作用域内定义过，则将生成编译器错误。

如果在某个包或类中定义了一个命名空间，则该命名空间可能对于此包或类外部的代码不可见，除非使用了相应的访问控制说明符。例如，下面的代码显示了在 flash.utils 包中定义的 flash_proxy 命名空间。在下面的示例中，缺乏访问控制说明符意味着 flash_proxy 命名空间将仅对于 flash.utils 包内部的代码可见，而对于该包外部的任何代码都不可见。

```
package flash.utils
{                                        namespace flash_proxy;
                                     }
```

下面的代码使用 public 属性以使 flash_proxy 命名空间对该包外部的代码可见。

```
package flash.utils                          public namespace flash_proxy;
{                                            }
```

(2) 应用命名空间

应用命名空间意味着在命名空间中放置定义。可以放在命名空间中的定义包括函数、变量和常量（不能将类放在自定义命名空间中）。

例如，请考虑一个使用 public 访问控制命名空间声明的函数。在函数的定义中使用 public 属性会将该函数放在 public 命名空间中，从而使该函数对于所有的代码都可用。在定义了某个命名空间之后，可以按照与使用 public 属性相同的方式来使用所定义的命名空间，该定义将对于可以引用用户的自定义命名空间的代码可用。例如，如果用户定义一个名为 example1 的命名空间，则可以添加一个名为 myFunction() 的方法并将 example1 用作属性，如下面的示例所示。

```
namespace example1;                          example1 myFunction() {}
class someClass                              }
{
```

如果在声明 myFunction() 方法时将 example1 命名空间用作属性，则意味着该方法属于 example1 命名空间。在应用命名空间时，应牢记以下几点。

- 对于每个声明只能应用一个命名空间。
- 不能一次将同一个命名空间属性应用于多个定义。换言之，如果用户希望将自己的命名空间应用于 10 个不同的函数，则必须将该命名空间作为属性分别添加到这 10 个函数的定义中。
- 如果用户应用了命名空间，就不能同时指定访问控制说明符，因为命名空间和访问控制说明符是互斥的。换言之，如果应用了命名空间，就不能将函数或属性声明为 public、private、protected 或 internal。

(3) 引用命名空间

在使用借助于任何访问控制命名空间（如 public、private、protected 和 internal）声明的方法或属性时，无需显式引用命名空间。这是因为对于这些特殊命名空间的访问由上下文控制。例如，放在 private 命名空间中的定义会自动对同一个类中的代码可用。但是，对于用户所定义的命名空间，并不存在这样的上下文相关性。要使用已经放在某个自定义命名空间中的方法或属性，必须引用该命名空间。

可以用 use namespace 指令来引用命名空间，也可以使用名称限定符 (::) 来命名空间限定名称。用 use namespace 指令引用命名空间会打开该命名空间，这样它便可以应用于任何未限定的标识符。例如，如果用户已经定义了 example1 命名空间，则可以通过使用 use namespace example1 来访问该命名空间中的名称。

```
use namespace example1;
myFunction();
```

一次可以打开多个命名空间。在使用 use namespace 打开了某个命名空间之后，它会在打开它的整个代码块中保持打开状态。不能显式关闭命名空间。

教学提示 注意打开多个命名空间的问题

如果同时打开多个命名空间则会增加发生名称冲突的可能性。如果用户不愿意打开命名空间，则可以用命名空间和名称限定符来限定方法或属性名，从而避免使用 use namespace 指令。例如，下面的代码说明如何用 example1 命名空间来限定 myFunction() 名称。

```
example1::myFunction();
```

(4) 使用命名空间

在 Flash Player API 中的 flash.utils.Proxy 类中，可以找到用来防止名称冲突的命名空间的实例。Proxy 类取代了 ActionScript 2.0 中的 Object.__resolve 属性，可用来截获对未定义的属性或方法的引用，以免发生错误。为了避免名称冲突，将 Proxy 类的所有方法都放在 flash_proxy 命名空间中。

为了更好地了解 flash_proxy 命名空间的使用方法，用户需要了解如何使用 Proxy 类。Proxy 类的功能仅对于继承它的类可用。换言之，如果用户要对某个对象使用 Proxy 类的方法，则该对象的类定义必须是对 Proxy 类的扩展。例如，如果用户希望截获对未定义的方法的调用，则应扩展 Proxy 类，然后覆盖 Proxy 类的 callProperty() 方法。

前面已讲到，实现命名空间的过程通常分为三步，即定义、应用然后引用命名空间。但是，由于用户从不显示调用 Proxy 类的任何方法，因此只是定义和应用 flash_proxy 命名空间，而从不引用它。Flash Player API 定义 flash_proxy 命名空间并在 Proxy 类中应用它。在用户的代码中，只需要将 flash_proxy 命名空间应用于扩展 Proxy 类的类。

flash_proxy 命名空间按照与下面类似的方法在 flash.utils 包中定义。

```
package flash.utils
{
    public namespace flash_proxy;
}
```

该命名空间将应用于 Proxy 类的方法，如下面摘自 Proxy 类的代码所示。

```
public class Proxy
{
    flash_proxy function callProperty(name:*, ... rest):*
    flash_proxy function deleteProperty(name:*):Boolean
    ...
}
```

如下面的代码所示，用户必须先导入 Proxy 类和 flash_proxy 命名空间。随后必须声明自己的类，以便它对 Proxy 类进行扩展（如果是在严格模式下进行编译，则还必须添加 dynamic 属性）。在覆盖 callProperty() 方法时，必须使用 flash_proxy 命名空间。

```
package
{
    import flash.utils.Proxy;
    import flash.utils.flash_proxy;
    dynamic class MyProxy extends Proxy
    {
        flash_proxy override function callProperty(name:*, ...rest):*
        {
            trace("method call intercepted: " + name);
        }
    }
}
```

如果用户创建 MyProxy 类的一个实例，并调用一个未定义的方法（如在下面的示例中调用的 testing() 方法），Proxy 对象将截获对该方法的调用，并执行覆盖后的 callProperty() 方法内部的语句（在本例中为一个简单的 trace() 语句）。

```
var mysample:MyProxy = new MyProxy();
mysample.testing(); // 已截获方法调用：测试
```

将 Proxy 类的方法放在 flash_proxy 命名空间内部有两个好处：第一个好处是，在扩展 Proxy 类的任何类的公共接口中，拥有单独的命名空间可提高代码的可读性。（在 Proxy 类中大约有 12 个可以覆盖的方法，所有这些方法都不能直接调用。将所有这些方法都放在公共命名空间中可能会引起混淆。）第二个好处是，当 Proxy 子类中包含名称与 Proxy 类方法的名称匹配的实例方法时，使用 flash_proxy 命名空间可避免名称冲突。例如，用户可能希望将自己的某个方法命名为 callProperty()。下面的代码是可接受的，因为用户所用的 callProperty() 方法位于另一个命名空间中。

```
dynamic class MyProxy extends Proxy
{
    public function callProperty() {}
    flash_proxy override function callProperty(name:*, ...rest):*
    {
        trace("method call intercepted: " + name);
    }
}
```

当用户希望以一种无法由四个访问控制说明符（public、private、internal 和 protected）实现的方式提供对方法或属性的访问时，命名空间也可能会非常有用。例如，用户可能有几个分散在多个包中的实用程序方法。若用户希望这些方法对于所有包均可用，但又不希望这些方法成为公共方法。为此，用户可以创建一个新的命名空间，并将它用作自己的特殊访问控制说明符。

10.3 面向对象的编程

面向对象的编程（OOP）是一种组织程序代码的方法，它将代码划分为对象，即包含信息（数据值）和功能的单个元素。通过使用面向对象的方法来组织程序，用户可以将特定信息及与其关联的通用功能或动作组合在一起。这些项目将合并为一个项目，即对象。能够将这些值和功能捆绑在一起会带来很多好处，其中包括只需跟踪单个变量而非多个变量、将相关功能组织在一起，以及能够以更接近实际情况的方式构建程序。

10.3.1 对象的属性、方法和事件

在 ActionScript 面向对象的编程中，任何类都可以包含三种类型的特性，即属性、方法、事件。这些元素共同用于管理程序使用的数据块，并用于确定执行哪些动作以及动作的执行顺序。

1. 属性

属性表示某个对象中绑定在一起的若干数据块中的一个。Song 对象可能具有名为 artist 和 title 的属性；MovieClip 类具有 rotation、x、width 和 alpha 等属性。用户可以像处理单个变量那样处理属性；事实上，可以将属性视为包含在对象中的"子"变量。

以下是一些使用属性的 ActionScript 代码的示例，其将名为 square 的 MovieClip 移动到 100 个像素的 x 坐标处。

```
square.x = 100;
```

以下代码使用 rotation 属性旋转 square MovieClip，以便与 triangle MovieClip 的旋转相匹配。

```
square.rotation = triangle.rotation;
```

以下代码更改 square MovieClip 的水平缩放比例，以使其宽度为原始宽度的 1.5 倍。

```
square.scaleX = 1.5;
```

请注意上面几个示例的通用结构，将变量（square 和 triangle）用作对象的名称，后跟一个句点（.）和属性名（x、rotation 和 scaleX）。句点称为"点运算符"，用于指示用户要访问对象的某个子元素。整个结构"变量名—点—属性名"的使用类似于单个变量，变量是计算机内存中的单个值的名称。

2. 方法

"方法"是指可以由对象执行的操作。例如，如果在 Flash 中使用时间轴上的几个关键帧和动画制作

了一个影片剪辑元件，则可以播放或停止该影片剪辑，或者指示它将播放头移到特定的帧。

下面的代码指示名为 shortFilm 的 MovieClip 开始播放。

```
shortFilm.play();
```

下面的代码行使名为 shortFilm 的 MovieClip 停止播放。

```
shortFilm.stop();
```

下面的代码使名为 shortFilm 的 MovieClip 将其播放头移到第 1 帧，然后停止播放。

```
shortFilm.gotoAndStop(1);
```

正如用户所看到的一样，用户可以通过依次写下对象名（变量）、句点、方法名和小括号来访问方法，这与属性类似。小括号是指示要"调用"某个方法（即指示对象执行该动作）的方式。有时，为了传递执行动作所需的额外信息，将值（或变量）放入小括号中。这些值称为方法"参数"。例如，gotoAndStop() 方法需要知道应转到哪一帧，所以要求小括号中有一个参数。有些方法（如 play() 和 stop()）自身的意义已非常明确，因此不需要额外的信息，但书写时仍然带有小括号。

与属性（和变量）不同的是，方法不能用作值占位符。然而，一些方法可以执行计算并返回可以像变量一样使用的结果。例如，Number 类的 toString() 方法将数值转换为文本表示的形式。

```
var numericData:Number = 9;
var textData:String = numericData.toString();
```

例如，如果希望在屏幕上的文本字段中显示 Number 变量的值，应使用 toString() 方法。TextField 类的 text 属性（表示实际在屏幕上显示的文本内容）被定义为 String，所以它只能包含文本值。下面的一行代码将变量 numericData 中的数值转换为文本，然后使这些文本显示在屏幕上名为 calculatorDisplay 的 TextField 对象中。

```
calculatorDisplay.text = numericData.toString();
```

3. 事件

"事件"是所发生的、ActionScript 能够识别并可响应的事情。许多事件与用户交互有关——例如，用户单击按钮，或按键盘上的键——但也有其他类型的事件。例如，如果使用 ActionScript 加载外部图像，有一个事件可让用户知道图像何时加载完毕。本质上，当 ActionScript 程序正在运行时，Flash Player 只是坐等某些事情的发生，当这些事情发生时，Flash Player 将运行用户为这些事件指定的特定 ActionScript 代码。

指定为响应特定事件而应执行的某些动作的技术称为"事件处理"。在编写执行事件处理的 ActionScript 代码时，用户需要识别以下三个重要元素。

- 事件源：发生该事件的是哪个对象。例如，哪个按钮会被单击或哪个 Loader 对象正在加载图像。事件源也称为"事件目标"，因为 Flash Player 将此对象（实际在其中发生事件）作为事件的目标。
- 事件：将要发生什么事情，以及用户希望响应什么事情。识别事件是非常重要的，因为许多对象都会触发多个事件。
- 响应：当事件发生时，用户希望执行哪些步骤。

无论何时编写处理事件的 ActionScript 代码，都会包括这三个元素，并且代码将遵循以下基本结构。

```
function eventResponse(eventObject:EventType):void
{
    // 此处是为响应事件而执行的动作
```

```
                                eventSource.addEventListener(EventType.EVENT_NAME, eventResponse);
```

此代码执行两个操作。首先，定义一个函数，这是指定为响应事件而要执行的动作的方法。接下来，调用源对象的 addEventListener() 方法，实际上就是为指定事件"订阅"该函数，以便当该事件发生时，执行该函数的动作。

10.3.2 类

类是对象的抽象表示形式。类用来存储有关对象可保存的数据类型及对象可表现的行为的信息。如果编写的小脚本中只包含几个彼此交互的对象，使用这种抽象类的作用可能并不明显。但是，随着程序作用域不断扩大以及必须管理的对象数不断增加，用户可能会发现，可以使用类更好地控制对象的创建方式以及对象之间的交互方式。

早在 ActionScript 1.0 中，ActionScript 程序员就能使用 Function 对象创建类似类的构造函数。在 ActionScript 2.0 中，通过使用 class 和 extends 等关键字，正式添加了对类的支持。ActionScript 3.0 不但继续支持 ActionScript 2.0 中引入的关键字，而且还添加了一些新功能，如通过 protected 和 internal 属性增强了访问控制，通过 final 和 override 关键字增强了对继承的控制。

ActionScript 3.0 类定义使用的语法与 ActionScript 2.0 类定义使用的语法相似。正确的类定义语法中要求 class 关键字后跟类名。类体要放在大括号 ({}) 内，且放在类名后面。例如，以下代码创建了名为 Shape 的类，其中包含名为 visible 的变量。

```
public class Shape                              var visible:Boolean = true;
{                                              }
```

对于包中的类定义，有一项重要的语法更改。在 ActionScript 2.0 中，如果类在包中，则在类声明中必须包含包名称。在 ActionScript 3.0 中，引入了 package 语句，包名称必须包含在包声明中，而不是包含在类声明中。例如，以下类声明说明如何在 ActionScript 2.0 和 ActionScript 3.0 中定义 BitmapData 类（该类是 flash.display 包的一部分）。

```
// ActionScript 2.0                              {
class flash.display.BitmapData {}               public class BitmapData {}
// ActionScript 3.0                              }
package flash.display
```

1. 类属性

在 ActionScript 3.0 中，可使用表 10-4 所示的四个属性之一来修改类定义。

表 10-4 类属性

属性	定义	属性	定义
dynamic	允许在运行时向实例添加属性	internal（默认）	对当前包内的引用可见
final	不得由其他类扩展	公共	对所有位置的引用可见

使用 internal 以外的每个属性时，必须显式包含该属性才能获得相关的行为。例如，如果定义类时未包含 dynamic 属性 (attribute)，则不能在运行时向类实例中添加属性 (property)。通过在类定义的开始处放置属性，可明显地分配属性，如下面的代码所示。

```
dynamic class Shape {}
```

2. 类体

类体放在大括号内，用于定义类的变量、常量和方法。下面的示例显示 Adobe Flash Player API 中 Accessibility 类的声明。

```
public final class Accessibility
{
    public static function get
active():Boolean;
```

```
public static function
updateProperties():void;
}
```

还可以在类体中定义命名空间。下面的示例说明如何在类体中定义命名空间，以及如何在该类中将命名空间用作方法的属性。

```
public class sampleClass
{
    public namespace sampleNamespace;
```

```
sampleNamespace function
doSomething():void;
}
```

ActionScript 3.0 不但允许在类体中包括定义，而且还允许包括语句。如果语句在类体中，但在方法定义之外，这些语句只在第一次遇到类定义并且创建了相关的类对象时执行一次。下面的示例包括一个对 hello() 外部函数的调用和一个 trace 语句，该语句在定义类时输出确认消息。

```
function hello():String
{
    trace("hola");
}
class sampleClass
{
```

```
        hello();
        trace("class created");
}
// 创建类时输出
hola
class created
```

与以前版本的 ActionScript 相比，ActionScript 3.0 中允许在同一类体中定义同名的静态属性和实例属性。例如，下面的代码声明一个名为 message 的静态变量和一个同名的实例变量。

```
class StaticTest
{
    static var message:String =
"static variable";
    var message:String = "instance
variable";
}
```

```
// 在脚本中
var myST:StaticTest = new StaticTest();
trace(StaticTest.message);    // 输出：静态
变量
trace(myST.message);          // 输出：实例
变量
```

10.3.3 接口

接口是方法声明的集合，以使不相关的对象能够彼此通信。例如，Flash Player API 定义了 IEventDispatcher 接口，其中包含的方法声明可供类用于处理事件对象。IEventDispatcher 接口建立了标准方法，供对象相互传递事件对象。以下代码显示 IEventDispatcher 接口的定义。

```
public interface IEventDispatcher
{
    function addEventListener(type:String,
listener:Function,
```

```
    function removeEventListener(type:String, listener:Function,
    useCapture:Boolean=false):void;
    function dispatchEvent(event:Event):
```

```
                useCapture:Boolean=false,
priority:int=0,
                useWeakReference:Boolean =
false):void;
```
```
                                           Boolean;
                                               function hasEventListener(type:String):Boolean;
                                               function willTrigger(type:String):Boolean;
                                           }
```

接口的基础是方法的接口与方法的实现之间的区别。方法的接口包括调用该方法必需的所有信息，包括方法名、所有参数和返回类型。方法的实现不仅包括接口信息，而且还包括执行方法的行为的可执行语句。接口定义只包含方法接口，实现接口的所有类负责定义方法实现。

在 Flash Player API 中，EventDispatcher 类通过定义所有 IeventDispatcher 接口方法并在每个方法中添加方法体来实现 IEventDispatcher 接口。以下代码摘录自 EventDispatcher 类定义。

```
public class EventDispatcher
implements IEventDispatcher
{
    function dispatchEvent(event:Event):Boolean
```
```
    {
        /* 实现语句 */
    }
    ...
}
```

IEventDispatcher 接口用作一个协议，EventDispatcher 实例通过该协议处理事件对象，然后将事件对象传递给也实现了 IeventDispatcher 接口的其他对象。

另一种描述接口的方法是接口定义了数据类型，就像类一样，也可以用作类型注释。作为数据类型，接口还可以与需要指定数据类型的运算符一起使用，如 is 和 as 运算符。但是与类不同的是，接口不可以实例化。这个区别使很多程序员认为接口是抽象的数据类型，而认为类是具体的数据类型。

1. 定义接口

接口定义的结构类似于类定义的结构，只是接口只能包含方法但不能包含方法体。接口不能包含变量或常量，但是可以包含 getter 和 setter。要定义接口，请使用 interface 关键字。例如，下面的接口 IExternalizable 是 Flash Player API 中 flash.utils 包的一部分。IExternalizable 接口定义一个用于对对象进行序列化的协议，这表示将对象转换为适合在设备上存储或通过网络传输的格式。

```
public interface IExternalizable
{
    function writeExternal(output:IDataOutput):void;
```
```
    function readExternal(input:IDataInput):void;
}
```

Flash Player API 遵循一种约定，其中接口名以大写 I 开始，但是可以使用任何合法的标识符作为接口名。接口定义经常位于包的顶级。接口定义不能放在类定义或另一个接口定义中。

接口可扩展一个或多个其他接口。例如，下面的接口 IExample 扩展了 IExternalizable 接口。

```
public interface IExample extends
IExternalizable
{
```
```
    function extra():void;
}
```

实现 IExample 接口的所有类不但必须包括 extra() 方法的实现，还要包括从 Iexternalizable 接口继承的 writeExternal() 和 readExternal() 方法的实现。

2. 在类中实现接口

类是惟一可实现接口的 ActionScript 3.0 语言元素。在类声明中使用 implements 关键字可实现一个或多个接口。下面的示例定义了两个接口 IAlpha 和 IBeta 以及实现这两个接口的类 Alpha。

```
interface IAlpha
{
    function foo(str:String):String;
}
interface IBeta
{
    function bar():void;
```

```
}
class Alpha implements IAlpha, IBeta
{
    public function foo(param:String):String {}
    public function bar():void {}
}
```

在实现接口的类中，实现的方法必须使用 public 访问控制标识符、使用与接口方法相同的名称、拥有相同数量的参数，每一个参数的数据类型都要与接口方法参数的数据类型相匹配、使用相同的返回类型。

不过在命名所实现方法的参数时，用户有一定的灵活性。虽然实现的方法的参数数和每个参数的数据类型必须与接口方法的参数数和数据类型相匹配，但参数名不需要匹配。例如，在上一个示例中，将 Alpha.foo() 方法的参数命名为 param。

```
public function foo(param:String):String {}
```

但是，将 IAlpha.foo() 接口方法中的参数命名为 str。

```
function foo(str:String):String;
```

另外，使用默认参数值也具有一定的灵活性。接口定义可以包含使用默认参数值的函数声明。实现这种函数声明的方法必须采用默认参数值，默认参数值是与接口定义中指定的值具有相同数据类型的一个成员，但是实际值不一定匹配。例如，以下代码定义的接口包含一个使用默认参数值 3 的方法。

```
interface IGamma
{
```

```
    function doSomething(param:int = 3):void;
}
```

以下类定义实现 Igamma 接口，但使用不同的默认参数值。

```
class Gamma implements IGamma
{
```

```
    public function doSomething(param:int = 4):void {}
}
```

提供这种灵活性的原因是实现接口的规则的设计目的是确保数据类型兼容性，因此不必要求采用相同的参数名和默认参数名就能实现目标。

10.3.4 继承

继承是指一种代码重用的形式，允许程序员基于现有类开发新类。现有类通常称为"基类"或"超类"，新类通常称为"子类"。继承的主要优势是允许重复使用基类中的代码，但不修改现有代码。此外，继承不要求改变其他类与基类交互的方式。不必修改可能已经过彻底测试或可能已被使用的现有类，使用继承可将该类视为一个集成模块，可使用其他属性或方法对它进行扩展。因此，用户可以使用 extends 关键字指明类从另一类继承。

通过继承还可以在代码中利用"多态"。有一种方法在应用于不同数据类型时会有不同行为，多态就是对这样的方法应用一个方法名的能力。名为 Shape 的基类就是一个简单的示例，该类有名为 Circle 和 Square 的两个子类。Shape 类定义了名为 area() 的方法，该方法返回形状的面积。如果已实现多态，则可以对 Circle 和 Square 类型的对象调用 area() 方法，然后执行正确的计算。使用继承能实现多态，实现的方式是允许子类继承和重新定义或"覆盖"基类中的方法。在下面的示例中，由 Circle 和 Square 两个类重新定义了 area() 方法。

```
class Shape
{
    public function area():Number
    {
        return NaN;
    }
}
class Circle extends Shape
{
    private var radius:Number = 1;
    override public function area():Number
    {
        return (Math.PI * (radius * radius));
    }
}
class Square extends Shape
{
    private var side:Number = 1;
    override public function area():Number
    {
        return (side * side);
    }
}
var cir:Circle = new Circle();
trace(cir.area()); // 输出：3.141592653589793
var sq:Square = new Square();
trace(sq.area()); // 输出：1
```

因为每个类定义一个数据类型，所以使用继承会在基类和扩展基类的类之间创建一个特殊关系。子类保证拥有其基类的所有属性，这意味着子类的实例总是可以替换基类的实例。例如，如果方法定义了 Shape 类型的参数，由于 Circle 扩展了 Shape，因此 Circle 类型的参数是合法的，如下所示。

```
function draw(shapeToDraw:Shape) {}
var myCircle:Circle = new Circle();
draw(myCircle);
```

教学提示 关于实例属性与继承

对于实例属性，无论是使用 function、var 还是使用 const 关键字定义的，只要在基类中未使用 private 属性声明该属性，这些属性都可以由子类继承。例如，Flash Player API 中的 Event 类具有很多子类，它们继承了所有事件对象共有的属性。

上机实践 | 制作基本交互动画

原始文件：sample\第10章\原始文件\上机实践\基本交互.fla
最终文件：sample\第10章\最终文件\上机实践\基本交互-end.fla
实训目的：学会在Flash中制作基本交互动画
应用范围：Flash 交互动画制作，AS3编程

Flash CS5 中的"骨骼工具" 允许用户使用 ActionScript 3.0 进行对象的控制。下面制作一个塔吊的动画，加深用户对键盘控制与塔吊吊挂之间交互行为的理解。

Step 01 打开"sample\第10章\原始文件\上机实践\基本交互.fla"文件,在建好的图层中的back文件夹中建立了Sky图层绘制天空,Gradient图层绘制渐变,Background图层一绘制背景,如图10-8所示。

Step 02 在 hook 图层中,已经绘制了动画的边框。在 Crane 图层中,使用骨骼动画制作了第 1 ~ 68 帧的塔吊的反向运动效果,如图 10-9 所示。

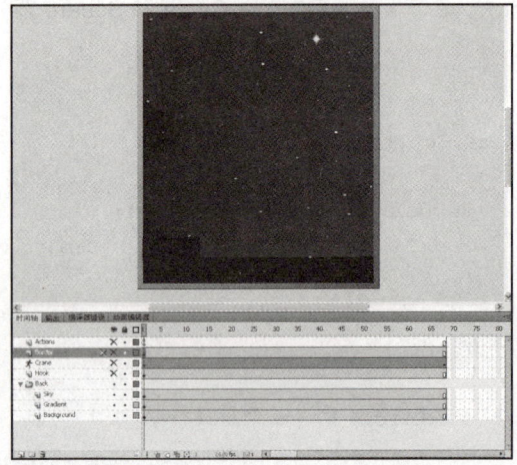

图 10-8 back 文件夹中内容

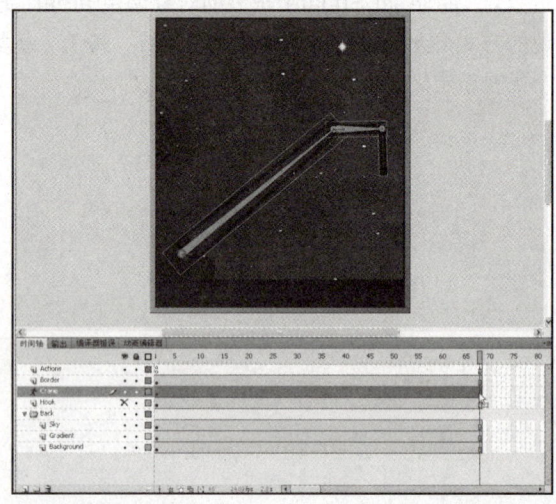

图 10-9 hook 层内容

Step 03 选择 hook 图层中骨骼动画的两段节点,依次命名为 ikBoneArm1 和 ikBoneArm2,如图 10-10 所示。

Step 04 选择骨骼动画的三段影片剪辑实例,依次命名为 ikNode_1、ikNode_2、ikNode_3,如图 10-11 所示。

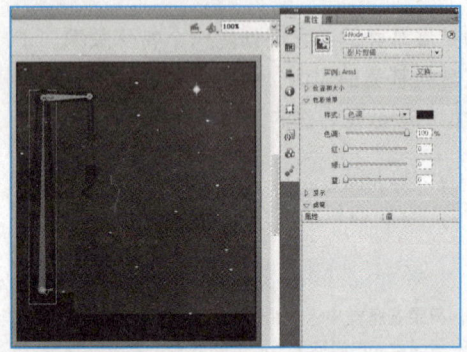

图 10-10 命名骨骼

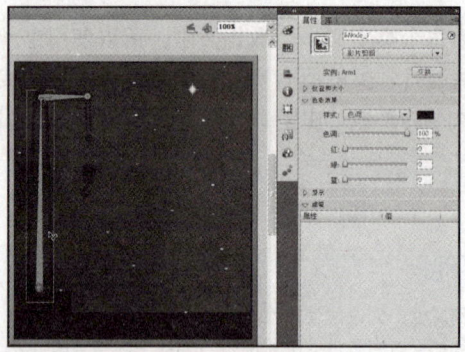

图 10-11 命名影片剪辑元件实例

Step 05 在 Hook 图层中将库面板中的 Hook 元件拖曳到舞台上,在属性面板中设置色调为黑色,实例名称为 hook_mc,如图 10-12 所示。

Step 06 在 Actions 图层的第 1 帧中使用动作面板添加停止动作代码,如图 10-13 所示。

 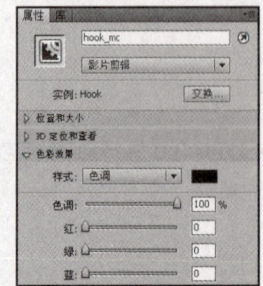

图 10-12 使用 Hook 元件

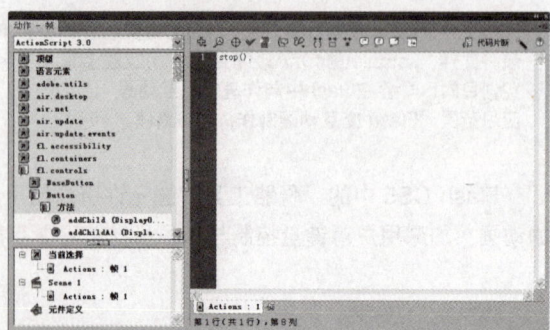

图 10-13 输入动作代码

Step 07 取消选择所有舞台中的对象，单击属性面板"类"文本框后的【编辑类定义】按钮，在弹出的"创建ActionScript 3.0 类"对话框中输入code.Interactivity8，如图10-14所示。

Step 08 在单击【确定】按钮后，Flash打开"脚本"窗口，并添加了一些ActionScript代码，如图10-15所示。

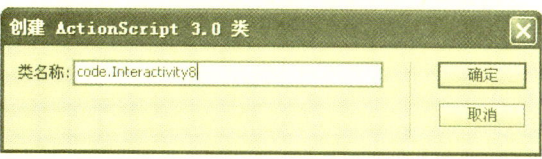

图10-14 "创建ActionScript 3.0 类"对话框

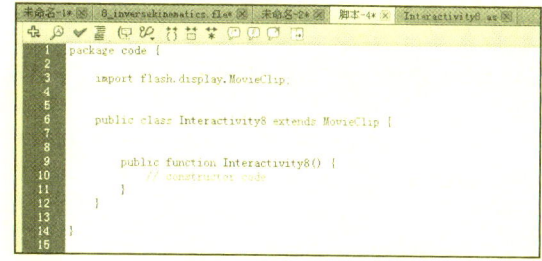

图10-15 "脚本"窗口

Step 09 按下【Ctrl+S】键，在打开的对话框中将脚本保存到code目录下，文件名为Interactivity8.as，如图10-16所示。

Step 10 单击【保存】按钮后，开始编辑脚本代码，将默认的代码删除，然后输入如下的代码（省去注释部分），如图10-17所示。

图10-16 "另存为"对话框

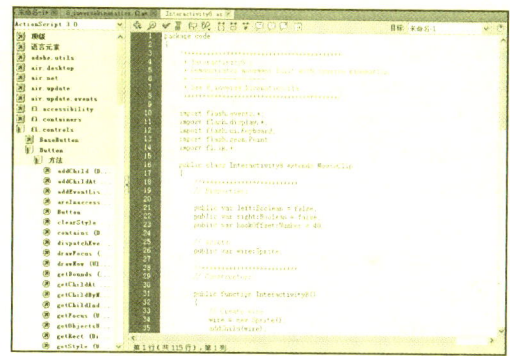

图10-17 输入代码

```
package code
{
  import flash.events.*;                  导入各类必要对象
  import flash.display.*;
  import flash.ui.Keyboard;
  import flash.geom.Point;
  import fl.ik.*;
  public class Interactivity8 extends     声明类
MovieClip
  {
    public var left:Boolean = false;      设置属性
    public var right:Boolean = false;
    public var hookOffset:Number = 40;
    public var wire:Sprite;               设置资源
    public function Interactivity8()      声明构造函数
    {
      wire = new Sprite();                创建wire对象
      addChild(wire);
   stage.addEventListener(KeyboardEvent.   监听键盘按键
```

```
KEY_DOWN, keyPressHandler);
  stage.addEventListener(KeyboardEvent.
KEY_UP, keyReleaseHandler);
    addEventListener(Event.ENTER_
FRAME, enterFrameHandler);
    gotoAndStop(35);
    }
    protected function enterFrameHand
ler(event:Event):void
    {
    hookOffset = Math.
min(hookOffset,(390-(ikNode_3.
y+ikNode_3.height)));
    hook_mc.y = ikNode_3.y +
ikNode_3.height + hookOffset;
    // Move crane if left or right
keys are down
    if( left ){
    hook_mc.x = ikNode_3.x+3;
      hook_mc.rotation = -20;
      gotoAndStop(currentFrame-1);
    }else if( right ){
    hook_mc.x = ikNode_3.x-3;
    hook_mc.rotation = 10;
      gotoAndStop(currentFrame+1);
    }else{
    hook_mc.rotation = 0;
    hook_mc.x = ikNode_3.x;
    }
    wire.graphics.clear();
    wire.graphics.
lineStyle(2,0x000000);
  wire.graphics.moveTo(ikNode_3.
x+2,ikNode_3.y+ikNode_3.height-10);
    wire.graphics.lineTo(hook_
mc.x+2,hook_mc.y);
  }
    protected function keyPressHandler(e
vent:KeyboardEvent):void
    {
    switch( event.keyCode )
      {
    case Keyboard.UP:
      hookOffset = Math.max(hookOffset-
10, 10);
      break;
    case Keyboard.DOWN:
```

和塔吊的 hook 层联系起来

跳转并停止到第 35 帧

帧事件处理

更新塔吊位置

如果键盘左键或右键按下后，移动塔吊吊挂

使吊挂的 x 坐标位处于骨骼动画第 3 段实例的 x 坐标 +3 的位置
使吊挂向逆时针旋转 20°
跳转并停止在当前帧前面的帧上
使吊挂的 x 坐标位处于骨骼动画第 3 段实例的 x 坐标 -3 的位置
使吊挂向顺时针旋转 10°
跳转并停止在当前帧后面的帧上
使吊挂不旋转
使吊挂的 x 坐标位处于骨骼动画第 3 段实例的 x 坐标的位置
Wire 对象进行绘图

判断键盘按键

按下上键
提高吊挂

按下下键

```
            hookOffset = Math.                    降落吊挂
min(hookOffset+10,(390-(ikNode _ 3.
y+ikNode _ 3.height)));
            break;
        case Keyboard.LEFT:                       按下左键
            left = true;                          吊挂向左侧运动
            break;
        case Keyboard.RIGHT:                      按下右键
            right = true;                         吊挂向右侧运动
            break;
        }
    }
    protected function keyReleaseHandl
er(event:KeyboardEvent):void
    {
        left = false;
        right = false;
    }
  }
}
```

Step 11 按下【Ctrl+Enter】键测试动画,按下键盘上不同的方向键,可以控制动画中塔吊的运动,如图10-18所示。

图10-18 预览效果

思考与练习

★参见光盘"思考与练习答案"文档

一、填空题

（1）要声明变量，必须将_____语句和_____结合使用。

（2）在 Flash CS5 中，编写 ActionScript 代码时应使用_____或_____。

（3）任何类都可以包含三种类型的特性_____、_____、_____。

二、选择题

（1）ActionScript 3.0 中的一些主要功能包括（　　）。
　　A. 一个新增的 ActionScript 虚拟机。
　　B. 一个更为先进的编译器代码库。
　　C. 一个扩展并改进的应用程序编程接口。
　　D. 一个基于 E4X 规范的 XML API。

（2）以下属于 Boolean 数据类型所定义的一组值中包含的值的是（　　）。
　　A. true　　　　B. false　　　　C. yes　　　　D. no

（3）在编写执行事件处理的 ActionScript 代码时，用户需要识别如下哪几个重要元素？（　　）
　　A. 事件源　　　B. 事件　　　　C. 响应　　　　D. 属性

三、上机操作题

（1）请参考如图10-19所示的"配套光盘\exercise\第10章\最终文件\1\练习1.fla"文件，使用 ActionScript 3.0 制作"瓢虫"动画中的鼠标控制。

要求：通过外部 as 文件，判断鼠标按下不同按钮后，产生瓢虫不同方向的运动效果。

（2）请参考如图10-20所示的"配套光盘\exercise\第10章\最终文件\2\练习2.fla"文件，使用 ActionScript 3.0 制作"瓢虫"动画中的键盘控制。

要求：通过外部 as 文件，判断按下键盘的不同方向键后，产生瓢虫不同方向的运动效果。

图 10-19 "瓢虫"动画中的鼠标控制

图 10-20 "瓢虫"动画中的键盘控制

Chapter 11 ActionScript 3.0高级编程

课题概述 第 10 章介绍了 ActionScript 的基本语法，本章将深入介绍 ActionScript 3.0 的编程，主要包括日期和时间处理、显示编程、处理几何结构、使用绘图 API 等。

教学目标 本章介绍的是 ActionScript 的高级编程部分，可以说这部分内容是 ActionScript 的核心，也是最难理解的一部分。读者最好具有一定的编程基础，并阅读一些关于 ActionScript 编程的相关资料，才能掌握 ActionScript 的精髓，如果要更深入地学习这门语言，读者可以参阅一些专门介绍 ActionScript 3.0 语言的书籍，或从网上汲取更丰富、更新的脚本知识。

★ 章节重点

- ★★★★★ 处理日期和时间
- ★★★★☆ 显示编程
- ★★★★☆ 处理几何结构
- ★★★★★ 使用绘图 API

★ 光盘路径

上机实践：sample\第11章\
课后练习：exercise\第11章\
电子教案：PPT\FL_lesson11.ppt

11.1 处理日期和时间

日期和时间是在 ActionScript 程序中使用的一种常见信息类型。例如，用户可能需要了解当前的日期，或测量用户在特定屏幕上花费多少时间，并且还可能要执行很多其他操作。在 ActionScript 中，可以使用 Date 类来表示某一时刻，其中包含日期和时间信息。Date 实例中包含各个日期和时间单位的值，其中包括年、月、日、星期、小时、分钟、秒、毫秒以及时区。对于更高级的用法，ActionScript 还包括 Timer 类，用户可以使用该类在一定延迟后执行动作，或按重复间隔执行动作。

11.1.1 使用Date对象

ActionScript 3.0 的所有日历日期和时间管理函数都集中在顶级 Date 类中。Date 类包含一些方法和属性，这些方法和属性能够使用户按照通用协调时间（UTC）或特定于时区的本地时间来处理日期和时间。UTC 是一种标准时间定义，它实质上与格林尼治标准时间相同。

1. 创建Date对象

Date 类是所有核心类中构造函数方法形式最为多变的类之一。用户可以用以下四种方式来调用 Date 类。

（1）如果未给定参数，则 Date() 构造函数将按照用户所在时区的本地时间返回包含当前日期和时间的 Date 对象。下面是一个示例。

```
var now:Date = new Date();
```

（2）如果仅给定了一个数字参数，则 Date() 构造函数将其视为自 1970 年 1 月 1 日以来经过的毫秒数，并且返回对应的 Date 对象。请注意，用户传入的毫秒值将被视为自 1970 年 1 月 1 日（UTC 时间）以来经过的毫秒数。但是，该 Date 对象会按照用户所在的本地时区来显示值，除非用户使用特定于 UTC 的方法来检索和显示这些值。如果仅使用一个毫秒参数来创建新的 Date 对象，则应确保考虑到用户的当地时间和 UTC 之间的时区差异。以下语句创建一个设置为 1970 年 1 月 1 日午夜（UTC 时间）的 Date 对象。

```
var millisecondsPerDay:int = 1000 * 60 * 60 * 24;
// 获取一个表示自起始日期 1970 年 1 月 1 日后又过了一天时间的 Date 对象
var startTime:Date = new Date(millisecondsPerDay);
```

（3）用户可以将多个数值参数传递给 Date() 构造函数。该构造函数将这些参数分别视为年、月、日、小时、分钟、秒和毫秒，并将返回一个对应的 Date 对象。假定这些输入参数采用的是本地时间而不是 UTC。以下语句获取一个设置为 2000 年 1 月 1 日开始的午夜（本地时间）的 Date 对象。

```
var millenium:Date = new Date(2000, 0, 1, 0, 0, 0, 0);
```

（4）用户可以将单个字符串参数传递给 Date() 构造函数。该构造函数将尝试把字符串解析为日期或时间部分，然后返回对应的 Date 对象。如果用户使用此方法，最好将 Date() 构造函数包含在 try...catch 块中以捕获所有解析错误。Date() 构造函数接受多种不同的字符串格式。以下语句使用字符串值初始化一个新的 Date 对象。

```
var nextDay:Date = new Date("Mon May 1 2006 11:30:00 AM");
```

> **教学提示**　Date() 函数无法解析参数时的处理
>
> 如果 Date() 构造函数无法成功解析该字符串参数，它将不会引发异常。但是，所得到的 Date 对象将包含一个无效的日期值。

2. 获取时间单位值

可以使用 Date 类的属性或方法从 Date 对象中提取各种时间单位的值。下面的每个属性均为用户提供了 Date 对象中的一个时间单位的值：fullYear 属性、month 属性、date 属性、day 属性、hours 属性、minutes 属性、seconds 属性、milliseconds 属性。

实际上，Date 类为用户提供了获取这些值的多种方式。例如，用户可以用四种不同方式获取 Date 对象的月份值，如 month 属性、getMonth() 方法、monthUTC 属性、getMonthUTC() 方法。这四种方式实质上具有同等的效率，因此用户可以任意使用一种最适合应用程序的方法。

刚才列出的属性表示总日期值的各个部分。例如，milliseconds 属性永远不会大于 999，因为当它达到 1000 时，秒钟值就会增加 1 并且 milliseconds 属性会重置为 0。

如果要获得 Date 对象自 1970 年 1 月 1 日 (UTC) 起所经过毫秒数的值，用户可以使用 getTime() 方法。通过使用与其相对应的 setTime() 方法，用户可以使用自 1970 年 1 月 1 日 (UTC) 起经过的毫秒数更改现有 Date 对象的值。

3. 执行日期和时间运算

用户可以使用 Date 类对日期和时间执行加法和减法运算。日期值在内部以毫秒的形式保存，因此用户应将其他值转换成毫秒，然后再将它们与 Date 对象进行加减。

如果应用程序将执行大量的日期和时间运算，那么创建常量来保存常见时间单位值（以毫秒的形式）将非常有用，如下所示。

```
public static const millisecondsPerMinute:int = 1000 * 60;
public static const millisecondsPerHour:int = 1000 * 60 * 60;
public static const millisecondsPerDay:int = 1000 * 60 * 60 * 24;
```

现在，可以方便地使用标准时间单位来执行日期运算。下列代码使用 getTime() 和 setTime() 方法将日期值设置为当前时间一个小时后的时间。

```
var oneHourFromNow:Date = new Date();
oneHourFromNow.setTime(oneHourFromNow.getTime() + millisecondsPerHour);
```

设置日期值的另一种方式是仅使用一个毫秒参数创建新的 Date 对象。例如，下列代码将一个日期加上 30 天以计算另一个日期。

```
// 将发票日期设置为今天的日期
var invoiceDate:Date = new Date();
// 加上 30 天以获得到期日期
var dueDate:Date = new Date(invoiceDate.getTime() + (30 * millisecondsPerDay));
```

接着，将 millisecondsPerDay 常量乘以 30 以表示 30 天的时间，并将得到的结果与 invoiceDate 值相加并将其用于设置 dueDate 值。

4. 在时区之间进行转换

在需要将日期从一种时区转换成另一种时区时，使用日期和时间运算十分方便。也可以使用 getTimezoneOffset() 方法，该方法返回的值表示 Date 对象的时区与 UTC 之间相差的分钟数。此方法之所以返回以分钟为单位的值是因为并不是所有时区之间都正好相差一个小时，有些时区与邻近的时区仅相差半个小时。

以下示例使用时区偏移量将日期从本地时间转换成 UTC。该示例首先以毫秒为单位计算时区值，然后按照该量调整 Date 值。

```
// 按本地时间创建 Date
var nextDay:Date = new Date("Mon May 1 2006 11:30:00 AM");
// 通过加上或减去时区偏移量，将 Date 转换为 UTC
var offsetMilliseconds:Number = nextDay.getTimezoneOffset() * 60 * 1000;
nextDay.setTime(nextDay.getTime() + offsetMilliseconds);
```

11.1.2 使用Timer类

在某些编程语言中，用户必须使用循环语句（如 for 或 do...while）来设计计时方案。通常，循环语句会以本地计算机所允许的速度尽可能快地执行，这表明应用程序在某些计算机上的运行速度较快而在其他计算机上则较慢。如果应用程序需要一致的计时间隔，则用户需要将其与实际的日历或时钟时间联系在一起。许多应用程序（如游戏、动画和实时控制器）需要在不同计算机上均能保持一致的、规则的时间驱动计时机制。ActionScript 3.0 的 Timer 类提供了一个功能强大的解决方案，使用 ActionScript 3.0 事件模型，Timer 类在每次达到指定的时间间隔时都会调度计时器事件。

在 ActionScript 3.0 中处理计时函数的首选方式是使用 Timer 类（flash.utils.Timer），可以使用它在每次达到间隔时调度事件。要启动计时器，请先创建 Timer 类的实例，并告诉它每隔多长时间生成一次计时器事件以及在停止前生成多少次事件。例如，下列代码创建一个每秒调度一个事件且持续 60 秒的 Timer 实例。

```
var oneMinuteTimer:Timer = new Timer(1000, 60);
```

Timer 对象在每次达到指定的间隔时都会调度 TimerEvent 对象。TimerEvent 对象的事件类型是 timer（由常量 TimerEvent.TIMER 定义）。TimerEvent 对象包含的属性与标准 Event 对象包含的属性相同。如果将 Timer 实例设置为固定的间隔数，则在达到最后一次间隔时，它还会调度 timerComplete 事件（由常量 TimerEvent.TIMER_COMPLETE 定义)。以下是一个用来展示 Timer 类实际操作的小示例应用程序。

```
package
{
    import flash.display.Sprite;
    import flash.events.TimerEvent;
    import flash.utils.Timer;
    public class ShortTimer extends Sprite
    {
        public function ShortTimer()
        {
            // 创建一个新的五秒的 Timer
            var minuteTimer:Timer = new Timer(1000, 5);
            // 为间隔和完成事件指定侦听器
            minuteTimer.addEventListener(TimerEvent.TIMER, onTick);
            minuteTimer.addEventListener(TimerEvent.TIMER_COMPLETE, onTimerComplete);
            // 启动计时器计时
            minuteTimer.start();
        }
        public function onTick(event:TimerEvent):void
        {
            // 显示到目前为止的时间计数
            // 该事件的目标是 Timer 实例本身
            trace("tick" + event.target.currentCount);
        }
        public function onTimerComplete(event:TimerEvent):void
        {
            trace("Time's Up!");
        }
    }
}
```

创建 ShortTimer 类时，它会创建一个用于每秒计时一次并持续 5 秒的 Timer 实例。然后，它将两个侦听器添加到计时器，其中一个用于侦听每次计时，另一个用于侦听 timerComplete 事件。接着，它启动计数器计时，并且从此时起以一秒钟的间隔执行 onTick() 方法。onTick() 方法只显示当前的时间计数。5 秒钟后，执行 onTimerComplete() 方法，告诉用户时间已到。运行该示例时，用户应会看到下列行以每秒一行的速度显示在控制台或跟踪窗口中。

```
tick 1
tick 2
tick 3
tick 4
tick 5
Time's Up!
```

上机练习 | 制作秒表计时动画

原始文件： sample\第11章\原始文件\上机练习\timer.fla
最终文件： sample\第11章\最终文件\上机练习\timer-end.fla
应用范围： Flash高级编程，ActionScript 3.0交互应用

Step 01 打开"sample\第11章\原始文件\上机练习\timer.fla"文件，将background图层锁定，新建buttons图层，将库面板中提供的start – unpause和restart按钮放置在舞台左下角，并在属性面板中分别命名为unPause_btn和reset_btn，如图11-1所示。

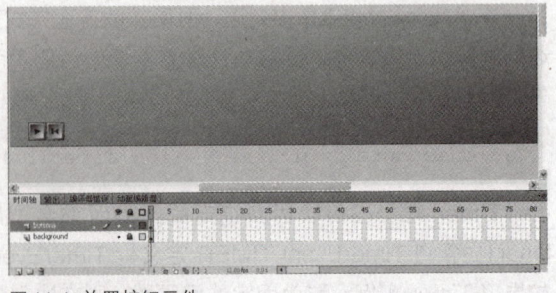

图 11-1 放置按钮元件

Step 02 将 buttons 图层也锁定，然后新建 text 图层，使用"文本工具"T绘制一个动态文本框，并命名为 hours_txt，设置字体为 Arial、样式为 Bold、大小为 128 点、颜色为 #003366、对齐为右对齐，并输入字符"00"，然后使用"椭圆工具"○绘制两个黑色的圆形，如图 11-2 所示。

Step 03 继续使用"文本工具"T绘制一个动态文本框，命名为 minutes_txt，设置相同的字体属性，并输入字符"00"，然后使用"椭圆工具"○绘制两个黑色的圆形，如图 11-3 所示。

图 11-2 绘制 hours_txt 动态文本框

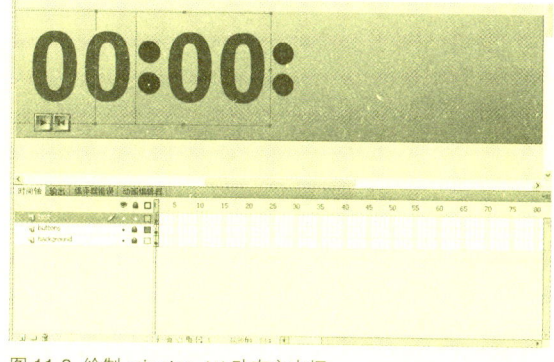

图 11-3 绘制 minutes_txt 动态文本框

Step 04 继续使用"文本工具"T绘制两个动态文本框，命名为 seconds_txt 和 milli_txt，设置相同的字体属性，并输入字符"00"，然后使用"椭圆工具"○绘制一个黑色的圆形，如图 11-4 和图 11-5 所示。

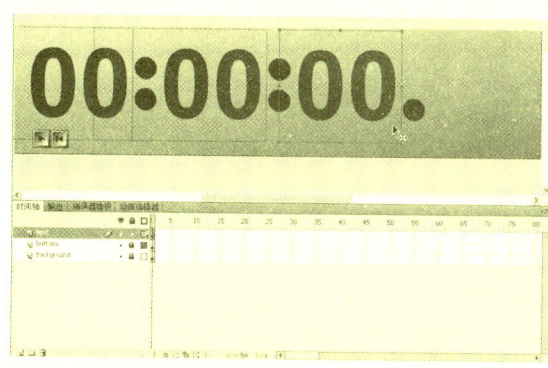

图 11-4 绘制 seconds_txt 动态文本框

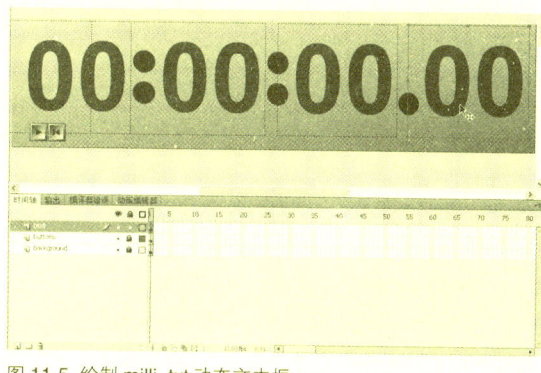

图 11-5 绘制 milli_txt 动态文本框

Step 05 取消选择舞台中的所有对象，单击属性面板"类"文本框后的【编辑类定义】按钮，在弹出的"创建 ActionScript 3.0 类"对话框中输入 code.Time1，如图 11-6 所示。

Step 06 单击【确定】按钮后，Flash 打开"脚本"窗口，并添加了一些 ActionScript 代码，如图 11-7 所示。

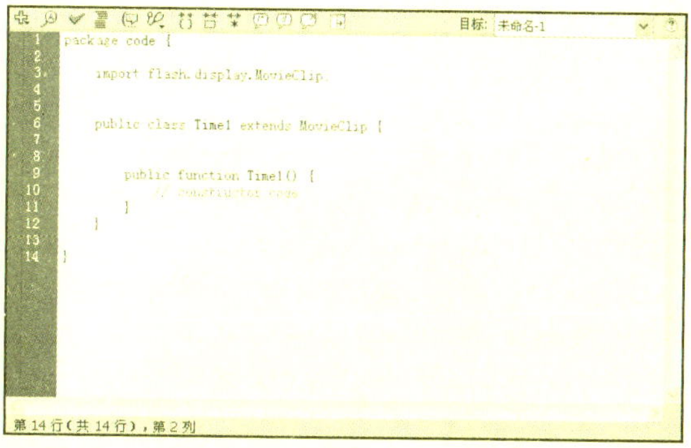

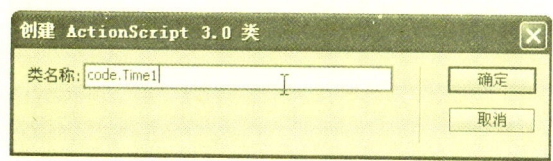

图 11-6 "创建 ActionScript 3.0 类"对话框

图 11-7 "脚本"窗口

Step 07 按下【Ctrl+S】键,打开"另存为"对话框,将脚本保存到code目录下,文件名命名为Time1.as,如图11-8所示。

Step 08 单击【保存】按钮后,开始编辑脚本代码,将默认的代码删除,然后输入如下的代码(省去注释部分),如图11-9所示。

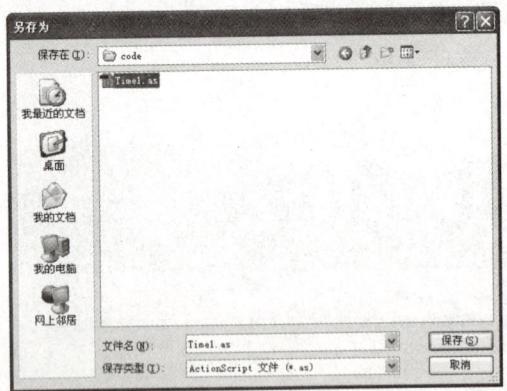

图11-8 "另存为"对话框

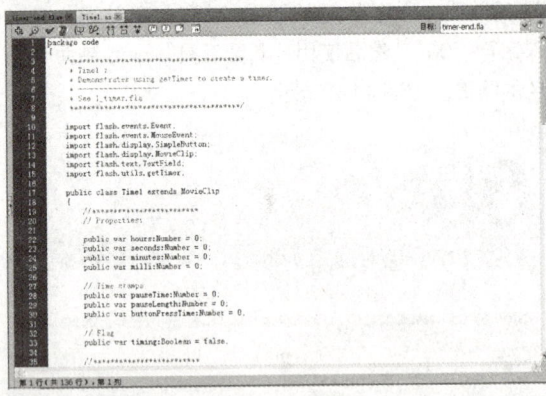

图11-9 输入代码

`package code`
`{`
`  import flash.events.Event;`
`  import flash.events.MouseEvent;`
`  import flash.display.SimpleButton;`
`  import flash.display.MovieClip;`
`  import flash.text.TextField;`
`  import flash.utils.getTimer;`
`  public class Time1 extends MovieClip`
`  {`
`    public var hours:Number = 0;`
`    public var seconds:Number = 0;`
`    public var minutes:Number = 0;`
`    public var milli:Number = 0;`
`    // Time stamps`
`    public var pauseTime:Number = 0;`
`    public var pauseLength:Number = 0;`
`    public var buttonPressTime:Number = 0;`
`    public var timing:Boolean = false;`
`    public function Time1()`
`    {`
`      pause_btn.visible = false;`
`   reset_btn.addEventListener(MouseEvent.CLICK,clickHandler,false,0,true);`
`      pause_btn.addEventListener(MouseEvent.CLICK,clickHandler,false,0,true);`
`      unPause_btn.addEventListener(MouseEvent.CLICK,clickHandler,false,0,true);`
`      addEventListener(Event.ENTER_FRAME,enterFrameHandler);`
`    }`
	声明包
	
	导入各类必要对象
	
	声明类
	
	设置属性
	
	设置时间戳
	
	声明旗帜
	声明构造函数
	
	响应鼠标事件
	
	每帧更新屏幕

```
      protected function enterFrameHand    帧事件处理
ler(event:Event):void
      {
        var totalTime:Number = 
(getTimer()/1000)-pauseLength;
        var goTime:Number = totalTime-
buttonPressTime;
        if( timing )
        {
          hours = Math.floor(goTime/3600);    计算时间
          minutes = Math.floor((goTime/3600-
hours)*60);
          seconds = Math.floor(((goTime/3600-
hours)*60-minutes)*60);
          milli = Math.floor((goTime-(seco
nds+(minutes*60)+(hours*3600)))*100);
          seconds_txt.text = format(seconds);    显示格式化的时间
          minutes_txt.text = format(minutes);
          hours_txt.text = format(hours);
          milli_txt.text = format(milli);
        }
      }
      protected function clickHandler(ev    鼠标事件处理
ent:MouseEvent):void
      {
        switch( event.target )
        {
          case reset_btn:
            restart();                          单击重置按钮后的处理
            pause_btn.visible = false;
            unPause_btn.visible = true;
            break;
          case pause_btn:                       单击暂停按钮后的处理
            pause(true);
            pause_btn.visible = false;
            unPause_btn.visible = true;
            break;
          case unPause_btn:                     单击启动按钮后的处理
            pause(false);
            pause_btn.visible = true;
            unPause_btn.visible = false;
            break;
        }
      }
      public function restart():void            公共方法设置初始值
      {
        hours_txt.text = "00";
```

```
        minutes_txt.text = "00";
        seconds_txt.text = "00";
        milli_txt.text = "00";
        buttonPressTime = (getTimer()/1000)-pauseLength;
        pause(true);
    }
    public function pause(b:Boolean):void
    {
        if( b ){
            pauseTime = getTimer()/1000;
        }else{
            pauseLength = ((getTimer()/1000)-pauseTime)+pauseLength;
        }
        timing = !b;
    }
    protected function format(n:Number):String
    {
        if( n < 10 ){
            return ("0"+n);
        }
        return n.toString();
    }
}
```

设置补 0 显示功能

Step 09 按下【Ctrl+Enter】测试动画,按下不同的按钮后,可以看到秒表计时的效果,如图 11-10 所示。

图 11-10 测试动画

11.2 显示编程

ActionScript 3.0 中的显示编程用于处理出现在 Flash Player 的舞台上的元素。使用 ActionScript 3.0 构建的每个应用程序都有一个由显示对象构成的层次结构,这个结构称为"显示列表"。显示列表包含应用程序中的所有可视元素。显示元素属于下列一个或多个组。

- **舞台**:舞台是包括显示对象的基础容器,也是顶级容器。每个应用程序都有一个 Stage 对象,其中包含所有的屏幕显示对象。
- **显示对象**:在 ActionScript 3.0 中,在应用程序屏幕上出现的所有元素都属于"显示对象"类型。flash.display 包中包括的 DisplayObject 类是由许多其他类扩展的基类。这些不同的类表示一些不同类型的显示对象,如矢量形状、影片剪辑和文本字段等。
- **显示对象容器**:显示对象容器是一些特殊类型的显示对象,这些显示对象除了有自己的可视表示形式之外，还可以包含也是显示对象的子对象。DisplayObjectContainer 类是 DisplayObject 类的子类。DisplayObjectContainer 对象可以在其"子级列表"中包含多个显示对象。

11.2.1 核心显示类

ActionScript 3.0 的 flash.display 包中包括可在 Flash Player 中显示的可视对象的类。可以实例化包含在 flash.display 包中的下列类的对象。

- Bitmap：使用 Bitmap 类可定义从外部文件加载或通过 ActionScript 呈现的位图对象。可以通过 Loader 类从外部文件加载位图。可以加载 GIF、JPG 或 PNG 文件，还可以创建包含自定义数据的 BitmapData 对象，然后创建使用该数据的 Bitmap 对象。可以使用 BitmapData 类的方法来更改位图，无论这些位图是加载的还是在 ActionScript 中创建的。
- Loader：使用 Loader 类可加载外部资源（SWF 文件或图形）。
- Shape：使用 Shape 类可创建矢量图形，如矩形、直线、圆等。
- SimpleButton：SimpleButton 对象是 Flash 按钮元件的 ActionScript 表示形式。SimpleButton 实例有三个按钮状态，即弹起、按下和指针经过。
- Sprite：Sprite 对象可以包含它自己的图形，还可以包含子显示对象。（Sprite 类用于扩展 DisplayObjectContainer 类。）
- MovieClip：MovieClip 对象是在 Flash 创作工具中创建的 ActionScript 形式的影片剪辑元件。实际上，MovieClip 与 Sprite 对象类似，不同的是它还有一个时间轴。

flash.display 包中的下列类用于扩展 DisplayObject 类，但用户不能创建这些类的实例。这些类而是用作其他显示对象的父类，因此可将通用功能合并到一个类中。

- AVM1Movie：AVM1Movie 类用于表示在 ActionScript 1.0 和 2.0 中创建的已加载 SWF 文件。
- DisplayObjectContainer：Loader、Stage、Sprite 和 MovieClip 类每个都用于扩展了 DisplayObjectContainer 类。
- InteractiveObject：InteractiveObject 是用于与鼠标和键盘交互的所有对象的基类。SimpleButton、TextField、Video、Loader、Sprite、Stage 和 MovieClip 对象是 InteractiveObject 类的所有子类。
- MorphShape：这些对象是在 Flash 创作工具中创建补间形状时创建的。无法使用 ActionScript 实例化这些对象，但可以从显示列表中访问它们。
- Stage：Stage 类用于扩展 DisplayObjectContainer 类。有一个应用程序的 Stage 实例，该实例位于显示列表层次结构的顶部。

11.2.2 处理显示对象

所有显示对象都是 DisplayObject 类的子类，同样它们还会继承 DisplayObject 类的属性和方法。继承的属性是适用于所有显示对象的基本属性。例如，每个显示对象都有 x 属性和 y 属性，用于指定对象在显示对象容器中的位置。

用户不能使用 DisplayObject 类构造函数来创建 DisplayObject 实例，必须创建另一种对象（属于 DisplayObject 类的子类的对象，如 Sprite）才能使用 new 运算符来实例化对象。此外，如果要创建自定义显示对象类,还必须创建具有可用构造函数的其中一个显示对象子类的子类（如 Shape 类或 Sprite 类）。

1. 在显示列表中添加显示对象

实例化显示对象时，在将显示对象实例添加到显示列表上的显示对象容器之前，显示对象不会出现在屏幕上（即在舞台上）。例如，在下面的代码中，如果省略了最后一行代码，则 myText TextField 对象不可见。在最后一行代码中，this 关键字必须引用已添加到显示列表中的显示对象容器。

```
import flash.display.*;
import flash.text.TextField;
var myText:TextField = new TextField();
myText.text = "Buenos dias.";
this.addChild(myText);
```

当在舞台上添加任何可视元素时，该元素会成为 Stage 对象的"子级"。应用程序中加载的第一个 SWF 文件（例如，HTML 页中嵌入的文件）会自动添加为 Stage 的子级。它可以是扩展 Sprite 类的任何类型的对象。

不是使用 ActionScript 创建的任何显示对象（例如，通过在 Adobe Flex Builder 2 中添加 MXML 标签或在 Flash 的舞台上放置某项而创建任何对象），都会添加到显示列表中。尽管没有通过 ActionScript 添加这些显示对象，但仍可通过 ActionScript 访问它们。例如，下面的代码将调整在创作工具中（不是通过 ActionScript）添加的名为"button1"的对象的宽度。

```
button1.width = 200;
```

2. 处理显示对象容器

显示对象容器本身就是一种显示对象，它可以添加到其他显示对象容器中。要使某一显示对象出现在显示列表中，必须将该显示对象添加到显示列表上的显示对象容器中。使用容器对象的 addChild() 方法或 addChildAt() 方法可执行此操作。例如，如果下面的代码没有最后一行，将不会显示 myTextField 对象。

```
var myTextField:TextField = new TextField();
myTextField.text = "hello";
this.root.addChild(myTextField);
```

在此代码范例中，this.root 指向包含该代码的 MovieClip 显示对象容器。在实际代码中，可以指定其他容器。

removeChild() 和 removeChildAt() 方法并不完全删除显示对象实例。这两种方法只是从容器的子级列表中删除显示对象实例。该实例仍可由另一个变量引用。

由于显示对象只有一个父容器，因此只能在一个显示对象容器中添加显示对象的实例。例如，下面的代码说明了显示对象 tf1 只能存在于一个容器中（本例中为 Sprite，它扩展 DisplayObjectContainer 类）。

```
tf1:TextField = new TextField();
tf2:TextField = new TextField();
tf1.name = "text 1";
tf2.name = "text 2";
container1:Sprite = new Sprite();
container2:Sprite = new Sprite();
container1.addChild(tf1);
container1.addChild(tf2);
container2.addChild(tf1);
trace(container1.numChildren); // 1
trace(container1.getChildAt(0).name);
// 文本 2
trace(container2.numChildren); // 1
trace(container2.getChildAt(0).name);
// 文本 1
```

除了上面介绍的方法之外，DisplayObjectContainer 类还定义了用于处理子显示对象的几种方法，具体操作如下。

- contains()：确定显示对象是否是 DisplayObjectContainer 的子级。
- getChildByName()：按名称检索显示对象。
- getChildIndex()：返回显示对象的索引位置。
- setChildIndex()：更改子显示对象的位置。
- swapChildren()：交换两个显示对象的前后顺序。

- swapChildrenAt()：交换两个显示对象的前后顺序（由其索引值指定）。

3. 遍历显示列表

DisplayObjectContainer 类包括通过显示对象容器的子级列表遍历显示列表的属性和方法。例如，考虑下面的代码，其中在 container 对象（该对象为 Sprite，Sprite 类用于扩展 DisplayObjectContainer 类）中添加了两个显示对象 title 和 pict。

```
var container:Sprite = new Sprite();
var title:TextField = new TextField();
title.text = "Hello";
var pict:Loader = new Loader();
var url:URLRequest = new URLRequest("banana.jpg");
pict.load(url);
pict.name = "banana loader";
container.addChild(title);
container.addChild(pict);
```

getChildAt() 方法返回显示列表中特定索引位置的子级。

```
trace(container.getChildAt(0) is TextField); // true
```

用户也可以按名称访问子对象。每个显示对象都有一个名称属性，如果没有指定该属性，Flash Player 会指定一个默认值，如 "instance1"。例如，下面的代码说明了如何使用 getChildByName() 方法来访问名为 "banana loader" 的子显示对象。

```
trace(container.getChildByName("banana loader") is Loader); // true
```

与使用 getChildAt() 方法相比，使用 getChildByName() 方法会导致性能降低。

由于显示对象容器可以包含其他显示对象容器作为其显示列表中的子对象，因此用户可将应用程序的完整显示列表作为树来遍历。例如，在前面说明的代码摘录中，完成 pict Loader 对象的加载操作后，pict 对象将加载一个子显示对象，即位图。要访问此位图显示对象，可以编写 pict.getChildAt(0)，还可以编写 container.getChildAt(0).getChildAt(0)（由于 container.getChildAt(0) == pict）。下面的函数提供了显示对象容器中显示列表的缩进式 trace() 输出。

```
function traceDisplayList(container:DisplayObjectContainer, indentString:String = ""):void
{
    var child:DisplayObject;
    for (var i:uint=0; i < container.numChildren; i++)
    {
        child = container.getChildAt(i);
        trace(indentString, child, child.name);
        if (container.getChildAt(i) is DisplayObjectContainer)
        {
            traceDisplayList(DisplayObjectContainer(child), indentString + " ")
        }
    }
}
```

4. 设置舞台属性

Stage 类用于覆盖 DisplayObject 类的大多数属性和方法。如果调用其中一个已覆盖的属性或方法，Flash Player 会引发异常。例如，Stage 对象不具有 x 或 y 属性，因为作为应用程序的主容器，该对象的位置是固定的。x 和 y 属性是指显示对象相对于其容器的位置，由于舞台没有包含在其他显示对象容器中，因此这些属性不适用。

（1）控制回放帧速率

Stage 类的 framerate 属性用于设置加载到应用程序中的所有 SWF 文件的帧速率。

（2）控制舞台缩放比例

当调整 Flash Player 屏幕的大小时，Flash Player 会自动调整舞台内容来加以补偿。Stage 类的 scaleMode 属性可确定如何调整舞台内容。此属性可以设置为四个不同值，如 flash.display.StageScaleMode 类中的常量所定义。

对于 scaleMode 的三个值（StageScaleMode.EXACT_FIT、StageScaleMode.SHOW_ALL 和 StageScaleMode.NO_BORDER），Flash Player 将缩放舞台的内容以容纳在舞台边界内。三个选项在确定如何完成缩放时是不相同的。

- StageScaleMode.EXACT_FIT：按比例缩放 SWF。
- StageScaleMode.SHOW_ALL：确定是否显示边框（就像在标准电视上观看宽屏电影时显示的黑条）。
- StageScaleMode.NO_BORDER：确定是否可以部分裁切内容。

或者，如果将 scaleMode 设置为 StageScaleMode.NO_SCALE，则当查看者调整 Flash Player 窗口大小时，舞台内容将保持定义的大小。仅在缩放模式中，Stage 类的 width 和 height 属性才可用于确定 Flash Player 窗口调整大小后的实际像素尺寸。（在其他缩放模式中，stageWidth 和 stageHeight 属性始终反映的是 SWF 的原始宽度和高度。）此外，当 scaleMode 设置为 StageScaleMode.NO_SCALE 并且调整了 SWF 文件大小时，将调度 Stage 类的 resize 事件，允许用户进行相应地调整。

（3）处理全屏模式

使用全屏模式可令 SWF 满屏显示，没有任何边框、菜单栏等。Stage 类的 displayState 属性用于切换 SWF 的全屏模式。可以将 displayState 属性设置为由 flash.display.StageDisplayState 类中的常量定义的其中一个值。要打开全屏模式，请将 displayState 设置为 StageDisplayState.FULL_SCREEN。

```
// mySprite 是一个 Sprite 实例，已添加到显示列表中
mySprite.stage.displayState = StageDisplayState.FULL _ SCREEN;
```

要退出全屏模式，请将 displayState 属性设置为 StageDisplayState.NORMAL。

```
mySprite.stage.displayState = StageDisplayState.NORMAL;
```

全屏模式的舞台缩放行为与正常模式下的相同，缩放比例由 Stage 类的 scaleMode 属性控制。通常，如果将 scaleMode 属性设置为 StageScaleMode.NO_SCALE，则 Stage 的 stageWidth 和 stageHeight 属性将发生改变，以反映由 SWF 占用的屏幕区域的大小。

11.2.3 控制显示对象

无论选择使用哪个显示对象，都会有许多操作，这些操作作为屏幕上显示的一些元素是所有显示对象共有的。例如，可以在屏幕上确定所有显示对象的位置、前后移动显示对象的堆叠顺序、缩放或旋转显示对象等。由于所有显示对象都从它们共有的基类 (DisplayObject) 继承了此功能，因此无论是要处理 TextField 实例、Video 实例、Shape 实例还是其他任何显示对象，此功能的行为都相同。

1. 改变位置

对任何显示对象进行的最基本操作是确定显示对象在屏幕上的位置。要设置显示对象的位置，请更改对象的 x 和 y 属性。

```
myShape.x = 17;
myShape.y = 212;
```

显示对象定位系统将舞台视为一个笛卡尔坐标系（带有水平 x 轴和垂直 y 轴的常见网格系统）。坐标系的原点 [x 和 y 轴相交的（0,0）坐标] 位于舞台的左上角。从原点开始，x 轴的值向右为正，向左为负，而 y 轴的值向下为正，向上为负（与典型的图形系统相反）。例如，通过前面的代码行可以将对象 myShape 移到 x 轴坐标 17（原点向右 17 个像素）和 y 轴坐标 212（原点向下 212 个像素）。

默认情况下，当使用 ActionScript 创建显示对象时，x 和 y 属性均设置为 0，从而可将对象放在其父内容的左上角。

2. 平移和滚动显示对象

如果显示对象太大，不能在要显示它的区域中完全显示出来，则可以使用 scrollRect 属性定义显示对象的可查看区域。此外，通过更改 scrollRect 属性响应用户输入，可以使内容左右平移或上下滚动。

scrollRect 属性是 Rectangle 类的实例，Rectangle 类包括将矩形区域定义为单个对象所需的有关值。最初定义显示对象的可查看区域时，请创建一个新的 Rectangle 实例并为该实例分配显示对象的 scrollRect 属性。以后进行滚动或平移时，可以将 scrollRect 属性读入单独的 Rectangle 变量，然后更改所需的属性（例如，更改 Rectangle 实例的 x 属性进行平移，或更改 y 属性进行滚动）。然后将该 Rectangle 实例重新分配给 scrollRect 属性，将更改的值通知显示对象。

3. 处理大小和缩放对象

用户可以采用两种方法来测量和处理显示对象的大小，即使用尺寸属性（width 和 height）或缩放属性（scaleX 和 scaleY）。

每个显示对象都有 width 属性和 height 属性，它们最初设置为对象的大小，以像素为单位。用户可以通过读取这些属性的值来确定显示对象的大小。还可以指定新值来更改对象的大小，如下所示。

```
// 调整显示对象的大小
square.width = 420;
square.height = 420;
```

```
// 确定圆显示对象的半径
var radius:Number = circle.width / 2;
```

更改显示对象的 height 或 width 可以缩放对象，这意味着对象内容将经过伸展或挤压以适合新区域的大小。如果显示对象仅包含矢量形状，将按新缩放比例重绘这些形状，且品质不变。此时将缩放显示对象中的所有位图图形元素，而不是重绘。例如，缩放图形时，如果数码照片的宽度和高度增加后超出图像中像素信息的实际大小，数码照片将被像素化，使数码照片显示带有锯齿。

当更改显示对象的 width 或 height 属性时，Flash Player 还会更新对象的 scaleX 和 scaleY 属性。这些属性表示显示对象与其原始大小相比的相对大小。scaleX 和 scaleY 属性使用小数（十进制）值来表示百分比。例如，如果某个显示对象的 width 已更改，其宽度是原始大小的一半，则该对象的 scaleX 属性的值为 0.5，表示 50%。如果其高度加倍，则其 scaleY 属性的值为 2，表示 200%。

```
// 圆是一个宽度和高度均为 150 个像素的显示对象
// 按照原始大小，scaleX 和 scaleY 均为 1 (100%)
trace(circle.scaleX); // 输出：1
trace(circle.scaleY); // 输出：1
// 当更改 width 和 height 属性时
```

```
// Flash Player 会相应更改 scaleX 和 scaleY 属性
circle.width = 100;
circle.height = 75;
trace(circle.scaleX); // 输出：0.6622516556291391
trace(circle.scaleY); // 输出：0.4966887417218543
```

4. 调整显示对象颜色

可以使用 ColorTransform 类的方法 (flash.geom.ColorTransform) 来调整显示对象的颜色。每个显示对象都有 transform 属性（它是 Transform 类的实例），还包含有关应用到显示对象的各种变形的信息（如旋转、缩放或位置的更改等）。除了有关几何变形的信息之外，Transform 类还包括 colorTransform 属性，它是 ColorTransform 类的实例，并提供访问对显示对象进行颜色调整。要访问显示对象的颜色转换信息，可以使用如下代码。

```
var colorInfo:ColorTransform = myDisplayObject.transform.colorTransform;
```

创建 ColorTransform 实例后，可以通过读取其属性值来查明已应用了哪些颜色转换，也可以通过设置这些值来更改显示对象的颜色。要在进行任何更改后更新显示对象，必须将 ColorTransform 实例重新分配给 transform.colorTransform 属性。

```
var colorInfo:ColorTransform = my
DisplayObject.transform.colorTransform;
// 此处进行某些颜色转换

// 提交更改
myDisplayObject.transform.
colorTransform = colorInfo;
```

5. 旋转对象

使用 rotation 属性可以旋转显示对象。可以通过读取此值来了解是否旋转了某个对象，如果要旋转该对象，可以将此属性设置为一个数字（以度为单位），表示要应用于该对象的旋转量。例如，下面的代码行将名为 square 的对象旋转 45°。

```
square.rotation = 45;
```

6. 淡化对象

可以通过控制显示对象的透明度来使显示对象部分透明（或完全透明），也可以通过更改透明度来使对象淡入或淡出。DisplayObject 类的 alpha 属性用于定义显示对象的透明度（更确切地说是不透明度）。可以将 alpha 属性设置为介于 0 和 1 之间的任何值，其中 0 表示完全透明，1 表示完全不透明。例如，当使用鼠标单击名为"myBall"的对象时，下面的代码行将使该对象变为 50% 透明。

```
function fadeBall(event:MouseEvent):void
{
    myBall.alpha = .5;
}
myBall.addEventListener(MouseEvent.CLICK, fadeBall);
```

7. 遮罩显示对象

可以通过将一个显示对象用作遮罩来创建一个孔洞，透过该孔洞使另一个显示对象的内容可见。要指明一个显示对象将是另一个显示对象的遮罩，请将遮罩对象设置为被遮罩的显示对象的 mask 属性。

```
// 使对象 maskSprite 成为对象 mySprite 的遮罩
mySprite.mask = maskSprite;
```

用作遮罩的显示对象可拖动、设置动画，并可动态调整大小，可以在单个遮罩内使用单独的形状。遮罩显示对象不必一定添加到显示列表中。但是，如果希望在缩放舞台时也缩放遮罩对象，或者如果希望支持用户与遮罩对象的交互（如用户控制的拖动和调整大小），则必须将遮罩对象添加到显示列表中。遮罩对象已添加到显示列表时，显示对象的实际 z 索引（从前到后顺序）并不重要。（除了显示为遮罩对象外，遮罩对象将不会出现在屏幕上。）如果遮罩对象是包含多个帧的一个 MovieClip 实例，则遮罩对象会沿其时间轴播放所有帧,如果没有用作遮罩对象,也会出现同样的情况。通过将 mask 属性设置为 null 可以删除遮罩。

```
// 删除 mySprite 中的遮罩
mySprite.mask = null;
```

11.2.4 动态加载显示内容

可以将下列任何外部显示资源加载到 ActionScript 3.0 应用程序中。
- 在 ActionScript 3.0 中创作的 SWF 文件:此文件可以是 Sprite、MovieClip 或扩展 Sprite 的任何类。
- 图像文件:包括 JPG、PNG 和 GIF 文件。
- AVM1 SWF 文件:在 ActionScript 1.0 或 2.0 中编写的 SWF 文件。

1. 加载显示对象

使用 Loader 类可以加载这些资源。Loader 对象用于将 SWF 文件和图形文件加载到应用程序中。Loader 类是 DisplayObjectContainer 类的子类。Loader 对象在其显示列表中只能包含一个子显示对象,该显示对象表示它加载的 SWF 或图形文件。如下面的代码所示,在显示列表中添加 Loader 对象时,还可以在加载后将加载的子显示对象添加到显示列表中。

```
var pictLdr:Loader = new Loader();
var pictURL:String = "banana.jpg"
var pictURLReq:URLRequest = new
URLRequest(pictURL);

pictLdr.load(pictURLReq);
this.addChild(pictLdr);
```

加载 SWF 文件或图像后,即可将加载的显示对象移到另一个显示对象容器中,例如本示例中的 container DisplayObjectContainer 对象。

```
import flash.display.*;
import flash.net.URLRequest;
import flash.events.Event;
var container:Sprite = new Sprite();
addChild(container);
var pictLdr:Loader = new Loader();
var pictURL:String = "banana.jpg"
var pictURLReq:URLRequest = new
URLRequest(pictURL);

pictLdr.load(pictURLReq);
pictLdr.contentLoaderInfo.
addEventListener(Event.COMPLETE,
imgLoaded);
function imgLoaded(event:Event):void
{
    container.addChild(pictLdr.
content);
}
```

2. 监视加载进度

文件开始加载后,就创建了 LoaderInfo 对象。LoaderInfo 对象用于提供加载进度、加载者和被加载者的 URL、媒体的字节总数及媒体的标准高度和宽度等信息。LoaderInfo 对象还调度用于监视加载进度的事件。

可以将 LoaderInfo 对象作为 Loader 对象和加载的显示对象的属性进行访问。加载一开始,就可以通过 Loader 对象的 contentLoaderInfo 属性访问 LoaderInfo 对象。显示对象完成加载后,也可以将 LoaderInfo 对象作为加载的显示对象的属性通过显示对象的 loaderInfo 属性进行访问。已加载显示对象的 loaderInfo 属性是指与 Loader 对象的 contentLoaderInfo 属性相同的 LoaderInfo 对象。换句话说,LoaderInfo 对象是加载的对象与加载它的 Loader 对象之间(加载者和被加载者之间)的共享对象。

要访问加载的内容的属性,需要在 LoaderInfo 对象中添加事件侦听器,如下面的代码所示。

```
import flash.display.Loader;
import flash.display.Sprite;
import flash.events.Event;
var ldr:Loader = new Loader();
var urlReq:URLRequest = new
URLRequest("Circle.swf");
ldr.load(urlReq);

ldr.contentLoaderInfo.
addEventListener(Event.COMPLETE, loaded);
addChild(ldr);
function loaded(event:Event):void
{
    var content:Sprite = event.target.content;
    content.scaleX = 2;
}
```

上机练习 | 制作控制对象位置动画

原始文件: sample\第11章\原始文件\上机练习\控制对象.fla
最终文件: sample\第11章\最终文件\上机练习\控制对象-end.fla
应用范围: Flash高级编程，ActionScript 3.0交互应用

Step 01 打开"sample\第11章\原始文件\上机练习\控制对象.fla"文件，锁定background图层和labels图层，新建controls图层，首先将Redraw Button按钮从库面板拖曳到舞台左下角，并在属性面板中命名为reset_btn，如图11-11所示。

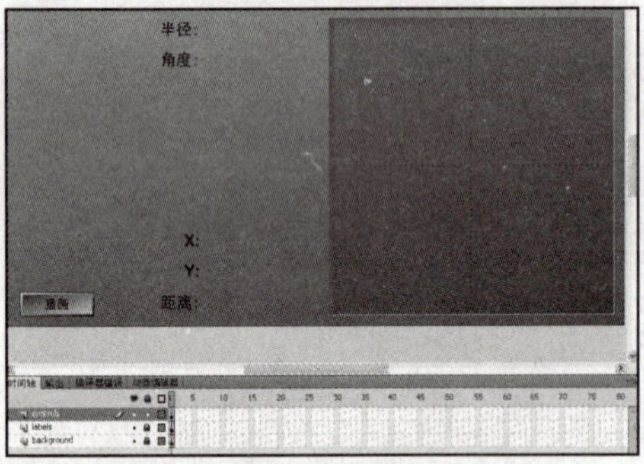

Step 02 打开组件面板，将TextInput组件放置在5段文字的后面，在属性面板中依次命名为radians_ti、degrees_ti、x_ti、y_ti、distance_ti，如图11-12所示。

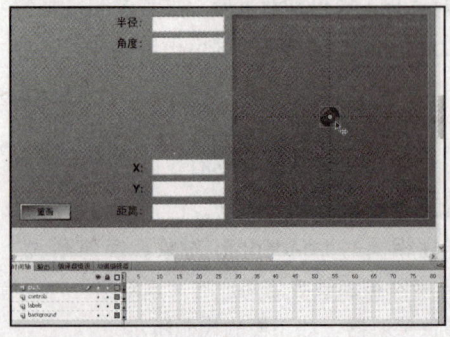

图 11-11 使用 Redraw Button 按钮元件

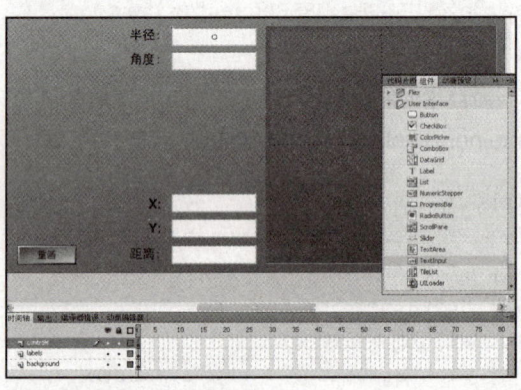

图 11-12 使用 TextInput 组件

Step 03 新建 puck 图层，将 puck 元件从库面板拖曳到舞台上，并在属性面板中命名为 puck_mc，如图 11-13 所示。

Step 04 取消选择舞台中的所有对象，单击属性面板"类"文本框后的【编辑类定义】按钮，在弹出的"创建 ActionScript 3.0 类"对话框中输入 code.Drawing1，如图 11-14 所示。

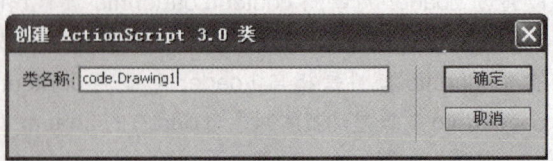

图 11-13 使用 puck 元件

图 11-14 "创建 ActionScript 3.0 类"对话框

Step 05 单击【确定】按钮后,Flash 打开"脚本"窗口,并添加了一些 ActionScript 代码,如图 11-15 所示。

Step 06 按下【Ctrl+S】键,在打开的对话框中将脚本保存到 code 目录下,文件名设置为 Drawing1.as,如图 11-16 所示。

图 11-15 "脚本"窗口

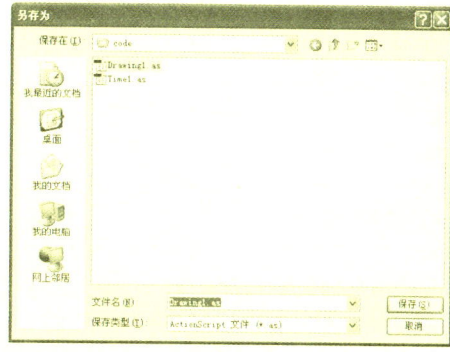

图 11-16 "另存为"对话框

Step 07 单击【保存】按钮,开始编辑脚本代码,将默认的代码删除,然后输入如下的代码(省去注释部分),如图 11-17 所示。

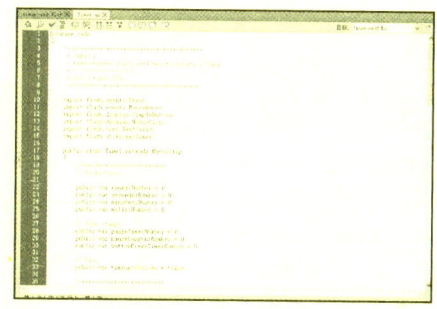

图 11-17 输入代码

```
package code
{
  import flash.events.Event;
  import flash.events.MouseEvent;
  import flash.display.MovieClip;
  import flash.display.SimpleButton;
  import flash.geom.Rectangle;
  public class Drawing1 extends MovieClip
  {
    public var startX:Number;
    public var startY:Number;
    public var dragging:Boolean = false;
    public function Drawing1()
    {
      startX = puck_mc.x;
      startY = puck_mc.y;
  reset_btn.addEventListener(MouseEvent.CLICK,resetHandler);
  puck_mc.addEventListener(MouseEvent.MOUSE_DOWN,dragPressHandler);
  stage.addEventListener(MouseEvent.MOUSE_UP,dragReleaseHandler);
```

声明包

导入各类必要对象

声明类

设置属性

声明构造函数

查找拖曳区域的中心

响应鼠标事件

由舞台对象处理鼠标拖曳释放和在外侧释放事件

```
    addEventListener(Event.ENTER_
FRAME,enterFrameHandler);
    }
    protected function enterFrameHand
ler(event:Event):void
    {
      var dx = puck_mc.x - startX;
      var dy = puck_mc.y - startY;
      distance_ti.text = String
(getDistance(dx,dy));
      radians_ti.text = String
(getRadians(dx,dy));
      degrees_ti.text = String(getDeg
rees(getRadians(dx,dy)));
      x_ti.text = String(dx);
      y_ti.text = String(dy);
      puck_mc.rotation += 10;
    }
    protected function resetHandler(ev
ent:MouseEvent):void
    {
      puck_mc.x = startX;
      puck_mc.y = startY;
    }
    protected function dragPressHandle
r(event:MouseEvent):void
    {
      var rx:Number = workarea_mc.x +
puck_mc.width/2;
      var ry:Number = workarea_mc.y +
puck_mc.height/2;
      var rw:Number = workarea_
mc.width - puck_mc.width;
      var rh:Number = workarea_
mc.height - puck_mc.height;
      var rect:Rectangle = new
Rectangle(rx, ry, rw, rh);
      dragging = true;
      puck_mc.startDrag(false,rect);
    }
    protected function dragReleaseHan
dler(event:MouseEvent):void
    {
      if( dragging ){
        dragging = false;
        puck_mc.stopDrag();
      }
    }
```

每帧更新屏幕

帧事件处理

计算从开始点的距离

计算从开始点的半径

转换半径到度数

显示 x 坐标和 y 坐标

使圆环持续旋转

鼠标重置事件处理

发送给开始点

鼠标按下拖曳事件处理

创建一个矩形用以保持拖曳

开始拖曳对象

鼠标释放拖曳事件处理

停止拖曳对象

```
        public function getDistance( delta_
x:Number, delta_y:Number ):Number
        {
            return Math.sqrt((delta_
x*delta_x)+(delta_y*delta_y));
        }
        public function getRadians( delta_
x:Number, delta_y:Number ):Number
        {
            var r:Number = Math.atan2(delta_
y, delta_x);
            if( delta_y < 0 ){
                r += (2*Math.PI);
            }
            return r;
        }
        public function getDegrees
( radians:Number ):Number
        {
            return Math.floor(radians/(Math.
PI/180));
        }
    }
}
```

数学计算获取距离

数学计算获取半径

数学计算获取度数

Step 08 按下【Ctrl+Enter】键测试动画，按下鼠标左键拖曳圆环对象，可以看到计算出的半径、角度、X 坐标、Y 坐标和距离等，如图 11-18 所示。

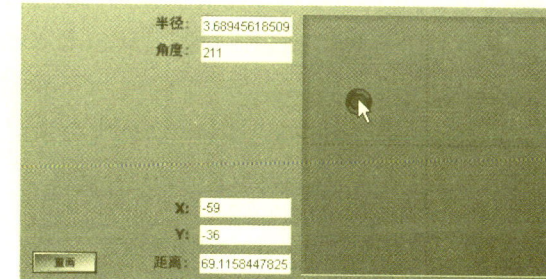

图 11-18 测试动画

11.3 处理几何结构

flash.geom 包中包含用于定义几何对象（如，点、矩形和转换矩阵）的类。这些类本身并不一定提供功能，但它们用于定义在其他类中使用的对象的属性。

所有几何类都基于以下概念：将屏幕上的位置表示为二维平面。可以将屏幕看作是具有水平 (x) 轴和垂直 (y) 轴的平面图形。屏幕上的任何位置都可以表示为 x 和 y 值，即该位置的坐标。

每个显示对象（包括舞台）具有其自己的"坐标空间"；实质上，这是其用于标绘子显示对象、图画等位置的图形。通常，原点位于显示对象的左上角。尽管这始终适用于舞台，但并不一定适用于任何其他显示对象。正如在标准二维坐标系中一样，x 轴上的值越往右越大，越往左越小；对于原点左侧的位置，

x坐标为负值。但是，与传统的坐标系相反，在ActionScript中，屏幕y轴上的值越往下越大，越往上越小（原点上面的y坐标为负值）。由于舞台左上角是其坐标空间的原点，因此，舞台上的任何对象的x坐标大于0并小于舞台宽度，y坐标大于0并小于舞台高度。

可以使用Point类实例来表示坐标空间中的各个点。用户可以创建一个Rectangle实例来表示坐标空间中的矩形区域。对于高级用户，可以使用Matrix实例将多个或复杂变形应用于显示对象。通过使用显示对象的属性，可以将很多简单变形（如旋转、位置以及缩放变化）直接应用于该对象。

11.3.1 使用Point对象

Point对象定义一对笛卡尔坐标。它表示二维坐标系中的某个位置。其中x表示水平轴，y表示垂直轴。要定义Point对象，请设置它的x和y属性，如下所示。

```
import flash.geom.*;
var pt1:Point = new Point(10, 20); // x==10; y==20
```

```
var pt2:Point = new Point();
pt2.x = 10;
pt2.y = 20;
```

1. 确定两点之间的距离

可以使用Point类的distance()方法确定坐标空间两点之间的距离。例如，下面的代码确定同一显示对象容器中两个显示对象（circle1和circle2）的注册点之间的距离。

```
import flash.geom.*;
var pt1:Point = new Point(circle1.x, circle1.y);
```

```
var pt2:Point = new Point(circle2.x, circle2.y);
var distance:Number = Point.distance(pt1, pt2);
```

2. 平移坐标空间

如果两个显示对象位于不同的显示对象容器中，则它们可能位于不同的坐标空间。用户可以使用DisplayObject类的localToGlobal()方法将坐标平移到舞台中相同（全局）坐标空间。例如，下面的代码确定不同显示对象容器中两个显示对象（circle1和circle2）的注册点之间的距离。

```
import flash.geom.*;
var pt1:Point = new Point(circle1.x, circle1.y);
pt1 = circle1.localToGlobal(pt1);
```

```
var pt2:Point = new Point(circle1.x, circle1.y);
pt2 = circle2.localToGlobal(pt2);
var distance:Number = Point.distance(pt1, pt2);
```

同样，要确定名为target的显示对象的注册点与舞台上特定点之间的距离，用户可以使用DisplayObject类的localToGlobal()方法。

```
import flash.geom.*;
var stageCenter:Point = new Point();
stageCenter.x = this.stage.stageWidth / 2;
stageCenter.y = this.stage.stageHeight / 2;
```

```
var targetCenter:Point = new Point(target.x, target.y);
targetCenter = target.localToGlobal(targetCenter);
var distance:Number = Point.distance(stageCenter, targetCenter);
```

3. 按指定的角度和距离移动显示对象

用户可以使用Point类的polar()方法将显示对象按特定角度移动特定距离。例如，下列代码按60°

将 myDisplayObject 对象移动 100 个像素。

```
import flash.geom.*;
var distance:Number = 100;
var angle:Number = 2 * Math.PI * (90 / 360);
var translatePoint:Point = Point.polar(distance, angle);
myDisplayObject.x += translatePoint.x;
myDisplayObject.y += translatePoint.y;
```

11.3.2 使用 Rectangle 对象

Rectangle 对象定义一个矩形区域。Rectangle 对象有一个位置，该位置由其左上角的 x 和 y 坐标以及 width 属性和 height 属性定义。通过调用 Rectangle() 构造函数可以定义新 Rectangle 对象的属性，如下所示。

```
import flash.geom.Rectangle;
var rx:Number = 0;
var ry:Number = 0;
var rwidth:Number = 100;
var rheight:Number = 50;
var rect1:Rectangle = new Rectangle(rx, ry, rwidth, rheight);
```

1. 调整 Rectangle 对象的大小和进行重新定位

有多种方法调整 Rectangle 对象的大小和进行重新定位。用户可以通过更改 Rectangle 对象的 x 和 y 属性直接重新定位该对象。这对 Rectangle 对象的宽度或高度没有任何影响。

```
import flash.geom.Rectangle;
var x1:Number = 0;
var y1:Number = 0;
var width1:Number = 100;
var height1:Number = 50;
var rect1:Rectangle = new Rectangle(x1, y1, width1, height1);
trace(rect1) // (x=0, y=0, w=100, h=50)
rect1.x = 20;
rect1.y = 30;
trace(rect1); // (x=20, y=30, w=100, h=50)
```

如以下代码所示，如果更改 Rectangle 对象的 left 或 top 属性，也可以重新定位，并且该对象的 x 和 y 属性分别与 left 和 top 属性匹配。但是，Rectangle 对象的左下角位置不发生更改，所以调整了对象的大小。

```
import flash.geom.Rectangle;
var x1:Number = 0;
var y1:Number = 0;
var width1:Number = 100;
var height1:Number = 50;
var rect1:Rectangle = new Rectangle(x1, y1, width1, height1);
trace(rect1) // (x=0, y=0, w=100, h=50)
rect1.left = 20;
rect1.top = 30;
trace(rect1); // (x=30, y=20, w=70, h=30)
```

同样，如下面的示例所示，如果更改 Rectangle 对象的 bottom 或 right 属性，该对象的左上角位置不发生更改，所以相应地调整了对象的大小。

```
import flash.geom.Rectangle;
var x1:Number = 0;
var y1:Number = 0;
var width1:Number = 100;
var height1:Number = 50;
var rect1:Rectangle = new Rectangle(x1, y1, width1, height1);
trace(rect1) // (x=0, y=0, w=100, h=50)
rect1.right = 60;
trect1.bottom = 20;
trace(rect1); // (x=0, y=0, w=60, h=20)
```

也可以使用 offset() 方法重新定位 Rectangle 对象，如下所示。

```
import flash.geom.Rectangle;
var x1:Number = 0;
var y1:Number = 0;
var width1:Number = 100;
var height1:Number = 50;
```

```
var rect1:Rectangle = new Rectangle(x1,
y1, width1, height1);
trace(rect1)  // (x=0, y=0, w=100, h=50)
rect1.offset(20, 30);
trace(rect1); // (x=20, y=30, w=100, h=50)
```

> **教学提示** offset() 和 offsetPt() 方法的区别
>
> offsetPt() 方法工作方式类似，只不过它是将 Point 对象作为参数，而不是将 x 和 y 偏移量值作为参数。

还可以使用 inflate() 方法调整 Rectangle 对象的大小，该方法包含两个参数，dx 和 dy。dx 参数表示矩形的左边和右边距中心的像素数，而 dy 参数表示矩形的顶边和底边距中心的像素数。

```
import flash.geom.Rectangle;
var x1:Number = 0;
var y1:Number = 0;
var width1:Number = 100;
var height1:Number = 50;
```

```
var rect1:Rectangle = new Rectangle(x1,
y1, width1, height1);
trace(rect1)  // (x=0, y=0, w=100, h=50)
rect1.inflate(6,4);
trace(rect1); // (x=-6, y=-4, w=112, h=58)
```

> **教学提示** inflate() 和 inflatePt() 方法的区别
>
> inflatePt() 方法工作方式类似，只不过它是将 Point 对象作为参数，而不是将 dx 和 dy 的值作为参数。

2. 确定 Rectangle 对象的联合和交集

可以使用 union() 方法来确定由两个矩形的边界形成的矩形区域。

```
import flash.display.*;
import flash.geom.Rectangle;
var rect1:Rectangle = new Rectangle(0,
0, 100, 100);
trace(rect1); // (x=0, y=0, w=100,
h=100)
```

```
var rect2:Rectangle = new
Rectangle(120, 60, 100, 100);
trace(rect2); // (x=120, y=60, w=100,
h=100)
trace(rect1.union(rect2)); // (x=0,
y=0, w=220, h=160)
```

可以使用 intersection() 方法来确定由两个矩形重叠区域形成的矩形区域。

```
import flash.display.*;
import flash.geom.Rectangle;
var rect1:Rectangle = new Rectangle(0,
0, 100, 100);
trace(rect1); // (x=0, y=0, w=100,
h=100)
```

```
var rect2:Rectangle = new
Rectangle(80, 60, 100, 100);
trace(rect2); // (x=120, y=60, w=100,
h=100)
trace(rect1.intersection(rect2)); //
(x=80, y=60, w=20, h=40)
```

使用 intersects() 方法查明两个矩形是否相交。也可以使用 intersects() 方法查明显示对象是否在舞台的某个区域中。例如，在下面的代码中，假定包含 circle 对象的显示对象容器的坐标空间与舞台的坐标空间相同。本示例说明如何使用 intersects() 方法来确定显示对象 circle 是否与由 target1 和 target2 Rectangle 对象定义的指定舞台区域相交。

```
import flash.display.*;
import flash.geom.Rectangle;
var circle:Shape = new Shape();
circle.graphics.lineStyle(2, 0xFF0000);
```

```
var circleBounds:Rectangle = circle.
getBounds(stage);
var target1:Rectangle = new
Rectangle(0, 0, 100, 100);
```

```
circle.graphics.drawCircle(250, 250,
100);
addChild(circle);
```

```
trace(circleBounds.
intersects(target1)); // false
var target2:Rectangle = new
Rectangle(0, 0, 300, 300);
trace(circleBounds.
intersects(target2)); // true
```

同样，可以使用 intersects() 方法查明两个显示对象的边界矩形是否重叠。可以使用 DisplayObject 类的 getRect() 方法来包括显示对象笔触可添加到边界区域中的其他任何空间。

11.3.3 使用Matrix对象

Matrix 类表示一个转换矩阵，它确定如何将点从一个坐标空间映射到另一个坐标空间。可以对显示对象执行不同的图形转换，方法是设置 Matrix 对象的属性，将该 Matrix 对象应用于 Transform 对象的 matrix 属性，然后应用该 Transform 对象作为显示对象的 transform 属性。这些转换函数包括平移 (x 和 y 重新定位)、旋转、缩放和倾斜。

虽然可以通过直接调整 Matrix 对象的属性 (a、b、c、d、tx 和 ty) 来定义矩阵，但更简单的方法是使用 createBox() 方法。使用此方法提供的参数可以直接定义生成的矩阵的缩放、旋转和平移效果。例如，下面的代码创建一个 Matrix 对象，具有效果是水平缩放 2.0、垂直缩放 3.0、旋转 45°、向右移动 (平移) 10 个像素并向下移动 20 个像素。

```
var matrix:Matrix = new Matrix();
var scaleX:Number = 2.0;
var scaleY:Number = 3.0;
var rotation:Number = 2 * Math.PI * (45
/ 360);
```

```
var tx:Number = 10;
var ty:Number = 20;
matrix.createBox(scaleX, scaleY,
rotation, tx, ty);
```

还可以使用 scale()、rotate() 和 translate() 方法调整 Matrix 对象的缩放、旋转和平移效果。请注意，这些方法合并了现有 Matrix 对象的值。例如，下面的代码调用两次 scale() 和 rotate() 方法以对 Matrix 对象进行设置，它将对象放大 4 倍并旋转 60°。

```
var matrix:Matrix = new Matrix();
var rotation:Number = 2 * Math.PI * (30
/ 360); // 30°
var scaleFactor:Number = 2;
matrix.scale(scaleFactor,
scaleFactor);
```

```
matrix.rotate(rotation);
matrix.scale(scaleX, scaleY);
matrix.rotate(rotation);
myDisplayObject.transform.matrix =
matrix;
```

要将倾斜转换应用到 Matrix 对象，请调整该对象的 b 或 c 属性。调整 b 属性将矩阵垂直倾斜，调整 c 属性将矩阵水平倾斜。以下代码使用系数 2 垂直倾斜 myMatrix Matrix 对象。

```
var skewMatrix:Matrix = new Matrix();
skewMatrix.b = Math.tan(2);
```

```
myMatrix.concat(skewMatrix);
```

可以将矩阵转换应用到显示对象的 transform 属性。例如，以下代码将矩阵转换应用于名为 myDisplayObject 的显示对象。

```
var matrix:Matrix = myDisplayObject.
transform.matrix;
var scaleFactor:Number = 2;
var rotation:Number = 2 * Math.PI * (60
/ 360); // 60°
```

```
matrix.scale(scaleFactor,
scaleFactor);
matrix.rotate(rotation);
myDisplayObject.transform.matrix =
matrix;
```

上机练习 | 制作变形对象动画

原始文件： sample\第11章\原始文件\上机练习\变形对象.fla
最终文件： sample\第11章\最终文件\上机练习\变形对象-end.fla
应用范围： Flash高级编程，ActionScript 3.0交互应用

Step 01 打开"sample\第11章\原始文件\上机练习\变形对象.fla"文件，在Layer1图层中由上至下依次将舞台中的组件对象命名，分别为xScaleSlider、yScaleSlider、dxSlider、dySlider、rotationSlider、skewRight、skewBottom、skewSlider，下方的"变形"和"重置"按钮依次命名为transformBtn和resetTransformBtn，如图11-19所示。

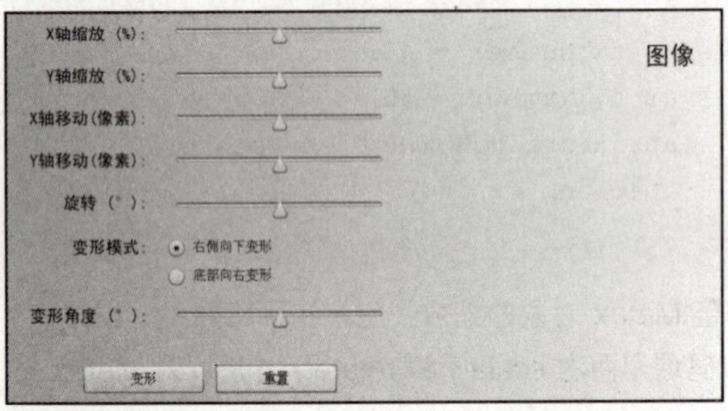

Step 02 再执行"新建 > 文件"命令，在打开的对话框中选择"ActionScript 文件"，如图 11-20 所示。

图 11-19 命名舞台组件

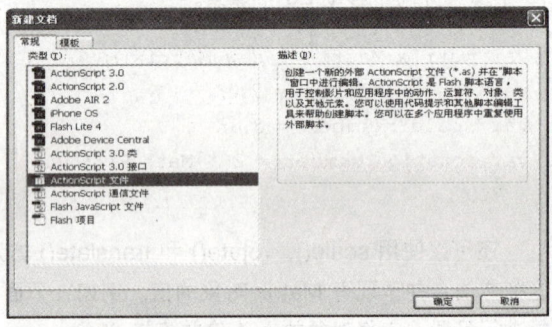

图 11-20 "新建文档"对话框

Step 03 然后单击【确定】按钮，Flash 会打开一个空白的"脚本"窗口，如图 11-21 所示。

Step 04 按下【Ctrl+S】键，在打开的"另存为"对话框中将脚本保存到 com/geometry 目录下，文件名命名为 MatrixTransformer.as，如图 11-22 所示。

图 11-21 "脚本"窗口

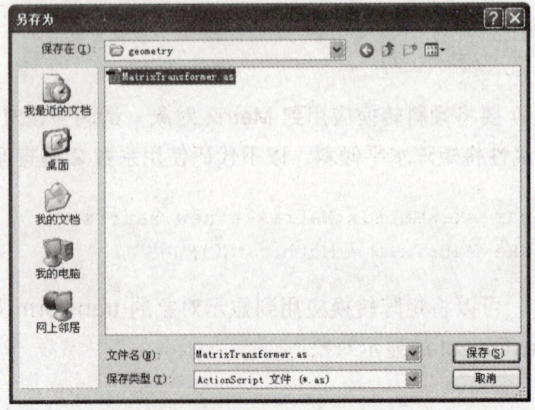

图 11-22 "另存为"对话框

Step 05 单击【保存】按钮后，开始输入如下的代码（省去注释部分），如图11-23所示。

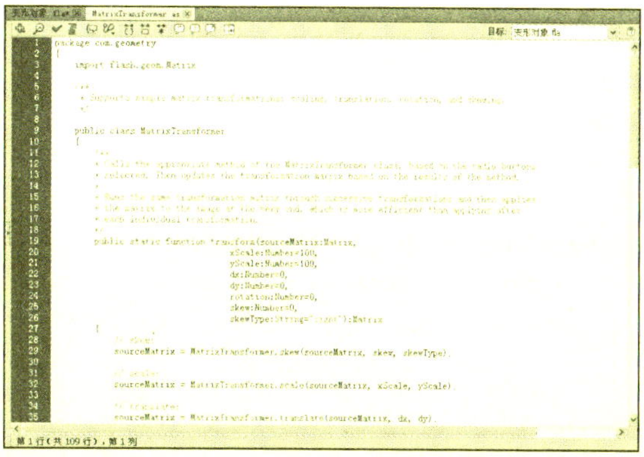

图 11-23 输入代码 1

```
package com.geometry
{
  import flash.geom.Matrix;
  public class MatrixTransformer
  {
    public static function transform(sourceMatrix:Matrix, xScale:Number=100, yScale:Number=100, dx:Number=0, dy:Number=0, rotation:Number=0, skew:Number=0, skewType:String="right"):Matrix
    {
        sourceMatrix = MatrixTransformer.skew(sourceMatrix, skew, skewType);
        sourceMatrix = MatrixTransformer.scale(sourceMatrix, xScale, yScale);
        sourceMatrix = MatrixTransformer.translate(sourceMatrix, dx, dy);
        sourceMatrix = MatrixTransformer.rotate(sourceMatrix, rotation, "degrees");
        return sourceMatrix;
    }
    public static function scale(sourceMatrix:Matrix, xScale:Number, yScale:Number, percent:Boolean = true):Matrix
    {
      if (percent)
      {
        xScale = xScale / 100;
        yScale = yScale / 100;
      }
```

声明包

导入必要对象，支持简单的变形，如缩放、旋转、扭曲等
声明类
声明函数，调用最合适的MatrixTransformer类方法，然后将更新变形

变形对象

缩放对象

移动对象

旋转对象

声明缩放对象并返回结果函数，让用户指定缩放的百分比而不是绝对值

```
        sourceMatrix.scale(xScale, yScale)
        return sourceMatrix;
    }
    public static function translate(sourceMatrix:Matrix, dx:Number, dy:Number):Matrix {
        sourceMatrix.translate(dx, dy);
        return sourceMatrix;
    }
    public static function rotate(sourceMatrix:Matrix, angle:Number, unit:String = "radians"):Matrix {
        if (unit == "degrees")
        {
          angle = Math.PI * 2 * angle / 360;
        }
        if (unit == "gradients")
        {
          angle = Math.PI * 2 * angle / 100;
        }
        sourceMatrix.rotate(angle)
        return sourceMatrix;
    }
    public static function skew(sourceMatrix:Matrix, angle:Number, skewSide:String = "right", unit:String = "degrees"):Matrix {
        if (unit == "degrees")
        {
          angle = Math.PI * 2 * angle / 360;
        }
        if (unit == "gradients")
        {
          angle = Math.PI * 2 * angle / 100;
        }
        var skewMatrix:Matrix = new Matrix();
        if (skewSide == "right")
        {
          skewMatrix.b = Math.tan(angle);
        } else  { // skewSide == "bottom"
          skewMatrix.c = Math.tan(angle);
        }
        sourceMatrix.concat(skewMatrix)
        return sourceMatrix;
    }
  }
}
```

声明移动对象并返回结果函数

声明旋转对象并返回结果函数，让用户指定的参数包括 degrees、gradients 或 radians

声明缩放对象并返回结果函数，让用户指定的参数包括 degrees、gradients 或 radians

缩放的边由用户指定参数决定 (右边)

缩放的边为底边

Step 06 选中时间轴第 1 帧，按下【F9】键打开动作面板，然后输入如下的代码（省去注释部分），如图 11-24 所示。

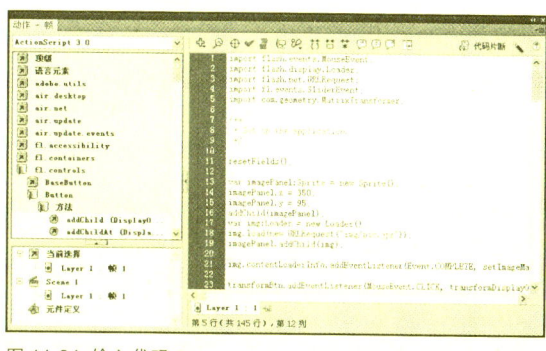

图 11-24 输入代码 2

代码	说明

`import flash.events.MouseEvent;`
`import flash.display.Loader;`
`import flash.net.URLRequest;`
`import fl.events.SliderEvent;`
`import com.geometry.MatrixTransformer;`
	导入各类必要对象

`resetFields();`	设置应用程序
`var imagePanel:Sprite = new Sprite();`	新建 Sprite 对象
`imagePanel.x = 350;` `imagePanel.y = 95;`	设置图片面板的 x 坐标和 y 坐标
`addChild(imagePanel);`	
`var img:Loader = new Loader();`	新建 Loader 对象
`img.load(new URLRequest("img/pic.jpg"));`	声明载入图片的路径
`imagePanel.addChild(img);`	

`img.contentLoaderInfo.`
`addEventListener(Event.COMPLETE,`
`setImageMask);`
	设置图片遮罩

`transformBtn.addEventListener(MouseEvent.` `CLICK, transformDisplayObject);`	设置单击鼠标事件的变形显示对象

`resetTransformBtn.`
`addEventListener(MouseEvent.CLICK,`
`resetTransform);`
	设置单击鼠标事件的重置显示对象

`xScaleSlider.addEventListener(SliderEvent.` `THUMB _ DRAG,sliderChange);`	添加鼠标拖曳事件的舞台中 x 轴缩放滑块
`xScaleSlider.addEventListener(SliderEvent.` `THUMB _ RELEASE,sliderRelease);`	添加鼠标释放事件的舞台中 x 轴缩放滑块
`yScaleSlider.addEventListener(SliderEvent.` `THUMB _ DRAG,sliderChange);`	添加鼠标拖曳事件的舞台中 y 轴缩放滑块
`yScaleSlider.addEventListener(SliderEvent.` `THUMB _ RELEASE,sliderRelease);`	添加鼠标释放事件的舞台中 y 轴缩放滑块
`dxSlider.addEventListener(SliderEvent.` `THUMB _ DRAG,sliderChange);`	添加鼠标拖曳事件的舞台中 x 轴移动滑块
`dxSlider.addEventListener(SliderEvent.` `THUMB _ RELEASE,sliderRelease);`	添加鼠标释放事件的舞台中 x 轴移动滑块
`dySlider.addEventListener(SliderEvent.` `THUMB _ DRAG,sliderChange);`	添加鼠标拖曳事件的舞台中 y 轴移动滑块
`dySlider.addEventListener(SliderEvent.`	添加鼠标释放事件的舞台中 y 轴移动滑块

`THUMB_RELEASE,sliderRelease);`	
`rotationSlider.addEventListener(SliderEvent.THUMB_DRAG,sliderChange);`	添加鼠标拖曳事件的舞台中旋转滑块
`rotationSlider.addEventListener(SliderEvent.THUMB_RELEASE,sliderRelease);`	添加鼠标释放事件的舞台中旋转滑块
`skewSlider.addEventListener(SliderEvent.THUMB_DRAG,sliderChange);`	添加鼠标拖曳事件的舞台中变形滑块
`skewSlider.addEventListener(SliderEvent.THUMB_RELEASE,sliderRelease);`	添加鼠标释放事件的舞台中变形滑块
`var tf:TextFormat = new TextFormat();`	新建 TextFormat 对象
`tf.font = "Verdana";`	设置字体
`tf.size = 10;`	设置字号
`tf.bold = true;`	设置粗体字
`var toolTip:TextField = new TextField();`	新建 TextFormat 对象
`toolTip.background = true;`	设置背景
`toolTip.backgroundColor = 0xFFCC66;`	设置背景颜色
`toolTip.border = true;`	设置边框
`toolTip.borderColor = 0x000000;`	设置边框颜色
`toolTip.multiline = false;`	设置多行
`toolTip.autoSize = "center";`	设置自动尺寸
`toolTip.visible = false;`	设置可见
`addChild(toolTip);`	
`function setImageMask(e:Event):void`	创建匹配图像面板尺寸的遮罩
`{`	
`    var maskImage:Shape = new Shape();`	创建矩形遮罩形状
`  maskImage.graphics.beginFill(0x666666);`	设置遮罩图形的起始填充色
`maskImage.graphics.drawRect(0,0,img.content.width,img.content.height);`	绘制矩形
`    maskImage.graphics.endFill();`	设置遮罩图形的结束填充色
`  var border:Sprite = new Sprite();`	新建 Sprite 对象
`  border.graphics.lineStyle(1,0,1);`	绘制边框线条样式
`  border.graphics.drawRect(imagePanel.x,imagePanel.y,img.content.width,img.content.height);`	绘制边框矩形
`  border.graphics.endFill();`	设置边框填充
`  addChild(border);`	
`  imagePanel.addChild(maskImage);`	
`    imagePanel.mask = maskImage;`	应用遮罩
`}`	
`function resetFields():void`	重置所有的输入控制
`{`	
`  xScaleSlider.value = 100;`	X 轴缩放滑块的值为 100
`  yScaleSlider.value = 100;`	Y 轴缩放滑块的值为 100
`  dxSlider.value = 0;`	X 轴移动滑块的值为 0
`  dySlider.value = 0;`	Y 轴移动滑块的值为 0

```
    rotationSlider.value = 0;                          旋转滑块的值为 0
    skewSlider.value = 0;                              变形滑块的值为 0
}
function resetTransform(e:MouseEvent):               重置显示对象的变形
void {
    img.content.transform.matrix = new
Matrix();
    resetFields();                                     重置文字输入域
}
function transformDisplayObject(e:Mou                变形对象，并应用到图片中
seEvent):void
{
    var tempMatrix:Matrix = img.content.
transform.matrix;
    var skewSide:String = new String;                 定义变形依据的边
    if (skewRight.selected)
    {
        skewSide = "right";
    }
    else
    {
        skewSide = "bottom";
    }
    tempMatrix = MatrixTransformer.                   应用变形
transform(tempMatrix, xScaleSlider.
value, yScaleSlider.value, dxSlider.
value, dySlider.value, rotationSlider.
value, skewSlider.value, skewSide );
    img.content.transform.matrix =
tempMatrix;
}
function sliderChange(e:SliderEvent):v               声明改变滑块值函数
oid {
    var slider:Slider = e.target as Slider;
    var totalSlideRange = slider.maximum
 - slider.minimum;
    var valueWithinRange = slider.value
 - slider.minimum;
    var relativePosition = valueWithinRange
 / totalSlideRange;
    toolTip.text = slider.value.toString();          设置文本
    toolTip.x = slider.x + (slider.width *           设置 X 坐标
relativePosition) - (toolTip.width / 2);          设置 Y 坐标
    toolTip.y = slider.y - 20;
    toolTip.visible = true;                           设置可见
    toolTip.setTextFormat(tf);                        设置文字格式
}
```

```
function sliderRelease(e:SliderEvent):     声明释放滑块函数
void {
    toolTip.visible = false;               设置可见
}
```

Step 07 按下【Ctrl+Enter】键测试动画，使用光标拖曳不同的滑块后，单击【变形】按钮，图片就会出现相应的变形效果，如图 11-25 所示。

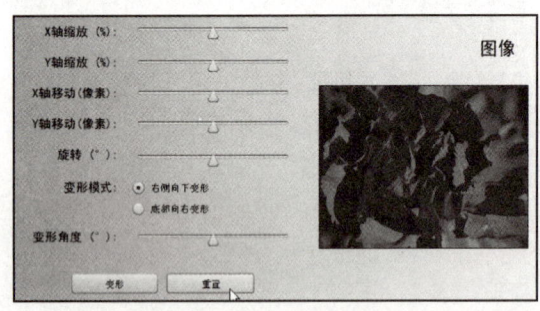 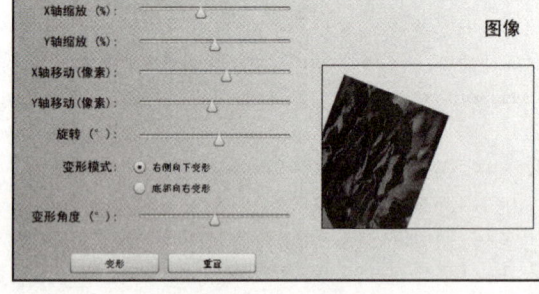

图 11-25 测试动画

11.4 使用绘图API

虽然导入的图像和插图非常重要，但用户也可以使用一项称为绘图 API 的功能（用于在 ActionScript 中绘制线条和形状）随时启动计算机中的应用程序，这就相当于一个空白画布，用户可以在上面创建所需的任何图像。能够创建自己的图形为用户的应用程序提供了广阔的前景。通过使用本节介绍的方法，用户可以创建绘图程序、制作交互的动画效果，或以编程方式创建自己的界面元素等。

绘图 API 是 ActionScript 中的一项内置功能的名称，用户可以使用该功能来创建矢量图形（直线、曲线、形状、填充和渐变），并使用 ActionScript 在屏幕上显示它们，flash.display.Graphics 类提供了这一功能。用户可以在任何 Shape、Sprite 或 MovieClip 实例中使用 ActionScript 进行绘制（使用其中的每个类中定义的 graphics 属性）。

如果刚刚开始学习使用代码进行绘制，可以使用 Graphics 类中包含的几种方法来简化绘制常见形状（如圆、椭圆、矩形以及带圆角的矩形）的过程。用户可以将它们作为空线条或填充形状进行绘制。当用户需要更高级的功能时，还可以使用 Graphics 类中包含的用于绘制直线和二次贝塞尔曲线的方法，用户可以将这些方法与 Math 类中的三角函数配合使用来创建所需的任何形状。

11.4.1 绘制直线和曲线

每个 Shape、Sprite 和 MovieClip 对象都具有一个 graphics 属性，它是 Graphics 类的一个实例。Graphics 类包含用于绘制线条、填充和形状的属性和方法。如果要将显示对象仅用作内容绘制画布，则可以使用 Shape 实例。Shape 实例的性能优于其他用于绘制的显示对象，因为它不会产生 Sprite 和 MovieClip 类中的附加功能的开销。如果希望能够在显示对象上绘制图形内容，并且还希望该对象包含其他显示对象，则可以使用 Sprite 实例。使用 Graphics 实例进行的所有绘制均是基于包含直线和曲线的基本绘制。

1. 定义线条和填充样式

要使用 Shape、Sprite 或 MovieClip 实例的 graphics 属性进行绘制，用户必须先定义在绘制时使用的样式（线条大小和颜色、填充颜色）。就像使用 Flash 或其他绘图应用程序中的绘制工具一样，使用

ActionScript 进行绘制时，可以使用笔触或填充颜色进行绘制，也可以不使用。用户可以使用 lineStyle() 或 lineGradientStyle() 方法来指定笔触的外观。要创建纯色线条，请使用 lineStyle() 方法，调用此方法时，用户指定的最常用的值是前三个参数，即线条粗细、颜色以及 Alpha。例如，下面这行代码指示名为 myShape 的 Shape 对象绘制两个像素粗、红色 (0x990000) 以及 75% 不透明的线条。

```
myShape.graphics.lineStyle(2, 0x990000, .75);
```

Alpha 参数的默认值为 1.0 (100%)，因此，如果需要完全不透明的线条，可以保持该参数值不变。lineStyle() 方法还接受两个用于像素提示和缩放模式的额外参数。

如果要创建填充形状，请在开始绘制之前调用 beginFill()、beginGradientFill() 或 beginBitmapFill() 方法。其中最基本的方法 beginFill() 接受填充颜色以及填充颜色的 Alpha 值（可选）。例如，如果要绘制具有纯绿色填充的形状，应使用以下代码（假设在名为 myShape 的对象上进行绘制）。

```
myShape.graphics.beginFill(0x00FF00);
```

调用任何填充方法时，将隐式地结束任何以前的填充，然后再开始新的填充。调用任何指定笔触样式的方法时，将替换以前的笔触，但不会改变以前指定的填充，反之亦然。

指定了线条样式和填充属性后，下一步是指示绘制的起始点。Graphics 实例具有一个绘制点，就像是纸上的钢笔尖一样，无论绘制点位于什么位置，它都是开始执行下一个绘制动作的位置。最初，Graphics 对象将它绘制时所在对象的坐标空间中的点 (0, 0) 作为起始绘制点。要在其他点开始进行绘制，用户可以先调用 moveTo() 方法，然后再调用绘制方法之一。这类似于将钢笔尖从纸上抬起，然后将其移到新位置。

确定绘制点后，可通过使用对绘制方法 lineTo()（用于绘制直线）和 curveTo()（用于绘制曲线）的一系列调用来进行绘制。

在进行绘制时，如果已指定了填充颜色，可以指示 Adobe Flash Player 调用 endFill() 方法来结束填充。如果绘制的形状没有闭合（换句话说，在调用 endFill() 时，绘制点不在形状的起始点），调用 endFill() 方法时，Flash Player 将自动绘制一条直线以闭合形状，该直线从当前绘制点到最近一次 moveTo() 调用中指定的位置。如果已开始填充并且没有调用 endFill()，调用 beginFill()（或其他填充方法之一）时，将关闭当前填充并开始新的填充。

2. 绘制直线

调用 lineTo() 方法时，Graphics 对象将绘制一条直线，该直线从当前绘制点到指定为方法调用中的两个参数的坐标，以便使用指定的线条样式进行绘制。例如，该行代码将绘制点放在点 (100, 100) 上，然后绘制一条到点 (200, 200) 的直线。

```
myShape.graphics.moveTo(100, 100);
myShape.graphics.lineTo(200, 200);
```

3. 绘制曲线

curveTo() 方法可以绘制二次贝塞尔曲线。这将绘制一个连接两个点（称为锚点）的弧，同时向第三个点（称为控制点）弯曲。Graphics 对象使用当前绘制位置作为第一个锚点。调用 curveTo() 方法时，将传递以下四个参数：控制点的 x 和 y 坐标，后跟第二个锚点的 x 和 y 坐标。例如，以下代码绘制一条曲线，它从点 (100, 100) 开始，到点 (200, 200) 结束。由于控制点位于点 (175, 125)，因此，这会创建一条曲线，它会先向右移动，然后再向下移动。

```
myShape.graphics.moveTo(100, 100);
myShape.graphics.curveTo(175, 125, 200, 200);
```

11.4.2 绘制形状

为了便于绘制常见形状（如圆、椭圆、矩形以及带圆角的矩形），ActionScript 3.0 中提供了用于绘制这些常见形状的方法。它们是 Graphics 类的 drawCircle()、drawEllipse()、drawRect()、drawRoundRect() 和 drawRoundRectComplex() 方法。这些方法可用于替代 lineTo() 和 curveTo() 方法。但要注意，在调用这些方法之前，用户仍需指定线条和填充样式。

以下示例重新创建绘制红色、绿色以及蓝色正方形的示例，其宽度和高度均为 100 个像素。以下代码使用 drawRect() 方法，并且还指定了填充颜色的 Alpha 为 50% (0.5)。

```
var squareSize:uint = 100;
var square:Shape = new Shape();
square.graphics.beginFill(0xFF0000, 0.5);
square.graphics.drawRect(0, 0,
squareSize, squareSize);
square.graphics.beginFill(0x00FF00, 0.5);
```

```
square.graphics.drawRect(200, 0,
squareSize, squareSize);
square.graphics.beginFill(0x0000FF, 0.5);
square.graphics.drawRect(400, 0,
squareSize, squareSize);
square.graphics.endFill();
this.addChild(square);
```

在 Sprite 或 MovieClip 对象中，使用 graphics 属性创建的绘制内容始终出现在该对象包含的所有子级显示对象的后面。另外，graphics 属性内容不是单独的显示对象，因此，它不会出现在 Sprite 或 MovieClip 对象的子级列表中。例如，以下 Sprite 对象使用其 graphics 属性来绘制圆，并且其子级显示对象列表中包含一个 TextField 对象。

```
var mySprite:Sprite = new Sprite();
mySprite.graphics.beginFill(0xFFCC00);
mySprite.graphics.drawCircle(30, 30, 30);
var label:TextField = new TextField();
label.width = 200;
```

```
label.text = "They call me mellow
yellow...";
label.x = 20;
label.y = 20;
mySprite.addChild(label);
this.addChild(mySprite);
```

11.4.3 创建渐变线条和填充

graphics 对象也可以绘制渐变笔触和填充，而不是纯色笔触和填充。渐变笔触是使用 lineGradientStyle() 方法创建的；渐变填充是使用 beginGradientFill() 方法创建的。

可以使用 flash.display.Graphics 类的 beginGradientFill() 和 lineGradientStyle() 方法来定义在形状中使用的渐变。定义渐变时，需要提供一个矩阵作为这些方法的其中一个参数。

定义矩阵的最简单方法是使用 Matrix 类的 createGradientBox() 方法，该方法创建一个用于定义渐变的矩阵。可以使用传递给 createGradientBox() 方法的参数来定义渐变的缩放、旋转和位置。createGradientBox() 方法接受以下参数。

- 渐变框宽度：渐变扩展到的宽度（以像素为单位）。
- 渐变框高度：渐变扩展到的高度（以像素为单位）。
- 渐变框旋转：将应用于渐变的旋转角度（以弧度为单位）。
- 水平平移：将渐变水平移动的距离（以像素为单位）。
- 垂直平移：将渐变垂直移动的距离（以像素为单位）。

下面的代码生成了一个放射状渐变。

```
import flash.display.Shape;
import flash.display.GradientType;
import flash.geom.Matrix;
var type:String = GradientType.RADIAL;
var colors:Array = [0x00FF00, 0x000088];
var alphas:Array = [1, 1];
var ratios:Array = [0, 255];
var spreadMethod:String =
SpreadMethod.PAD;
var interp:String =
InterpolationMethod.LINEAR _ RGB;
var focalPtRatio:Number = 0;
var matrix:Matrix = new Matrix();
var boxWidth:Number = 50;
var boxHeight:Number = 100;
var boxRotation:Number = Math.PI/2; // 90°
var tx:Number = 25;
var ty:Number = 0;
matrix.createGradientBox(boxWidth,
boxHeight, boxRotation, tx, ty);
var square:Shape = new Shape;
square.graphics.beginGradientFill(type,
colors, alphas, ratios, matrix,
spreadMethod, interp, focalPtRatio);
square.graphics.drawRect(0, 0, 100, 100);
addChild(square);
```

lineGradientStyle() 方法的工作方式与 beginGradientFill() 类似，所不同的是，除了定义渐变外，用户还必须在绘制之前使用 lineStyle() 方法指定笔触粗细。以下代码绘制一个带有红色、绿色和蓝色渐变笔触的框。

```
var myShape:Shape = new Shape();
var gradientBoxMatrix:Matrix = new
Matrix();
gradientBoxMatrix.
createGradientBox(200, 40, 0, 0, 0);
myShape.graphics.lineStyle(5, 0);
myShape.graphics.
lineGradientStyle(GradientType.LINEAR,
[0xFF0000, 0x00FF00, 0x0000FF], [1, 1,
1], [0, 128, 255], gradientBoxMatrix);
myShape.graphics.drawRect(0, 0, 200,
40);
this.addChild(myShape);
```

上机练习 | 制作可控绘图板动画

原始文件：sample\第11章\原始文件\上机练习\绘图板.fla
最终文件：sample\第11章\最终文件\上机练习\绘图板-end.fla
应用范围：Flash高级编程，ActionScript 3.0交互应用

Step 01 打开"sample\第11章\原始文件\上机练习\绘图板.fla"文件，隐藏button图层，锁定background图层和labels图层，在components图层中由左至右依次将舞台中的Slider组件对象命名，分别为ptradius_slider、handleradius_slider、red_slider、green_slider、blue_slider、opacity_slider，由上至下依次将舞台中的NumericStepper组件命名，分别为input_stepper、weight_stepper，如图11-26所示。

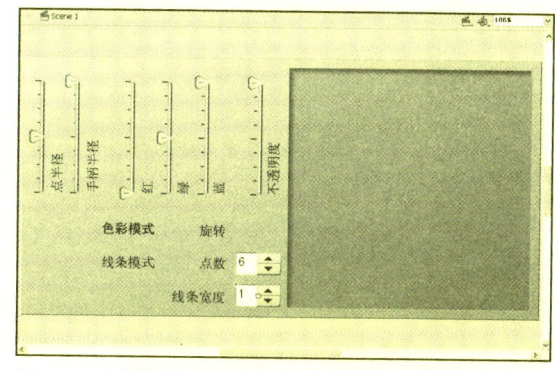

图 11-26 命名舞台组件

Step 02 显示 button 图层，将"色彩模式"按钮命名为 colormode_btn，将按钮上的椭圆影片剪辑命名为 colorModeIndicator；为"线条模式"按钮命名为 linemode_btn，将按钮上的线条影片剪辑命名为 modeIndicator；为"旋转"按钮从左至右依次命名为 twirlbck_btn、twirlfwd_btn；为"重画"按钮命名为 redraw_btn，如图 11-27 所示。

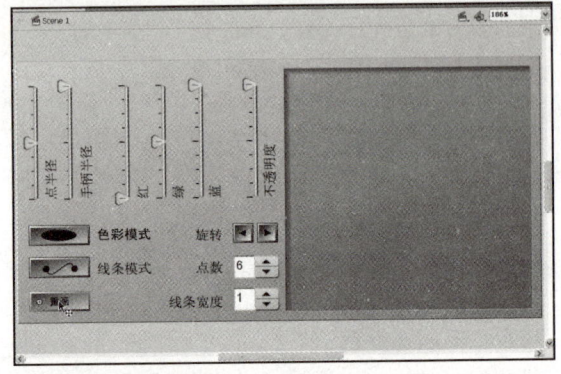

图 11-27 命名按钮实例

Step 03 取消选择舞台中的所有对象，单击属性面板"类"文本框后的【编辑类定义】按钮，在弹出的"创建 ActionScript 3.0 类"对话框中输入 code.Drawing3，如图 11-28 所示。

Step 04 单击【确定】按钮后，Flash 打开"脚本"窗口，并添加了一些 ActionScript 代码，如图 11-29 所示。

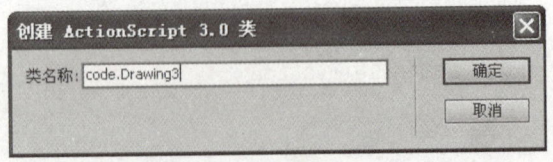

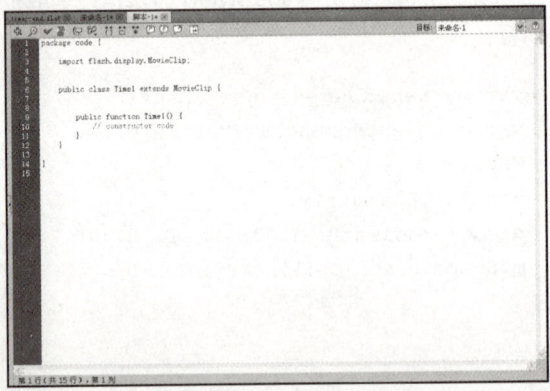

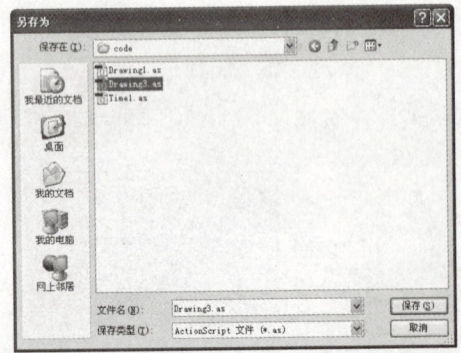

图 11-28 "创建 ActionScript 3.0 类"对话框

图 11-29 "脚本"窗口

Step 05 按下【Ctrl+S】键，在打开的"另存为"对话框中将脚本保存到 code 目录下，文件名命名为 Drawing3.as，如图 11-30 所示。

Step 06 单击【保存】按钮后，开始编辑脚本代码，将默认的代码删除，然后输入如下的代码（省去注释部分），如图 11-31 所示。

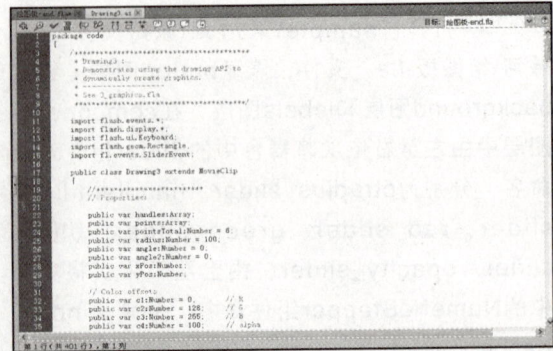

图 11-30 "另存为"对话框

图 11-31 输入代码

```
package code                                    声明包
{
  import flash.events.*;                        导入各类必要对象
  import flash.display.*;
  import flash.ui.Keyboard;
  import flash.geom.Rectangle;
  import fl.events.SliderEvent;
  public class Drawing3 extends MovieClip        声明类
  {
    public var handles:Array;                    设置属性
    public var points:Array;
    public var pointsTotal:Number = 6;
    public var radius:Number = 100;
    public var angle:Number = 0;
    public var angle2:Number = 0;
    public var xPos:Number;
    public var yPos:Number;
    public var c1:Number = 0;     // R            设置色彩红色补偿
    public var c2:Number = 128;   // G            设置色彩绿色补偿
    public var c3:Number = 255;   // B            设置色彩蓝色补偿
    public var c4:Number = 100;   // alpha        设置不透明度补偿
    public var lc1:Number = 0;    // R            设置线条色彩红色补偿
    public var lc2:Number = 0;    // G            设置线条色彩绿色补偿
    public var lc3:Number = 0;    // B            设置线条色彩蓝色补偿
    public var lc4:Number = 100;  // alpha        设置线条不透明度补偿
    public var mode:Boolean = true;               设置旗帜
    public var dragging:Boolean = true;
    public var colorMode:Boolean = true;
    public var drawArea:Sprite;                   声明构造函数
    public var tangentArea:Sprite;
    public var drawingMask:MovieClip;
    public function Drawing3()                    声明核心构造函数
    {
 redraw_btn.                                     响应重画按钮鼠标单击事件
addEventListener(MouseEvent.CLICK,clic
kHandler,false,0,true);
 linemode_btn.                                   响应线条模式按钮鼠标单击事件
addEventListener(MouseEvent.CLICK,clic
kHandler,false,0,true);
 colormode_btn.                                  响应色彩模式按钮鼠标单击事件
addEventListener(MouseEvent.CLICK,clic
kHandler,false,0,true);
 twirlfwd_btn.                                   响应向前旋转按钮鼠标单击事件
addEventListener(MouseEvent.CLICK,clic
kHandler,false,0,true);
 twirlbck_btn.                                   响应向后旋转按钮鼠标单击事件
addEventListener(MouseEvent.CLICK,clic
```

```
kHandler,false,0,true);
  ptradius_slider.addEventListener(SliderEvent.THUMB_DRAG,sliderHandler);
```
响应点半径滑块的鼠标拖曳事件

```
  handleradius_slider.addEventListener(SliderEvent.THUMB_DRAG,sliderHandler);
```
响应手柄半径滑块的鼠标拖曳事件

```
  red_slider.addEventListener(SliderEvent.THUMB_DRAG,sliderHandler);
```
响应红滑块的鼠标拖曳事件

```
  green_slider.addEventListener(SliderEvent.THUMB_DRAG,sliderHandler);
```
响应绿滑块的鼠标拖曳事件

```
  blue_slider.addEventListener(SliderEvent.THUMB_DRAG,sliderHandler);
```
响应蓝滑块的鼠标拖曳事件

```
  opacity_slider.addEventListener(SliderEvent.THUMB_DRAG,sliderHandler);
```
响应不透明度滑块的鼠标拖曳事件

```
  input_stepper.addEventListener(Event.CHANGE,changeHandler);
```
响应点数或线条宽度的鼠标改变事件

```
      addEventListener(Event.ENTER_FRAME,draw);
```
响应帧事件

```
    }
    public function draw(event:Event):void
    {
```
绘图初始化

```
      tangentArea = new Sprite();
      drawArea = new Sprite();
```
声明绘图容器

```
      addChild(drawArea);
      addChild(tangentArea);
      colorModeIndicator.mouseEnabled = false;
      modeIndicator.mouseEnabled = false;
```
设置图标

```
      xPos = workarea_mc.x + (workarea_mc.width/2);
      yPos = workarea_mc.y + (workarea_mc.height/2);
```
初始化点

```
      initialize();
      removeEventListener(Event.ENTER_FRAME,draw);
      addEventListener(Event.ENTER_FRAME,enterFrameHandler);
```
手柄监听

```
    }
    public function initialize():void
    {
```
声明公共方法

```
      clear();
```

```
            pointsTotal = input_stepper.value;
            angle = 0;
            for(var i:Number=0; 
i<pointsTotal; i++)
                {
                handles[i] = new Handle();              // 放置手柄
                handles[i].x = Math.                    // 设置手柄 X 坐标
sin((angle+(360/(pointsTotal*2)))*(Math.
PI/180))*radius+xPos;
                handles[i].y = Math.                    // 设置手柄 Y 坐标
cos((angle+(360/(pointsTotal*2)))*(Math.
PI/180))*radius+yPos;
         handles[i].addEventListener(MouseEvent.
MOUSE_DOWN,dragPressHandler);
                addChild(handles[i]);
                points[i] = new CenterPoint();          // 放置中心点
                points[i].x = (Math.                    // 设置中心点 X 坐标
sin(angle*(Math.PI/180))*radius/2)+xPos;
                points[i].y = (Math.                    // 设置中心点 Y 坐标
cos(angle*(Math.PI/180))*radius/2)+yPos;
         points[i].
addEventListener(MouseEvent.MOUSE_
DOWN,dragPressHandler);
                addChild(points[i]);
                angle += 360/pointsTotal;               // 增加的角度
            }
         stage.addEventListener(MouseEvent.             // 由舞台对象处理鼠标释放和在外侧释放事件
MOUSE_UP,dragReleaseHandler);
        }
        public function clear():void                    // 声明清除函数
        {
            if( handles != null )
            {
                var len:Number = handles.length;
                for(var i:Number=0; i < len; i++){
                    removeChild(handles[i]);
                    removeChild(points[i]);
                    delete handles[i];
                    delete points[i];
                }
            }
            points = new Array();
            handles = new Array();
        }
        protected function dragPressHandler(            // 鼠标拖放按下事件处理
event:MouseEvent ):void
        {
```

```
        var rx:Number = workarea_mc.x + 
event.target.width/2;
        var ry:Number = workarea_mc.y + 
event.target.height/2;
        var rw:Number = workarea_mc.width 
- event.target.width;
        var rh:Number = workarea_mc.height 
- event.target.height;
        var rect:Rectangle = new 
Rectangle(rx, ry, rw, rh);
        dragging = true;
        event.target.startDrag(false,rect);
    }
    protected function dragReleaseHandler(
event:MouseEvent ):void
    {
      if( dragging ){
        dragging = false;
        stopDrag();
      }
    }
    protected function changeHandler(
event:Event ):void
    {
        initialize();
    }
    protected function clickHandler(
event:MouseEvent ):void
    {
        switch( event.target )
        {
          case redraw_btn:
            c1 = 0;
            c2 = 128;
            c3 = 255;
            c4 = 100;
            lc1 = 0;
            lc2 = 0;
            lc3 = 0;
            lc4 = 100;
            mode = true;
            colorMode = true;
            ptradius_slider.value = 50;
            handleradius_slider.value = 100;
            red_slider.value = c1;
            green_slider.value = c2;
            blue_slider.value = c3;
```

创建一个矩形用来限制拖曳，设置 x 坐标

设置 y 坐标

设置矩形宽度

设置矩形高度

建立矩形对象

设置拖曳

鼠标拖放释放事件处理

停止拖曳

鼠标改变事件处理

初始化

鼠标单击事件处理

如果是重画按钮
重置变量值

重置点半径组件值
重置手柄半径组件值
重置红滑块组件值
重置绿滑块组件值
重置蓝滑块组件值

```
            opacity_slider.value = c4 * 100;          重置不透明度滑块组件值
            input_stepper.value = 6;                  重置点数列表组件值
            weight_stepper.value = 1;                 重置线条宽度列表组件值
            modeIndicator.gotoAndStop(1);             线条模式跳转并停止在第1帧
            colorModeIndicator.gotoAndStop(1);        色彩模式跳转并停止在第1帧
            twirlbck_btn.enabled = mode;              向前旋转按钮不透明度设置
            twirlbck_btn.alpha = mode ?
1 : 0.5;
            twirlfwd_btn.enabled = mode;              向后旋转按钮不透明度设置
            twirlfwd_btn.alpha = mode ?
1 : 0.5;
            handleradius_slider.enabled               手柄半径不透明度设置
= mode;
            handleradius_slider.alpha =
mode ? 1 : 0.5;
            initialize();                             绘制屏幕
            break;
         case linemode_btn:                           如果是线条模式按钮
            mode = !mode;                             调整曲线模式
            modeIndicator.gotoAndStop((mode
? 1 : 2));
            for (var i:Number=0;                      显示或隐藏手柄
i<pointsTotal; i++) {
               handles[i].visible = mode;
            }
            tangentArea.visible = mode;
            twirlbck_btn.enabled = mode;              向前旋转按钮不透明度设置
            twirlbck_btn.alpha = mode ?
1 : 0.5;
            twirlfwd_btn.enabled = mode;              向后旋转按钮不透明度设置
            twirlfwd_btn.alpha = mode ?
1 : 0.5;
            handleradius_slider.enabled               手柄半径不透明度设置
= mode;
            handleradius_slider.alpha =
mode ? 1 : 0.5;
            break;
         case colormode_btn:                          如果是色彩模式按钮
            colorMode = !colorMode;                   调整色彩模式
            if( colorMode ){
               red_slider.value = c1;                 设置红滑块值
               green_slider.value = c2;               设置绿滑块值
               blue_slider.value = c3;                设置蓝滑块值
               opacity_slider.value = c4 *            设置不透明度滑块值
100;
            }else{
               red_slider.value = lc1;                设置红滑块值
```

```
            green_slider.value = lc2;        设置绿滑块值
            blue_slider.value = lc3;         设置蓝滑块值
            opacity_slider.value = lc4       设置不透明度滑块值
* 100;
        }
    colorModeIndicator.
gotoAndStop((colorMode ? 1 : 2));
        break;
      case twirlbck_btn:                     如果是向前旋转按钮
        for(i=0; i<pointsTotal; i++){        调整旋转
            angle += .5;
            handles[i].x = Math.             设置旋转手柄的 X 坐标
sin((angle+(360/(pointsTotal*2)))*(Math.
PI/180))*handleradius_slider.
value+xPos;
            handles[i].y = Math.             设置旋转手柄的 Y 坐标
cos((angle+(360/(pointsTotal*2)))*(Math.
PI/180))*handleradius_slider.
value+yPos;
            angle += 360/pointsTotal;        设置旋转角度
        }
        break;
      case twirlfwd_btn:                     如果是向前旋转按钮
        for(i=0; i<pointsTotal; i++){        调整旋转
            angle -= .5;
            handles[i].x = Math.             设置旋转手柄的 X 坐标
sin((angle+(360/(pointsTotal*2)))*(Math.
PI/180))*handleradius_slider.value+xPos;
            handles[i].y = Math.             设置旋转手柄的 Y 坐标
cos((angle+(360/(pointsTotal*2)))*(Math.
PI/180))*handleradius_slider.
value+yPos;
            angle += 360/pointsTotal;        设置旋转角度
        }
        break;
   }
 }
    protected function sliderHandler(        滑块事件处理
event:SliderEvent ):void
    {
      switch( event.target )
      {
        case ptradius_slider:                如果是点半径滑块
          for(var i:Number=0;
i<pointsTotal; i++){                         调整点半径
            points[i].x = Math.              设置点的 X 坐标
sin(angle2*(Math.PI/180))*ptradius_
```

```
slider.value+xPos;
        points[i].y = Math.
cos(angle2*(Math.PI/180))*ptradius_
slider.value+yPos;
        angle2 += 360/pointsTotal;
      }
      break;
    case handleradius_slider:
      for(i=0; i<pointsTotal; i++){
        handles[i].x = Math.
sin((angle+(360/(pointsTotal*2)))*(Math.
PI/180))*handleradius_slider.value+xPos;
        handles[i].y = Math.
cos((angle+(360/(pointsTotal*2)))*(Math.
PI/180))*handleradius_slider.value+yPos;
        angle += 360/pointsTotal;
      }
      break;
    case red_slider:
      if( colorMode ){
        c1 = red_slider.value;
      }else{
        lc1 = red_slider.value;
      }
      break;
    case green_slider:
      if( colorMode ){
        c2 = green_slider.value;
      }else{
        lc2 = green_slider.value;
      }
      break;
    case blue_slider:
      if( colorMode ){
        c3 = blue_slider.value;
      }else{
        lc3 = blue_slider.value;
      }
      break;
    case opacity_slider:
      if( colorMode ){
        c4 = opacity_slider.value/100;
      }else{
        lc4 = opacity_slider.value/100;
      }
      break;
  }
```

设置点的Y坐标

设置点的角度

如果是手柄半径滑块
调整手柄半径
设置手柄的X坐标

设置手柄的Y坐标

设置手柄的角度

如果是红滑块
调整红色

如果是绿滑块
调整绿色

如果是蓝滑块
调整蓝色

如果是不透明度滑块
调整不透明度

```
    }
    protected function enterFrameHandler(event:Event):void
    {
        tangentArea.graphics.clear();
        tangentArea.graphics.lineStyle(0,0x000000,100);
        for(var i:Number=0; i<pointsTotal; i++){
            tangentArea.graphics.moveTo(handles[i].x, handles[i].y);
            tangentArea.graphics.lineTo(points[i].x, points[i].y);
        }
        var RGB:Number = (c1 << 16 | c2 << 8 | c3);
        var lineRGB:Number = (lc1 << 16 | lc2 << 8 | lc3);
        drawArea.graphics.clear();
        if( weight_stepper.value > 0 ){
         drawArea.graphics.lineStyle(weight_stepper.value, lineRGB, lc4);
        }
        drawArea.graphics.beginFill(RGB,c4);
        for(i=0; i<pointsTotal; i++)
        {
          if( i == 0 ){
            drawArea.graphics.moveTo(points[i].x, points[i].y);
          }
          angle += 360/pointsTotal;
          if( mode )
          {
            if( i<pointsTotal-1 ){
              drawArea.graphics.curveTo(handles[i].x, handles[i].y, points[i+1].x, points[i+1].y);
            } else {
              drawArea.graphics.curveTo(handles[i].x, handles[i].y, points[0].x, points[0].y);
            }
          }
          else{
            if( i<pointsTotal-1 ) {
              drawArea.graphics.lineTo(points[i+1].x, points[i+1].y);
```

帧事件处理

绘制切线

设置线条样式

设置图形移动到指定的点

设置图形连到指定的点

获取十六进制颜色值

绘制形状

设置线条样式

设置图形填充

设置图形移动到指定的点

设置图形曲线画到指定的点

设置图形曲线画到指定的点

设置图形线条连到指定的点

```
        } else {
            drawArea.graphics.
lineTo(points[0].x, points[0].y);
        }
      }
    }
    drawArea.graphics.endFill();
  }
}
```

设置图形线条连到指定的点

图形填充完成

Step 07 按下【Ctrl+Enter】键测试动画，使用光标拖曳不同的滑块或设置不同的参数后，绘图板就会出现相应的绘图效果，如图 11-32 所示。

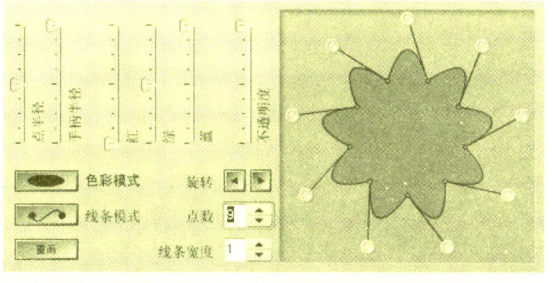 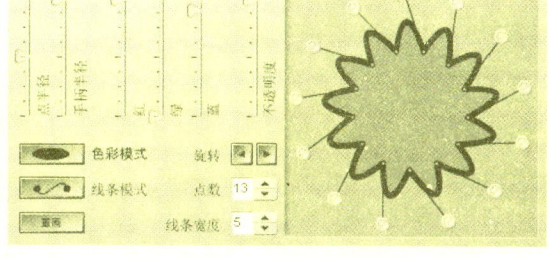

图 11-32 测试动画

上机实践｜制作时钟动画

原始文件：无
最终文件：sample\第11章\最终文件\上机实践\时钟-end.fla
实训目的：学会在Flash中制作高级编程动画
应用范围：Flash高级编程，ActionScript 3.0交互应用

下面利用 ActionScript 3.0 提供的 Date 对象获取当前日期和时间并提取小时、分钟和秒的值，使用 Timer 设置应用程序的运行速度，使用显示编程、几何结构和绘图 API 的相关知识制作一个简单的时钟动画。

Step 01 新建 Flash 文件，将舞台大小设置为 220×220，然后在第 1 帧按下【F9】键，打开动作面板，输入如下代码。

```
import com.simpleclock.*;
var sc:SimpleClock = new SimpleClock()
sc.x = 10;
sc.y = 10;
addChild(sc);
sc.initClock();
```

导入 com/simpleclock 文件夹下的 as 文件
新建 SimpleClock 对象
设置时钟的 X 坐标
设置时钟的 Y 坐标
将时钟放入舞台
时钟初始化

Step 02 执行"新建 > 文件"命令,在打开的对话框中选择"ActionScript 文件",如图 11-33 所示。

Step 03 然后单击【确定】按钮,Flash 会打开一个空白的"脚本"窗口,如图 11-34 所示。

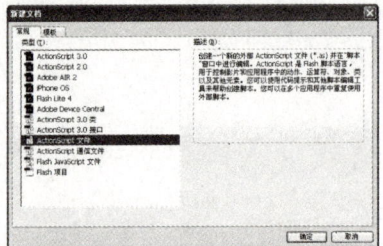

图 11-33 "新建文档"对话框

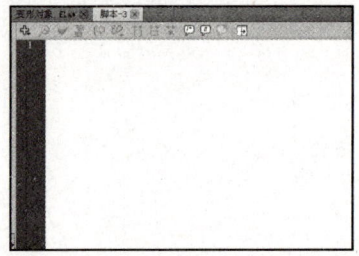

图 11-34 "脚本"窗口

Step 04 按下【Ctrl+S】键,在打开的对话框中将脚本保存到 com/simpleclock 目录下,文件名命名为 SimpleClock.as,如图 11-35 所示。

Step 05 单击【保存】按钮后,开始输入如下的代码(省去注释部分),如图 11-36 所示。

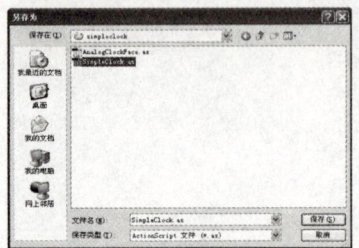

图 11-35 "另存为"对话框

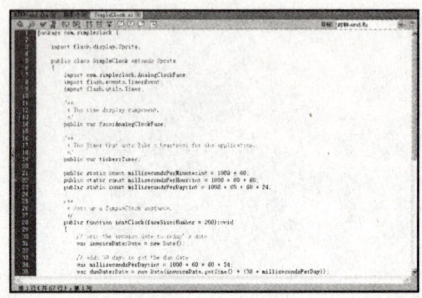

图 11-36 输入代码

```
package com.simpleclock {
  import flash.display.Sprite;
  public class SimpleClock extends Sprite
  {
    import com.simpleclock.
AnalogClockFace;
    import flash.events.TimerEvent;
    import flash.utils.Timer;
    public var face:AnalogClockFace;
    public var ticker:Timer;
        public static const
millisecondsPerMinute:int = 1000 * 60;
        public static const
millisecondsPerHour:int = 1000 * 60 * 60;
        public static const
millisecondsPerDay:int = 1000 * 60 *
60 * 24;
    public function
initClock(faceSize:Number = 200):void
    {
            var invoiceDate:Date =
new Date();
            var millisecondsPerDay:int
= 1000 * 60 * 60 * 24;
            var dueDate:Date = new
```

声明包
导入必要对象
建立 SimpleClock 类处理启动和时间保持任务

导入 com/simpleclock 下的 AnalogClockFace.
as 文件
导入其他必要对象

时间显示组件
Timer 的作用就像是应用程序的心跳
声明每分钟的毫秒数

声明每小时的毫秒数

声明每天的毫秒数

设置 SimpleClock 实例

设置今天日期为发票日

添加 30 天到到期日

```
Date(invoiceDate.getTime() + (30 * 
millisecondsPerDay));
            var oneHourFromNow:Date = 
new Date();
oneHourFromNow.setTime(oneHourFromNow.
getTime() + millisecondsPerHour);
     face = new AnalogClockFace(Math.
max(20, faceSize));
     face.init();
     addChild(face);
     face.draw();
         ticker = new Timer(1000);
ticker.addEventListener(TimerEvent.
TIMER, onTick);
         ticker.start();
    }
    public function 
onTick(evt:TimerEvent):void
         {
         face.draw();
     }
   }
 }
```

开始当前时间

创建钟面并将其添加到显示列表中

绘制初始时钟显示
创建用来每秒触发一次事件的 Timer
指定 onTick() 方法来处理 Timer 事件

启动时钟计时

onTick() 方法将在每秒收到 timer 事件时执行一次

更新时钟显示

Step 06 执行"新建 > 文件"命令，在打开的对话框中选择"ActionScript 文件"，如图 11-37 所示。

Step 07 然后单击【确定】按钮，Flash 会打开一个空白的"脚本"窗口，如图 11-38 所示。

图 11-37 "新建文档"对话框

图 11-38 "脚本"窗口

Step 08 按下【Ctrl+S】键，在打开的对话框中将脚本保存到 com/simpleclock 目录下，文件名命名为 AnalogClockFace.as，如图 11-39 所示。

Step 09 单击【保存】按钮后，开始输入如下的代码（省去注释部分），如图 11-40 所示。

图 11-39 "另存为"对话框

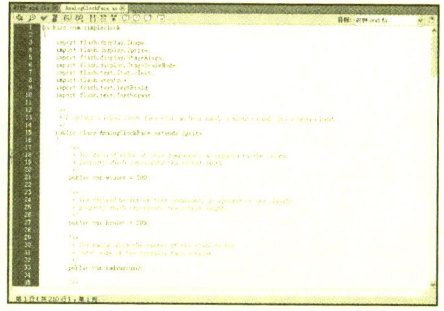

图 11-40 输入代码

213

```
package com.simpleclock                                  声明包
{
    import flash.display.Shape;                          导入必要对象
    import flash.display.Sprite;
    import flash.display.StageAlign;
    import flash.display.StageScaleMode;
    import flash.text.StaticText;
    import flash.events.*;
    import flash.text.TextField;
    import flash.text.TextFormat;
    public class AnalogClockFace                         显示一个带有时针、分针和秒针的圆形时钟
extends Sprite
    {
    public var w:uint = 200;                             声明时钟宽度
    public var h:uint = 200;                             声明时钟高度
        public var radius:uint;                          声明时钟半径
        public var centerX:int;                          声明时钟中心点的X坐标和Y坐标
        public var centerY:int;
        public var hourHand:Shape;                       声明时钟时针形状
        public var minuteHand:Shape;                     声明时钟分针形状
        public var secondHand:Shape;                     声明时钟秒针形状
        public var bgColor:uint =                        声明时钟背景色
0xEEEEFF;
        public var hourHandColor:uint                    声明时钟时针颜色
= 0x003366;
        public var minuteHandColor:uint                  声明时钟分针颜色
= 0x000099;
        public var secondHandColor:uint                  声明时钟秒针颜色
= 0xCC0033;
        public var currentTime:Date;                     储存一个当前时间的快照，使得在时钟绘制时针、
        public function                                  分针和秒针时时间不会改变
AnalogClockFace(w:uint)
        {                                                构造新的时钟表面
    this.w = w;                                          宽度和高度相同
    this.h = w;
    this.radius = Math.round(this.w / 2);                设置半径
    this.centerX = this.radius;                          到中心的水平距离和垂直距离相等
    this.centerY = this.radius;
        }
        public function init():void
        {
          drawBorder();                                  绘制时钟边框
          drawLabels();                                  绘制小时数字标签
          createHands();                                 绘制时针、分针与秒针
        }
        public function drawBorder():void                绘制环形边框
        {
            graphics.lineStyle(0.5, 0x999999);           设置线条样式
```

```
        graphics.beginFill(bgColor);          设置填充颜色
        graphics.drawCircle(centerX,          绘制圆形
centerY, radius);
        graphics.endFill();
    }
    public function drawLabels():void         在每一个小时点放置数字标签
    {
        for (var i:Number = 1; i <=
12; i++)
        {
            var label:TextField = new         创建一个显示小时数字标签的文本域对象
TextField();
            label.text = i.toString();
            var angleInRadians:Number         放置钟表表盘的小时标签
= i * 30 * (Math.PI/180)
            label.x = centerX + (0.9 *        使用sin和cos函数获得x坐标和y坐标,然后
radius * Math.sin( angleInRadians )) - 5;     通过计算获得标签的位置
            label.y = centerY - (0.9 *
radius * Math.cos( angleInRadians )) - 9;
            var tf:TextFormat = new           格式化标签文字
TextFormat();
            tf.font = "Arial";                设置字体
            tf.bold = "true";                 设置粗体字
            tf.size = 12;                     设置字号
            label.setTextFormat(tf);
            addChild(label);                  添加小时标签
        }
    }
    public function createHands():void        使用绘图API创建时针、分针和秒针
    {
        var hourHandShape:Shape =             使用绘图API中的形状对象绘制时针
new Shape();
        drawHand(hourHandShape, Math.         绘制时针形状
round(radius * 0.5), hourHandColor, 3.0);
        this.hourHand =                       添加时针
Shape(addChild(hourHandShape));
        this.hourHand.x = centerX;            设置时针的X坐标和Y坐标
        this.hourHand.y = centerY;
        var minuteHandShape:Shape =           使用绘图API中的形状对象绘制分针
new Shape();
        drawHand(minuteHandShape, Math.       绘制分针形状
round(radius * 0.8), minuteHandColor, 2.0);
        this.minuteHand = Shape(add           添加分针
Child(minuteHandShape));
        this.minuteHand.x = centerX;          设置分针的X坐标和Y坐标
        this.minuteHand.y = centerY;
        var secondHandShape:Shape             使用绘图API中的形状对象绘制秒针
= new Shape();
```

```
            drawHand(secondHandShape, Math.     绘制秒针形状
round(radius * 0.9), secondHandColor, 0.5);
            this.secondHand = Shape(add          添加秒针
Child(secondHandShape));
            this.secondHand.x = centerX;         设置秒针的 X 坐标和 Y 坐标
            this.secondHand.y = centerY;
        }
        public function                          使用给定的尺寸、颜色和宽度绘制指针
drawHand(hand:Shape, distance:uint,
color:uint, thickness:Number):void
        {
            hand.graphics.                       设置线条样式
lineStyle(thickness, color);
            hand.graphics.moveTo(0,              设置指针移动到指定的点
distance);
            hand.graphics.lineTo(0, 0);          设置指针连到指定的点
        }
        public function draw():void              在绘制时钟显示时由父容器进行调用
        {
            currentTime = new Date();            将当前日期和时间存储在实例变量中
            showTime(currentTime);
        }
        public function                          以看起来不错的老式模拟时钟样式显示指定的
showTime(time:Date):void                         Date/Time
        {
            var seconds:uint = time.             获取时间值
getSeconds();
            var minutes:uint = time.
getMinutes();
            var hours:uint = time.getHours();
            this.secondHand.rotation =           乘以 6 得到度数
180 + (seconds * 6);
            this.minuteHand.rotation =
180 + (minutes * 6);
            this.hourHand.rotation = 180         乘以 30 得到基本度数，然后最多加上 29.5 度
+ (hours * 30) + (minutes * 0.5);                (59 * 0.5) 以计算分钟。
        }
    }
}
```

Step.10 按下【Ctrl+Enter】键测试动画，可以看到完全使用 ActionScript 定义的时钟效果，如图 11-41 所示。

图 11-41 测试动画

思考与练习

★参见光盘"思考与练习答案"文档

一、填空题

（1）处理日期和时间经常使用的是＿＿＿＿＿＿＿对象和＿＿＿＿＿＿＿类。

（2）ActionScript 3.0 的＿＿＿＿＿＿＿包中包括可在 Flash Player 中显示的可视对象的类。

（3）＿＿＿＿＿＿＿对象是在 Flash 创作工具中创建的 ActionScript 形式的影片剪辑元件。

二、选择题

（1）Stage 类的哪个属性用于设置加载到应用程序中的所有 SWF 文件的帧速率？（　　）
　　A. framerate　　　B. scaleMode　　　C. stageWidth　　　D. stageHeight

（2）调用什么方法时，Graphics 对象将绘制一条直线？（　　）
　　A. lineto()　　　B. beginfill()　　　C. draw()　　　D. endfill()

（3）可以使用 flash.display.Graphics 类的哪些方法来定义在形状中使用的渐变？（　　）
　　A. beginGradientFill()　　　　　B. lineGradientStyle()
　　C. beginFill()　　　　　　　　　D. lineStyle()

三、上机操作题

（1）请参考"配套光盘\exercise\第11章\最终文件\1\练习1.fla"文件，设计一个如图11-42所示的"钟表"动画。

要求：只需要创建时针、分针和秒针的动画，时钟本身无需使用 ActionScript 3.0 绘制，使用背景图片即可。

（2）请参考"配套光盘\exercise\第11章\最终文件\2\练习2.fla"文件，设计一个如图11-43所示的"更改汽车色彩"动画。

要求：使用绘图 API 的相关知识，为汽车对象创建不同的填充色。

图11-42 "钟表"动画

图11-43 "更改汽车色彩"动画

知识延展　在ActionScript 3.0中使用滤镜

以往，对位图图像应用滤镜效果是专门图像编辑软件的范畴。ActionScript 3.0 包括 flash.filters 包，它包含一系列位图效果滤镜类，允许开发人员以编程方式对位图应用滤镜并显示对象，以达到图形处理应用程序中所具有的许多相同效果。

为应用程序添加优美效果的一种方式是添加简单的图形效果，如在图片后面添加投影可产生三维视觉效果，在按钮周围添加发光可表示该按钮当前处于活动状态。ActionScript 3.0 包括九种可应用于任何显示对象或 BitmapData 实例的滤镜。滤镜的范围从基本滤镜到用于创建各种效果的复杂滤镜。

使用滤镜可以对位图和显示对象应用从投影到斜角和模糊等各种效果。由于将每个滤镜定义为一个类，因此应用滤镜涉及创建滤镜对象的实例，这与构造任何其他对象并没有区别。创建了滤镜对象的实例后，通过使用该对象的 filters 属性可以很容易地将此实例应用于显示对象；如果是 BitmapData 对象，可以使用 applyFilter() 方法。

若要创建新滤镜对象，只需调用所选的滤镜类的构造函数方法即可。例如，若要创建新的 DropShadowFilter 对象，可以使用右侧的代码。

```
import flash.filters.DropShadowFilter;
var myFilter:DropShadowFilter = new DropShadowFilter();
```

ActionScript 3.0 包括 9 个可用于显示对象和 BitmapData 对象的滤镜类。

- **斜角滤镜（BevelFilter 类）**：BevelFilter 类允许用户对过滤的对象添加三维斜面边缘。用户可以设置加亮和阴影颜色、斜角边缘模糊、斜角角度和斜角边缘的位置，甚至可以创建挖空效果。
- **模糊滤镜（BlurFilter 类）**：BlurFilter 类可使显示对象及其内容具有涂抹或模糊的效果。通过将模糊滤镜的 quality 属性设置为低，可以模拟轻轻离开焦点的镜头效果。将 quality 属性设置为高会产生类似高斯模糊的平滑模糊效果。
- **投影滤镜（DropShadowFilter 类）**：投影滤镜使用与模糊滤镜的算法相似的算法。主要区别是投影滤镜有更多的属性，用户可以修改这些属性来模拟不同的光源属性（如 Alpha、颜色、偏移和亮度）。投影滤镜还允许用户对投影的样式应用自定义变形选项，包括内侧或外侧阴影和挖空模式。
- **发光滤镜（GlowFilter 类）**：与投影滤镜类似，发光滤镜包括的属性可修改光源的距离、角度和颜色，以产生各种不同效果。GlowFilter 还有多个选项用于修改发光样式，包括内侧或外侧发光和挖空模式。
- **渐变斜角滤镜（GradientBevelFilter 类）**：与投影滤镜类似，发光滤镜包括的属性可修改光源的距离、角度和颜色，以产生各种不同效果。GlowFilter 还有多个选项用于修改发光样式，包括内侧或外侧发光和挖空模式。
- **渐变发光滤镜（GradientGlowFilter 类）**：GradientGlowFilter 类允许用户对显示对象或 BitmapData 对象应用增强的发光效果。该效果可使用户更好地控制发光颜色，因而可产生一种更逼真的发光效果。另外，渐变发光滤镜还允许用户对对象的内侧、外侧或上侧边缘应用渐变发光。
- **颜色矩阵滤镜（ColorMatrixFilter 类）**：ColorMatrixFilter 类用于操作过滤对象的颜色和 Alpha 值。它允许用户进行饱和度更改、色相旋转（将调色板从一个颜色范围移动到另一个颜色范围）、将亮度更改为 Alpha，以及生成其他颜色操作效果，方法是使用一个颜色通道中的值，并将这些值潜移默化地应用于其他通道。
- **卷积滤镜（ConvolutionFilter 类）**：ConvolutionFilter 类可用于对 BitmapData 对象或显示对象应用广泛的图像变形，如模糊、边缘检测、锐化、浮雕和斜角。
- **置换图滤镜（DisplacementMapFilter 类）**：DisplacementMapFilter 类使用 BitmapData 对象（称为置换图图像）中的像素值在新对象上执行置换效果。通常，置换图图像与将要应用滤镜的实际显示对象或 BitmapData 实例不同。置换效果包括置换过滤的图像中的像素，也就是需要将这些像素移开原始位置一定距离。此滤镜可用于产生移位、扭曲或斑点效果。

Chapter 12 动画的发布

课题概述 要准备在其他应用程序中使用的 Flash 内容，可以使用导出命令，而要在 Web 上发布影片，则必须使用 Flash 提供的发布功能。本章详细介绍了 Flash 影片的后期处理、优化的方式，后期优化依据以及针对不同的影片可采用的优化方式，另外还详细介绍了 Flash 动画的发布设置。通过对不同格式的相应参数进行设置，可将 Flash 影片发布为不同的格式，在发布前还可进行预览。

教学目标 通过本章的学习，用户可以将制作完的 Flash 影片按照需要进行优化设置及发布，成为一个最终完成的作品。

★ 章节重点

★★★☆☆ 作品的优化与测试
★★★☆☆ 导出动画
★★★★★ 发布设置

★ 光盘路径

上机实践：sample\第12章\
课后练习：exercise\第12章\
电子教案：PPT\FL_lesson12.ppt

12.1 作品的优化与测试

随着影片文件大小的增加，它的下载和回放时间也会增加，因此要对影片的回放进行测试和优化。

12.1.1 作品的优化

当动画完成后，最后一步就是动画的发布了。动画在网上播放效果的好坏与这一步有着密切的联系。在动画发布时应尽量压缩作品的大小。在输出动画之前，为了使下载时间最短，可以执行以下操作。

- 如某元素在电影中多次使用，那就将其作为符号，然后在电影中调用该符号的实例，这样在网上浏览时下载的数据就会变少。
- 只要有可能，就使用关键帧动画，因为这类动画所占的资源远远少于帧动画。
- 尽可能限制使用一些特殊的线条类型，如虚线、点线等。实线较上述特殊类型线条所占的资源少，而且用铅笔绘制的线条占用的内存要比用刷子绘制的线条占用得少。
- 用层将在动画播放过程中发生的元素同那些没有任何变化的元素分开。
- 执行"修改 > 形状 > 优化"命令，最大程度地减少用于描述图形轮廓的单个线条的数目。
- 如有音频，请尽可能多地使用压缩效果最好的 MP3 文件格式。
- 尽量避免对位图元素进行动画处理，一般将其作为背景或者静态元素。
- 尽可能多地将元素组合。
- 利用"效果"改变实例的颜色及透明度；用"变形"面板改变实例的外形；用单一符号制作出多个变化的实例。

12.1.2 作品的测试

由于 Flash 电影可以边下载边播放，但是一旦出现电影播放到某一帧，而所需的数据还未下载完全时，电影便会停下来直到数据下载完毕再继续播放，所以通常应事先测试电影各帧的下载速度，找出下载过程中可能造成停顿的地方。下面就利用 Flash CS5 提供的模拟端测试浏览的功能来测试电影。

课堂示范素材：sample\第12章\原始文件\12.1作品的优化与测试\测试.fla

打开需测试的动画"sample\第12章\原始文件\12.1作品的优化与测试\测试.fla"文件，如图12-1所示。

然后按下【Ctrl+Enter】键或者执行"控制>测试影片>测试"命令，进入电影测试模式，如图12-2所示。

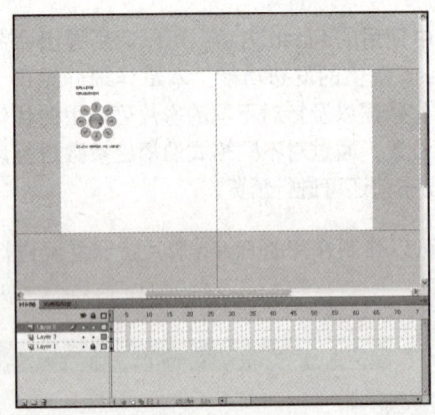
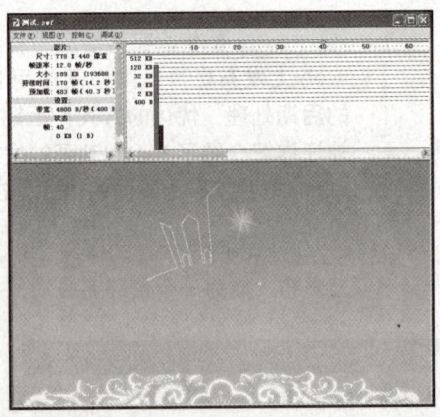

图 12-1 动画 1　　　　　图 12-2 影片测试

教学提示　显示测试数据及每帧大小的柱状图

如果画面中没有出现显示测试数据及每帧大小的柱状图，可以执行"视图 > 带宽设置"命令，即视图/帧数图表。另外，从"视图 > 下载设置"菜单中选择模拟调制解调器的速率为 DSL，这样便可以看到与网上浏览相似的效果。

模拟带宽分布图根据调制解调器的速度，图形化显示电影每一帧需要发送的数据。在模拟下载速度方面，带宽分布图会使用预期的典型网络性能，而不是使用调制解调器的实际速度。

在模拟带宽分布图中可以看到，方框代表帧的数据量，数据量大的帧自然需要较多的时间才能下载完，如果方框在红线以上，即表示动画下载的速度慢于播放的速度，动画将会在这些地方停顿。据此，可以对电影作出相应的调整。

12.2　导出动画

Flash CS5 能输出的格式较多，下面就介绍几种使用最多的输出格式。

图 12-3 动画 2

12.2.1　导出SWF动画

这是在浏览网页时常见的具有交互功能的动画，它是以 .swf 为后缀的文件，能保存源程序中的动画、声音等全部内容，但是需要在浏览器中安装 Flash 播放器插件才能看到。

课堂示范素材：sample\第12章\原始文件\12.2导出动画\导出.fla

打开如图12-3所示的"sample\第12章\原始文件\12.2导出动画\导出.fla"文件，执行"文件>发布设置"命令后，在"发布设置"对话框中选择Flash格式，如图12-4所示。

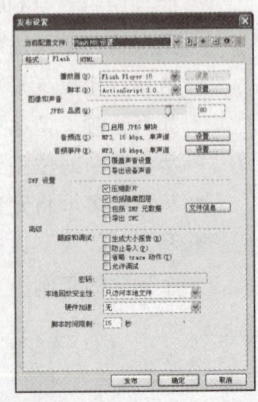

图 12-4 "发布设置"对话框

- **播放器**：当前播放器的版本，默认的是 Flash Player 10。
- **脚本**：选择 Flash CS5 的 ActionScript 版本。
- **JPEG 品质**：Flash 动画中的位图都是用 JPEG 格式来压缩的，在这里可以设置压缩品质，其中，值为 100 时图像品质最好，但文件最大。
- **音频流/音频事件**：单击【设置】按钮会出现"声音设置"对话框，用于调整两类声音，如图 12-5 所示。
- **覆盖声音设置**：选择该项后在库中对个别声音的压缩设置将不起作用，并将全部套用在上面两项中设置的声音压缩方案。
- **导出设备声音**：这是专门为移动设备播放的动画而开发的。
- **压缩影片**：增加对压缩的支持，通过反复应用脚本语言，明显减小了文件和电影动画的尺寸。
- **包括隐藏图层**：将动画中的隐藏层导出。
- **包括 XMP 元数据**：导出时包括 XMP 元数据。
- **文件信息**：进行 XMP 元数据的详细设置，如图 12-6 所示。
- **生成大小报告**：可产生一份详细记载帧、场景、元件及声音压缩后大小的报告。
- **防止导入**：可以防止别人使用"文件 > 导入"命令来调用。
- **省略 trace 动作**：可以取消跟踪指令。
- **允许调试**：播放时右击，在弹出的快捷菜单中会增加播放、循环等控制选项。

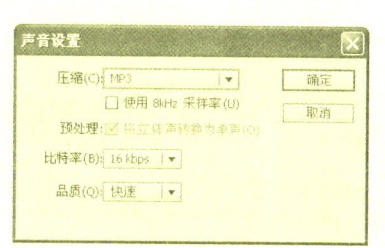

图 12-5 "声音设置"对话框

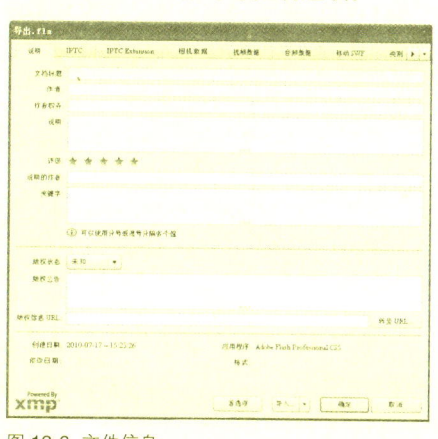

图 12-6 文件信息

- **导出 SWC**：导出 SWC 文件。
- **密码**：当选择"防止导入"后再次输入密码，生成的电影即可在 Flash 中通过"文件 > 导入"命令来调用。
- **本地回放安全性**：选择要使用的 Flash 安全模型。
- **硬件加速**：设置是否使用硬件加速及其方式。
- **脚本时间限制**：设置脚本的运行时间限制。

12.2.2 EXE整合

在网页中浏览 SWF 动画，需要安装插件，如果想将作品用电子邮件发送出去，但又怕对方没有安装插件而无法欣赏时，那就要将作品整合成可以独立运行的 EXE 文件。它不需要附带任何程序就可在 Windows 系统中播放，并且和原 SWF 动画的效果完全相同。整合 SWF 动画的操作步骤如下。

课堂示范素材：sample\第12章\原始文件\12.2导出动画\导出exe.fla

Step 01 在安装 Flash CS5 程序的文件夹中运行子目录 Players 中的 FlashPlayer.exe，出现 Flash 电影播放器，如图 12-7 所示。

Step 02 在播放器菜单中执行"文件>打开"命令，打开已做好的SWF动画"sample\第12章\原始文件\12.2导出动画\导出exe.swf"文件，如图12-8所示。

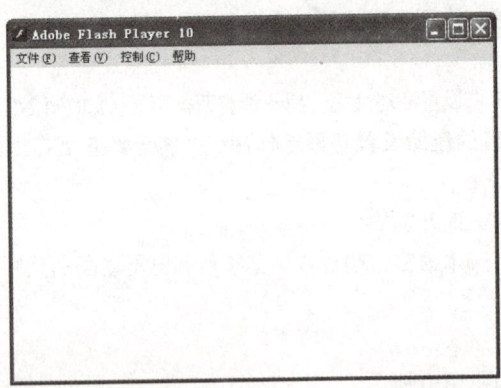
图 12-7 Flash Player

图 12-8 播放 SWF 动画

Step 03 在菜单栏中执行"文件 > 创建播放器"命令，这时出现"另存为"对话框，如图 12-9 所示。为文件取一个名字，单击【保存】按钮，就自动生成了 EXE 文件。

Step 04 由于整合文件中已加入了 Flash 电影播放器，所以当双击一个如图 12-10 所示的 EXE 文件时，操作系统就会自动打开 Flash 电影播放器，并在其中播放动画。

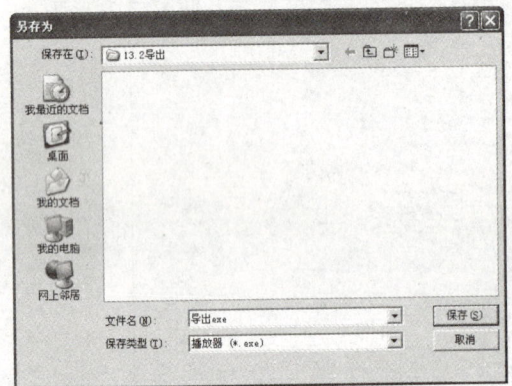
图 12-9 "另存为" 对话框

图 12-10 EXE 文件

> **教学提示** 整合播放器后的文件尺寸变大
> 整合了播放器以后，文件大小也会随之增加，下载速度会变慢，是否使用该功能取决于用户的客户对象。

12.2.3 导出GIF动画

目前网页中见到的大部分动态图标都是 GIF 动画，这是由连续的 GIF 图形文件组成的动画。由 Flash 电影生成的 GIF 动画不支持声音及交互，并且远比不包含声音的 SWF 动画大。

课堂示范素材：sample\第12章\原始文件\12.2导出动画\导出.fla

Step 01 打开"sample\第12章\原始文件\12.2导出动画\导出.fla"文件，执行"文件>导出>导出影片"命令，设置电影输出格式为"动画GIF"后，出现"导出GIF"对话框，如图12-11所示。

- **尺寸**：可以设置动画的长和宽。
- **分辨率**：显示与动画尺寸相应的屏幕分辨率。
- **匹配屏幕**：恢复电影中设置的尺寸。
- **颜色**：在下拉列表中可根据需要选择某种色彩数量。

- **透明**：除去背景色彩。
- **交错**：以从模糊到清晰的方式显示动画。
- **平滑**：输出消除了锯齿的位图，可以产生高质量的图像。
- **抖动纯色**：将颜色进行抖动处理。

Step 02 单击【确定】按钮后，GIF 文件将被导出，如图 12-12 所示。

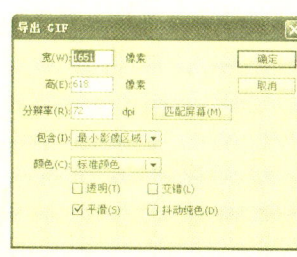

图 12-11 "导出 GIF"对话框

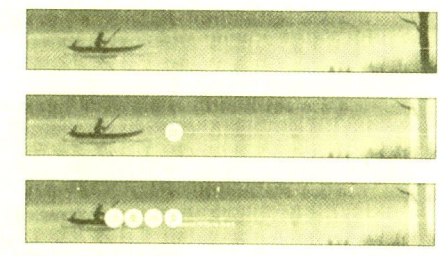

图 12-12 GIF 文件

12.3 发布设置

由于 Flash 电影可以导出为多种格式，为了避免每次输出时都进行设置，可以在发布设置面板中选择需要的全部发布格式并指定设置，然后就可以简单地通过"文件＞发布"命令一次性输出所有选定的文件格式，这些文件会存放在电影文件所在的目录中。

12.3.1 发布HTML设置

在菜单栏中执行"文件＞发布设置"命令，打开发布设置面板，在"格式"选项卡中，选择每个文件要导出的文件格式，对应于勾选了的复选项，对话框的上部会出现该选项的标签。还可以在各种格式右边的空格中为文件取一个名字。如选择"使用默认名称"选项，则代表使用默认的电影文件名。

单击【发布】按钮，就会生成相关的文件，可以在保存 Flash 电影源文件的目录中找到。

课堂示范素材：sample\第12章\原始文件\12.3发布设置\发布.fla

Step 01 打开"sample\第12章\原始文件\12.3发布设置\发布.fla"文件，执行"文件＞发布设置"命令，在发布设置面板中，单击需要修改的HTML选项卡，会切换到相应的设置面板，如图12-13所示。

- **模板**：生成 HTML 文件时所用的模板，可以单击【信息】按钮来查看各模板的介绍。
- **检测 Flash 版本**：能自动检测 Flash 版本。勾选后，设定主修订版本和次修订版本号。
- **尺寸**：定义 HTML 文件中插入的 Flash 动画的长和宽。其中的"匹配影片"是将尺寸设定为电影的大小，"像素"选取后就可以在长和宽中添入像素数，"百分比"选取后就可以在长和宽中输入百分比。
- **回放**：用来控制动画的播放，选中"开始时暂停"后动画在第 1 帧时暂停；选中"显示菜单"后在生成的动画页面上右击会弹出控制动画播放的菜单；"循环"表示是否循环播放动画，但是对帧中有 stop 指令的动画无效；"设备字体"使用经过消除锯齿处理的系统字体替换那些系统中没有安装的字体。
- **品质**：可选择动画的图像质量，有低、自动降低、自动升高、中等、高、最佳。
- **窗口模式**：可选择动画的窗口模式。
- **HTML 对齐**：设定动画在网页上的位置。
- **缩放**：动画的缩放方式。"默认"是使用等比例的方式来缩放动画；"无边框"是使用原比例来显示动画，并且切去超过页面的部分；"精确匹配"是使用与页面大小精确适应的比例来缩放动画；

"无缩放"是不按比例缩放动画。
- **Flash 对齐**：动画在页面上的排列位置。当在页面上设定的动画比实际的动画文件还小时，动画会自动缩小以便完全置入播放区内。其中包括水平放置和垂直放置。
- **显示警告消息**：决定是否显示错误信息，警告有关选项卡的设置冲突。

Step 02 单击【发布】按钮，HTML 页面发布完成，可以打开发布的页面查看效果，如图 12-14 所示。

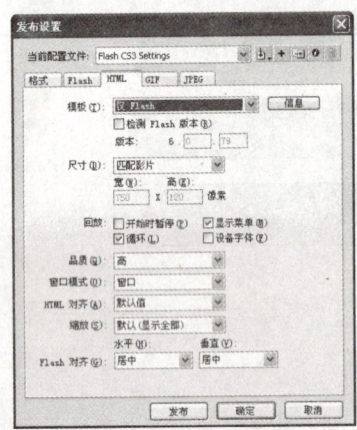

图 12-13 HTML 发布设置标签

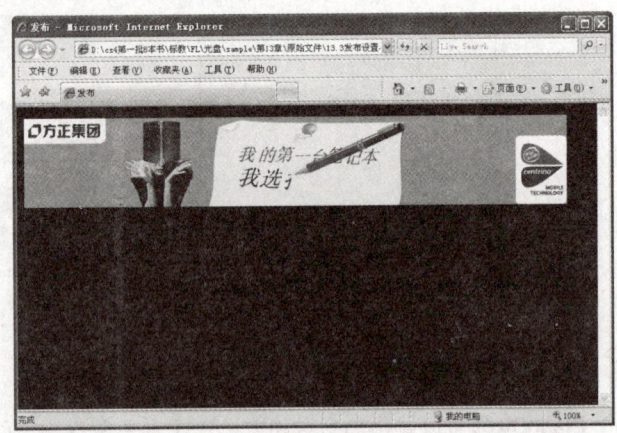

图 12-14 HTML 页面

12.3.2 发布 GIF 设置

课堂示范素材：sample\第12章\原始文件\12.3发布设置\发布图片.fla

Step 01 打开"sample\第12章\原始文件\12.3发布设置\发布图片.fla"文件，执行"文件>发布设置"命令，在发布设置面板中，选择GIF选项卡，会切换到GIF动画设置面板，如图12-15所示。

- **尺寸**：确定动画的长和宽。"匹配影片"可以确保所制定的大小始终同原始电影的长宽比保持一致。
- **回放**：确定 Flash 究竟是创建静态图像，还是创建动画。有两个选项，"静止"是输出单帧的 GIF 图形，所有动画效果都将失效；"动画"是输出动态的多帧 GIF 动画，选择该项后，"不断循环"和"重复"选项才会启动。
- **优化颜色**：从 GIF 文件的颜色表中将没有用到的颜色删除。
- **抖动纯色**：当目前使用的调色板上没有某种颜色时，用一定范围内的类似颜色像素来模仿调色板上没有的颜色。抖动处理会增加文字尺寸。
- **交错**：使浏览器上输出的 GIF 图像可以边下载边显示，GIF 动画则不支持交错显示。
- **删除渐变**：将电影中所有的渐变色转换为固定色，固定色为设置渐变色时第一个取色器所选的颜色。
- **平滑**：输出位图消除锯齿或不消除锯齿。经过平滑处理可以产生高质量的位图图像。
- **透明**：提供将动画的透明背景转换为 GIF 图像的方式。选择"不透明"转换之后背景为不透明，选择"透明"转换之后背景为透明，"Alpha（透明度）"令所有低于极限 Alpha 值的颜色都完全透明。
- **抖动**：指定抖动方式。"无"关闭抖动处理；"有序"在尽可能不增加或少增加文件大小的前提下提供良好的图像质量；"扩散"提供最佳的质量抖动，但是要增加文件的尺寸。
- **调色板类型**：定义用于图像的调色板。
- **最多颜色**：设定 GIF 图像中使用的最大颜色数。由于 GIF 图形格式的限制，只能在 2～255 之间选择。
- **调色板**：当在"调色板类型"中选择"自定义"时激活，可单击右边的【浏览到调色板位置】按钮，从弹出的对话框中选择一个调色板。

Step 02 单击【发布】按钮，GIF 图片发布完成，可以打开发布的图像查看效果，如图 12-16 所示。

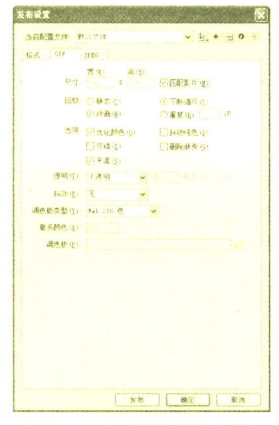

图 12-15 GIF 发布设置标签　　图 12-16 GIF 图像

12.3.3 发布JPG设置

课堂示范素材：sample\第12章\原始文件\12.3发布设置\发布图片.fla

JPEG 格式可以以高压缩率、24 位的位图形式保存图像。通常，GIF 适合于导出线条与色块分明的图片，JPEG 适合于导出包含连续色调的图像，例如照片、渐变色较多的图片等。

Step 01 打开"sample\第12章\原始文件\12.3发布设置\发布图片.fla"文件，执行"文件>发布设置"命令，在"发布设置"对话框中勾选"JPEG图像"选框，然后单击"JPEG选项"标签，参数设置如图12-17所示。

- 尺寸：设定要输出位图的尺寸。
- 品质：该项用来控制位图输出的品质和压缩量。
- 渐进：选择该选项可在 Web 浏览器中逐步显示连续的 JPEG 图像，从而以较快的速度在低速网络上显示加载的图像。

Step 02 单击【发布】按钮，JPEG 图片发布完成，可以打开发布的图像查看效果，如图 12-18 所示。

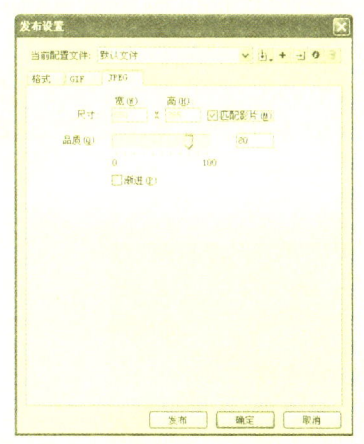

图 12-17 JPEG 设置　　图 12-18 JPEG 图像

除上述三种格式外，发布设置中共有七种格式可以选择和设置。如 PNG 图像（.png）、Windows 放映文件等。这些格式的使用机会较少，在此不做更多介绍。

思考与练习

★参见光盘"思考与练习答案"文档

一、填空题

（1）_____根据调制解调器的速度，图形化显示电影每一帧需要发送的数据。

（2）在 Flash 电影中使用了本机系统没有安装的字体时，本机用 Flash 播放器播放时，_____。

（3）_____文件不需要附带任何程序就可在 Windows 系统中播放，并且和原 SWF 动画的效果完全相同。

二、选择题

（1）下列几项中将影响到 Flash 电影播放的流畅性的因素有（　　）。

　　A. Flash 电影动画的复杂程度。
　　B. 用来播放 Flash 电影动画的计算机的性能。
　　C. Flash 播放器的版本。
　　D. Flash 电影文件的量的大小。

（2）对模拟带宽分布图叙述正确的是（　　）。

　　A. 在模拟下载速度方面，带宽分布图会使用预期的典型网络性能，而不是使用调制解调器的实际速度。
　　B. 方框代表帧的数据量，数据量大的帧自然需要较多的时间才能下载完。
　　C. 如果方框在红线以上，即表示动画下载的速度慢于播放的速度，动画将会在这些地方停顿。
　　D. 以上都正确。

（3）发布 JPG 图片时，可以设置的选项包括哪些？（　　）

　　A. 尺寸　　　　B. 品质　　　　C. 渐进　　　　D. 动画

三、上机操作题

（1）请将如图12-19所示的"配套光盘\exercise\第13章\最终文件\1\练习1.fla"动画发布为SWF格式。

要求：为发布的 SWF 动画进行加密设置。

（2）请将如图12-20所示的"配套光盘\exercise\第13章\最终文件\2\练习2.fla"动画发布为EXE格式。

要求：发布为 EXE 格式后，比较其和 SWF 格式的文件大小。

图12-19 动画1

图12-20 动画2

Chapter 13 Flash广告设计

案例分析 Flash 广告目前是网络上应用最多、最为优越、最流行的网络广告形式。而且，很多电视广告也采用 Flash 进行设计制作，Flash 以其独特的技术和特殊的艺术表现为人们带来了很多特殊的视觉感受。本章以一个 Flash 网络广告为实例，介绍广告的制作方法。在该广告实例中，综合应用前面所学的内容进行制作，其中主要使用大量的动画补间和影片剪辑元件来完成。

★ 核心技能

★★★★ 制作元件
★★★☆ 使用传统补间
★★☆☆ 使用库
★☆☆☆ 使用遮罩技术

★ 光盘路径

案例文件：sample\第13章\
视频教学：Video\第13章\

13.1 Flash广告应用及其标准尺寸

Flash 广告动画本来一直是网络上的一种动画方式，但随着多媒体影视节目制作的发展，现在也已经被广泛应用到了后期影视节目制作中，有一些影视广告或栏目片头则干脆全部采用 Flash 来制作。

Flash 动画应用到影视节目制作中，有其非常独特的优点，素材体积非常小、可任意缩放而不失真、画面生动有趣等。对于如何才能将 Flash 动画应用到后期影视节目制作中，经常使用的方法有以下几种。

- 将 Flash 动画输出为 AVI 格式：在有板卡支持的非线性编辑系统中最好输出为板卡支持的 AVI 格式，如在 MatroxDigisuiteLX 支持下输出为 MPEG-2IFrame 格式，这样就可以在后期制作时使用了。
- 将 Flash 动画输出为序列帧格式：在 Flash 中进行动画创作，最后将动画输出为一系列的图片，其文件名是一组连续的数字编号。在进行后期制作时再将其转换成单一的素材。
- 将 Flash 动画转换为 MOV 格式：在 Flash 中进行动画创作，最后将动画按常规方法输出为 SWF 格式，再用 Quicktime 的播放器将其打开，并另存为 MOV 格式，这是经常采用的方式，这种方式的优点是可以保留 Flash 动画中的声音。
- 将 Flash 动画直接导入后期制作系统：目前，随着后期制作领域各种软件系统的不断升级，大部分系统都已经开始支持使用 Flash 动画素材。如在 Adobe 的 After Effects 中就可以直接导入 SWF 格式的动画素材使用。对于目前还不直接支持 Flash 动画素材的编辑系统则可以按照上面的几种方法将 Flash 动画转换成相应的格式之后再导入到后期制作系统中使用。

Flash 广告形式多样，尺寸也多种多样，目前网络比较流行的形式有如下几种。

- 300×250，中等矩形，如图 13-1 所示。

图 13-1 中等矩形

- 250×250，正方形，如图 13-2 所示。
- 130×300，垂直矩形，如图 13-3 所示。

 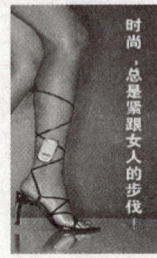

图 13-2 正方形　　　　　图 13-3 垂直矩形

- 360×300，大矩形，如图 13-4 所示。

图 13-4 大矩形

- 468×60，通栏广告，如图 13-5 所示。

图 13-5 通栏广告

- 234×60，半栏广告，如图 13-6 所示。

图 13-6 半栏广告

- 88×31，链接用 logo 标志，如图 13-7 所示。

- 120×60，按钮样式，如图 13-8 所示。

 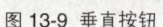

图 13-7 链接用 logo　　　图 13-8 按钮样式

- 120×240，垂直按钮，如图 13-9 所示。
- 125×125，正方形按钮，如图 13-10 所示。
- 120×600，垂直通栏，如图 13-11 所示。

图 13-9 垂直按钮　　图 13-10 正方形按钮　　图 13-11 垂直通栏

13.2 制作"MP4产品广告"动画

下面来制作一个 Flash 产品广告，这对于读者了解并掌握 Flash 广告的制作具有较强的参考意义。

Step 01 新建一个 Flash 文档，设定文档宽为 550px、高为 400x、帧频为 12fps、背景颜色为黑色，按下【Ctrl+F8】键创建新元件，命名为"人图"，"类型"设置为"图形"。进入元件编辑窗口，执行"文件 > 导入 > 导入到舞台"命令，将名称为 z6 的位图文件导入，如图 13-12 所示。

图 13-12 导入位图

Step 02 按下【Ctrl+F8】键新建图形元件，并命名为"白人"，按照刚才导入的图，用白色线条勾勒出大致的轮廓，如图 13-13 所示。

图 13-13 勾勒白色轮廓

Step 03 按下【Ctrl+F8】键创建新元件，并命名为"人"，"类型"设置为"影片剪辑"。进入元件编辑窗口，将"白人"图形元件拖入，然后在第 10 帧按下【F5】键延续帧，如图 13-14 所示。

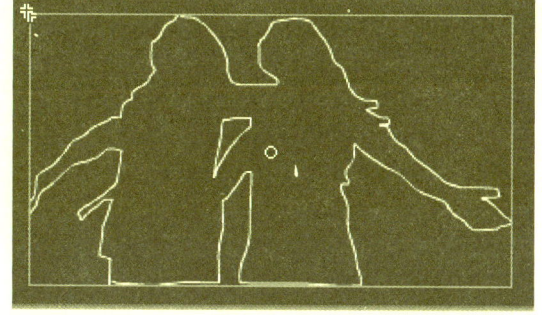

图 13-14 使用"白人"元件

Step 04 新建图层，选择工具箱中的"矩形工具"绘制一个无边框矩形，放置在"白人"实例的左边，如图 13-15 所示。

图 13-15 绘制矩形

Step 05 在时间轴的第 10 帧按下【F6】键，然后利用"任意变形工具"将矩形拉宽，完全遮盖住"白人"实例的图案，如图 13-16 所示。

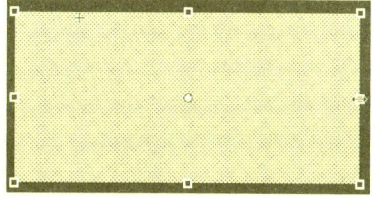

图 13-16 放大矩形

Step 06 在"图层 2"的第 1 帧和第 10 帧之间创建形状补间动画，然后用鼠标右键单击该图层，在弹出的快捷菜单中选择"遮罩层"命令，如图 13-17 所示。

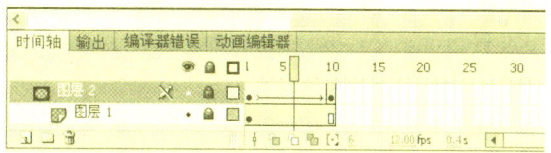

图 13-17 设置遮罩

Step 07 新建"图层 3"，在第 31 帧按下【F6】键插入关键帧，将"人图"图形元件拖入，在属性面板中设置实例透明度为 27%。在第 37 帧按下【F6】键，然后使用"任意变形工具"将实例放大，并设置透明度为 0%，然后在两帧之间创建动画补间动画。如图 13-18 所示。

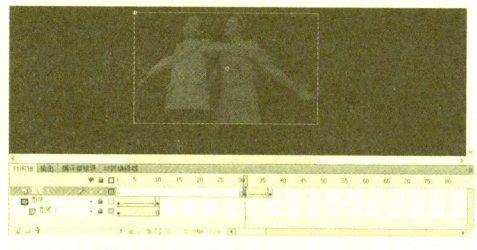

图 13-18 制作"图层 3"内容

Step 08 接下来新建两个图层，制作方法同上一步，只是"图层 4"是在第 34 帧插入关键帧，将"人图"元件拖入，第 40 帧结束，"图层 5"是从第 37 ~ 43 帧拖入实例并创建传统补间，结果如图 13-19 所示。

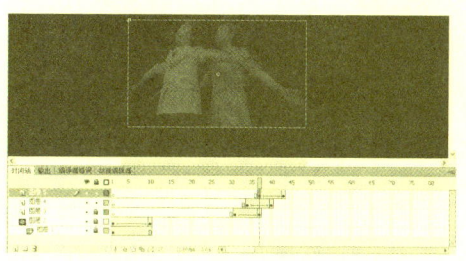

图 13-19 "图层 4"和"图层 5"内容

Step 09 新建"图层6",在第10帧按下【F6】键插入关键帧。复制"白人"图形元件的线条,粘贴到当前窗口,并使用Flash相应的填充工具在轮廓内填充白色。并将填充颜色的透明度设置为8%,如图13-20所示。

图13-20 设置填充色

Step 10 在第15帧按下【F6】键复制关键帧,在"混色器"面板中调整白色填充的Alpha值为100%。在第16~19帧连续按下【F6】键,然后删除第16~18帧上的内容。在第10帧和第15帧之间创建形状补间,如图13-21所示。

图13-21 创建形状补间

Step 11 在"图层6"的第20帧按下【F6】键插入关键帧,将"人图"图形元件拖入。在第45帧和第47帧按下【F6】键复制关键帧。复制第19帧,粘贴到第44帧和第46帧。"图层6"就制作完成了,如图13-22所示。

图13-22 制作关键帧

Step 12 新建图层,在第20帧插入关键帧,将"白人"图形元件拖入,在第30帧按下【F6】键复制帧,然后删除后面的帧,如图13-23所示。

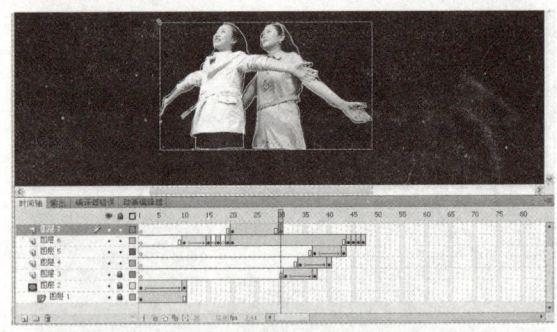

图13-23 制作"图层6"内容

Step 13 按下【Ctrl+F8】键新建图形元件,命名为"元件2"。进入元件编辑窗口,使用"矩形工具"绘制一个长方形,如图13-24所示。

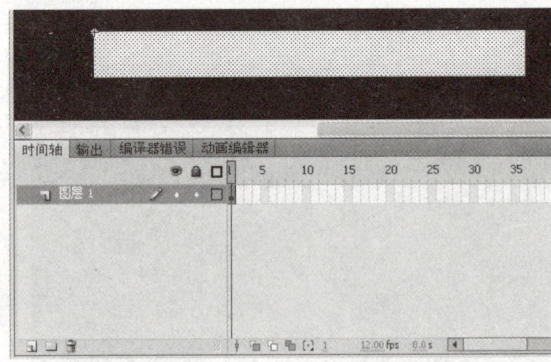

图13-24 制作"元件2"

Step 14 回到"人"影片剪辑元件编辑窗口,新建"图层8",在第20帧插入关键帧,将"元件2"图形元件拖入窗口,放置于人的上面,如图13-25所示。

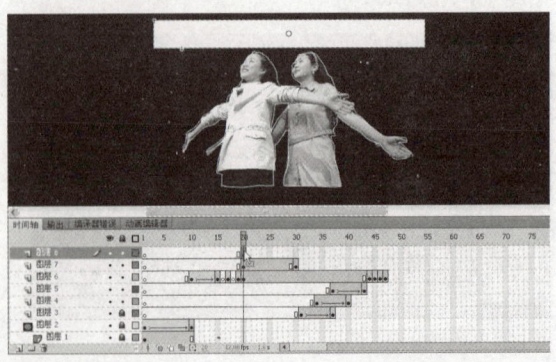

图13-25 使用"元件2"

Step 15 在第30帧按下【F6】键复制关键帧,移动矩形的位置到人下面。在第20~30帧之间创建传统补间。然后删除第 30 帧后面的所有帧，如图 13-26 所示。

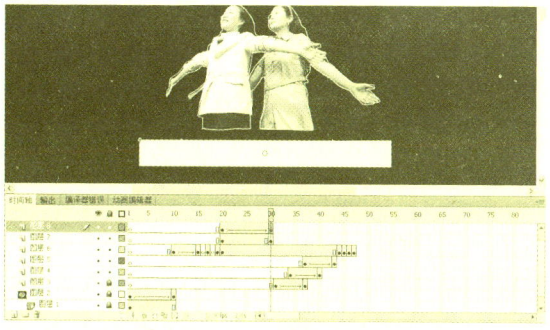

图 13-26 创建传统补间 1

Step 16 在"时间轴"面板上单击鼠标右键，在弹出的快捷菜单中选择"遮罩层"命令，结果如图 13-27 所示，可以看到人身体周围的白色边缘的运动效果。

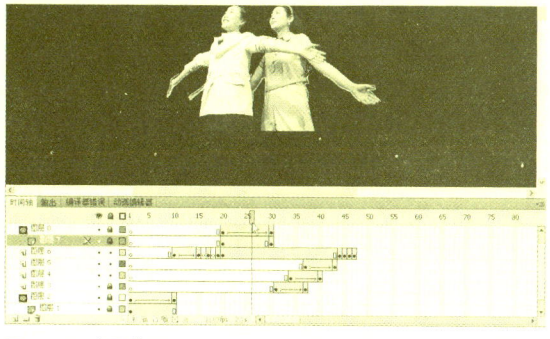

图 13-27 遮罩效果

Step 17 新建"图层 9"，在第 47 帧插入关键帧，按下【F9】键打开"动作"面板，输入"stop();"语句，定义影片播放到该帧停止，如图 13-28 所示。

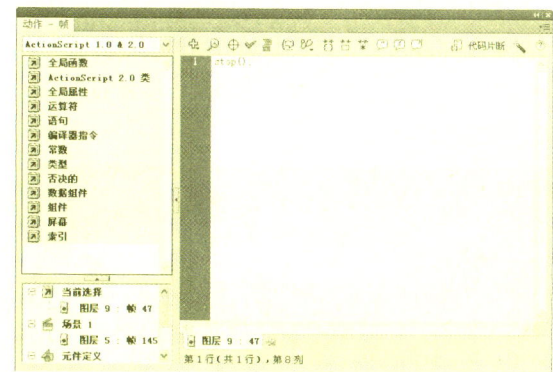

图 13-28 输入动作代码

Step 18 按下【Ctrl+F8】键新建图形元件，命名为"元件 3"。选择工具箱中的"椭圆工具"绘制一个正圆。如图 13-29 所示。

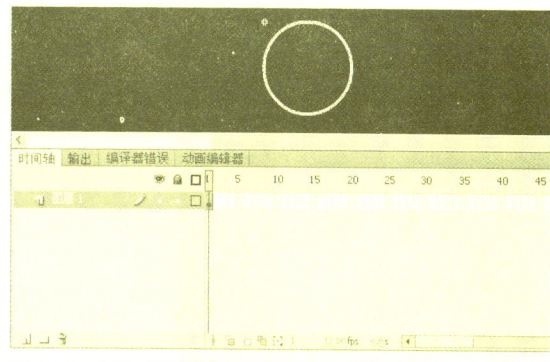

图 13-29 制作"元件 3"

Step 19 新建元件，命名为"背景"，"类型"设置为"影片剪辑"。将"元件 3"拖入元件编辑窗口，在第 10 帧按下【F6】键复制关键帧，使用"任意变形工具"将图形实例放大，然后在属性面板中设置实例完全透明。在两帧之间创建传统补间动画，如图 13-30 所示。

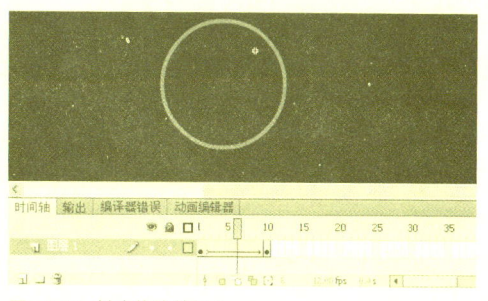

图 13-30 创建传统补间 2

Step 20 新建 3 个图层，按照同样的方法制作传统补间动画，每个图层中帧的开始时间推后几帧，结果如图 13-31 所示。

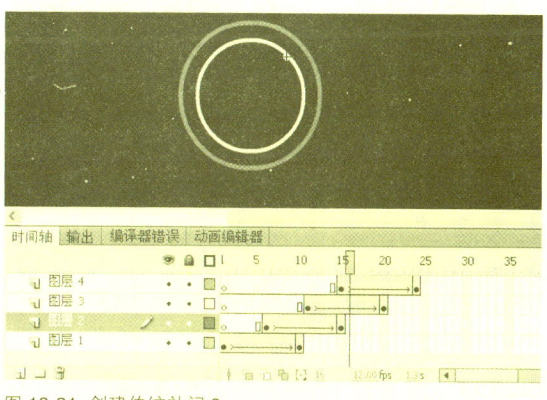

图 13-31 创建传统补间 3

Step 21 新建图形元件，命名为"粉色 1"。进入元件编辑窗口，执行"文件 > 导入 > 导入到舞台"命令,将名为z2的位图文件导入,如图13-32所示。

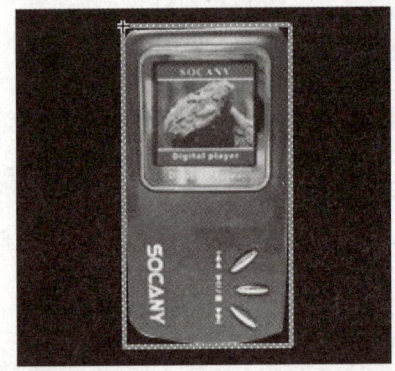

图13-32 "粉色1"元件

Step 22 新建名为"粉色2"的图形元件,执行"文件>导入>导入到舞台"命令,将名为z3的位图文件导入,如图13-33所示。

图13-33 "粉色2"元件

Step 23 新建图形元件,命名为"白色1",执行"文件>导入>导入到舞台"命令,将名为z4的位图文件导入,如图13-34所示。

Step 24 新建图形元件,命名为"白色2",执行"文件>导入>导入到舞台"命令,将名为z5的位图文件导入,如图13-35所示。

 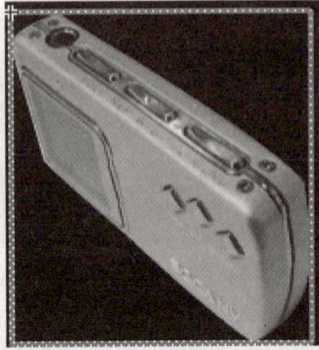

图13-34 "白色1"元件　图13-35 "白色2"元件

Step 25 分别新建"元件4"、"元件5"和"元件6"图形元件,利用Flash绘图工具绘制如图13-36所示的形状,颜色为白色。

  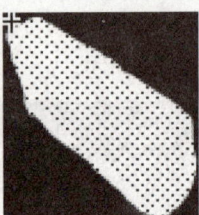

图13-36 "元件4"、"元件5"和"元件6"图形

Step 26 按下【Ctrl+F8】键创建新元件,命名为"白色2闪","类型"设置为"影片剪辑"。进入元件编辑窗口,将元件6图形元件拖入,然后在第3帧按下【F6】键复制关键帧,在第2帧按下【F7】键插入空白关键帧,将"白色2"图形元件拖入,然后复制该帧,粘贴到第4帧上。在第15帧按下【F5】键延续帧,"白色2闪"影片剪辑元件就制作完成了,如图13-37所示。

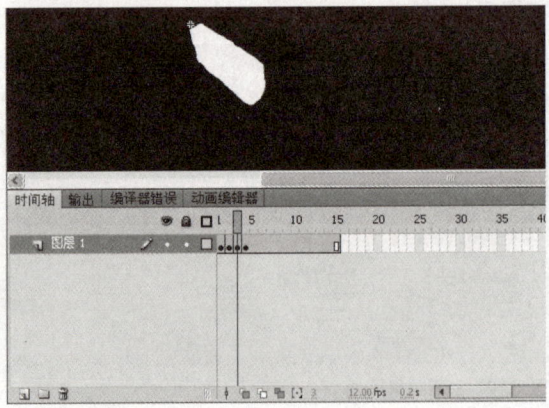

图13-37 制作"白色2闪"元件

Step 27 新建图形元件,命名为"元件7"。进入元件编辑窗口,选择工具箱中的"矩形工具"绘制一个无边框矩形。在"颜色"面板中设置矩形的填充颜色为线性渐变,调整两端的颜色滑块为完全透明的白色,然后在中间加一个滑块,设置颜色为白色,如图13-38所示。

图13-38 绘制矩形并填充线性渐变

Step 28 按下【Ctrl+F8】键新建图形元件,命名为"元件8"。执行"文件>导入>导入到舞台"

命令,将名为 z8 的位图文件导入,如图 13-39 所示。

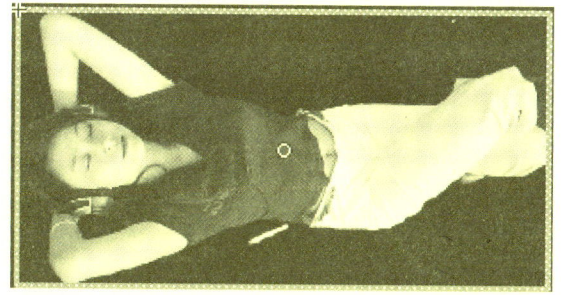

图 13-39 制作"元件 8"

Step 29 新建"元件 9"图形元件,参照"元件 8"中的图案,利用 Flash 绘图工具绘制勾勒出轮廓,如图 13-40 所示。

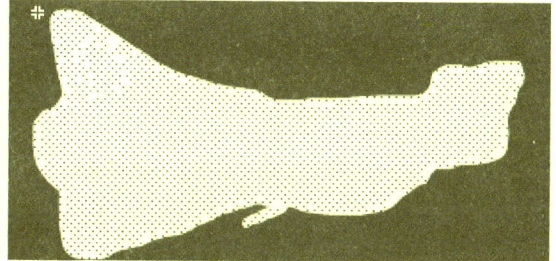

图 13-40 勾勒白色轮廓

Step 30 按下【Ctrl+F8】键创建新元件,命名为"享受","类型"设置为"影片剪辑"。将"元件 8"拖入元件编辑窗口,在属性面板中设置 Alpha 值为 0%。然后在第 6 帧按下【F6】键复制关键帧,将实例的颜色样式设置为"无",然后在两帧之间创建传统补间。在第 8 帧和第 10 帧分别按下【F6】键,在第 23 帧按下【F5】键延续帧,在第 7 帧按下【F7】键插入空白关键帧,将"元件 9"拖入,放置于相同的位置上,然后复制该帧,粘贴到第 9 帧上,如图 13-41 所示。

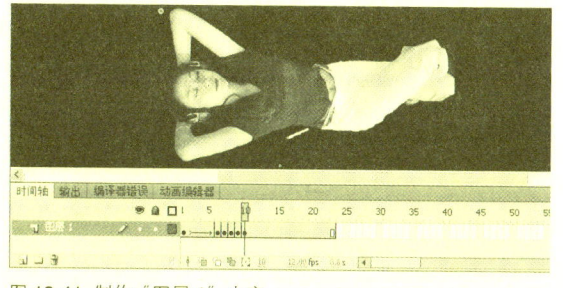

图 13-41 制作"图层 1"内容

Step 31 新建"图层 2",在第 10 帧插入关键帧,将"元件 8"拖入,在属性面板中设置实例透明度

为 30%。在第 17 帧按下【F6】键复制关键帧,设置实例完全透明,并使用"任意变形工具"将实例放大。在第 10 ～ 17 帧之间创建传统补间,然后删除第 17 帧之后的所有帧,再新建两个图层,按照同样的方法操作,如图 13-42 所示。

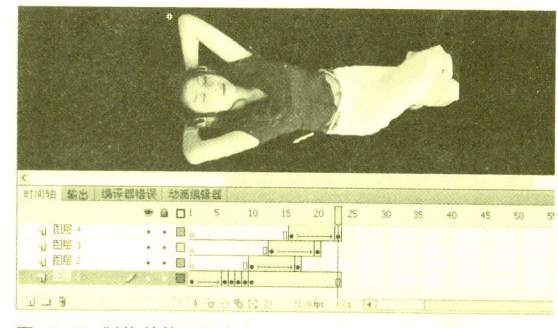

图 13-42 制作其他图层内容

Step 32 新建图形元件,命名为"元件 10",执行"文件 > 导入 > 导入到舞台"命令,将 z1 位图文件导入,如图 13-43 所示。

图 13-43 制作"元件 10"

Step 33 创建名为"元件 11"的图形元件,将名为 z 的位图文件导入到元件编辑窗口,如图 13-44 所示。

图 13-44 制作"元件 11"

Step 34 新建"元件 12"图形元件,使用"文本工具"T输入"MP4 新款上市",然后在属性面板中

233

设置字体、字号和颜色，按照相同的方式，制作"元件13"、"元件14"和"元件15"3个图形元件。在"元件13"中输入文字"让你尽情的享受"，在"元件14"中输入"玫瑰红"，在"元件15"中输入"时尚银"，如图13-45所示。

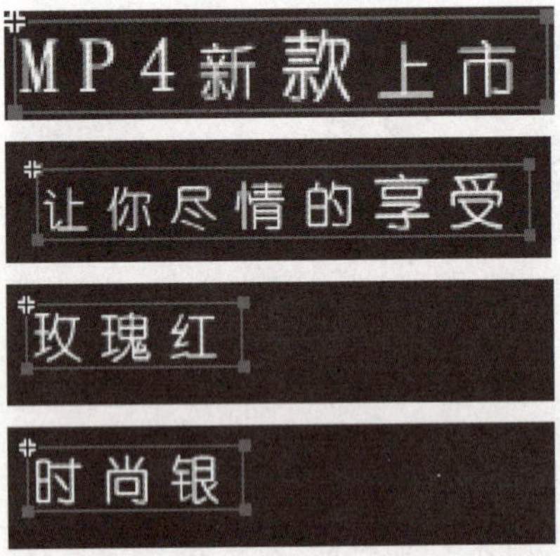

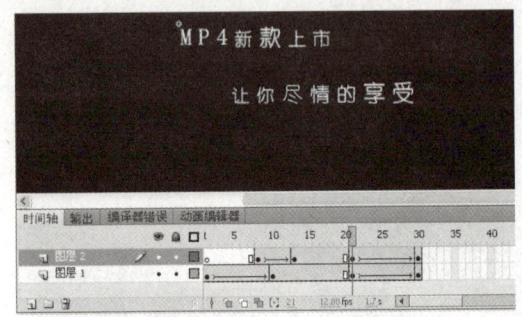

图13-47 制作"图层2"内容

Step 37 新建"图层3"，在第31帧插入关键帧，将"元件14"拖入，在属性面板中设置"色彩效果"为Alpha，值为0%。在第35帧按下【F6】键复制关键帧，并将实例的"色彩效果"设置为"无"。在第45帧按下【F6】键，使用"任意变形工具"将实例放大。在第50帧复制关键帧，将实例设置为完全透明。然后在4帧之间创建传统补间，如图13-48所示。

图13-45 制作多个图形元件

Step 35 按下【Ctrl+F8】键创建新元件，命名为"字"，"类型"设置为"影片剪辑"。进入元件编辑窗口，将"元件12"拖入，并设置其Alpha值为0%。在第10帧按下【F6】键复制关键帧，然后设置实例颜色样式为"无"。在第21帧和第30帧按下【F6】键，在第30帧中将实例的Alpha值设置为0%。然后在第1～10帧和第21～30帧之间创建传统补间，如图13-46所示。

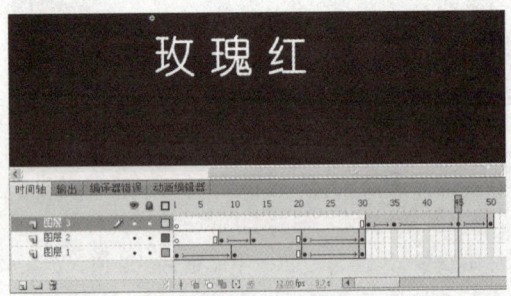

图13-48 制作"图层3"内容

Step 38 新建"图层4"，在第46帧按下【F6】键插入关键帧，将"元件15"拖入窗口，设置"色彩效果"为0%的Alpha。在第50帧复制关键帧，设置"色彩效果"为"无"。在第60帧复制帧，使用"任意变形工具"将实例放大。在第65帧复制帧，并再次将实例放大，并且设置实例透明度为0%。然后在第46、50、60、65四帧之间创建传统补间，如图13-49所示。

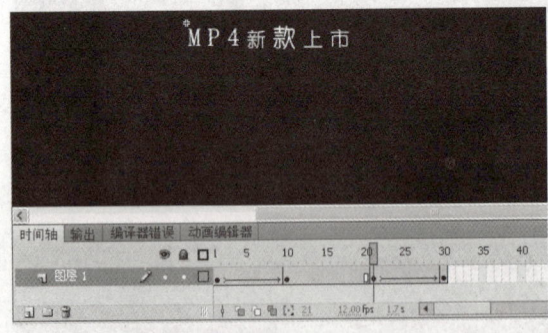

图13-46 制作"图层1"内容

Step 36 新建"图层2"，在第8帧插入关键帧，将"元件13"拖放到"元件12"下方，设置实例完全透明。在第13帧设置颜色样式为"无"。在第21和第30帧按下【F6】键，调整第30帧上实例的Alpha值为0%。然后在第8～13帧和第21～30帧之间创建传统补间，结果如图13-47所示。

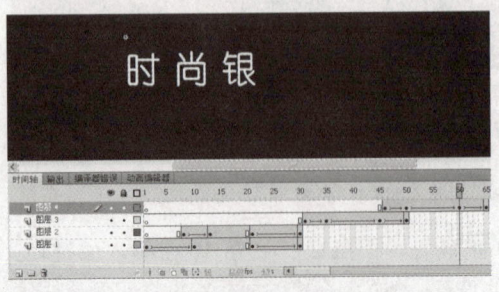

图13-49 制作"图层4"内容

Step 39 新建"图层 5",在第 66 帧插入关键帧,将标志影片剪辑元件拖入。在第 80 帧按下【F6】键复制关键帧,使用"任意变形工具"将实例放大。在第 90 帧复制帧,将实例加宽,并设置 Alpha 值为 0%。然后在第 65、80、90 帧之间创建传统补间,如图 13-50 所示。

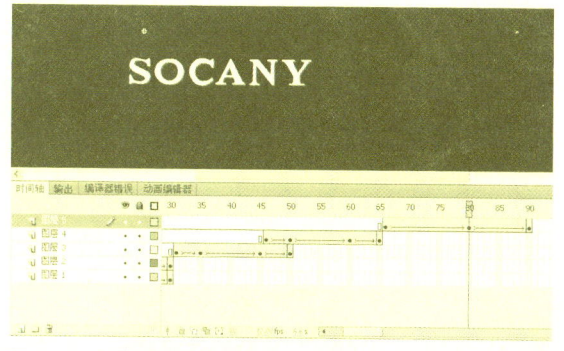

图 13-50 制作"图层 5"内容

Step 40 新建图形元件,命名为"元件 16"。进入元件编辑窗口,选择工具箱中的"文本工具" T ,输入文字"听",在属性面板中设置字体、字号、颜色为#003300,然后将文字打散,按照同样的方法制作"元件 17"~"元件 28",输入的文字分别为"歌"、"(顿号)"、"录"、"音"、"收"、"为"、"一"、"体"、"的"、"全"、"新"、"验",如图 13-51 所示。

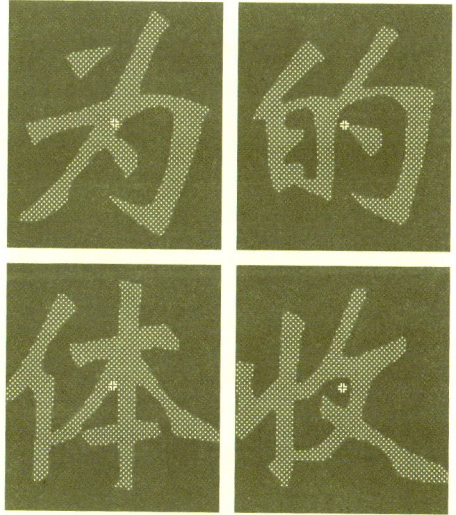

图 13-51 制作多个元件

Step 41 按下【Ctrl+F8】键创建新元件,命名为"文字","类型"设置为"影片剪辑"。进入元件编辑窗口,将"元件 16"拖入,使用"任意变形工具"将实例放大,并在属性面板中设置"色彩

效果"为 Alpha,值为 0%。在第 2 帧按下【F6】键复制关键帧,将"元件 17"拖入,将实例放大,设置透明度为 9%,并在这帧上设置"元件 16"的透明度为 38%,使用"任意变形工具"将"听"字缩小,在第 3 帧复制关键帧,将"元件 18"拖入,将实例放大,设置透明度为 8%。然后分别设置"元件 16"的透明度为 53%,"元件 17"的透明度为 29%,并分别将这两个实例稍稍缩小,按照类似的方法,将"元件 19"至"元件 28"逐一拖入,并设置透明度和实例大小。文字影片剪辑元件的最后结果如图 13-52 所示(为了能够看清楚文字,截图时暂时将文档颜色改为白色)。

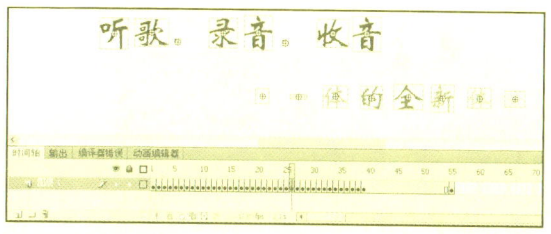

图 13-52 影片剪辑元件内容

Step 42 新建影片剪辑元件,命名为 MP3。将背景影片剪辑元件拖入,在属性面板中设置透明度为"47%"。在第 110 帧按下【F5】键延续帧。新建"图层 2",将"粉色 1"图形元件拖入并调整旋转角度。在第 2 帧按下【F7】键插入空白关键帧,将"白色 1"图形元件拖入。同样,第 3 帧和第 4 帧分别将"粉色 2"和"白色 2"元件拖入,然后删除后面的所有帧。新建"图层 3",将"粉色 1"图形元件拖入,使用"任意变形工具"将实例放大并调整角度,并在属性面板中设置实例的透明度为 10%。在第 12 帧按下【F6】键复制帧,将实例缩小,并设置"色彩效果"为"无"。然后在两帧之间创建传统补间,删除后面的所有帧,如图 13-53 所示。

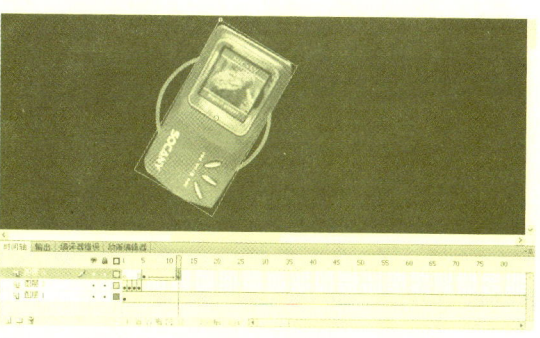

图 13-53 "图层 1"~"图层 3"内容

Step 43 新建"图层4",在第13帧将"元件4"拖入,然后在第15帧按下【F6】键复制关键帧。在第14帧按下【F7】键插入空白关键帧,将"粉色1"图形元件拖入并使用"任意变形工具"调整旋转角度,复制该帧,粘贴到第16帧。然后删除第41帧之后的所有帧。新建"图层5",在第32帧插入关键帧,直接单击鼠标右键,在弹出的快捷菜单中选择"粘贴帧"命令,将刚才复制的"图层4"的第14帧直接粘贴到该帧上,在属性面板中设置实例的Alpha值为40%。在第41帧按下【F6】键,将Alpha值设置为0%,然后在两帧之间创建传统补间,并删除后面的所有帧,新建"图层6"和"图层7",按照同样的方法制作,结果如图13-54所示。

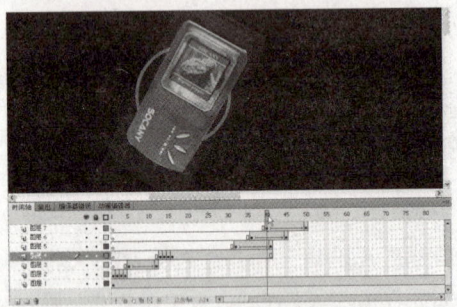

图13-54 "图层4" ~ "图层7"内容

Step 44 新建"图层8",在第16帧插入关键帧,将"元件7"拖入,在第31帧按下【F6】键,将实例的位置向左下方移动,然后在两帧之间创建传统补间,并且删除第31帧以后的所有帧。新建"图层9",在第16帧插入关键帧,将"粉色1"图形元件拖入,使用"任意变形工具"旋转相应的角度。在第42帧和第50帧按下【F6】键,将第50帧的实例设置为完全透明,然后在第42~50帧之间创建动画补间,并删除第50帧之后的所有帧。在"时间轴"面板上用鼠标右键单击"图层9",在弹出的快捷菜单中选择"遮罩层"命令,如图13-55所示。

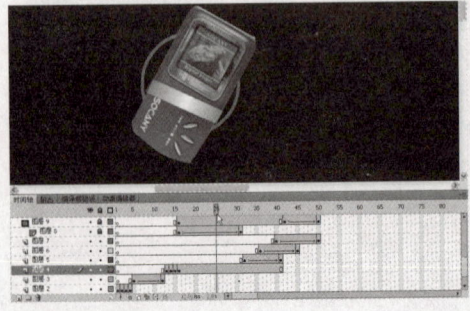

图13-55 "图层8" ~ "图层9"内容

Step 45 新建"图层10",在第47帧将"白色1"图形元件拖入,放大实例,并设置透明度为0%。在第54帧按下【F6】键,将实例缩小,"色彩效果"设置为"无"。在第47~54帧之间创建传统补间,删除后面的所有帧。新建"图层11",在第58帧插入关键帧,复制"图层10"的第54帧,粘贴于此。再新建"图层12",在第70帧插入关键帧,再次单击右键,在弹出的快捷菜单中选择"粘贴帧"命令,然后在属性面板中设置实例的Alpha值为34%。在第79帧按下【F6】键,设置实例完全透明,在两帧之间创建传统补间,并删除后面的所有帧。按照同样的方法制作"图层13"和"图层14",结果如图13-56所示。

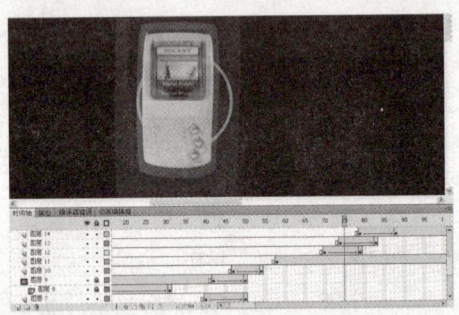

图13-56 "图层10" ~ "图层14"内容

Step 46 新建"图层15",在第88帧按下【F6】键插入关键帧,将"粉色2"图形元件拖入,并设置Alpha值为0%。在第95帧复制帧,使用"任意变形工具"将其以左下角为中心点向右倾斜一定的角度,"色彩效果"为"无"。然后在两帧之间创建传统补间。新建"图层16",在第92帧插入关键帧,将"白色2"图形元件拖入并缩小,在属性面板中设置实例完全透明。在第100帧按下【F6】键,设置实例"色彩效果"为"无",并将实例稍稍向右上移动,然后在两帧之间创建传统补间。在第101帧按下【F7】键插入空白关键帧,将"白色2"闪影片剪辑元件拖入到相同位置,如图13-57所示。

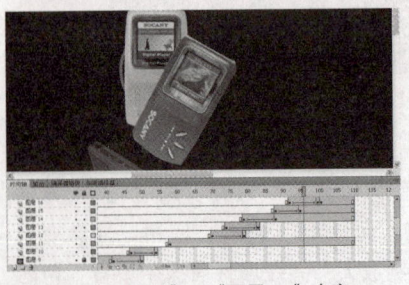

图13-57 "图层15" ~ "图层16"内容

Step 47 新建"图层17",在第89帧按下【F6】键插入关键帧,将"享受"影片剪辑元件拖入。新建"图层18",在第93帧插入关键帧,将"元件10"拖入并放大,在第110帧按下【F7】键插入空白关键帧,将"元件11"拖入,然后在两帧之间创建传统补间。再建"图层19",在第93帧插入关键帧,将"文字"影片剪辑元件拖入MP3元件编辑窗口,如图13-58所示。

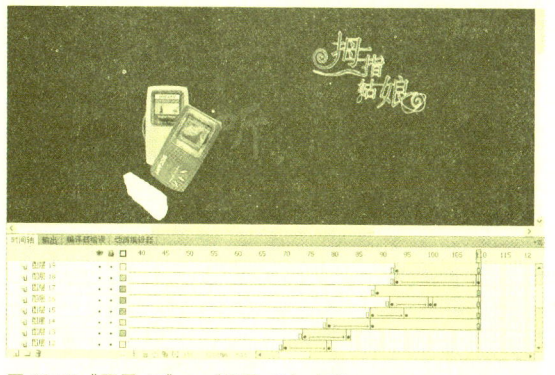

图13-58 "图层17" ~ "图层19" 内容

Step 48 新建"图层20",在第58帧插入关键帧,将"元件7"拖放到"白色1"元件上方。在第70帧复制帧,将实例移至"白色1"元件下方,然后在两帧之间创建传统补间,然后删除后面的所有帧。新建"图层21",在第55帧插入关键帧,将"元件5"实例拖入,在第57帧按下【F6】键。在第56帧按下【F7】快捷键插入空白关键帧,将"白色1"元件拖入,复制该帧,粘贴到第58帧,然后删除第82帧后面的所有帧。在"图层21"上单击鼠标右键,在弹出的快捷菜单中选择"遮罩层"命令,如图13-59所示。

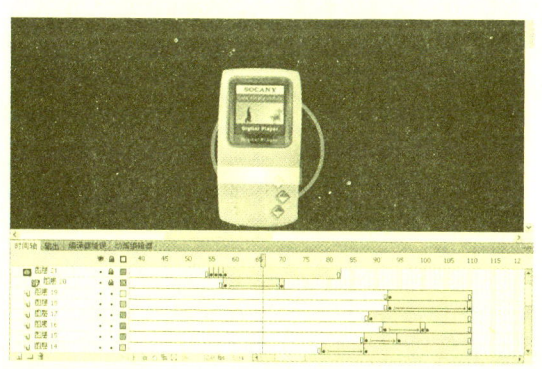

图13-59 "图层20" ~ "图层21" 内容

Step 49 新建"图层22",在第1帧将"字"影片剪辑元件拖入,删除第91帧后面的所有帧。新建"图

层23",在第110帧插入关键帧,按下【F9】键打开"动作"面板,输入"stop();"代码,定义影片播放到该帧停止,如图13-60所示。

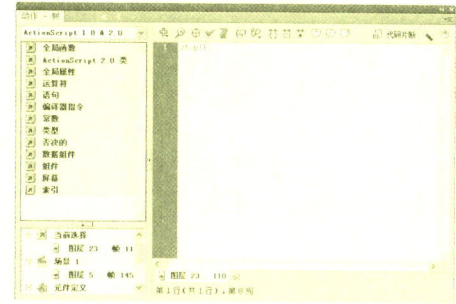

图13-60 输入动作代码1

Step 50 元件都制作完成后,返回到主场景,在第11帧插入关键帧,选择工具箱中的"矩形工具"绘制一个和文档相同大小的无边框矩形,颜色设置为黑色。在第18帧按下【F6】键,然后在"颜色"面板中设置矩形颜色类型为"线性",左端色点滑块的颜色为#6C0000,右端为#993333,然后使用"填充变形工具"调整填充效果。在第11 ~ 18帧之间创建形状补间动画。在第145帧按下【F5】键延续帧,如图13-61所示。

图13-61 制作"图层1"内容

Step 51 新建"图层2",在第15帧插入关键帧,将"人"影片剪辑元件拖入,并删除第109帧之后的所有帧,如图13-62所示。

图13-62 制作"图层2"内容

Step 52 新建"图层3",在第26帧按下【F6】键,将MP3影片剪辑实例拖入场景,如图13-63所示。

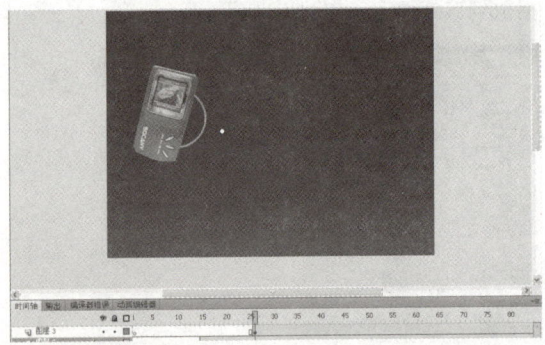

图13-63 制作"图层3"内容

Step 53 新建"图层4",在第145帧插入关键帧,按下【F9】键,"打开"动作面板,添加"stop();"代码,定义影片播放到该帧停止,如图13-64所示。

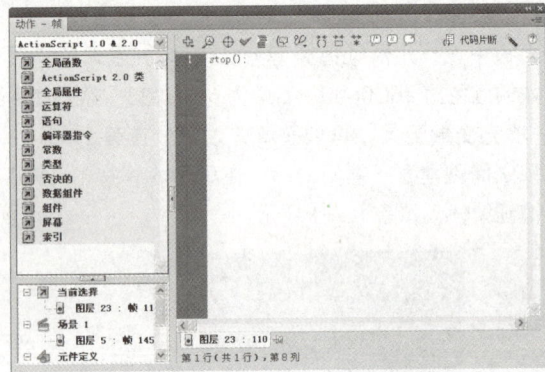

图13-64 输入动作代码2

Step 54 至此,整个MP4产品广告就制作完成了。按下【Ctrl+Enter】键测试影片,最终结果如图13-65所示。

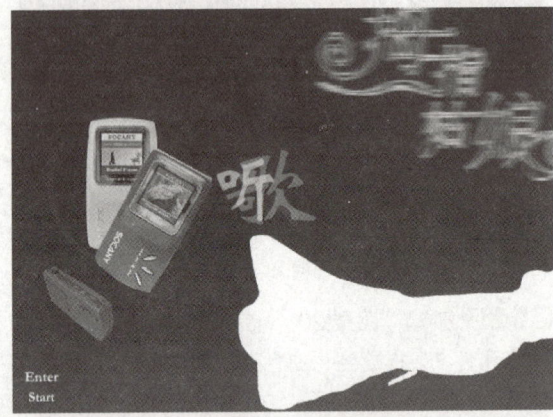

图13-65 测试动画

Chapter 14 Flash网站建设

案例分析 从技术方面来讲,如果已经掌握了单个 Flash 动画的制作方法,再多了解一些 SWF 文件之间的调用方法,那么制作全 Flash 网站就不会太复杂了。本章通过一个 Flash 相册网站的制作,使读者了解一般 Flash 网站的通用制作过程。

★ **核心技能**

★★★★ 网站结构规划
★★★☆ Flash 场景规划
★★☆☆ 场景制作
★☆☆☆ 整体整合

★ **光盘路径**

案例文件: sample\第14章\
视频教学: Video\第14章\

14.1 Flash网站建设相关知识

全 Flash 网站基本以图形和动画为主,所以比较适合那些文字内容不太多,以平面、动画效果为主的应用。如企业品牌推广、特定网上广告、网络游戏、个性网站等。

制作全 Flash 网站和制作 HTML 网站类似,应事先在纸上画出结构关系图,包括网站的主题、要用什么样的元素、哪些元素需要重复使用、元素之间的联系、元素如何运动、用什么风格的音乐、整个网站可以分成几个逻辑块、各个逻辑块间的联系如何,以及你是否打算用 Flash 建构全站或只用其作网站的前期部分等,都应在考虑范围之内。

实现全 Flash 网站效果多种多样,但基本原理是相同的,即将主场景作为一个"舞台",这个舞台提供标准的长宽比例和整个版面结构,"演员"就是网站子栏目的具体内容,根据子栏目的内容结构可能会再派生出更多的子栏目。主场景作为"舞台"基础,基本保持自身的内容不变,其他"演员"身份的子类、次子类内容根据需要被导入到主场景内。

14.1.1 Flash网站和单个Flash动画的区别

全Flash网站和单个Flash动画制作的区别如下。

1. 文件结构不同

单个 Flash 作品的场景、动画过程及内容都在一个文件内,而全 Flash 网站的文件由若干个文件构成,并且可以随发展的需要继续扩展。全 Flash 网站的文件动画分别在各自的对应文件内。通过 Action 的导入和跳转控制实现动画效果,由于同时可以加载多个 SWF 文件,它们将重叠在一起显示在屏幕上。

2. 制作思路不同

单个 Flash 作品的制作一般都在一个独立的文件内,计划好动画效果随时间轴的变化或场景的交替变化即可。全 Flash 网站制作则更需要对整体的把握,通过不同文件的切换和控制来实现全 Flash 网站的动态效果,要求制作者有明确的思路和良好的制作习惯。

3. 文件播放流程不同

单个 Flash 作品通常需要将所有的文件放在

一个文件内，在观看效果时必须等文件基本下载完毕才能开始播放。但全 Flash 网站是通过若干个文件结合在一起，在时间流上更符合 Flash 软件产品的特性。文件可以做得比较小，通过陆续载入其他文件更适合 Internet 的传播，这样就避免了访问者因等待时间过长而放弃浏览。

14.1.2 Flash网站的技术核心

重要 ActionScript 代码控制是全 Flash 网站实现的关键，这里只介绍部分制作全 Flash 网站需要使用的比较重要的 ActionScript 函数。

```
loadMovieNum("url",level[, variables])
loadMovie("url",level/target[, variables])
unloadMovieNum(level)
unloadMovie[Num](level/"target")
loadVariables ("url" ,level/"target"
[, variables])
```

Flash 允许同时运行多个 SWF 文件，Flash 一旦载入一个 SWF 文件，则占据了一个"层次"，系统默认的是 _Flash0 或 _Level0，之后的 Movie 则按顺序放在 level0 ~ level16000 里。第一个载入的 SWF 文件为 _Flash0 或 _Level0，第二个如果加载到第一层时则称为 _Flash1 或 _Level1，依次类推。注意前提是前面载入的文件没有退出，否则会冲掉第一个 SWF 文件，第一个文件也从内存中退出。

如果你将外部的 Movie 加载到 Level0 层或者 Level0 里，那么，原始的 Movie 就会被暂时取代，再用时还得重新 Load 一次，也就是说，一个 Level 在一个时间里只能有一个 Movie 存在。在使用 LoadMovie 和 UnLoadMovie 时必须特别注意 Level 之间的关系，否则，当你希望在一个时间里只播放一个 Movie 而 Unload 掉前一个 Movie 时，就会出现不必要的麻烦。

考虑到网络传输的速度，如果 index.swf 文件比较大，在它被完全导入以前设计一个 Loading 引导浏览者耐心等待是非常有必要的。同时设计得好的 Loading 还可以为网站起一定的铺垫作用。

一般的做法是先将 Loading 做成一个影片剪辑，在场景的最后设置标签，如 end。通过 ifFrameLoaded 来判断是否已经下载完毕，如果已经下载完毕则通过 gotoAndPlay 控制整个 Flash 的播放。

以一个 Loading 文件为例，在场景里插入影片剪辑。

```
ifFrameLoaded ("end" ) {
    gotoAndPlay(" 开始播放的地方 ");
}
```

我们在制作全 Flash 网站的过程中经常会遇到一定量的文字内容需要体现的情况，文本的内容表现与前面介绍的流程是一样的，不同的地方在于最后的表现效果和处理手法上。

如果文本内容不多，并希望将文本内容做得比较有动态效果时，可以采用此法。将文本做成若干个 Flash 的元件，在相应的位置安排好。这种方法的文件载入与前面介绍的处理手法比较类似，原理也都差不多。

也可以将独立的txt文本文件通过loadVariables导入到Flash文件内，修改时只需修改txt文本内容就可以实现Flash相关文件的修改，非常方便。在文本框属性中设置Var:变量名（注意这个变量名），并为文本框所在的帧添加ActionScript代码。

```
loadVariables(" 变量名 .txt", "");
```

然后编写一个纯文本文件 txt（文件名随意），文本开头为"变量名＝"，"＝"后面写上正式的文本内容。

14.2 制作"相册网站"动画

下面来制作一个Flash相册网站，从技术上讲，内容涉及到元件、实例、动画、场景、音效、动作等各个方面，是一个非常综合的Flash效果，可动态切换照片等，并具有背景音乐。这对于读者了解并掌握Flash网站的制作具有较强的参考意义。

Step 01 新建一个文件，大小为 700×450 像素，背景色为黑色，帧频为 24fps。这个动画分为两个场景，一是 load，二是 main。首先完成 load 载入场景的制作。制作一个 load_bar 的影片剪辑元件，使用动画补间制作出进度条由小变大、百分比递增的补间和逐帧动画，最终效果如图 14-1 所示。

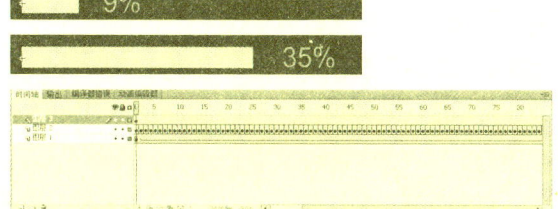

图 14-1 load_bar 影片剪辑元件内容及时间轴

Step 02 将 load_bar 影片剪辑元件拖曳到 load 场景中，并设定好该场景的背景及修饰，然后将场景的第 1 帧命名为 loop，并输入如下动作代码，如图 14-2 所示。

```
byteloaded = _root.getBytesLoaded();
bytetotal = _root.getBytesTotal();
loaded = int(byteloaded /bytetotal *
100);
load_bar.gotoAndStop( loaded );
```

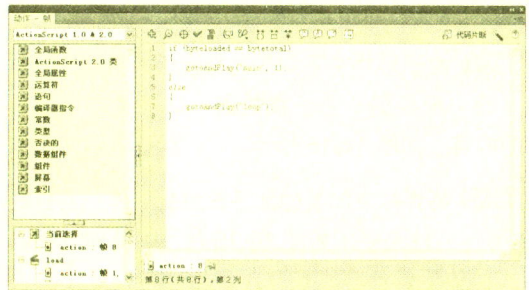

图 14-2 输入代码 1

Step 03 在第 8 帧输入如下动作代码，这样，load 场景就制作完成了，如图 14-3 所示。

```
if (byteloaded == bytetotal) {
    gotoAndPlay("main", 1);
} else {
    gotoAndPlay("loop");
}
```

图 14-3 输入代码 2

Step 04 下面进入到 main 场景完成这个大型动画的前期准备。由于本例中的元件比较多，因此可在"库"面板建立多个元件库文件夹，将不同的库文件分类存放，便于最后的管理，如图 14-4 所示。

Step 05 首先开始制作边框的效果。在"边框"文件夹中创建 3 个图形元件，在元件编辑区分别绘制填充颜色为无，笔触颜色分别为灰色、浅灰和深灰的边框线效果，如图 14-5 所示。

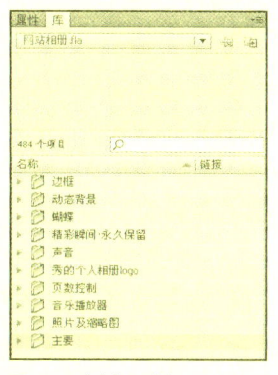

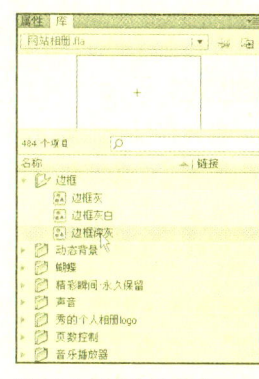

图 14-4 "库"面板　　　图 14-5 "边框"文件夹

Step 06 在"动态背景"文件夹中创建 6 个按钮元件，使用准备好的背景图素材，制作"背景1_b"～"背景6_b"6 个按钮元件，用于控制背景动态切换的效果，如图 14-6 所示。

Step 07 因为影片的背景可以变化，因此导入 6 张图片，并利用这 6 张图片建立名为"pic_bg1"～"pic_bg6"的 6 个图形元件，如图 14-7 所示。

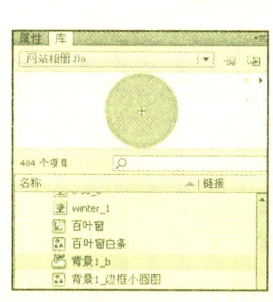

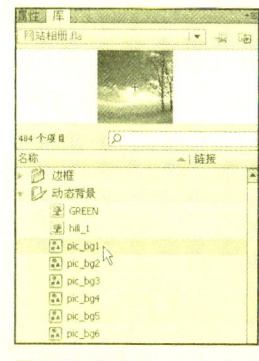

图 14-6 按钮元件　　　图 14-7 pic_bg1 ～ pic_bg6 的图形元件

Step 08 为了制作动画中指向按钮时的缩图预览，将制作好的 6 张小图片导入到库，利用刚刚导入的 6 张小图片，制作如图 14-8 所示的 6 个图形元件。

PART2 综合案例篇

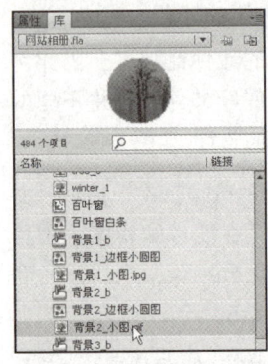 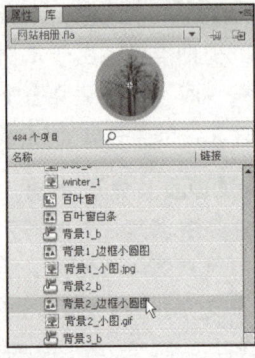

图 14-8 导入的图片和制作的元件

Step 09 由于影片右上角的蝴蝶是一个动画，当光标指向蝴蝶上方时，蝴蝶的翅膀可以扇动，并发出声音，因此借助如图14-9所示的图片制作蝴蝶的效果，并通过按钮上的影片剪辑动画以及按钮中的声音效果来完成制作。

Step 10 下面在"库"面板的"精彩瞬间·永久保留"文件夹下利用基本的图形元件创建如图14-10所示的影片剪辑元件的效果。

 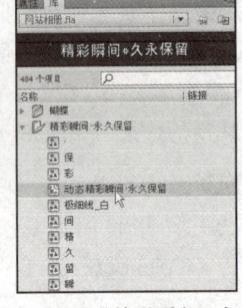

图 14-9 "蝴蝶"文件夹　　图 14-10 "精彩瞬间·永久保留"文件夹

Step 11 接下来导入动画中的主内容，这些内容就是准备用于展示的照片等，将其分别导入到"照片及缩略图"文件夹下，并制作成图形元件，如图14-11所示。

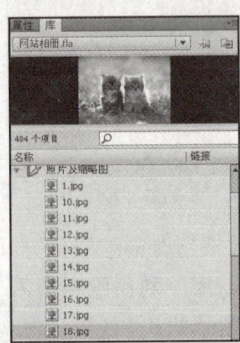 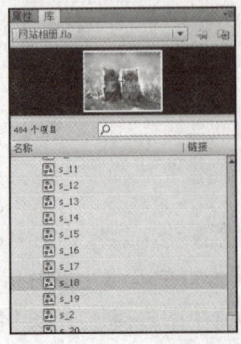

图 14-11 导入的图片和制作的元件

Step 12 影片中使用了非常多的音效，将这些音效依次导入到"库"面板的"声音"文件夹中，如图14-12所示。

Step 13 在"库"面板的"页数控制"文件夹中创建出用于翻页的图形元件及最终的按钮元件，如图14-13所示。

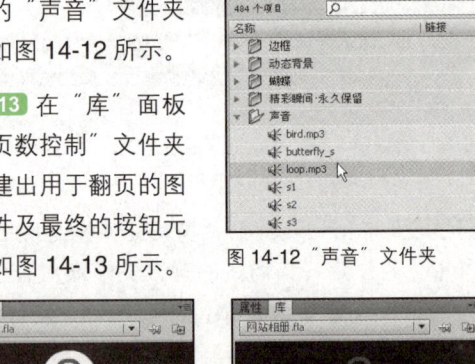

图 14-12 "声音"文件夹

图 14-13 "页数控制"文件夹

Step 14 由于影片左上角的"秀的个人相册"也是动画，因此在"库"面板的"秀的个人相册"文件夹中创建相关的图形和影片剪辑元件，如图14-14所示。

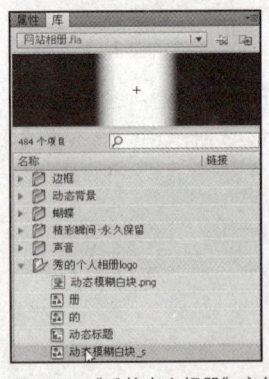 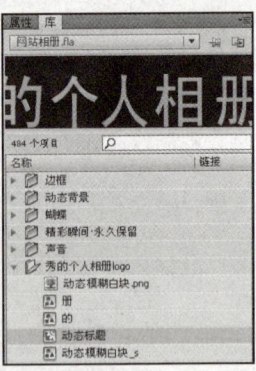

图 14-14 "秀的个人相册"文件夹

Step 15 由于影片左下角要进行音乐的控制，因此在"库"面板的"音乐播放器"文件夹中创建相关的内容，如图14-15所示。

Step 16 将影片中的其他元件放置到"库"面板的"主要"文件夹中，如图14-16所示。此时，该动画的准备工作已基本完成。下面便开始最终的合成工作。

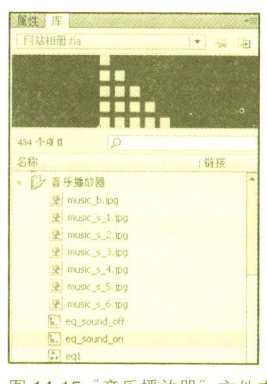
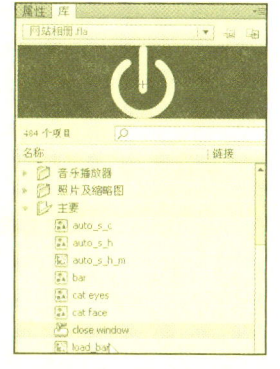

图 14-15 "音乐播放器"文件夹　　图 14-16 "主要"文件夹

Step 17 进入"动态背景"文件夹中的"动态背景"元件编辑，可以看到，使用6个关键帧放置了6张不同的背景图片，每一帧中使用了一个停止语句，如图 14-17 所示。

图 14-17 "动态背景"元件

Step 18 回到主场景，将制作好的"动态背景"影片剪辑元件拖曳到"可切换背景"层的第 101 帧，将其延续至第 191 帧，并将"动态背景"影片剪辑元件的实例命名为 dynamic_bg，如图 14-18 所示。

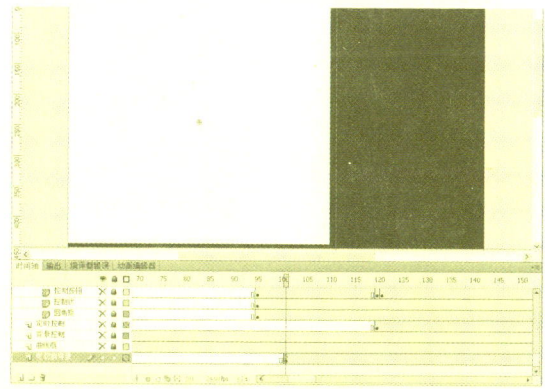

图 14-18 使用"动态背景"影片剪辑元件

Step 19 在"曲线框"图层的第 34～64 帧制作如图 14-19 所示的补间效果。

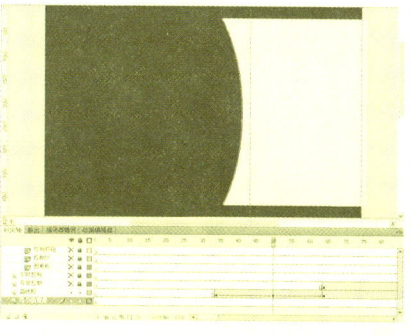

图 14-19 制作"曲线框"图层内容

Step 20 将制作好的"背景控制"影片剪辑拖曳到主场景中"背景控制"层的第 64 帧，如图 14-20 所示。

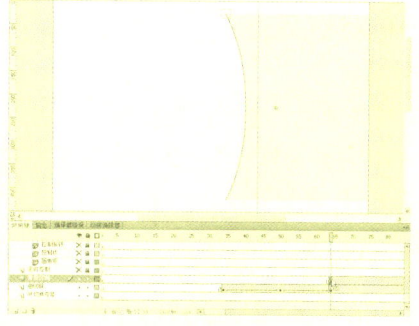

图 14-20 使用"背景控制"元件

Step 21 进入"动态背景"文件夹中的"背景控制"元件编辑，可以看到，使用引导线动画制作了6个背景按钮沿圆弧运动的效果，并使用了6个帧标签定义了6个背景关键帧,使用停止动作,为"背景控制"影片剪辑元件中每个按钮的动作添加如下代码，如图 14-21 所示。

```
on (release) {
    gotoAndPlay("bg1");
    _root.dynamic_
bg.gotoAndPlay("bg1_display");
}
```

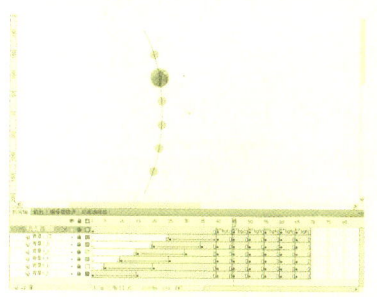

图 14-21 制作"背景控制"元件

Step 22 下面制作 timer 影片剪辑元件，分别在第 1、7、13、19 帧插入空白关键帧，定义帧标签依次为 stop、start、jump、loop_count，并在第 1 帧添加停止动作，在第 13 帧添加如下动作代码，如图 14-22 所示。

```
_root.nextFrame();
```

图 14-22 输入代码 3

Step 23 在主场景建立"定时控制"图层，在第 120 帧使用 timer 影片剪辑元件，并定义实例名称为 time_c，如图 14-23 所示。

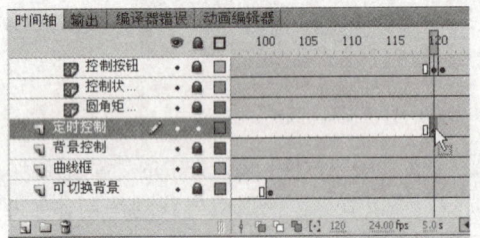

图 14-23 制作"定时控制"图层

Step 24 下面制作"照片控制"图层文件夹，将制作好的元件拖曳到舞台中，在 Photo Control 图层制作文字的进入动画，然后使用一组遮罩图层制作控制按钮部分，照片的预览图使用关键帧动画完成，每一个照片预览图放在一个关键帧中，如图 14-24 所示。

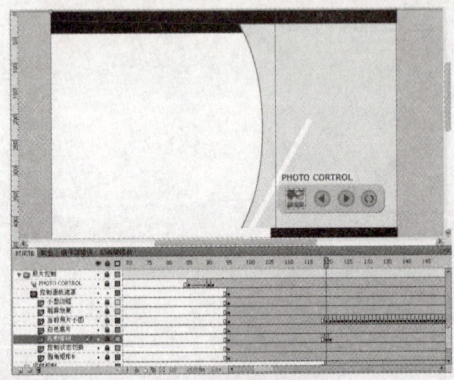

图 14-24 "照片控制"图层文件夹内容

Step 25 下面制作"页面控制"图层组，在两个 sound 图层中根据不同时段载入不同的声音效果，在 Page Control 图层制作文字的进入动画，在第 120 帧之前组合页面控制部分的舞台画面，如图 14-25 所示。

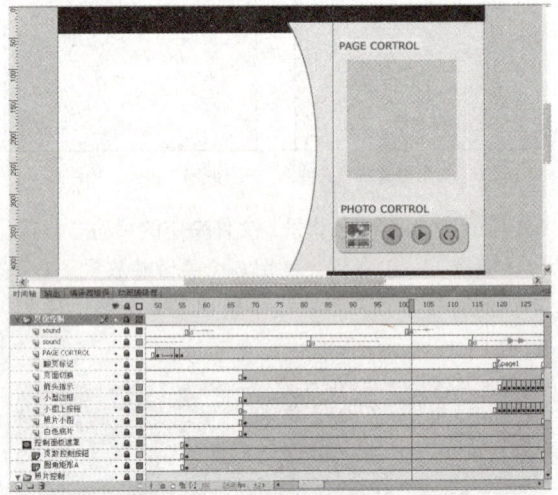

图 14-25 "页面控制"图层组内容

Step 26 在"页面控制"图层组的第 120 帧后制作照片翻页的 8 个页面，使用"翻页标记"图层制作从 page1 ~ page8 共 8 个帧标签，在"页面切换"图层制作实际的页面图形，在"照片小图"图层放置每页开始时的第一张图片，在"箭头指示"图层使用关键帧动画放置"箭头指示器"的影片剪辑元件，每个关键帧使用不同的实例，在"小图上按钮"图层制作小图上除当前点击图片外其他图片的跳转按钮效果，如图 14-26 所示。

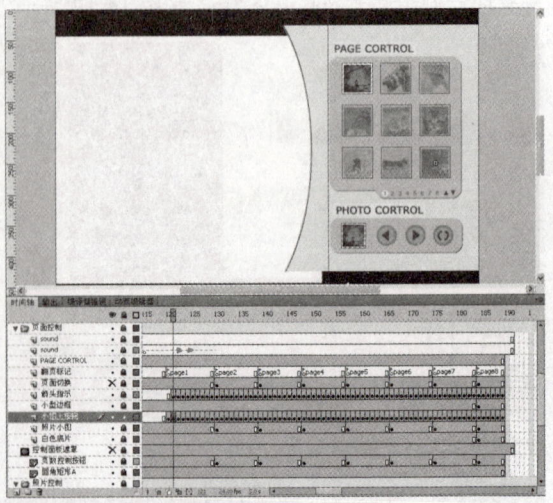

图 14-26 "页面控制"图层组第 120 帧后的内容

Step 27 下面制作"上下矩形条"图层组,制作影片进入时的动画效果,通过多个"矩形"图层制作了矩形闪动的动画,"细线"图层制作了两条细线的动画,如图 14-27 所示。这个图层组都是由基本的传统补间动画构成,没有太高的技术难度,读者可参考光盘源文件分析每个具体图层的动画效果。

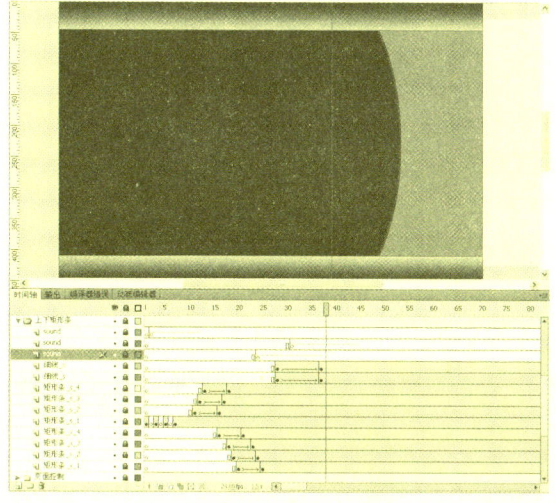

图 14-27 "上下矩形条"图层组内容

Step 28 将照片的大图依据横或竖放置在"照片大图_横"和"照片大图_竖"的每一个关键帧中,并为每一个关键帧依次命名,从 photo1 起,有多少张照片,名称就递增多少个数字,并为每一个照片所在的关键帧添加 Stop 动作。然后在"照片变换"图层使用遮罩制作动态效果,如图 14-28 所示。

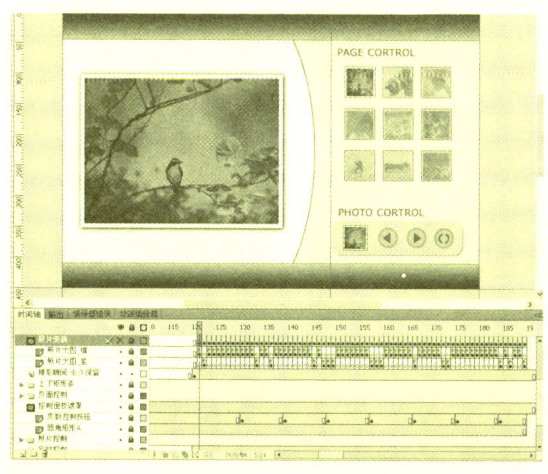

图 14-28 "照片大图"图层和"照片变换"图层内容

Step 29 将"精彩瞬间•永久保留"元件拖曳到新建的"精彩瞬间•永久保留"图层的第 120 帧中,如图 14-29 所示。

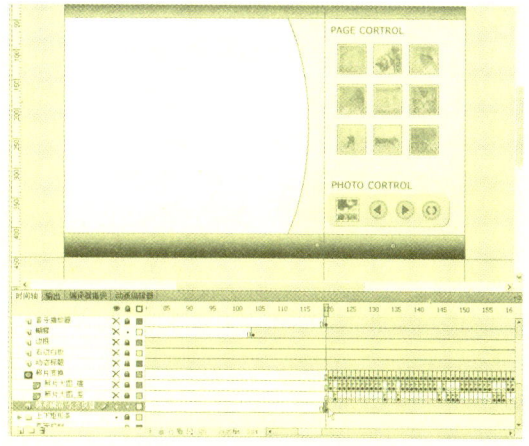

图 14-29 "精彩瞬间•永久保留"图层内容

Step 30 将"动态标题"元件拖曳到新建的"动态标题"图层的第 18 帧中,如图 14-30 所示。

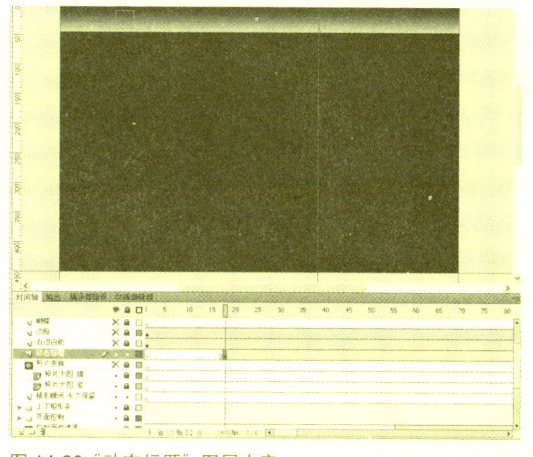

图 14-30 "动态标题"图层内容

Step 31 在"右边白板"和"方框"图层放置画面的修饰图形,在"蝴蝶"图层的第 104 帧将"动态出来的蝴蝶"影片剪辑元件放入舞台中,如图 14-31 所示。

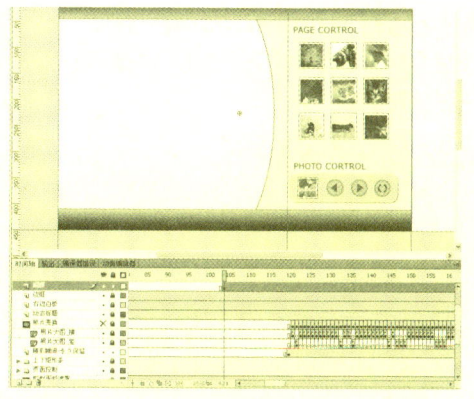

图 14-31 "右边白板"、"方框"、"蝴蝶"图层内容

Step 32 建立"页数控制按钮"和"圆角矩形 A"两个图层,并使用"控制面板遮罩"图层控制动画效果,在"页数控制按钮"图层的第 56 帧起添加页数按钮,如图 14-32 所示。

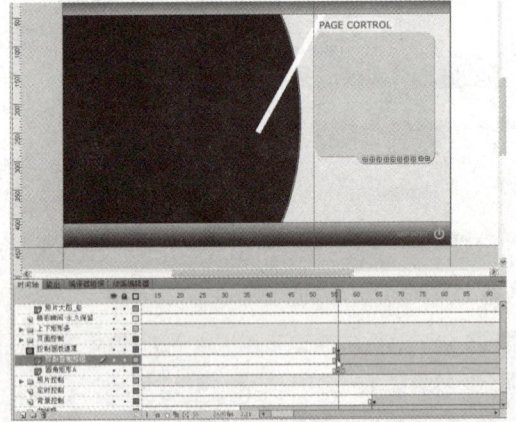

图 14-32 "页数控制按钮"图层内容

Step 33 为每一页的按钮添加动作代码,以第 2 页的按钮为例,添加的代码如下,如图 14-33 所示。

```
on (release, keyPress "2") {
    gotoAndPlay("page2");
}
```

图 14-33 输入代码 4

Step 34 为 Page Control 图层文件夹中的前一张和后一张按钮添加如下动作代码,如图 14-34 所示。

前一张按钮的动作为:

```
on (release, keyPress "<Left>") {
    prevFrame();
}
```

后一张按钮的动作为:

```
on (release, keyPress "<Right>") {
    nextFrame();
}
```

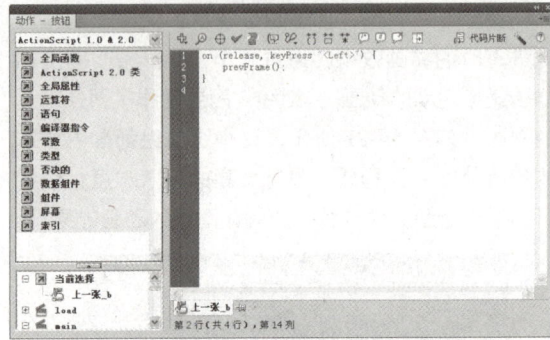

图 14-34 输入代码 5

Step 35 最后为退出按钮添加动作代码,如图 14-35 所示。

```
on (release) {
    fscommand("quit");
}
```

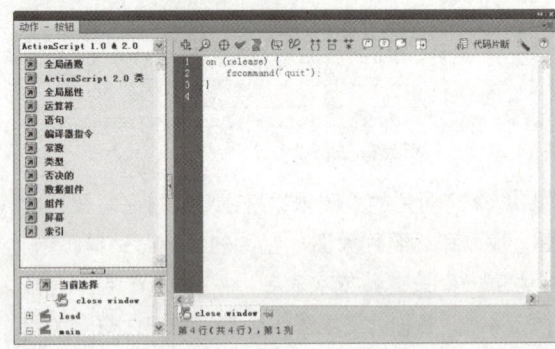

图 14-35 输入代码 6

Step 36 此时,该动画已基本制作完毕。最后在工作区按下【Ctrl+Enter】键直接预览或发布电影,就可以看见动画的效果了,如图 14-36 所示。

图 14-36 预览效果

Chapter 15 Flash MV创作

案例分析 要制作出好的Flash MV作品并不容易，除了要掌握基本的Flash操作技巧外，还需要作者有独具匠心的创意和扎实的美术功底，而这些是经验不断累积的过程。本章将通过一个《简单爱》MV的制作，介绍MV动画的制作过程。由于案例较为复杂，这里只介绍制作过程，无法按步骤具体制作，请读者学习制作过程后自行设计创作自己的MV动画。

★ **核心技能**

★★★★ 原画绘制
★★★☆ 分镜头设计
★★☆☆ 动画制作
★☆☆☆ 搭配声音

★ **光盘路径**

案例文件：sample\第15章\
视频教学：Video\第15章\

15.1 Flash MV创作的基本流程

Flash MV在网上非常流行，因为其内容生动、体积较小等特点，因此是网络上歌曲传播的一种常用媒介。有些Flash MV绘制得异常精致、背景唯美、人物逼真；有些作品则走幽默搞笑路线，能令欣赏者开怀大笑；还有一些作品的故事内容简直就像一部情节曲折的小电影，让人不禁潸然泪下。Flash MV和由相声小品改编的Flash动画一样，都是目前市场上开发比较成熟、比较有商业价值的产品，很多歌手都使用这一技术来包装自己。

Flash MV中最重要的是歌词的同步显示和画面播放的连贯性。因此，Flash元件的绘制是一项繁琐的工作。要制作很多不同的背景画面，以及动作中的人物等，然后需要很有条理、很耐心地将它们放置在不同图层、不同帧的合适位置，为了使背景或人物的出现和消失都不致太过生硬，创建补间动画这一技术经常被用到。另外，在插入歌词时要根据音乐找好关键帧的位置，这也是需要作者非常耐心和细心的地方，因为要逐句地听，甚至是反复地听，但这非常必要，是确保歌词同步显示的关键。

那么，如何来完成一部炫美的Flash MV呢？这就需要制定一个完整的制作流程。在制作前，要先完成一系列的准备工作。一般的制作过程是这样的：选择歌曲 > 解析歌曲 > 编写剧本 > 拟定初稿 > 准备素材 > 整合动画 > 调试发布。如果有新的元素，可视情况而更改或加入。下面就将制作过程分解开来逐一分析。

1. 选择歌曲阶段

歌曲的选择，可视情况而定，完全可以按照自己的爱好来选择。在选定歌曲后，就可以进入下一步了。

2. 解析歌曲阶段

选择了一首歌曲，就要考虑到全局动画了，毕竟选择的歌曲和动画要做到内容一致，这样，才能准确地表达歌曲的意境。接下来，就是要将歌曲导入Flash MV。歌曲无外乎MP3和WAV格式，这是最普及的音乐格式了。在完成歌曲的解析后，就要进入下一步了。

3. 编写剧本阶段

这一阶段是至关重要的，一部好的作品，之所以能吸引观众，完全取决于其故事中能够打动观众的情节。我们在写剧本时，一定要把握好歌词的内容，以及这首歌所要表达的思想，要用动画将歌曲的意境表达出来。你也许会为一个故事而苦心寻找合适的歌曲，也许会为一首动人的歌曲而费心去编故事，总之，动画和歌曲必须一致，这样才能吸引观众并打动观众。在完成剧本后，就可以拟定初稿，构思动画了。

4. 准备素材阶段

在编写完剧本并构思好动画后，自然就要为其中的素材而奔波了。如果是图片展示型，你可能需要准备大量相关的图片；但如果是手绘动画型，就要在主角上下功夫，要赋予主角鲜明的个性并在整个动画中贯穿始终，还要绘制作大量的场景以衬托全局。目前这类作品中的主角多为矢量动画，而背景则采用处理后的像素图片，这也是专业的动画制作模式，背景多在 Photoshop 中进行绘制和加工，然后再在 Flash 中进行变化上的处理。而主角则是在 Flash 中完成几乎全部动作（除特殊需要而进行第三方软件的处理外）。之后要做的就是将一段一段的小动画连贯整合成一个完整动画了。

5. 整合动画阶段

将歌曲置入场景的一个图层中，并在属性对话框里的"同步"一栏里选择"流型"，就是将歌曲作为音乐流的意思，制作 MV 的话"流型"是首选，因为 MV 的歌曲要与动画的进度紧密结合。如果想要为 MV 配上歌词，那么就按照歌曲的进度写上去，这时数据流的优势就体现出来了。

之后就要将之前完成的一小段一小段的动画整合到场景中。当然，这时候动画和音乐还没有完全同步，毕竟在做小段动画时没有对着音乐制作。接下来要做的就是对动画做稍微的修改以配合音乐的进度了，这就需要视情况而定了，在完成全部动画的制作后，就要考虑在网上发布了。这时必须在动画前加上一段 Loading。如果在 Loading 和动画之间能加上一个播放按钮以控制歌曲的开始就更好了。

6. 调试发布阶段

在完成了一系列的制作后，作品就算大功告成了，按下【Ctrl+Enter】键就可以看到最终效果了。如果哪里有不妥之处，可以再做一些细节上的修正，一部完整的动画就全部完成了。

15.2 创作"简单爱MV"动画

下面来制作一个 Flash MV，这对于读者了解并掌握 Flash MV 作品的制作具有较强的参考意义。

Step 01 首先进行音乐的准备，需要将其置入 Flash 中。新建一个 Flash 文档，按下【Ctrl+R】键调出"导入"对话框，找到音乐所在的位置，并选中音乐文件，单击【打开】按钮导入，如图 15-1 所示。

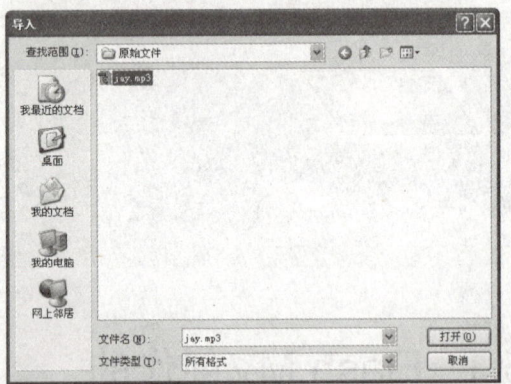

图 15-1 导入声音

Step 02 将"图层 1"改名为"歌曲"，在第 3 帧按下【F6】键插入一个关键帧，打开属性面板，并在"声音"一栏中选择"jay.mp3"，如图 15-2 所示。

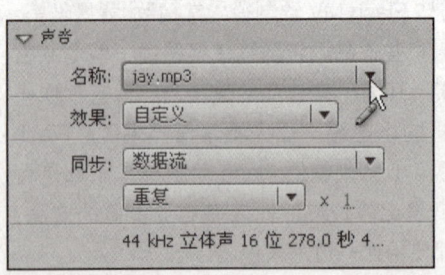

图 15-2 设置声音

Step 03 回到"歌曲"层，并在 1561 帧处按下【F5】键，将动画延续到 1561 帧（第 1561 帧是第一段的结束，本案例做到这里），然后将导入的音频文件优化，即打开库面板，在 jay.mp3 库文件上单击右键，在弹出的快捷菜单中选择"属性"，并在"声音属性"对话框中设置"压缩"为 MP3、"比特率"为 16kbps、"品质"为快速，如图 15-3 所示。

Flash MV创作 Chapter 15

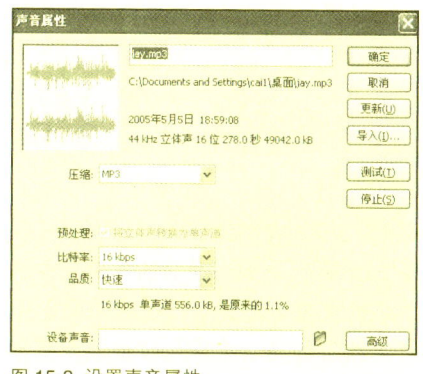

图 15-3 设置声音属性

Step 04 音乐添加完毕，将该层锁定，并新建一层以添加歌词。按下【Enter】键播放歌曲，并在唱词与演奏每一句开始时添加关键帧，一个良好的习惯是打开"属性"面板，在"帧标签"中写入该句歌词，这样，歌词就在时间轴上显示了，会更方便一些，如图 15-4 所示。

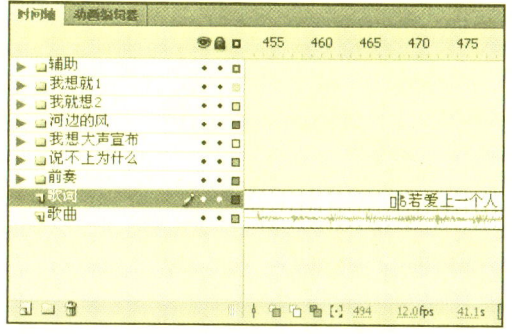

图 15-4 以帧标签形式标注歌词

Step 05 歌词添加完毕后，即可开始设定剧情并绘制角色了，如图 15-5 所示的为作者绘制的一些角色的草图，包括男女主角的一些造型。

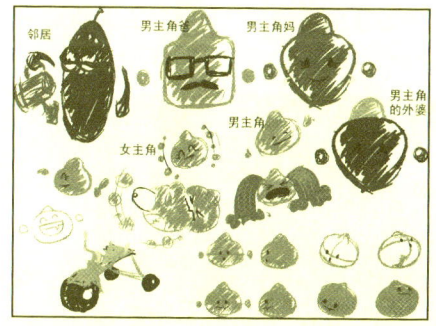

图 15-5 角色草图

Step 06 在编制完角色后，我们就可以通过角色的形象来编写剧本并绘制分镜了。如图 15-6 所示的是动画中的一个分镜头。

图 15-6 分镜头

Step 07 下面进入到元件制作的程序。在这里，我们只把在分镜头上表现出来的一些明显需要制作的元件进行制作，以便后面的动画。首先是主角的绘制，按下【Ctrl+F8】键新建一个元件，并命名为"男孩_身体"，切换到"椭圆工具"，设定笔触颜色为无色、填充色为 #FFCC00，激活"对象绘制"选项，并绘制一个椭圆，如图 15-7 所示。

Step 08 将填充色调整为 #FFFF99，在该椭圆的上面绘制一个稍小的椭圆，如图 15-8 所示。

Step 09 新建一个图层，切换到"椭圆工具"，设定笔触颜色为红色、填充色为无色，不激活"对象绘制"选项，再绘制一个椭圆，如图 15-9 所示。

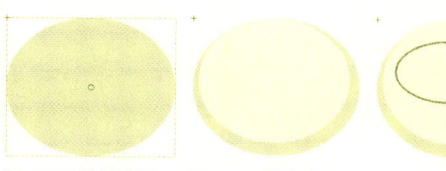

图 15-7 绘制椭圆　　图 15-8 绘制稍小的椭圆　　图 15-9 再次绘制椭圆

Step 10 切换到"选择工具"，并调整椭圆的外形至如图 15-10 所示的样式。

Step 11 打开颜色面板，选择填充色为"线性"，并设定两个颜色为不透明度 100% 与不透明度 0% 的白色，填充刚才绘制的形状，并用"填充变形工具"调整填充色的外观，得到如图 15-11 所示的外观。

图 15-10 调整椭圆外形　　图 15-11 填充高光

249

Step 12 再来绘制这个男孩的头顶。新建一个影片剪辑元件，并改名为"男孩_头顶"，进入该元件进行编辑，编辑过程如图15-12所示。

图15-12 编辑元件过程

Step 13 下面绘制拳头。拳头实际上是个正圆，它的绘制比较简单。首先绘制一个正圆，然后用"铅笔工具" 勾出一个高光，填充渐变色即可，绘制过程如图15-13所示。

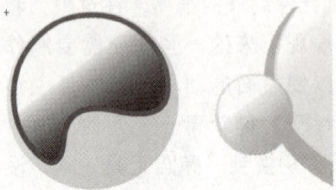

图15-13 绘制拳头过程

Step 14 仰视视角的绘制比较简单，首先仍然是绘制一个椭圆，其中的渐变色就用刚才使用过的深黄到浅黄的渐变色，然后绘制渐变色的高光部分。俯视的男孩也使用类似的方法绘制，如图15-14所示。

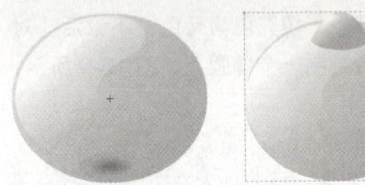

图15-14 绘制仰视视角和俯视男孩

Step 15 下面绘制女孩身体。选中之前绘制的"男孩_身体"元件，右键单击，在弹出的快捷菜单中选择"直接复制"选项，再在弹出的对话框中设定复制的元件的名称为"女孩_身体"。双击库面板中"女孩_身体"元件前面的标签，进入元件进行修改，绘制过程如图15-15所示。

图15-15 绘制女孩身体

Step 16 下面绘制女孩的头顶。这里我们将女孩的头发绘制成有尖端的形状，方便后面对风吹动头发动画的修改，绘制过程如图15-16所示。

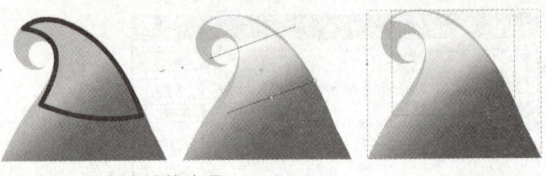

图15-16 绘制女孩的头顶

Step 17 下面绘制女孩的蝴蝶结。新建一个元件并命名为"女孩_蝴蝶结"。经过前面的几个元件的制作，可能细心的读者也发现了，在这个案例中人物及人物身上细节的绘制手法比较相似，都是先绘制深色的底色，然后再绘制由带有透明的渐变色构成的高光。大致的绘制过程如图15-17所示。

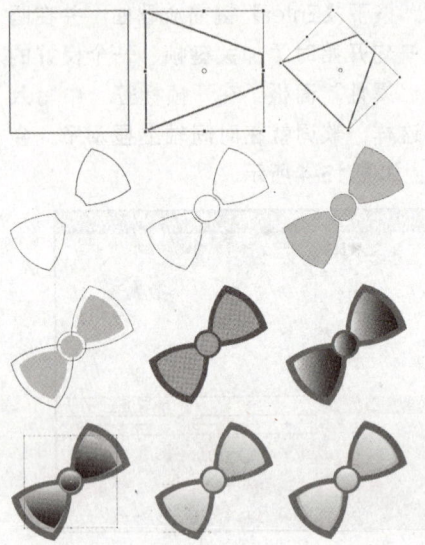

图15-17 绘制蝴蝶结

Step 18 下面我们正式开始制作这个MV。选中时间轴"歌词"和"歌曲"两层内所有的帧，将它们向后拖两帧，我们发现第3～51帧是静音。也就是说这里有四秒的空音。我们将这四秒做成一个引子，如图15-18所示。

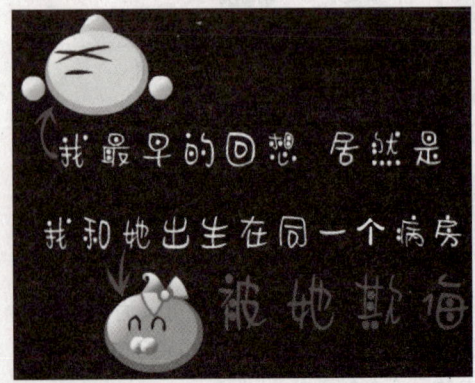

图15-18 引子

Flash MV 创作　Chapter 15

Step 19 接下来是从第 52 ～ 160 帧的一段类似八音盒的演奏和从第 161 帧起加入鼓声的前奏。我们要让男女主角出场来表现这段内容，并最终在结尾处与正片相接，首先通过镜头的移动表现奶瓶，如图 15-19 所示。

图 15-19　奶瓶

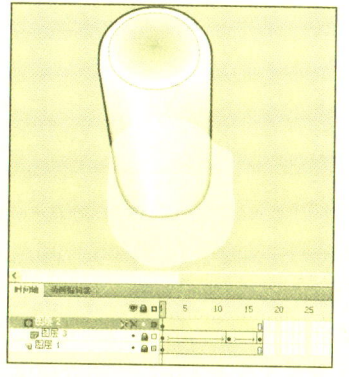

图 15-21　奶瓶与水位的动画

Step 20 接下来的过程是特写男主角和奶瓶；奶瓶突然从屏幕里出镜；男主角向着奶瓶的方向望去；镜头移到女主角身上；男主角在旁边抢了几下没抢到；镜头切回男主角，男主角愣了一下，开始抽泣；男主角放声大哭，如图 15-20 所示。首先是奶瓶的制作，奶瓶在主角喝奶的时候要有水位的晃动，这是通过把奶瓶做成元件来实现的。按下【Ctrl+F8】键新建元件，并命名为"奶瓶"，然后在第一层绘制奶瓶。

Step 22 下面还剩四个小节，我们每个小节介绍一个年级，每个年级只有三秒左右的时间，实际上是通过制作几个片断来实现的。如图 15-22 所示是二年三班和三年三班的回忆。所有的场景都是通过刚才那些元件的实例拼凑而成的，充分而合理地利用实例，通过少许颜色、大小、排列方式等的变化，使动画变得简洁且风格统一。

图 15-22　两个动画片断

Step 23 在最后的一小节里，我们通过一句话作为前奏的总结。这样，前奏的部分就结束了。将前奏中用到的层放在一个图层文件夹里，将该文件夹命名为"前奏"，如图 15-23 所示。

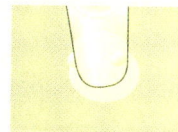 

特写男主角和奶瓶　　奶瓶被抢走　　男主角寻找奶瓶

女主角出场　　男主角拿不到奶瓶　　放声大哭

图 15-20　接下来的动画过程

Step 21 新建一层绘制一个形状补间，为了方便观看，我们将背景色暂时调成灰色，用它来充当奶瓶中的水位。这时"水位"是溢出奶瓶的，下面用遮罩层。新建一个层，将奶瓶中间的位置复制，并按下【Ctrl+Shift+V】键粘贴到新图层中相同的坐标，然后将该层改为遮罩层。这样就实现了水位的运动，如图 15-21 所示。这时，正好到了 275 帧左右的时间上，这一句是有鼓声之后的四个小节。

教学提示　Flash MV 的分类

Flash MV 可以分成两种：一种是与歌词结合紧密的逐字句对应的作品，这种作品中基本上每句都可以独立地对应一句歌词的内容，这就简化了歌曲的制作；还有一些歌曲因为重点是表现情感，故事性相对差一些，因此也产生了一种和传统的 MV 相似的风格——这种动画不太有规律性，只能依靠读者自己去体会了。这个例子制作的属于第一种类型。

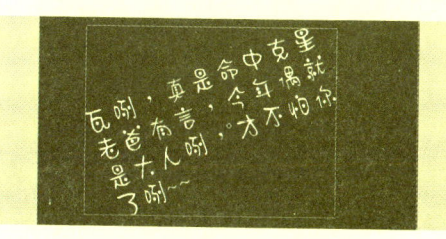

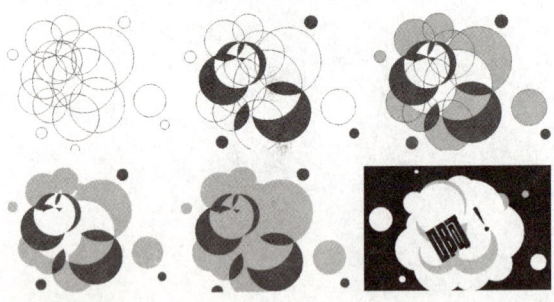

图 15-23 前奏部分的舞台及时间轴

Step 24 下面可以接上刚才的分镜了,新建一个层文件夹,命名为"说不上为什么",先把背景搭起来,这一场的背景就是前面图中的样子,在做背景的时候,我们将男孩也放在了背景里面编成组。根据分镜上所画的,女孩应该是羞答答的样子入镜的。所以为女孩设计了一个动作,让她挪过去,如图15-24所示。

图 15-24 女孩入镜

Step 25 当女孩移动到男孩身边时,放大背景及主角——因为这是女孩手部的动作,为了强调这个动作,我们用特写来描绘它。女孩敲的动作也很有意思:第一下的节奏很慢,是温柔的、试探性的;之后的节奏就变得很快,是为了引起男孩的注意。下面将特写完全放到男孩身上。这时男孩有动作了,从男孩开始动作的一帧(作品中为 454 帧),将刚才的组打散,开始让男孩动作。下面男孩的一串动作体现了他的心理活动,这个动作我们将它分为两段:首先是男孩不知道谁敲他,很自然地回头看;然后是看到了某种可怕的事物(女孩的牙),表情随即变得十分夸张,给女孩牙特写的时候采用高光,如图 15-25 所示。

图 15-25 男孩的动作与女孩的牙

Step 26 接下来是烟幕,我们制作了一个元件,烟幕的诀窍是先用若干个圆塑造出形状,包括边界上零散的圆,然后选一些相互交叠的地方画出近似的暗部,再将外边缘填上浅色,并删掉边线,最后单击填充即可,如图 15-26 所示。

图 15-26 烟幕

Step 27 回到一开始的场景,女孩出镜,男孩在一边举着牌子,上面写着"她最近发了颗虎牙"。女孩出镜以后停一下,镜头推向男孩,看到男孩另一边的牌子上写着"老子还没长,忍了",这是一个以搞笑为目的的镜头,我们的焦点要聚在男孩身上,因此,虽然女孩已出镜,但还是要等男孩手中第一块牌子上的字让观众看清楚后,才能再显示出第二块牌子。注意男孩身上别忘了画一身的咬痕。前四句完成,将层文件夹合拢并锁定。在它的上面新建一个层文件夹"我想大声宣布",如图 15-27 所示。

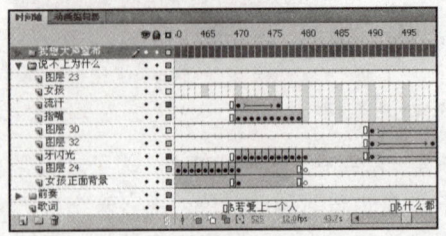

图 15-27 场景内容及时间轴

Step 28 下面要把场景做出来,注意这个场景的设置,根据前面的分镜,后面的农田与前面的绿地应该是分层次的。因此,我们把这里的农田、绿地和男女主角放到四个层上来处理。分镜中写了,女主角突然蹿出,我们要把握一下"突然"的度,女孩冲出来只用了一帧，然后后面用了三帧缓冲。因为这个镜头对应的歌词是"我想大声宣布，对你依依不舍"，而我们情节的设定是女孩指了指自己的牙，根据分镜头来看，这个部分并没有切换摄像机的角度，那么我们就要通过一些夸张的表现手法来表达清楚女孩要咬男孩的意图。在动画中，我们通过突然放大女孩的嘴来实现这一效果，然后男孩作出反应，这样在这个时间长度内发生的情节就比较圆满了。注意，在这里男孩比女孩的表情变化晚一帧，这是一个反应时间。整个过程如图15-28所示。

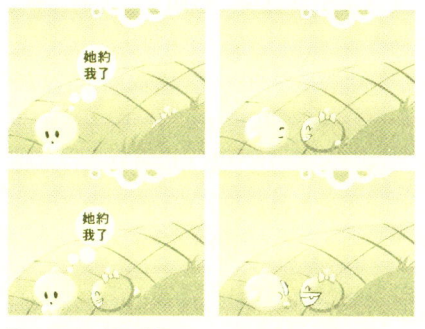

图15-28 动画过程1

Step 29 接下来男孩和女孩就在这个场景上开始追逐。这个追逐的动作元件我们做得很偷巧，用到了男孩的一个俯视角度，女孩的一个俯视角度，还有之前我们做的打架的烟雾（每人身后三个）就构成了现在这个简单的人物追逐的元件。而这个元件我们用得更是彻底，一开始其实是想在他们从屏幕上下和左右方向的追逐上使用不同的元件，但后来发现因为他们是会飞的，因此都用一个也无可厚非，反而使他们看起来更迅捷、更灵敏，如图15-29所示。至此，这一个小段也结束了，锁定这个图层组。

图15-29 动画过程2

Step 30 新建一个图层组并改名为"河边的风"。根据分镜表，男女主角又回到了河边，因此，我们复制了河岸的场景放到这里。注意男主角跑到河岸的时候是一个前面没有路可跑的情境，因此我们要注意给男主角设定一个急停的姿态，而女主角追来时由于男主角用手挡住她，因此也会发生一个急停的动作，如图15-30所示。

图15-30 男主角和女主角急停的动作

Step 31 接下来是女孩眼里闪烁着泪光的分镜，这个镜头出现了一个新的元件，就是女孩那对水汪汪的大眼睛——实际上，男孩的眼睛用的也是这个元件。这个元件一共有两层，闪动的高光部分比较大，我们分两帧，在第二帧的时候让它稍稍旋转一下即可。这种眼睛在日式的风格里极为常见，我们将它定义为一个元件，方便在日后的作品中使用。动画效果如图15-31所示。

图15-31 男女主角的对视

Step 32 接下来的一个镜头切换中，我们需要一些物品属性上的变换。在这个场景的一开始，男孩和女孩接着上个镜头的位置站立制造出一种连续感，然后就是天色逐渐地黑了下来。这里出现了几个新的原件：背景上的黄昏气象、夕阳、女孩和男孩子的手牵在一起出现的心。我们分别制作它们，并对它们制作动作。黄昏时的天色比较简单，是一个黄色、黑色和红色的渐变，心的制作就更简单一些，相对来说太阳的制作稍微麻烦一点，在"太阳"层上我们绘制了一个黄色的圆，"红晕"层上我们制作了一个波浪形的形状补间，然后我们新建"遮罩"层，复制了第一层上的圆，并按下快捷键【Ctrl+Shift+V】粘贴在"遮罩"层完全相同的位置，然后将"遮罩"层改为一个遮罩层，这样形状补间就只能显示在圆的范围内了，这几个元素如图15-32所示。

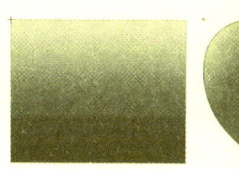

图15-32 天色、心与太阳

Step 33 太阳除了它本身以外,还包括它散发出来的光晕,我们可以将它们绘制在同一个元件里。但在这里,考虑到这个太阳可能以后还有单独活动的机会,所以将它单独做成了一个元件。注意,我们在这个天气的变化中做的改变,首先是阳光强度的变化,随之周围的环境也变暗了,如图 15-33 所示。

图 15-33 正午、黄昏和落山的太阳

Step 34 根据分镜分解的歌词,这个部分应该是"我想带你回我的外婆家,一起看看日落,一直到我们都睡着",这个部分我们使用了剪影,让男女主角在路上以背光的姿态行走。这个背景是一个长出场景的移动稿。实际上,我们应该制作得再精致一点。在最后的部分我们让太阳落山,将太阳元件的亮度属性改为 –100%,如图 15-34 所示。

图 15-34 太阳落山

Step 35 这四句歌词又结束了,锁定这个图层组。新建一个图层组,改名为"我就想1"。根据这一段的分镜,这一部分相对比较简单,主要是一些简单的片断式的情节,如图 15-35 所示。

图 15-35 片断式的情节

Step 36 下面是"我想陪你骑单车"所对应的画面。我们设定了一个噱头,让男主角骑着一辆儿童的脚踏车,结果由于没有脚而踩不了踏板,如图 15-36 所示。

图 15-36 "我想陪你骑单车"画面

Step 37 下一个短句是"我想陪你看棒球",当球飞入镜头时,动作是比较快的,当它接近女主角身边的时候,我们突然将它的速度放慢了下来——整个过程就像子弹时间一样。然后当女主角没有打到球而打到男主角时,速度又突然加快,说明了打击的力量。最后,男女主角在棒球场上合影,他们的合影化作纸片飞出。在本动画中我们运用此照片作两个场景间的连接,其出现的大致方式为:女孩和男孩站在棒球场上合影>闪光灯闪过>画面变为照片>旋转飞出>显示下个场景。注意闪光与照片在节奏上的配合,让它感觉像真的照片。动画过程如图 15-37 所示。

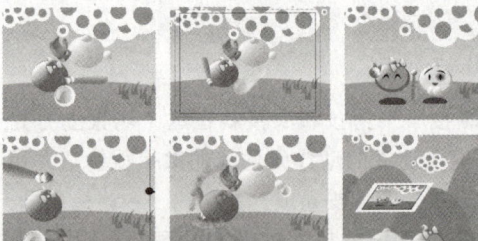

图 15-37 动画过程

Step 38 接下来是本 Flash 最后一个固定场景,后面的几座山也是用"河岸"元件制成的——只要不妨碍效果,我们尽量使用元件。最后一段的对白是通过对话框方式来呈现的。由于制作过程比较简单,就不再讲解其流程了。动画过程如图 15-38 所示。

图 15-38 最后一个场景的动画过程

Step 39 至此,这个动画的制作过程就介绍完了。这个作品按动画界的行话来说是个典型的"可爱片"。片中的男女主角还是孩童,那种纯真无瑕的感情与成人之间的恋情还是有差别的,但又有共同之处。作为一部纯用 Flash 制作的短片,元件在我们绘制角色或场景时都发挥了巨大的作用。我们用完全相同的元件制作了很多不同的场景,同时又保证了它们在风格上的统一。

Chapter 16 Flash游戏开发

案例分析 本章通过一个 Flash 游戏的制作,介绍一些 Flash 游戏制作的思路与方法,希望读者在学习完本章内容后,能掌握建立独立的 Flash 游戏动画的方法。

★ 核心技能

★★★★☆ | 元件准备
★★★☆☆ | 动画制作
★★☆☆☆ | 脚本编程
★☆☆☆☆ | 游戏整合

★ 光盘路径

案例文件:sample\第16章\
视频教学:Video\第16章\

16.1 Flash游戏开发的常规模式

对于大多数的 Flash 学习者来说,制作 Flash 游戏一直是一项很吸引人也很有趣的技术,甚至许多闪客都以制作精彩的 Flash 游戏作为主要的目标。但往往会因急于求成、制作资料不足、数据获得不易,而使许多朋友难以顺利进行 Flash 游戏设计。即使下定决心,也是进展缓慢,乃至最终放弃。所有这一切都不是因为制作者的技术水平导致的,而是由于游戏制作前的前期设计与规划没有做好造成的,所以这里主要介绍 Flash 游戏制作的流程与规划,希望能对读者的游戏制作有一定的启发。

1. 构思

无论学习 Flash 已有多长时间,现在大家心里想的就是做出精彩的、能让玩家一玩就不想停下来的游戏。但是要想让玩家能在游戏中玩得尽兴,说起来简单,真正做起来并不轻松。因为要制作一个好的 Flash 游戏必须要考虑到多方面的因素。

在着手制作一个游戏前,必须先制定一个大概的游戏规划或方案,要做到心中有数,而不能边做边想。因为那样就算最后完成了,这中间浪费的时间和精力也会让人不堪忍受。制作游戏的最终目的是取悦游戏的玩家,通过他们的肯定来获得一定的成就感,同时,这也是激励游戏制作者继续不断创作的巨大动力。

要想让游戏的制作过程轻松简单,关键就在于不要让工作的内容太过繁琐和困难重重,要想使整个制作过程变得轻松,关键是先要制定一个完善的工作流程,安排好工作进度和分工,这样做起来就会事半功倍,不过在制定任何工作计划之前,一定要在心里有个明确的构思,以及对于游戏的整体设想。充满想象力的幻想的确有助于您的创作,但是系统的构思绝对要优于漫无边际的空想。

在决定好将要制作的游戏的目标与类型后,接下来是否可以立即开始制作游戏了呢?答案是不可以!当然,如果你一定要坚持立即开始制作,也不是不可以,只不过要事先提醒大家的是如果你在游戏制作前还没有一个完整的规划,或者没有一个严谨的制作流程，那么制作过程中必定会浪费你非常多的时间和精力，很有可能游戏还没制作完成，你就已经感到筋疲力尽了。所以在制作前认真制定一个游戏流程和规划是十分必要的。

其实像 Flash 游戏这样的制作规划或流程并没有你想象中那么难，大致只需要设想好游戏中可能会发生的所有情况，如果是 RPG 游戏则需要设计好游戏中的所有可能情节，并针对这些情况安排好对应的处理方法，那么制作游戏就变成了一件很有意思的工作了。

2. 准备素材

游戏流程图设计出来后，就需要着手收集和准备游戏中要用到的各种素材了，包括图片、声音等。俗话说，巧妇难为无米之炊，所以要完成一个比较成功的 Flash 游戏，必须拥有足够丰富的游戏内容和漂亮的游戏画面，所以在进行下一步具体的制作工作前，需要好好准备游戏素材。

这里的素材一方面指 Flash 中应用很广的矢量图，另一方面也指一些外部的位图文件，两者可以互补，这是游戏中最基本的素材。虽然 Flash 提供了丰富的绘图和造型的工具，如贝塞尔曲线工具，它可以在 Flash 中完成绝大多数的图形绘制工作，但是 Flash 只能绘制矢量图形，如果需要用到一些位图或者用 Flash 很难绘制的图形时，就需要使用外部的素材了。另外，音乐在 Flash 游戏中是非常重要的一种元素，大家都希望自己的游戏能够有声有色，绚丽多彩，所以在游戏中加入适当的音效可以为整个游戏增色不少。

3. 制作与测试

整个游戏的制作细节不是三言两语能说清楚的，关键是靠平时学习和积累的经验与技巧，并将它们合理地运用到实际的制作工作中去。这里仅提供几条游戏制作的建议，相信可以使大家在游戏制作的过程中更加顺利。

（1）分工合作：一个游戏的制作过程是非常繁琐和复杂的，所以要做好一个游戏，必须要多人互相配合工作，每个人根据自己的特长来完成不同的任务。一般的经验是美工负责游戏的整体风格和视觉效果，而程序员则进行游戏程序的设计。这样一来，可以充分发挥各自的优点，来保证游戏的制作质量并提高工作效率。

（2）设计进度：既然游戏的流程图都已经确定了，就可以将所有要做的工作加以合理的分配，每天完成一定的任务，事先设计好进度表，然后按进度表进行制作，这样才不会在最后关头忙得不可开交，而将大量工作堆在短时间内完成。

（3）多学习别人的作品：当然不是要抄袭他人的作品，而是在平时多注意别人的游戏制作方法，如果遇到好的作品，就要养成研究和分析的习惯，从这些观摩的经验中，大家可以总结出很多经验，甚至还能学到一些自己没注意到的技术，可花些时间把它学会。

游戏制作完成后，就需要进行测试了，进入测试模式后，还可以经过监视对象和变量的方式，找出程序中的问题。除此之外，为了避免测试时的盲点，一定要在多台计算机上进行测试，而且参加的人数最好多一点，这样就有可能发现游戏中存在的问题，使游戏更加完善。

上面就是一般游戏的制作流程与规划方法，如果在制作游戏的过程中可以遵守这样的程序和步骤，那么制作过程就可以相对顺利一些，不过上面的步骤也不是一成不变的，可以根据实际情况来更改，只要不对游戏造成制作上的困难就可以。

16.2 制作"射击游戏"动画

下面我们制作一个游戏，通过射击游戏中飞行的豆腐块实现游戏中的计分、精确度统计、级别等统计效果。

Step 01 新建动画文件，在库面板中建立 graphics 文件夹，导入提供的 bg_tofu.png、tofu.png、tofo2_rev.png、tofo3_rev.png 四张图片，如图 16-1 所示。

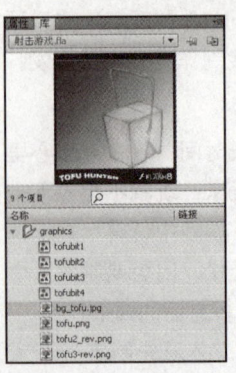 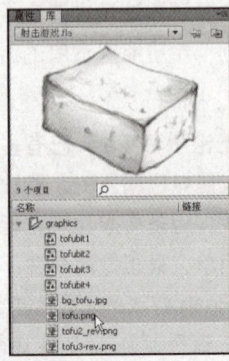

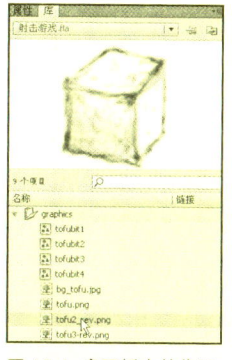
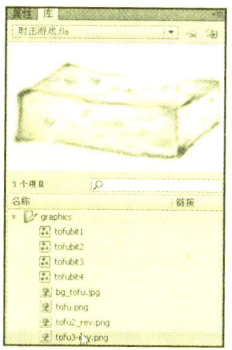

图 16-1 库面板中的位图

Step 02 为制作游戏中击打豆腐后豆腐散落成碎块的效果，制作 4 个图形元件，如图 16-2 所示。

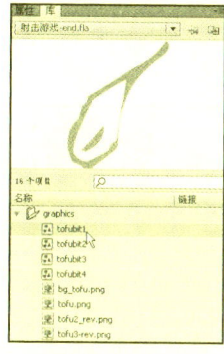
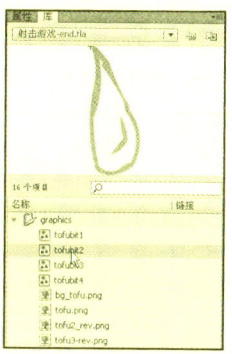
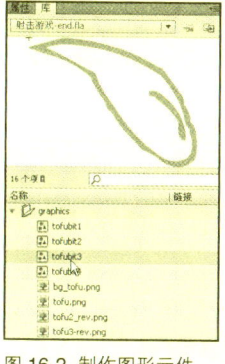
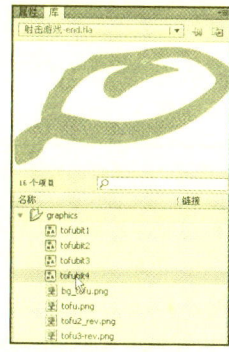

图 16-2 制作图形元件

Step 03 在库面板中新建 movie clips 文件夹，按下【Ctrl+F8】键建立新元件，设置名称为 crosshair_mc，类型为影片剪辑。在影片剪辑中绘制一个准星图案，作为替换鼠标光标的效果，如图 16-3 所示。

图 16-3 crosshair_mc 影片剪辑元件

Step 04 按下【Ctrl+F8】键建立新元件，设置名称为 tofu1、类型为影片剪辑。在这个影片剪辑元件中建立 7 层，由下至上分别为 tofu、tofu_bit4、tofu_bit3、tofu_bit2、tofu_bit1、labels、actions，如图 16-4 所示。

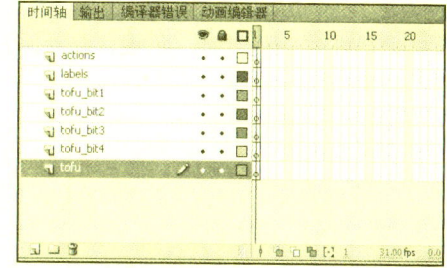

图 16-4 tofu1 影片剪辑元件层

Step 05 选择 tofu 层的第 1 帧，将库面板中的 tofu.png 拖曳到舞台上方，使对象的左上角点和舞台中心对齐，并将这一层延续到第 10 帧，如图 16-5 所示。

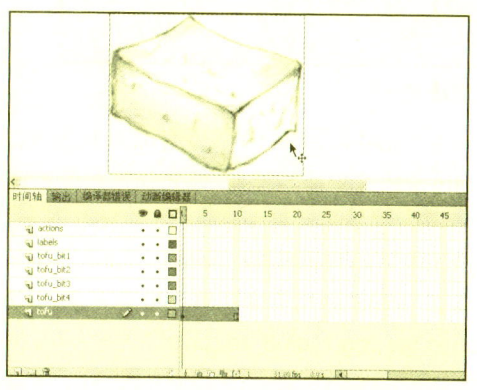

图 16-5 tofu 层

Step 06 分别选择 tofu_bit4、tofu_bit3、tofu_bit2、tofu_bit1 层的第 11 帧，按下【F7】键，插入空白关键帧，分别将 tofubit4、tofubit3、tofubit2、tofubit1 这 4 个图形元件放置到相应层的如图 16-6 所示的位置上。

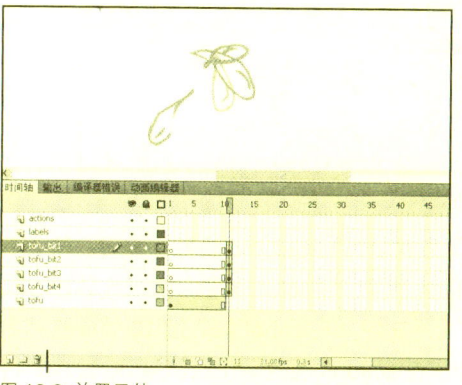

图 16-6 放置元件

Step 07 在 tofu_bit4、tofu_bit3、tofu_bit2、tofu_bit1 层的第 20 帧按下【F6】键复制关键帧，分别将 tofubit4、tofubit3、tofubit2、tofubit1 这 4 个图形元件移动到下方的位置，并分别改变每一个元件实例的 Alpha 透明度到 29%、35%、42%、46%。然后选择 tofu_bit4、tofu_bit3、tofu_bit2、tofu_bit1 层的第 11 ~ 20 帧中的任何一帧，创建传统补间动画，如图 16-7 所示。

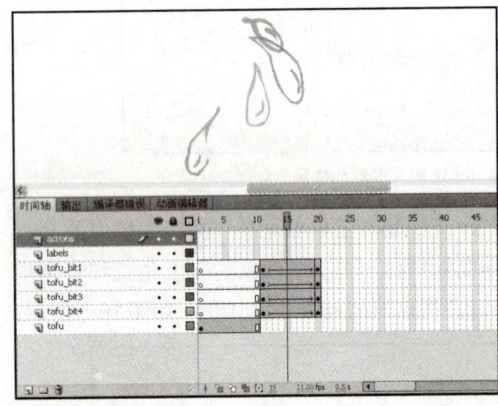

图 16-7 创建传统补间

Step 08 在 Label 层的第 10 帧设置帧名称为 hit。在 actions 层的第 1 帧和第 30 帧分别添加停止动作，tofu1 影片剪辑元件制作完成，如图 16-8 所示。然后将 tofu1 影片剪辑复制为 tofu2、tofu3。并分别将 tofu2、tofu3 影片剪辑中的 tofu 层的图片替换为 tofu2_rev.png、tofu3_rev.png。

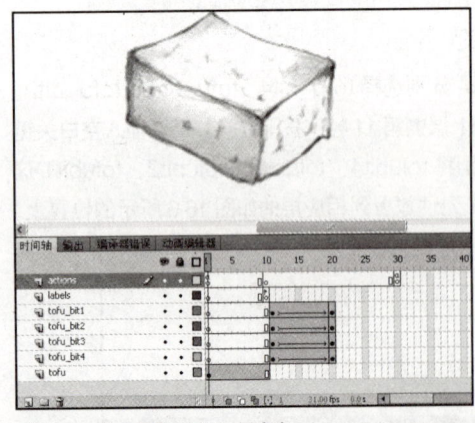

图 16-8 label 层和 action 层内容

Step 09 新建名为 target_mc 的影片剪辑，建立名为 Explode 的层，将 tofu1 的影片剪辑元件放在这层的第 1 ~ 9 帧。在 Label 层的第 10 帧设置帧名称为 hit。在 actions 层的第 1 帧和第 30 帧添加停止动作代码，如图 16-9 所示。

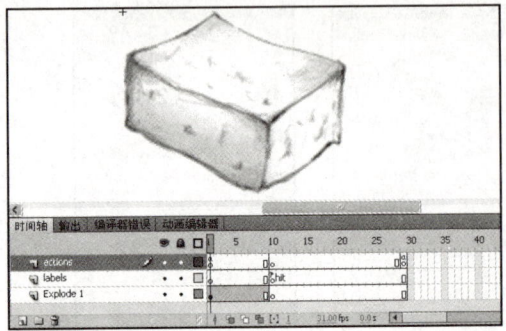

图 16-9 target_mc 影片剪辑内容

Step 10 新建名为 bg_mc 的影片剪辑，绘制一个和舞台大小相同的矩形，使用任意颜色填充都可以，用于稍后编写程序时的调用，然后回到主场景，将其放置在 bg_mc 层中，并将实例命名为 bg_mc，如图 16-10 所示。

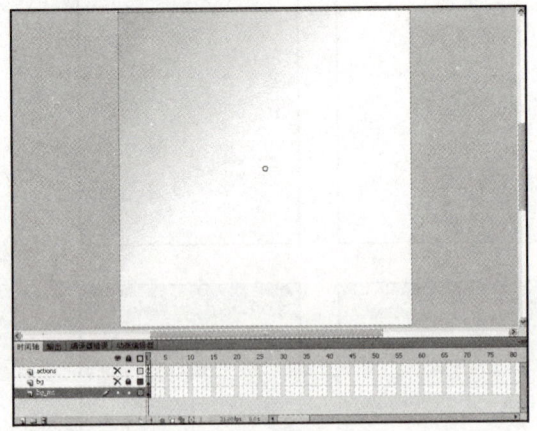

图 16-10 使用 bg_mc 影片剪辑元件

Step 11 新建 bg 层，将导入的 bg_tofu 图片放置在画面中，然后将这个层和 bg_mc 层锁定，如图 16-11 所示。

图 16-11 使用 bg_tofu 图片

Step 12 新建 action 层，在 actions 的第 1 帧输入如下 ActionScript 代码（省去注释部分），如图 16-12 所示。

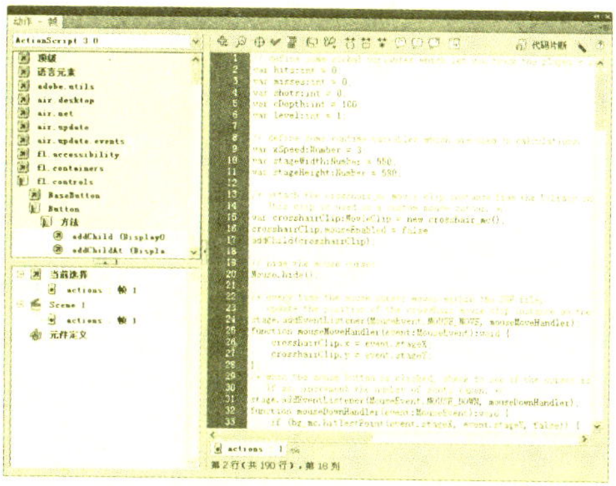

图 16-12 输入动作代码

```
var hits:int = 0;
var misses:int = 0;
var shots:int = 0;
var cDepth:int = 100;
var level:int = 1;
var xSpeed:Number = 3;
var stageWidth:Number = 550;
var stageHeight:Number = 580;
var crosshairClip:MovieClip = new
crosshair_mc();
crosshairClip.mouseEnabled = false;
addChild(crosshairClip);
Mouse.hide();
stage.addEventListener(MouseEvent.
MOUSE_MOVE, mouseMoveHandler);
function mouseMoveHandler(event:Mouse
Event):void {
  crosshairClip.x = event.stageX;
  crosshairClip.y = event.stageY;
};
stage.addEventListener(MouseEvent.
MOUSE_DOWN, mouseDownHandler);
function mouseDownHandler(event:Mouse
Event):void {
  if (bg_mc.hitTestPoint(event.
stageX, event.stageY, false)) {
    shots++;
    updateStats();
  }
};
var my_fmt:TextFormat = new
TextFormat();
my_fmt.bold = true;
my_fmt.font = "Arial";
my_fmt.size = 12;
```

定义一些全局变量，使我们能跟踪用户的统计

定义一些运行时变量，用于计算

从库面板添加 crosshair_mc 影片剪辑实例到舞台上，这个剪辑用于自定义鼠标光标

隐藏鼠标光标
当鼠标光标在 SWF 动画中每一次移动时，更新 crosshair 影片剪辑实例舞台上的位置

当鼠标左键被按下时，检查是否光标在舞台内，如果在，就增加总的射击次数

定义一个用于显示统计文字的 stats_txt 文字域

```
my_fmt.color = 0xFFFFFF;
var stats_txt:TextField = new TextField();
stats_txt.x = 10;
stats_txt.y = 0;
stats_txt.width = 530;
stats_txt.height = 22;
addChild(stats_txt);
stats_txt.defaultTextFormat = my_fmt;
stats_txt.selectable = false;
updateStats();
stage.addEventListener(Event.ENTER_FRAME, enterFrameHandler);
function enterFrameHandler(event:Event):void {
    if (randRange(0, 20) == 0) {
        var thisMC:MovieClip;
        var randomTofu:Number = randRange(1, 3);
        switch (randomTofu) {
            case 1:
                thisMC = new tofu1_mc();
                break;
            case 2:
                thisMC = new tofu2_mc();
                break;
            case 3:
                thisMC = new tofu3_mc();
                break;
            default:
                return;
                break;
        }
        cDepth++;
        thisMC.x = -thisMC.width;
        var scale:int = randRange(80, 100);
        thisMC.scaleX = scale / 100;
        thisMC.scaleY = scale / 100;
        thisMC.alpha = scale / 100;
        thisMC.speed = xSpeed + randRange(0, 3) + level;
        thisMC.y = Math.round(Math.random() * 350) + 65;
        thisMC.name = "tofu" + cDepth;
        thisMC.addEventListener(Event.ENTER_FRAME, tofuEnterFrameHandler);
        thisMC.addEventListener(MouseEvent.CLICK, tofuClickHandler);
```

创建一个用于显示用户统计的文字域

将 TextFormat 对象应用到文字域

为使豆腐能不断在游戏中出现，在主时间轴中添加一个 onEnterFrame 事件

在舞台上随机添加一个新目标

从库面板添加一个新的 tofu 实例到舞台上，并给它一个独立的层次

设置当前目标影片剪辑的开始坐标位，使其刚刚出现在舞台左外侧
创建一个 80~100 之间的随机数，这用于设置当前影片剪辑的缩放、透明度，以及在舞台上穿过的速度
设置当前影片剪辑的 X 轴缩放和 Y 轴缩放属性，这将使游戏中的豆腐出现一些变形

设置目标的随机的 Y 坐标值。现在，除了所有的目标沿一条路径飞行外，他们的垂直位置已经不同了

创建一个 onEnterFrame 事件，每秒执行一次，更新舞台上的目标的位置

```
      addChild(thisMC);
      swapChildren(thisMC, crosshairClip);
   }
};
function updateStats() {
   var targetsHit:Number = Math.round(hits/(hits+misses)*100);
   var accuracy:Number = Math.round((hits/shots)*100);
   if (isNaN(targetsHit)) {
      targetsHit = 0;
   }
   if (isNaN(accuracy)) {
      accuracy = 0;
   }
   stats_txt.text = "shots:"+shots+"\t"+"hits: "+hits+"\t"+"misses: "+misses+"\t"+"targets hit: "+targetsHit+"%"+"\t"+"accuracy: "+accuracy+"%"+"\t"+"level:"+level;
}
function randRange(minNum:Number, maxNum:Number):Number {
   return (Math.floor(Math.random() * (maxNum - minNum + 1)) + minNum);
}
function tofuEnterFrameHandler(event:Event):void {
   var tofuMC:MovieClip = event.currentTarget as MovieClip;
   tofuMC.x += tofuMC.speed;
   tofuMC.y -= 0.4;
   if (tofuMC.x > stageWidth) {
      misses++;
      updateStats();
      removeChild(tofuMC);
tofuMC.removeEventListener(Event.ENTER_FRAME, tofuEnterFrameHandler);
   }
}
function tofuClickHandler(event:MouseEvent):void {
   var tofuMC:MovieClip = event.currentTarget as MovieClip
   hits++;
   if ((hits%40) == 0) {
      level++;
```

将自定义光标交换到更高的深度

创建一个用于更新舞台上用户统计的函数，可以显示打中的数量、未打中目标的数量、打中和未打中的比例，整体的精确度

创建一个返回在两个指定数值之间的随机整数的函数，使舞台上的影片剪辑大小和速度不同

水平移动舞台上的目标，当前所有的目标将从左向右移动
略微增加当前目标影片剪辑的Y坐标。这将使目标看起来在舞台上穿梭时显得更高些
如果当前目标的坐标不在舞台上了，作为一个miss的目标计数，并删除这个实例

当目标影片剪辑实例被按下，作为一个hit计数

更新用户的统计

```
    }
    updateStats();
    tofuMC.gotoAndPlay("hit");
    tofuMC.addEventListener(Event.ENTER_FRAME, tofuHitEnterFrameHandler);
    tofuMC.removeEventListener(MouseEvent.CLICK, tofuClickHandler);
    tofuMC.removeEventListener(Event.ENTER_FRAME, tofuEnterFrameHandler);
}
function tofuHitEnterFrameHandler(event:Event):void {
    var tofuMC:MovieClip = event.currentTarget as MovieClip;
    var gravity:int = 20;
    var ymov:int = tofuMC.y + gravity;
    tofuMC.rotation += 5;
    tofuMC.x += xSpeed;
    tofuMC.y = ymov;
    if (tofuMC.y > stageHeight) {
        removeChild(tofuMC);
        tofuMC.removeEventListener(Event.ENTER_FRAME, tofuHitEnterFrameHandler);
    }
}
```

跳转到影片剪辑中的 hit 帧
创建一个当前影片剪辑实例的 onEnterFrame 事件

删除 onPress 事件，这将使目标从空中坠落时不再被能够点击

设置一些本地变量，用于使目标从天空中坠落的动画

增加当前影片剪辑的旋转角度，顺时针增长 5 度
设置舞台上影片剪辑的 X 坐标和 Y 坐标属性。这将使目标看起来更自然地从空中飘落
在 Y 坐标值到达舞台外，删除这个影片剪辑，使坐标不再继续被计算

Step 13 至此，按下【Ctrl+Enter】键发布动画，就可以看到游戏的效果了，如图 16-13 所示。

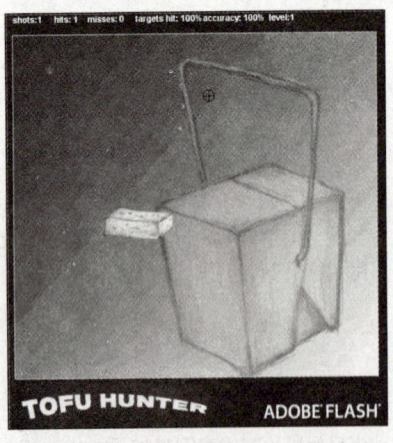 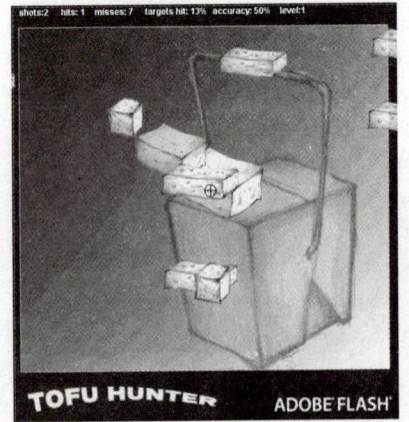

图 16-13 测试动画

Appendix 01　Flash培训大纲与考试大纲

一、本课程的性质和内容

"Flash 动画制作"是计算机应用专业多媒体及网页制作方向的专业技能课程之一，是一门操作性和实践性很强的课程。教学采用的是 CS5 版本。通过本课程的学习，让学生充分掌握 Flash 动画设计制作这门课程中的基本概念、基本原理；掌握各种类型的动画制作方法和技巧；提高学生分析和设计动画广告的能力。

二、与相关课程的衔接、配合、分工

前导课程：Photoshop、CorelDRAW、素材的获取与制作

后续课程：网页设计与制作、电脑三维动画

三、本课程的任务

通过本课程的学习，学生应掌握如下知识：Flash CS5 的基本操作和图像处理功能、对象的操作和位图的应用、动画制作的基础知识和操作方法、使用动作脚本制作交互式动画、Flash 动画的导出和发布，以及高级动画制作方法、声音的导入与设置、电影的优化与发布。

四、课程的教学基本要求

本课程要求学生学会使用 Flash 软件进行网页动画设计。这是一门重在实践的科目，因此需要学生多上机、多进行实际操作，把老师所教授的各种动画制作、动画设计以及动画脚本熟练制作或调试出来，并且能够在此基础上有所创造，有更进一步的发挥。

五、教法说明

1. 教学设计的宗旨：以学到实用技能、提高职业能力为出发点，注重提高学生综合应用和多媒体课件分析、设计的能力。在教学过程中注意情感交流、教书育人，并实施分层次教学、因材施教。

2. 采用案例教学法：使用以实际需求为题材制作的各种经典案例，采用启发式教学——从提出问题，找出解决方案，到解决问题的操作步骤，采用驱动教学法组织全部教学过程。

3. 采用多种方法的组合教学手段：全部教学在电脑机房上课，理论教学和实训操作相结合，授课采用投影+课件、网络+交流讨论，以及边讲、边看、边做、边讨论等多种教学手段。实训采用专门设计的案例，以学生操作为主，精讲多练，注重培养学生的自主学习能力。

六、课程教学要求的层次

1. 掌握：要求学生能够全面掌握所学内容，并能够用其分析、解决与 Flash 动画设计相关的问题，能够举一反三。

2. 理解：要求学生能够较好地理解与 Flash 动画设计相关的问题，并且能够进行简单分析和判断。

3. 了解：要求学生能够了解所学内容。

七、课时分配表

全书共分为 16 章，由于每一章的内容以及重点、难点的数量都不尽相同，因此每一章所需的课时也不一样，具体每一章的学时分配如下表所示。表格中的数字表示需要的时间，以分钟为单位。

序号	课前预习	正式课堂	随堂练习	课程总结	合计
第1章	5	20	5	5	35
第2章	15	30	5	5	55
第3章	20	90	20	10	140
第4章	15	60	15	15	105
第5章	10	50	10	10	80
第6章	15	60	20	15	110
第7章	15	90	15	15	135
第8章	15	75	20	10	120
第9章	25	120	20	10	175
第10章	25	120	25	10	180
第11章	10	70	20	10	110
第12章	20	80	20	15	135
第13章	15	125	30	10	180
第14章	15	125	30	10	180
第15章	15	125	30	10	180
第16章	15	125	30	10	180
合计					2100

八、本书适合的读者群

（1）本书知识点介绍全面、细致、到位。所列举的实例可以帮助初学者快速掌握一些重点、难点，并能够帮助从事动画设计工作的人员解决在工作中所遇到实际问题。此外，本书还在每一章节列出了多种提高工作效率的技巧。因此，本书首先是 Flash 的初学者或者希望快速进入网页动画设计行业的工作人员学习和提高的自学教程。

（2）本书知识结构由浅入深，语言平实简练，在阐述知识点的同时辅以实例补充说明。各章知识点的分布合理，适合各种类型的网页动画培训专修学校选作教材或参考书籍，也可以作为学生自学辅导的参考教材。

（3）由于近年来计算机技术的高速发展，网页动画的应用已成为很多行业就业人员的职能考核之一。但由于网页动画在我国刚处于起步阶段，大多数大中院校所开设的相关课程有限，使得学生毕业后找工作困难。因此，对于即将毕业走向工作岗位的学生们来说，本书将成为您完善自我的宝典。

九、考试大纲

Flash 是最专业的 Web 矢量交互动画的制作工具。基于矢量并通过流式播放的 Flash 动画因其文件量小、效果出众的特点迅速成为业界的动画开发标准并为广大受众所接受，表单的支持以及 MP3 的声音压缩为用户带来了极为丰富的多媒体互动感受。现在 Flash 已经成为大多数系统以及浏览器的默认组件，今后我们还可以在手持设备（手机/掌上电脑）以及机顶盒中看到下一代的 Flash 动画。

考题数量：共 60 题
考试时间：90 分钟
试题种类：单选题和多选题

1. 基础知识（2 道题）
- 掌握矢量图形和像素图像之间的区别
- 了解 Flash 的应用领域
- 动画基础知识(如动画产生的基本原理和概念)
- Flash 动画的基本创作流程

2. 操作环境（2 道题）
- 掌握如何优化和定制 Flash 工作环境
- 了解工作环境中各种面板和时间轴的用途
- 工具箱、快捷键和快捷菜单的使用
- 了解场景的概念和使用

3. 绘制与处理图形图像（6 道题）
- 手绘线条工具：铅笔工具、刷子工具、钢笔工具
- 几何形状工具：线条工具、椭圆工具、矩形工具、多角星形工具
- 其他工具：橡皮擦工具、选择工具、部分选取工具和套索工具
- 掌握使用平滑和伸直选项修改图形形状
- 刷子工具和橡皮擦工具的各种模式
- 导入图像，并熟知常用图像格式
- 掌握使用任意变形工具改变图形形状
- 扭曲和封套的使用
- 变形面板的使用、复制变形生成规律图像
- 设置标尺、网格、辅助线，排列和对齐

4. 处理文字对象（5 道题）
- 静态文本、动态文本和输入文本
- 编辑文本格式、文本的抗锯齿设置、改变文字方向
- 文本的分离和扭曲变形
- 设置文本的实例名和变量
- 为文本添加超级链接

5. 处理颜色和渐变（5 道题）
- 使用工具设定笔触颜色和填充色（墨水瓶工具、颜料桶工具和吸管工具）
- 使用混色器和颜色样本
- 应用线性和放射状渐变、使用位图填充
- 填充变形工具更改渐变属性
- 渐变的溢出设置，扩展、镜像和重复

6. 滤镜和混合模式（3 道题）
- 了解添加滤镜的前提条件
- 掌握如何添加、删除、保存、启用和禁用滤镜
- 掌握投影、模糊、发光、斜角、渐变发光、渐变斜角各参数的设置
- 混合模式的使用，图像和合成和叠加

7. 元件、实例和库（6 道题）
- 掌握元件和实例的创建方法，包括电影剪辑、按钮、图形
- 掌握在文档中放置实例、修改元件、改变实例属性、改变实例与元件的关联

- 改变元件或实例的类型、交换元件
- 创建按钮，按钮的四种状态
- 创建动画按钮和不可见按钮
- 掌握库面板的基本操作
- 掌握使用文件夹组织和管理库项目

8. 动画创作（10 道题）
- 掌握设定影片属性
- 掌握逐帧动画和补间动画区别及用途
- 熟练掌握时间轴的使用
- 熟练掌握帧、关键帧、空白关键帧的创建
- 熟练掌握创建补间动画，包括运动补间和形状补间
- 绘图纸模式(洋葱皮)的使用
- 缓动的使用，加速度和减速度
- 自定义缓入/缓出
- 使用引导线动画、调整到路径的使用
- 创建遮罩动画和各种相关知识
- 使用时间轴特效
- 幻灯片模式以及配合行为的使用
- 了解 Flash MV 的基本创作步骤

9. 声音和视频（6 道题）
- 掌握如何为影片和按钮添加声音
- 声音的编辑与控制
- 编辑声音属性，压缩和导出声音
- 使用加载声音的行为
- 链接声音，从库中直接调用声音
- 视频的导入流程和编码设置
- 导入视频后的设置
- 了解 Flash 默认的视频编解码器
- 高级编码设置
- 使用行为和组件控制视频
- 了解 Flash 专用视频格式 FLV 的优势
- 了解 Flash 输出视频的一些禁忌和要求

10. 动作脚本（8 道题）
- 掌握动作面板的使用
- 语法检查、使用代码提示
- ActionScript 中使用标点符号
- 使用注释、点语法、变量赋值
- 为帧、按钮、影片剪辑分配动作
- 使用 ActionScript 控制影片播放
- ActionScript 编程基础（常见数据类型、字符串、数值、布尔型、影片剪辑对象、数组对象）
- ActionScript 基本语法（点语法、界定符、字母大小写、关键字、条件语句、注释）
- 变量（变量名、变量类型、变量作用域、变量声明、变量使用）
- 函数（预设函数、自定义函数、使用函数）
- 用行为或脚本控制影片剪辑位移、缩放、透明度等
- 用行为或脚本拖动和释放影片剪辑
- FScommand 命令以及各参数的使用
- 载入外部文档，如图片、文本、HTML 文档等

11. 行为和组件（3 道题）
- 掌握复选框、组合框、列表框、按钮、单选钮、滚动条、滚动窗格组件的创建方法
- 掌握自定义组件的颜色、修改组件的图形外观、使用组件创建表单
- 组件的参数、绑定和架构设置
- 组件的基本绑定（如绑定日历组件、组合下拉列表组件、进度条组件等）
- 组件绑定 XML（如绑定 XML 菜单等）
- 利用组件设计 Flash 表单

12. FlashLite 手机应用（2 道题）
- Flash Lite 内容的创作流程
- 掌握如何在 Flash Lite 模拟器中进行测试
- 使用 Flash Lite 模板，设置测试环境
- Flash Lite 焦点导航控制
- 按钮捕获按钮的使用
- 控制设备左右多功能键
- 使用和控制设备声音
- 优化图像和动画

13. 测试、导出和发布电影（2 道题）
- 动画的测试与导出、动画的发布设置等
- 制作自播放 Windows 放映文件
- 输出透明背景的 Flash 动画
- Flash 与 Fireworks、Photoshop、Dreamweaver 的整合使用

Appendix 02　Flash认证考试介绍

Adobe 网页设计产品 Dreamweaver、Flash、Photoshop，早已被广大用户所接受，到目前为止，全世界网页设计开发领域中超过 80% 的专业网页设计师都在使用 Adobe 公司的这三种产品。

在 Adobe 教育合作伙伴的共同努力下，Adobe 教育认证品牌近年来已经成为市场的首选，得到了广大教育机构和学生的普遍认可，并且正在进一步健康、深入、持续地发展。

在合法的 ACTC（Adobe 授权培训中心）参加认证培训，只有经过 ACTC 培训的学员，才有资格申请参加 ACEC（Adobe 授权考试中心）的考试，并在考试合格后获得 ACCD/ACPE 证书。目前您可以在全国一百多家 ACTC 中就近选择参加 8 个 Adobe 主要软件产品的培训。

面向国内广大的 ACTC/AACC 培训学员、数码艺术类学生和社会从业人士，Adobe 公司北京代表处主持举办专业的 Adobe 认证考试，并在考试合格后获得 ACCD/ACPE 证书。您可以通过 Adobe 中国授权教育机构（ACTC/ADAC）报名参加相应的考试。

通过 Adobe 某一软件产品的认证考试者，即可获得如下针对该产品的 Adobe 中国产品专家（ACPE）称号，如下图所示。

ACPE 认证证书

- Adobe 中国认证产品专家（ACPE）——Adobe Dreamweaver
- Adobe 中国认证产品专家（ACPE）——Adobe Flash
- Adobe 中国认证产品专家（ACPE）——Adobe Photoshop

一年之内通过以下 Adobe 软件产品认证考试组合，即可获得相应的 Adobe 中国认证设计师（ACCD）证书和称号，如下图所示。

ACCD 认证证书

- Adobe Dreamweaver
- Adobe Flash
- Adobe Photoshop

这两种证书都可以证明拥有者具有优秀的平面设计和网页设计能力，熟练应用相关优秀软件，能随心所欲制作美妙图画，创造出将瞬间铭记为永恒的神奇。

目前的考试内容采用以客观题为主的测试方式，题型分为单项选择、多项选择题，主要对学员的理论知识进行考核；单科考试时间为 90 分钟，满分 100 分, 60 分为通过考试。考试均为在线考试。

考试费全国是统一的。Adobe 中国认证产品专家（ACPE）标准考试费用为 450 元 / 科，通过学员的证书工本费 10 元 / 张，Adobe 中国认证设计师（ACCD）四科的标准考试费用总共为 1500 元，通过学员的证书工本费 10 元 / 每种，（对于通过 ACCD 认证考试的学员，可以根据其要求同时颁发 ACCD 和 ACPE 单科证书）。补考课程每门课程收取的标准考试费为 100 元 / 科，补考必须在一个月内完成。超过一个月按标准考试费用即 200

元收取。已获得 ACPE 认证证书再次参加相应科目的升级考试的，升级考试费用为 60 元 / 科。在 Adobe 中国认证培训中心培训后发给的结业证书费用已包含在培训费里，不单收费。

总体看来，Adobe ACCD/ACPE 认证是国际通行的技术认证证书，是世界范围内识别人才的重要依据。中国进入 WTO 后，ACCD/ACPE 认证的价值会有更加明确的体现。技术等级、素质等级的培训与认证是世界潮流，是人类进步和社会发展的需要，是技术人才的个人资本，是实现价值的重要参考依据。通过认证的高技术人才，有明确的择业优先权和职业选择权。

Appendix 03　Flash快捷键列表

文件基本操作

功能	快捷键
新建	Ctrl+N
打开	Ctrl+O
浏览	Ctrl+Alt+O
关闭	Ctrl+W
全部关闭	Ctrl+Alt+W
保存	Ctrl+S
另存为	Ctrl+Shift+S
导入到舞台	Ctrl+R
打开外部库	Ctrl+Shift+O
导出影片	Ctrl+Alt+Shift+S
发布设置	Ctrl+Shift+F12
发布预览（默认）	F12, Ctrl+F12
发布	Shift+F12
打印	Ctrl+P
退出	Ctrl+Q

编辑操作

功能	快捷键
撤销	Ctrl+Z
重做	Ctrl+Y
剪切	Ctrl+X
复制	Ctrl+C
粘贴到中心位置	Ctrl+V
粘贴到当前位置	Ctrl+Shift+V
清除	Backspace, Del
直接复制	Ctrl+D
全选	Ctrl+A
取消全选	Ctrl+Shift+A
查找和替换	Ctrl+F
查找下一个	F3
删除帧	Shift+F5
剪切帧	Ctrl+Alt+X
复制帧	Ctrl+Alt+C
粘贴帧	Ctrl+Alt+V
清除帧	Alt+Backspace
选择所有帧	Ctrl+Alt+A
编辑元件	Ctrl+E
首选参数	Ctrl+U

视图命令

功能	快捷键
放大	Ctrl+=
缩小	Ctrl+-
缩放比率100%	Ctrl+1
缩放比率400%	Ctrl+4
缩放比率800%	Ctrl+8
显示帧	Ctrl+2
显示全部	Ctrl+3
预览模式 轮廓	Ctrl+Alt+Shift+O
预览模式 高速显示	Ctrl+Alt+Shift+F
预览模式 消除锯齿	Ctrl+Alt+Shift+A
预览模式 消除文字锯齿	Ctrl+Alt+Shift+T
粘贴板	Ctrl+Shift+W
标尺	Ctrl+Alt+Shift+R
显示网格	Ctrl+'
编辑网格	Ctrl+Alt+G
显示辅助线	Ctrl+;
锁定辅助线	Ctrl+Alt+;
编辑辅助线	Ctrl+Alt+Shift+G
贴紧至网格	Ctrl+Shift+'
贴紧至辅助线	Ctrl+Shift+;
贴紧至对象	Ctrl+Shift+/
编辑贴紧方式	Ctrl+/
隐藏边缘	Ctrl+H
显示形状提示	Ctrl+Alt+H

插入对象

功能	快捷键
新建元件	Ctrl+F8

267

帧	F5

修改命令

功能	快捷键
文档	Ctrl+J
转换为元件	F8
分离	Ctrl+B
优化	Ctrl+Alt+Shift+C
添加形状提示	Ctrl+Shift+H
分散到图层	Ctrl+Shift+D
转换为关键帧	F6
清除关键帧	Shift+F6
转换为空白关键帧	F7
缩放和旋转	Ctrl+Alt+S
顺时针旋转 90 度	Ctrl+Shift+9
逆时针旋转 90 度	Ctrl+Shift+7
取消变形	Ctrl+Shift+Z
移至顶层	Ctrl+Shift+上箭头
上移一层	Ctrl+上箭头
下移一层	Ctrl+下箭头
移至底层	Ctrl+Shift+下箭头
锁定	Ctrl+Alt+L
解除全部锁定	Ctrl+Alt+Shift+L
左对齐	Ctrl+Alt+1
水平居中	Ctrl+Alt+2
右对齐	Ctrl+Alt+3
顶对齐	Ctrl+Alt+4
垂直居中	Ctrl+Alt+5
底对齐	Ctrl+Alt+6
按宽度均匀分布	Ctrl+Alt+7
按高度均匀分布	Ctrl+Alt+9
设为相同宽度	Ctrl+Alt+Shift+7
设为相同高度	Ctrl+Alt+Shift+9
相对舞台分布	Ctrl+Alt+8
组合	Ctrl+G
取消组合	Ctrl+Shift+G

文本操作

功能	快捷键
正常	Ctrl+Shift+P
粗体	Ctrl+Shift+B
斜体	Ctrl+Shift+I
左对齐	Ctrl+Shift+L
居中对齐	Ctrl+Shift+C
右对齐	Ctrl+Shift+R
两端对齐	Ctrl+Shift+J

增加	Ctrl+Alt+右箭头
减小	Ctrl+Alt+左箭头
重置	Ctrl+Alt+上箭头

控制命令

功能	快捷键
播放	Enter
后退	Ctrl+Alt+R
测试影片	Ctrl+Enter
测试	Ctrl+Alt+Enter
测试项目	Ctrl+Alt+P
启用简单帧动作	Ctrl+Alt+F
启用简单按钮	Ctrl+Alt+B
静音	Ctrl+Alt+M

调试命令

功能	快捷键
调试影片	Ctrl+Shift+Enter
继续	Alt+F5
结束调试会话	Alt+F12
跳入	Alt+F6
跳过	Alt+F7
跳出	Alt+F8

打开和关闭面板

功能	快捷键
直接复制窗口	Ctrl+Alt+K
时间轴	Ctrl+Alt+T
工具	Ctrl+F2
属性	Ctrl+F3
库	Ctrl+L, F11
动作	F9
行为	Shift+F3
编译器错误	Alt+F2
ActionScript 2.0 调试器	Shift+F4
影片浏览器	Alt+F3
输出	F2
项目	Shift+F8
对齐	Ctrl+K
颜色	Shift+F9
信息	Ctrl+I
样本	Ctrl+F9
变形	Ctrl+T
组件	Ctrl+F7
组件检查器	Shift+F7
辅助功能	Shift+F11

功能	快捷键
历史记录	Ctrl+F10
场景	Shift+F2
字符串	Ctrl+F11
Web 服务	Ctrl+Shift+F10

工具箱

功能	快捷键
箭头	V
部分选定	A
套索	L
直线	N
钢笔	P
添加锚点	=
删除锚点	-
转换锚点	C
文本	T
椭圆	O
矩形	R
基本椭圆	O
基本矩形	R
铅笔	Y
刷子	B
墨水瓶	S
颜料桶	K
滴管	I
橡皮擦	E
手形	H
放大镜	M, Z
任意变形	Q
填充变形	F
对象绘制	J

时间轴

功能	快捷键
向左移动帧	左箭头
向右移动帧	右箭头
向上移动帧	上箭头
向下移动帧	下箭头
选择左帧	Shift+左箭头
选择右帧	Shift+右箭头
选择上帧	Shift+上箭头
选择下帧	Shift+下箭头

动作面板

功能	快捷键
自动套用格式	Ctrl+Shift+F
语法检查	Ctrl+T
显示代码提示	Ctrl+Spacebar
脚本助手	Ctrl+Shift+E
隐藏字符	Ctrl+Shift+8
行号	Ctrl+Shift+L
自动换行	Ctrl+Shift+W
再次查找	F3
查找和替换…	Ctrl+F
转到行…	Ctrl+G
平衡大括号	Ctrl+'
缩进代码	Ctrl+[
凸出代码	Ctrl+]
代码折叠 成对大括号间折叠	Ctrl+Shift+'
代码折叠 折叠所选	Ctrl+Shift+C
代码折叠 折叠所选之外	Ctrl+Alt+C
代码折叠 展开所选	Ctrl+Shift+X
代码折叠 展开全部	Ctrl+Alt+X
切换断点	Ctrl+B
删除所有断点	Ctrl+Shift+B
重新加载代码提示	
固定脚本	Ctrl+=
关闭脚本	Ctrl+-
关闭所有脚本	Ctrl+Shift+-
导入脚本…	Ctrl+Shift+I
导出脚本…	Ctrl+Shift+P
首选项…	Ctrl+U

工作区辅助功能

功能	快捷键
面板焦点前置	Ctrl+F6
面板焦点后置	Ctrl+Shift+F6
选择舞台	Ctrl+Alt+Home

Appendix 04　Flash期终考试试题及答案

1. 下面对分离后的位图图像说法错误的是（　　）。
   A. 图像就可以使用Flash的绘图和填色工具进行修改
   B. 使用套索工具和魔术棒工具还可以选择被分离的图像区域
   C. 位图图像中的像素变成各个分散的区域
   D. 使用滴管工具单击分离的位图图像之后，用户可以使用颜料桶工具将图像填充到其他形状中
2. 下面关于使用铅笔工具绘图说法错误的是（　　）。
   A. 可以很随意地画线条和形状，就像在纸上用真正的铅笔画图一样
   B. 当用户画完线条之后，Flash会自动作一些调整，使之更笔直或更平滑
   C. 线条笔直或平滑到什么程度，则取决于选定的绘图模式
   D. 设置线条笔直或平滑到什么程序，可以有四种绘图模式选择
3. 下面关于使用刷子工具的说法错误的是（　　）。
   A. 使用刷子工具，用户还可以创建出一些特殊效果，例如书法效果
   B. 使用刷子工具的调节设置可以选择刷子的大小
   C. 导入的位图图像也可以作为刷子的填充颜色
   D. 使用刷子工具的调节设置不可以选择刷子的形状
4. 下面关于使用箭头工具调整形状的说法错误的是（　　）。
   A. 要修改线条或形状的外框，可以使用箭头工具拖动线条的任意点
   B. 被移动的点是一个终点，则可以延长或缩短线条
   C. 如果被移动的点是一个角点，虽然线段会延长或缩短，但是该点将变为曲线点
   D. 放大显示比例也可以使调整形状的操作更容易、更精确
5. "分离"命令可应用于（　　）。
   A. TrueType字体　　B. 位图字体
   C. 打印字体　　　　D. 任何字体
6. 列表出现在组合框中的项目应该是哪个参数？（　　）
   A. data　　B. label　　C. name　　D. value
7. 在组合框中为了尽快找到需要的项目，可以加一个输入匹配框，这是怎么做的？（　　）
   A. 在组合框上面加一个输入文本框，并设置相应参数
   B. 设置组合框中的compare参数为TRUE
   C. 将参数中的editable设置成TRUE
   D. 所有参数默认即可
8. 默认时Flash影片帧频率是多少？（　　）
   A. 10　　B. 12　　C. 15　　D. 25
9. 下面关于擦除工具的说法错误的是（　　）。
   A. 要快速删除舞台上的所有元素，可双击擦除工具
   B. 舞台上的任何元素都是可以擦除的
   C. 用户还可以对擦除工具进行自定义，使之只擦除线条，或只擦除颜色、单个的色块等
   D. 擦除工具只能是圆形的，不能是方形的
10. 如果要导出某种字体并在其他Flash电影中使用，应该使用哪种元件？（　　）
    A. 字体元件　　　　B. 电影剪辑
    C. 图形元件　　　　D. 按钮元件
11. 以下关于图形元件的叙述，正确的是（　　）。
    A. 可用来创建可重复使用的并依赖于主电影时间轴的动画片段
    B. 可用来创建可重复使用的但不依赖于主电影时间轴的动画片段
    C. 可以在图形元件中使用声音
    D. 可以在图形元件中使用交互式控件
12. 以下关于帧标记和批注的说法正确的是（　　）。
    A. 帧标记和帧批注的长短都将影响输出电影的大小
    B. 帧标记和帧批注的长短都不影响输出电影的大小
    C. 帧标记的长短不会影响输出电影的大小，而帧批注的长短对输出电影的大小有影响
    D. 帧标记的长短会影响输出电影的大小，而帧批注的长短对输出电影的大小不影响
13. 下面关于新层的位置顺序说法正确的是（　　）。
    A. 新层将被插入到当前选定层的下面
    B. 新层将被插入到当前选定层的上面
    C. 新层将被放到最上层
    D. 以上说法都错误

14. 在任何时候，想把所选工具改变为 Hand Tool 状态，只需要按下键盘上的哪个键？（ ）
    A. 空格键　　　　　B. Alt 键
    C. Ctrl 键　　　　　D. Shift 键
15. 下面关于平整或柔化线条的说法错误的是（ ）。
    A. 平整效果对直线无效
    B. 柔化效果对直线无效
    C. 平整操作可以重复进行
    D. 柔化操作可以重复进行
16. 在 Flash 中，关于对象的叠放顺序说法正确的是（ ）。
    A. 最晚创建的对象将放置在最底层
    B. 最早创建的对象就自然放置在最顶层
    C. 在层中，Flash 将基于对象的创建顺序叠放对象
    D. 以上说法都错
17. Actionscript 中引用图形元素的数据类型是（ ）。
    A. 电影剪辑　　　　B. 对象
    C. 按钮　　　　　　D. 图形元素
18. 如果要创建一个动态按钮，至少需要哪几类元件？（ ）
    A. 电影剪辑元件
    B. 按钮元件
    C. 图形元件和按钮元件
    D. 电影剪辑元件和按钮元件
19. Flash 的内置对象被分为几类（ ）。
    A. 5　　　B. 6　　　C. 4　　　D. 3
20. 在制作使用路径控制渐变移动动画时，下列工具能绘制出所需路径的是（ ）。
    A. 铅笔
    B. 线条
    C. 椭圆、矩形或刷子工具
    D. 矩形
21. 下列属性中是字体属性的是（ ）。
    A. 字符间距　　　　B. 字符颜色
    C. 字符家族　　　　D. 对齐方式
22. 下列几项中将影响到 Flash 电影播放的流畅性的因素有（ ）。
    A. Flash 电影动画的复杂程度
    B. 用来播放 Flash 电影动画的计算机的性能
    C. Flash 播放器的版本
    D. Flash 电影文件的量的大小
23. 在 Flash 中，使用钢笔工具创建曲线时，每个正切调整柄的弧度和长度决定了曲线哪些因素？（ ）
    A. 曲线的弧度　　　B. 曲线的高度
    C. 曲线的深度　　　D. 曲线的颜色
24. 下列属性中是段落属性的是（ ）。
    A. 对齐方式　　　　B. 边距
    C. 缩进　　　　　　D. 行间距
25. 想选定某层，可以执行下列哪些操作？（ ）
    A. 单击时间轴中层的名称
    B. 单击时间轴中的帧
    C. 单击处于此层的舞台上的对象
    D. 通过键盘上的上下箭头来选择
26. 下面哪些是 Flash 播放器可以打印的？（ ）
    A. Flash 的元件　　B. Flash 的位图图像
    C. Flash 的文本块　D. Flash 的文本域
27. 下面哪个方法不属于 Date（日期）对象？（ ）
    A. getDate()　　　　B. getDay()
    C. getMonth()　　　D. getMinute()
28. Flash 在导入 FreeHand 的矢量图形时，其哪些元素将被保留？（ ）
    A. 层　B. 文本块　C. 库元件　D. 页
29. 下列哪些 action 有安全限制？（ ）
    A. getURL　　　　　B. FSCommand
    C. loadVariables　　D. print
30. 在 Flash 中，对调色板中的颜色可以进行怎样的处理？（ ）
    A. 复制调色板单个颜色
    B. 删除单个颜色
    C. 清除调色板中的颜色
    D. 删除调色板所有颜色
31. 以下各种元件中，拥有自己的时间轴、舞台和层的元件是（ ）。
    A. 图形元件（Graphic）
    B. 电影剪辑（Movie Clip）
    C. 按钮元件（Button）
    D. 字体元件（Font）
32. 以下关于电影剪辑特点的叙述中，正确的是（ ）。
    A. 可以嵌套其他的电影剪辑实例
    B. 可以包含交互式控件、声音
    C. 可以用来创建动态按钮
    D. 拥有自己独立的时间轴
33. 下面关于组件的叙述，正确的是（ ）。
    A. 图形元件不能转化为组件
    B. 组件是电影剪辑元件的一种派生形式
    C. 组件是定义了参数的电影剪辑
    D. 以上都对

34. 以下关于元件的叙述，正确的是（ ）。
    A. 只有图形对象或声音可以转换为元件
    B. 元件里面可以包含任何东西，包括它自己的实例
    C. 元件的实例不能再次转换成元件
    D. 以上均错
35. 在 Internet Explorer 浏览器中，是通过下列哪种技术来播放 Flash 电影（swf 格式的文件）？（ ）
    A. DLL   B. COM   C. OLE   D. Active X
36. 下面对于创建帧并帧动画的说法正确的是（ ）。
    A. 不需要将每一帧都定义为关键帧
    B. 在初始状态下，每一个关键帧都应该包含和前一关键帧相同的内容
    C. 帧并帧动画一般不应用于复杂的动画制作
    D. 以上说法都错误
37. 在 256 色环境中，可以使用 Flash 进行创作（ ）。
    A. 正确   B. 错误
38. 在动作列表中，批注以什么颜色来表示？（ ）
    A. 绿色   B. 紫色   C. 蓝色   D. 粉红色
39. 全等（===）运算符和相同运算符基本相似，但是它们有一个很重要的区别（ ）。
    A. 全等（===）运算符执行数据类型的转换
    B. 全等（===）运算符不执行数据类型的转换
    C. 全等（===）运算符永远返回真
    D. 以上都不对
40. 在 Flash 中，未定义的 toString 是（ ）。
    A. " "   B. undefined
    C. NULL   D. null
41. 下面关于通过 Flash 播放器的关联菜单打印说法错误的是（ ）。
    A. 可打印任意 Flash 电影中的帧
    B. 无法打印透明度
    C. 可以打印颜色效果
    D. 无法打印其他电影剪辑中的帧
42. 下面哪个不是 Flash 中内置的组件？（ ）
    A. CheckBox（复选框）
    B. RadioButton（单选钮）
    C. ScrollPane（滚动窗格）
    D. Jump Menu（跳转菜单）
43. 下面哪些操作不可以使电影优化？（ ）
    A. 如果电影中的元素有使用一次以上者，则可以考虑将其转换为元件
    B. 只要有可能，请尽量使用渐变动画
    C. 限制每个关键帧中发生变化的区域
    D. 要尽量使用位图图像元素的动画
44. 下面哪些是 Flash 的新功能？（ ）
    A. 可以导入 mp3 格式的声音文件
    B. 可以导入视频格式
    C. 增加了层文件夹
    D. 可以把声音设置成流方式
45. 下面哪个方法不属于 Date（日期）对象？（ ）
    A. getDate()   B. getDay()
    C. getMonth()   D. getMinute()
46. 要分离位图图像，按以下步骤操作：1. 选择当前场景中的位图图像；2. 单击"修改 > 转换位图为矢量图"命令（ ）。
    A. 正确   B. 错误
47. 要改变舞台上复选框组件的宽度，可以（ ）。
    A. 使用"自由变形"工具
    B. 使用 setSize 方法
    C. 使用 AS 中的 _width（宽度）属性
    D. 使用属性面板中的 w 属性精确调整
48. 在 Flash 中，要绘制精确的直线或曲线路径，可以使用（ ）。
    A. 钢笔工具   B. 铅笔工具
    C. 刷子工具   D. A 和 B 都正确
49. 在 Flash 中要转换到"刷子工具"可按什么快捷键？（ ）
    A. P   B. I   C. B   D. U
50. 以下关于使用元件的优点的叙述,正确的是（ ）。
    A. 使用元件可以使电影的编辑更加简单化
    B. 使用元件可以使发布文件的大小显著地缩减
    C. 使用元件可以使电影的播放速度加快
    D. 以上均是

题号	答案	题号	答案	题号	答案
1	B	2	D	3	D
4	C	5	A	6	B
7	C	8	B	9	D
10	C	11	A	12	A
13	B	14	A	15	B
16	C	17	A	18	ABD
19	C	20	ABD	21	ABD
22	ABCD	23	AB	24	ABCD
25	ABC	26	ABC	27	B
28	ABCD	29	ABC	30	ABCD
31	AB	32	ABCD	33	D
34	D	35	D	36	B
37	A	38	D	39	A
40	B	41	C	42	D
43	D	44	BC	45	D
46	B	47	ABD	48	A
49	C	50	D		